U0827808

"十四五"职业教育国家规划教材

（第二版）

工程招投标与合同管理

主　编　张加瑄
副主编　李艳红
编　写　李　广　闫光明　赵　琳　于　杰
　　　　李　鹏　刘永斌　李　娟

中国电力出版社
CHINA ELECTRIC POWER PRESS

内 容 提 要

本书为“十三五”“十四五”职业教育国家规划教材。全书基于工作过程，力求体现以理论知识为基础，重在实践能力、动手能力培养的编写宗旨。主要内容包括工程招投标概述，国内建设工程施工招标，国内建设工程施工投标，国际工程招投标概述，工程施工合同认知，工程施工合同的谈判、签订与审查，建设工程施工合同履约管理，建设工程施工合同管理，施工合同索赔管理，建设工程施工合同的争议处理，建设工程中的其他合同，FIDIC 施工合同条件等，同时编入了一些典型工程实例。

全书共有十二个学习情境，每个学习情境设立学习目标和技能目标，通过案例导入、案例解析、知识链接以及各项任务设置，让读者掌握相关知识和技能。

本书可作为高职高专院校建筑工程技术、工程造价、工程管理等专业的教材，也可供相关工程技术、管理人员参考。

图书在版编目（CIP）数据

工程招投标与合同管理/张加瑄主编．—2 版．—北京：中国电力出版社，2025.12
“十三五”职业教育规划教材
ISBN 978-7-5198-3996-3

Ⅰ．①工…　Ⅱ．①张…　Ⅲ．①建筑工程－招标－高等职业教育－教材②建筑工程－投标－高等职业教育－教材③建筑工程－经济合同－管理－高等职业教育－教材　Ⅳ．①TU723

中国版本图书馆 CIP 数据核字（2019）第 244296 号

出版发行：中国电力出版社
地　　址：北京市东城区北京站西街 19 号（邮政编码 100005）
网　　址：http://www.cepp.sgcc.com.cn
责任编辑：熊荣华（010-63412543　124372496@qq.com）
责任校对：黄　蓓　常燕昆
装帧设计：张俊霞　赵姗姗
责任印制：吴　迪

印　　刷：北京雁林吉兆印刷有限公司
版　　次：2011 年 10 月第一版　2019 年 11 月第二版
印　　次：2025 年 12 月北京第十七次印刷
开　　本：787 毫米×1092 毫米　16 开本
印　　张：18.75
字　　数：440 千字
定　　价：50.00 元

前　言

党的二十大胜利召开，为我国高职教育指明了方向。党的二十大报告中明确提出，要“推进职普融通、产教融合、科教融汇，优化职业教育类型定位”。

在全球新一轮科技、产业革命的推动下，我国开始逐步发展新兴产业与新型基础设施建设。“十四五”时期，我国新型基础设施建设政策密集出台，产业数字化转型升级蓬勃开展，新兴产业人才需求逐年攀升。面对产业对人才需求的持续上涨，人才资源成为助推产业革新最活跃、最关键的要素。高等职业教育作为培育高技能人才的重要途径，在推进教育强国与人才强国的伟大建设中具有重要作用。

工程招投标与合同管理是高职院校土建类各专业的核心课程，主要教授工程招投标与合同管理的专业知识，培养学生成为知识与技能过硬的工程行业人才。在当前国家“三全育人”的要求下，教师应在各专业的课程教学中有机融入思政元素，建构科学合理的课程思政教育模式，实现以价值导向为目标的育人效果，进一步加强大学生社会主义核心价值观培育，提高大学生的思想道德修养，坚定大学生的理想信念，使其成为德才兼备的工程管理人才。

工程招投标与合同管理课程思政的设计应当符合国家和行业发展的需要，不仅要传授给学生专业知识，还要引导学生树立正确的世界观、价值观、人生观，以体现立德树人的根本要求。根据本课程特点，教师可以先将课程内容划分为若干模块，再分别设计各模块的课程思政内容，力争在培养学生工程招投标和合同管理能力的同时，渗透遵纪守法、诚实守信、爱岗敬业、团队协作、吃苦耐劳等道德修养与职业精神，使学生成长为合格的工程管理人才。

本书根据现行的《中华人民共和国招投标法》《建设工程施工合同（示范文本）》（2017 版）等与工程建设相关的法律法规，结合工程实践编写而成。全书共有十二个学习情境。学习情境一由山东城市建设职业学院闫光明、济南市市政工程建设集团有限公司刘永斌编写；学习情境二由山东城市建设职业学院李广、山东汇通建设集团有限公司李鹏编写；学习情境三由山东城市建设职业学院闫光明、济南城建集团有限公司于杰编写；学习情境四、十二由山东城市建设职业学院李艳红编写；学习情境五、六、七、十由山东城市建设职业学院张加瑄、山东汇友市政园林集团有限公司李娟编写；学习情境八由山东城市建设职业学院赵琳、李艳红编写；学习情境九由山东城市建设职业学院赵琳编写；学习情境十一由山东城市建设职业学院赵琳、张加瑄编写。本书由张加瑄担任主编并对全书进行统稿，李艳红担任副主编。

限于编写时间及编者水平，书中疏漏和不妥之处在所难免，恳请读者批评指正。

编　者

目　录

学习情境一　工程招投标概述

学习目标

1. 掌握工程承发包的概念、内容;
2. 建筑市场认知;
3. 掌握招投标的分类、特点;
4. 了解招投标的主体、客体。

技能目标

1. 能够区分各类企业不同资质的承包范围;
2. 能够以小组为单位，做市场调查，编写市场调查报告。

【案例导入】 某市第一中学科教楼工程为该市重点教育工程，2018 年 10 月由市发改委批准立项，建筑面积为 7800m^2，投资 780 万元，项目 2019 年 3 月 12 日开工。此项目施工单位由业主经市政府和主管部门批准不招标，奖励给某建设集团承建，双方签订了施工合同。

【案例解析】 对于不需招标的项目，《招标投标法》第 66 条规定：涉及国家安全、国家秘密、抢险救灾或者属于利用扶贫资金实行以工代赈、需要使用农民工等特殊情况，不适宜进行招标的项目，按照国家有关规定可以不进行招标。除此之外，找遍相关法律法规，并无一条规定授权某级政府或主管部门有批准依法应招标项目可以不招标的权利。因此，本案例中经市政府和主管部门批准不招标的做法是一种滥用职权的行为。

《招标投标法》第 4 条规定：任何单位和个人不得将依法必须进行招标的项目化整为零或者以其他任何方式规避招标。

【知识链接】

任务一　工程承发包

一、工程承发包的概念

承发包是一种商业交易行为，是指交易的一方负责为交易的另一方完成某项工作或供应一批货物，并按一定的价格取得相应报酬的一种交易。委托任务并负责支付报酬的一方称为发包人，接受任务并负责按时完成而取得报酬的一方称为承包人。

工程承发包指建筑企业作为承包人，建设单位作为发包人，由甲方把建筑安装工程任务委托给乙方，且双方在平等互利的基础上签订工程合同，明确各自的经济责任、权利和义务，以保证工程任务在合同造价内按期按质按量地全面完成。

二、工程承发包的内容

工程项目承发包的内容是整个建设过程各个阶段的全部工作，可以大致按工作发生的先后顺序，分为工程项目的项目建议书、可行性研究、勘察设计、材料及设备的采购供应、建筑安装工程施工、生产准备和竣工验收等阶段的工作。对于一个承包单位来说，承包内容可以是建设过程的全部工作，也可以是某一阶段的全部或部分工作。

（一）项目建议书

项目建议书是建设单位向国家有关主管部门提出要求，建设某一项目的建设性文件。主要内容是项目的性质、用途、基本内容、建设规模及项目的必要性和可行性分析等。项目建议书可以由建设单位自行编制，也可以委托工程咨询机构代为编制。

（二）可行性研究

项目建议书经批准后，应进行项目的可行性研究。可行性研究就是确定本期建设规模和建设期限、落实选用设备和取得环境保护部门的批件、落实工程建设条件及投资控制指标经济分析、资金来源等。最后完成编制研究报告，按规定向政府提交项目申请报告。可行性研究的主要内容是对拟建项目的一些重大问题，如市场需求、资源条件、原料、燃料、动力供应条件、厂址方案、拟建规模、生产方法、设备选型、环境保护、资金筹措等，从技术和经济两方面进行详尽的调查研究，分析计算和进行方案比较，并对这个项目建成后可能取得的技术效果和经济效益进行预测，从而提出该项工程是否值得投资建设和怎样建设的意见，为投资决策提供可靠的依据。

（三）勘察设计

1. 工程勘察

工程勘察主要是为工程测量、水文地质勘查和工程地质勘察。其任务是查明工程项目建设地点的地形地貌、地层土壤岩性、地质构造、水文条件等自然地质条件，作出鉴定和综合评价，为建设项目的选址、工程设计和施工提供科学依据。

2. 工程设计

工程设计是从技术上和经济上对拟建工程进行全面规划。大中型项目一般采用两阶段设计，即初步设计和施工图设计；重大型项目和特殊项目采用三阶段设计，即初步设计、技术设计和施工图设计。

（四）材料和设备的采购供应

项目所需的设备和材料，涉及面广、品种多、数量大。设备和材料采购供应是工程建设过程中的重要环节。建筑材料的采购供应方式有：公开招标、询价报价、直接采购等。设备的供应方式有：委托承包、设备包干、招标投标等。

（五）建筑安装工程施工

建筑安装工程施工是把设计图纸付诸实施的决定性阶段。其任务是把设计图纸变成物质产品，如工厂、矿井、住宅、学校等，使预期的生产能力或使用功能得以实现。建筑安装工程施工的内容包括施工现场的准备工作，永久性工程的建筑施工、设备安装及工业管道安装等。

三、工程承发包方式

工程承发包方式，指发包人与承包人之间的经济关系形式。建筑工程承发包方式是多种多样的，按照不同的标准可以作出不同的分类，通常主要的分类有：

（一）按承发包范围划分承发包方式

按照承发包的范围划分，工程承发包方式可以分为建筑全过程承发包、阶段承发包、专项承发包和其他方式。

1. 建设全过程承发包

建筑全过程承发包也称为统包、一揽子承包、交钥匙工程。建设单位只提出使用要求和竣工期限，或对其他重大决策性问题作出决定，承包单位即可对项目建议书、可行性研究、勘察设计、设备询价与选购、材料订货、工程施工、职工培训、竣工验收，直到投产使用和建设后评估等全过程实行全面的总承包，并负责对各项分包任务进行综合管理和监督。

2. 阶段承发包

阶段承发包是指发包人和承包人就建筑过程中某一阶段或者某些阶段的工作（如可行性研究、勘察、设计或施工、材料设备供应等）进行发包承包。例如由设计机构承担勘察设计，由施工企业承担工业与民用建筑施工；由设备安装公司承担设备安装任务。其中，施工阶段的承发包还可依承发包具体内容的不同，具体细分为以下三种形式：

（1）包工包料。即工程施工所用的全部人工和材料由承包人负责。这是国际上采用较为普遍的施工承包方式。其优点是：可以调剂余缺，合理组织供应，加快工程的建筑速度，促进施工企业加强其企业管理的力度，减少不必要的损失和浪费；有利于合理使用材料，降低工程造价，减轻建设单位的负担。

（2）包工不包料。又称包清工，即承包人仅提供劳务而不承担供应任何材料的义务，实质上是劳务承包。目前国内外的建筑工程中都存在这种承发包方式。

（3）包工部分包料。即承包人只负责提供施工的全部所需工人和一部分材料，材料的其余部分由建设单位或总包单位负责供应。我国在改革开放以前曾实行多年的施工单位承包全部用工和地方材料，建设单位供应统配和部管材料以及某些特殊材料，就属于典型的包工部分包料承包方式。

3. 专项承发包

专项承发包是指发包人和承包人就某建筑阶段中的一个或几个专门项目进行发包承包。由于一些项目的专业性强，多由有关的专业承包单位承包，所以专项承发包也称为专业承发包。

专项承发包主要适用于可行性研究中的辅助研究项目；勘察设计阶段的工程地质勘察、供水水源勘察，基础或结构工程设计、工艺设计，供电系统、空调系统及防灾系统的设计；施工阶段的深基础施工、金属结构制作和安装、通风设备和电梯安装等建筑准备阶段的设备选购和生产技术人员培训等项目。

4. 其他方式

按照承发包范围划分，除了上述三种方式外，还有其他方式，例如：BOT 方式。BOT 是建造—经营—转让（build-operate-transfer）的英文首字母缩写。指一个承建人或发起人从委托人处获得特许权，成为特许权的所有者后，着手从事项目的融资、建设和经营，并在特许期内拥有该项目的经营权和所有权，特许期结束后，将项目无偿地转让给委托人。在特许期内，项目公司通过对项目的良好经营，得到利润，用于收回融资成本，并取得合理收益。

（二）按承包人所处的地位划分承发包方式

在工程承包中，一个建筑项目往往有不止一个承包单位。不同承包单位之间，承包单位与建设单位之间的关系不同，就形成不同的承发包方式。

1. 总承包

总承包简称总包。指发包人将一个建设项目建设全过程或其中某个或某几个阶段的全部工作发包给一个承包人承包，该承包人可以将在自己承包范围内的若干专业性工作再分包给不同的专业承包人去完成，并对其统一协调和监督管理。各专业承包人只同总承包人发生直接关系，不与发包人发生直接关系。

随着建筑业的发展，建筑项目日益大型化、专业化、复杂化，陈旧的承包模式已经不能适应现代工程的需要。目前，国际上一些比较流行的设计—采购—施工的总承包服务，是我国建筑业承包模式的发展方向。

国际总承包模式主要有：EPC、PM、CM 等。

EPC（Engineer-Purchase-Construct），即设计—采购—施工模式，是目前国际上最常见的一种模式。交钥匙工程模式是一种典型的 EPC 模式。交钥匙工程模式的主要做法是业主选择一家总承包公司，由总承包公司向业主提供包括融资、咨询、设计、施工、设备采购、安装和调试直至竣工移交的全套服务。总承包公司对项目全程负责，避免了设计、施工的不协调，可以显著减少成本、缩短工期。

目前，国际上优秀的承包商都把利润的着眼点放在工程项目的前期和后期阶段，依靠咨询、设计、材料采购来获取利润。我国建筑企业还是靠施工来获取利润，这是我国建筑企业与国际上优秀承包商的差距之一。

PM（Project-Manage），即项目管理，主要是业主方的项目管理。PM 方式的承包商应具备设计能力，具有设备采购权。

CM（Construct-Manage），即施工管理。业主委托一个单位来负责协调设计、管理和施工。例如，上海建工集团在建设上海金茂大厦时对承包模式做了有益的探索。上海建工集团承建的 88 层金茂大厦项目改变了设计院出图、施工单位施工的模式。项目部从概念图深化开始，到组织施工，直至最后交钥匙，全权管理，取得了良好的效益。

2. 分承包

分承包简称分包，是相对总承包而言的，即承包者不与建设单位发生直接关系，而是从总承包单位分包某一分项工程（如土方、模板等）或某种专业工程（如钢结构制作和安装、卫生设备安装等），在现场由总包单位统筹安排其活动，并对总包单位负责。分包单位通常为专业工程公司。国际上现行的分包方式主要有两种：一是由建设单位指定分包单位，与总包单位签订分包合同；另一种是总包单位自行选择分包单位，经建设单位同意后签订分包合同。

需要注意的是，分包单位承包的工程不能是总承包范围内的主体结构或关键部分，主体结构工程或关键部分必须由总承包单位自己完成，否则就不是分包，而是转包了，转包是违法的。

3. 独立承包

独立承包是指承包人依靠自身力量完成承包任务的承发包方式。适用于技术要求比较简单、规模不大的工程项目。

4. 联合承包

联合承包是相对于独立承包而言的承包方式，即由两个以上承包单位联合起来承包一项工程任务，由参加联合的各单位推荐代表统一与建设单位签订合同，共同对建设单位负责，并协调他们之间的关系。联合承包主要适用于大型或结构复杂的工程。参加联合的各方通常是采用成立工程项目合营公司、合资公司、联合集团等联营体形式，推选承包代表人，协调承包人之间的关系，统一与发包人签订合同，共同对发包人承担连带责任。

需要注意的是，联合体各方依然是独立法人，联合体各方通过联合协议约定各方的权利义务关系，包括投入的资金数额、工人和管理人员的派遣、机械设备种类、临时设施的费用分摊、利润的分享以及风险的分担等。联合体的资质以联合体各方资质最低的资质为准。联合体各方由于多家联合，资金雄厚，技术和管理上可以取长补短，发挥各自优势，有能力承包大规模的工程任务，较易中标。在国际工程中，外国承包企业与工程所在国承包企业联合经营，有利于了解当地国情民俗、法规条例，便于开展工作。

5. 直接承包

直接承包就是在同一工程项目上，不同承包单位分别与建设单位签订承包合同，各自直接对建设单位负责。各承包商之间不存在总分包关系，现场上的协调工作可由建设单位自己去做，或委托一个承包商牵头去做，也可聘请专门的项目经理来加以管理。

（三）按获得承包任务的途径划分承发包方式

1. 计划分配

在传统的计划经济体制下，由中央和地方政府的计划部门分配建筑工程任务，由设计、施工单位与建设单位签订承包合同。目前这种方式已很少采用。

2. 投标竞争

通过投标竞争，中标者获得工程任务，与建设单位签订承包合同。这是国际上通用的获得承包任务的方式。我国现阶段的工程任务也是以投标竞争为主的承包方式。

3. 委托承包

委托承包也称协商承包，即由建设单位与承包单位协商，签订委托其承包某项工程任务的合同。主要适用于某些投资限额以下的小型工程。

4. 指令承包

指令承包是由政府主管部门依法指定工程承包单位。仅适用于某些特殊情况：少数特殊工程或偏僻地区的工程，投标企业不愿投标者，可由项目主管部门或当地政府指定投标单位。

（四）按合同计价方法划分承发包方式

1. 固定总价合同

固定总价合同，又称总价合格，即发包人预先规定明确的承包范围和合同总价。由于不可预见工程费用的大小不同，采用这种形式承包风险较大。这种方式适用于规模较小、风险不大、技术简单、工期较短的工程。其主要做法是，以图纸和工程说明书为依据，明确承包内容和计算承包价，总价一次包死，一般不予变更。

这种方法的优点是，因为有图纸和工程说明书为依据，发包人、承包人都能较准确地估算工程造价，发包人容易选择最优承包人。缺点是，对承包商有一定的风险，因为如果设计图纸和说明书不太详细，未知数比较多，或者遇到材料突然涨价、地质条件变化和气候条件恶劣等意外情况，承包人承担的风险就会增大，风险费用加大不利于降低工程造价，最终对发包人也不利。

2. 计量估价合同

计量股价合同是指以工程量清单和单价表为计算承包价依据的承发包方式。通常的做法是，由发包人或委托具有相应资质的中介咨询机构提出工程量清单，列出分部、分项工程量，由承包商根据发包人给出的工程量，经过复核并填上适当的单价，再算出总造价，发包人只要审核单价是否合理即可。这种承发包方式，结算时单价一般不能变化，但工程量可以按实际工程量计算，承包人承担的风险较小，操作起来也比较方便。

3. 固定单价合同

固定单价合同，即事前规定工程单价，而合同附件中所列的工程量仅作参考。这种合同常用于事前仅有建设意向、不能确定分部分项工程总量的工程上。

固定单价合同具体包括以下两种类型：

（1）按分部分项工程单价承包。即由发包人列出分部分项工程名称和计量单位，由承包人逐项填报单价，经双方磋商确定承包单价，然后签订合同，并根据实际完成的工程数量，按此单价结算工程价款。这种承包方式主要适用于没有施工图、工程量不同而且需要开工的工程。

（2）按最终产品单价承包。即按每平方米住宅、每平方米道路等最终产品的单价承包。其报价方式与按分部分项工程单价承包相同。这种承包方式通常适用于采用标准设计的住宅、宿舍和通用厂房等房屋建筑工程。但对其中因条件不同而造价变化较大的基础工程，则大多采用按计量估价承包或分部分项工程单价承包的方式。

4. 成本加酬金合同

成本加酬金合同，即发包人向建筑企业支付工程的直接成本，加上经营管理费用和利润的承包方式。这种方式又分为成本加固定酬金、成本加固定百分比酬金、成本加浮动酬金以及目标成本加奖罚等合同形式。承包人承担的风险比固定总价合同相对较小。

（1）成本加固定酬金。这种承包方式工程成本实报实销，但酬金是事先商量好的一个固定数目。这种承包方式酬金不会因成本的变化而改变，它不能鼓励承包商降低成本，但可以鼓励承包商为尽快取得酬金而缩短工期。有时，为了鼓励承包人更好更快地完成任务，也可在固定酬金之外，再根据工程质量、工期和降低成本情况另加奖金，且奖金所占比例的上限可以大于固定酬金。

（2）成本加固定百分比酬金。这种承包方式工程成本实报实销，但酬金是事先商量好的以工程成本为计算基础的一个百分比。这种承包方式，对发包人不利，因为工程总造价随工程成本增加而相应增大，不能有效地鼓励承包商降低成本、缩短工期。现在这种方式很少采用。

（3）成本加浮动酬金。这种承包方式的做法，通常是由双方事先商定工程成本和酬金的预期水平，然后将实际发生的工程成本与预期水平相比较，如果实际成本恰好等于预期成本，工程造价就是成本加固定酬金；如果实际成本低于预期成本，则增加酬金；如果实际成本高于预期成本，则减少酬金。这种方式的优点是对发包人、承包人双方都没有太大风险，同时也能促使承包商降低成本和缩短工期；缺点是在实践中估算预期成本比较困难，要求承发包双方具有丰富的经验。

（4）目标成本加奖罚。这种承包方式是在初步设计结束后，工程迫切开工的情况下，根据粗略计算的工程量和适当的概算单价表编制概算，作为目标成本。随着设计逐步具体化，目标成本可以调整，另外以目标成本为基础规定一个百分比作为酬金。最后结算时，如果实际成本高于目标成本并抽过事先商定的界限，则减少酬金；如果实际成本低于目标成本，则增加酬金。

5. 按投资总额或承包工程量计取酬金的合同

这种方式主要适用于可行性研究、勘察设计和材料设备采购供应等项目承包业务。例如承包可行性研究的计费方法通常是根据委托方的要求和所提供的资料情况，拟定工作内容，估计完成任务所需各种专业人员的数量和工作时间，据此计算工资、差旅费以及其他各项开支，再加企业总管理费，汇总即可得出承包费用总额。勘察费的计算方法，是按完成的工作量和相应费用定额计取。

任务二　建筑市场认知

一、建筑市场的概念

建筑市场指以建筑产品承发包交易活动为主要内容的市场，一般称作建设市场或建筑工程市场。

建筑市场有广义和狭义之分。狭义的建筑市场是指有形建筑市场，有固定交易场所。广义的建筑市场包括有形市场和无形市场，与工程建设有关的技术、租赁、劳务等各种要素市场，为工程建设提供专业服务的中介组织，靠广告、通信、中介机构或经纪人等媒介沟通买卖双方或通过招标投标等多种方式成交的各种交易活动；还包括建筑商品生产过程及流通过程中的经济联系和经济关系。广义的建筑市场是工程建设生产和交易关系的总和，包含有形的建筑市场和无形的建筑市场。建筑的生产周期长、标的大决定了建筑市场交易贯穿于建筑生产的全过程。从建设工程的咨询、设计、施工的发包到竣工，承发包、分包方进行的各种交易活动，都是在建筑市场中进行的。生产、交易交织在一起，使得建筑市场独具特色。

二、建筑市场管理体制

建筑市场管理体制因社会制度、国情的不同而异，其管理内容也各具特色。很多发达国家建设主管部门对企业行政管理并不占重要地位，政府的作用是建立有效、公平的建筑市场，提高行业服务质量和促进建筑生产活动的安全、健康，推进整个行业的良性发展，而不是过多的干预企业的经营和生产。政府对建筑业的管理主要通过引导、法律规范、市场调节、行业自律、专业组织辅助管理等来实现。例如，日本有针对性比较强的法律，如《建设业法》《建筑基准法》等，对建筑物安全、审查培训制度、从业管理等均有详细规定，政府按照法令规定行使检查监督权。而美国没有专门的建设主管部门，相应的职能由其他各部设立专门分支机构解决；管理并不具体针对行业，为规范市场行为制订的法令，如《公司法》《民法典》（第三编）《破产法》《反垄断法》等并不仅限于建设市场管理。

我国的建设管理体制是建立在社会主义公有制基础上的。计划经济时期，无论是建设单位，还是施工企业、材料供应部门，均隶属于不同的政府管理部门，各个政府部门主要是通过行政手段管理企业和企业行为，在一些基础设施部门则形成所谓行业垄断。改革开放后，虽然政府行政机构多次调整，但分行业进行管理的格局基本没有改变。国家各个部委均有本行业关于建设管理的规章，有各自的勘察、设计、施工、招标投标、质量监督等一套管理制度，形成对建筑市场的分割。随着社会主义市场经济体制的逐步建立，政府在机构设置上也进行了很大的调整。除保留了少量的行业管理部门外，撤销了众多的专业政府部门，并将政府部门与所属企业脱钩。为建设管理体制的改革提供了良好的条件，逐步实现部门管理向行业管理的转变。

三、建筑市场的主体和客体

建筑市场的主体是指参与建筑生产交易过程的各方，主要有业主、承包商、工程咨询服务机构等。建筑市场的客体是指有形的建筑产品（建筑物、构筑物）和无形的建筑产品（咨询、监理等智力型服务）。

（一）建筑市场主体

1. 业主

业主指既有某项工程建设需求，又具有该工程的建设资金和各种准建手续，在建筑市场中发包工程项目建设的勘察、设计、施工任务，并最终得到建筑产品，达到其经营使用目的的政府部门、企事业单位和个人。

业主在项目建设过程中的主要职能是：建设项目立项决策；建设项目的资金筹措与管理；办理建设项目的有关手续（如征地、建筑许可等）；建设项目的招标与合同管理；建设项目的施工与质量管理；建设项目的竣工验收和试运行；建设项目的统计及文档管理。

2. 承包商

承包商是指拥有一定数量的建筑装备、流动资金、工程技术经济管理人员及一定数量的工人，取得建设行业相应资质证书和营业执照的，能够按照业主的要求提供不同形态的建筑产品并最终得到相应工程价款的建筑施工企业。

对于承包商资质的管理，亚洲国家和地区与欧美国家的做法不大相同。日本、韩国、新加坡、中国等亚洲国家以及我国的香港、台湾地区均对承包商资质评定有着较为严格的规定。而在欧美国家一般没有对承包商资质的评定制度，在工程发包时由业主对承包商的承包能力进行审查。

在我国，承包商可按其所从事的专业分为土建、水电、道路、港口、铁路、市政工程等专业公司。在市场经济条件下，承包商需要通过市场竞争取得施工项目需要依靠自身的实力去赢得市场，承包商的实力主要包括四个方面：

（1）技术方面的实力。有精通本行业的工程师、造价师、经济师、会计师、项目经理、合同管理等专业人员队伍；有工程设计、施工专业装备，能够解决各类工程施工中的技术难题；有承揽不同类型项目施工的经验。

（2）经济方面的实力。具有相当的周转资金用于工程准备，具有一定的融资和垫付资金的能力；具有相当的固定资产和为完成项目购入大型设备所需的资金能力；具有支付各种担保和保险的能力；有承担相应风险的能力；承担国际工程还需具备筹集外汇的能力。

（3）管理方面的实力。建筑承包市场属于买方市场，承包商为打开局面，往往需要低利润报价取得项目。因此，必须在成本控制上下功夫，向管理要效益，采用先进的施工方法提高工作效率和技术水平，必须具有一批高水平的项目经理和管理专家。

（4）信誉方面的实力。承包商要有良好的信誉，这将直接影响企业的生存与发展。要建立良好的信誉，就必须遵守法律法规，能够认真履约，保证工程质量、安全、工期，承担国外工程能按国际惯例办事。

3. 工程咨询服务机构

工程咨询服务机构指具有一定注册资金，具有一定数量的工程技术、经济管理人员，取得建设咨询证书和营业执照，能为工程建设提供估算测量、管理咨询、建设监理等智力型服务并获取相应费用的企业。

工程咨询服务企业包括勘察设计机构、工程造价咨询单位、招标代理机构、工程监理公司、工程管理公司等。这类企业主要是向业主提供工程咨询和管理服务，弥补业主对工程建设过程不熟悉的缺陷，在国际上一般称为咨询公司。我国目前数量最多并有明确资质标准的是勘察设计机构、工程监理公司和工程造价咨询单位。项目管理公司近年来也有发展。

4. 其他主体

除了业主、承包商、工程咨询服务机构作为建筑市场主体以外，其他单位也可成为建筑市场主体，例如银行、保险公司、物资供应商等。它们只有在置身建筑市场时才称为建筑市场的主体。对它们一般不实行资质管理，但可能存在行业准入的情况。

（二）建筑市场的客体

建筑市场的客体，一般称作建筑产品，是建筑市场的交易对象，既包括有形建筑产品，也包括无形产品——各类智力型服务。

建筑产品不同于一般工业产品。建筑产品本身及其生产过程具有不同于其他工业产品的特点。在不同的生产交易阶段，建筑产品表现为不同的形态，可以是咨询公司提供咨询报告；可以是勘察设计单位提供的设计方案、施工图纸；也可以是生产厂家提供的混凝土构件，或者承包商建造的建筑物和构筑物。

1. 建筑产品的特点

建筑产品一般具有如下特点：

（1）建筑产品的固定性和生产过程的流动性。建筑物与土地相连，不可移动，这就要求施工人员和施工机械只能随建筑物不断流动，从而使施工管理具有多变性和复杂性。

（2）建筑产品的单件性。由于业主对建筑产品的用途、性能要求不同以及建设地点的差异性，决定了多数建筑产品都需要单独进行设计，不能批量生产。建筑市场的买方只能通过选择建筑产品的生产单位来完成交易。业主选择的不是产品，而是产品的生产单位。

（3）建筑产品的整体性和分部分项工程的相对独立性。这个特点决定了总包和分包相结合的特殊承包形式。随着经济的发展和建筑技术的进步，施工生产的专业性越来越强。在建筑生产中，由各种专业施工企业分别承担工程的土建、安装、装饰、劳务分包，有利于施工生产技术和效率的提高。

（4）建筑生产的不可逆性。建筑产品一旦进入生产阶段，其产品不可能退换，也难以重新建造，否则双方都将承受极大的损失。所以，建筑生产的最终产品质量是由各阶段成果的质量决定的，设计、施工必须按照规范和标准进行，才能保证生产出合格的建筑产品。

（5）建筑产品的社会性。绝大部分建筑产品都具有相当广泛的社会性，涉及公众的利益和生命财产的安全。即使是私人住宅，也会影响到环境，影响到进入或靠近它的人员的生活和安全。政府作为公众利益的代表，加强对建筑产品的规划、设计、交易、建造的管理是十分必要的，有关工程建设的市场行为都应受到管理部门的监督和审查。

2. 建筑产品的商品属性

我们国家推行一系列以市场为取向的改革措施，建筑企业成为独立的生产单位，建设投资由国家拨款改为多种渠道筹措，市场竞争代替行政分配，建筑产品的价格也逐步走向以市场行为价格的机制，建筑产品的商品属性已为大家所共识。

3. 工程建设标准的法定性

建筑产品的质量不仅关系承发包双方的利益，也关系到国家和社会的公共利益，正是由于建筑产品的这种特殊性，其质量标准是以国家标准、国家规范等形式颁布实施的。从事建筑产品生产必须遵守这些规定。

工程建设标准是指对工程勘察、设计、施工、验收、质量检验等各个环节的技术要求。工程建设标准涉及面很广，包括房屋建筑、交通运输、水利、电力、通信、采矿冶炼、石油化工、市政公用设施等诸多方面。具体有：①工程勘察、设计、施工及验收等的质量要求和方法；②与工程建设有关的安全、卫生、环境保护的技术要求；③工程建设的术语、符号、代号、量与单位、建筑模数和制图方法；④工程建设的试验、检验和评定方法；⑤工程建设的信息技术要求。工程建设标准一方面通过有关的标准规范为相应的专业技术人员提供需要遵循的技术要求和方法，一方面通过标准的法律属性和权威属性保证了从事工程建设有关人员按照规定执行，从而为保证工程质量打下基础。

四、建筑市场资质管理

根据《建筑业企业资质标准》（建市〔2014〕159 号），建筑业企业资质分为施工总承包资质、专业承包资质、施工劳务资质三个序列。施工总承包资质、专业承包资质按照工程性质和技术特点分别划分为若干资质类别，各资质类别按照规定的条件划分为若干资质等级。施工劳务资质不分类别与等级。

根据《工程勘察资质标准》规定，工程勘察资质分为三个类别：工程勘察综合资质、工程勘察专业资质、工程勘察劳务资质。工程勘察综合资质只设甲级。岩土工程、岩土工程设计、岩土工程物探测试检测监测专业资质设甲、乙两个级别；岩土工程勘察、水文地质勘察、工程测量专业资质设甲、乙、丙三个级别。工程勘察劳务资质不分等级。

根据《工程设计资质标准》规定，设计资质标准分四个序列，分别是：工程设计综合资质、工程设计行业资质、工程设计专业资质、工程设计专项资质。

根据《工程监理企业资质标准》规定，工程监理企业资质分为综合资质、专业资质和事务所三个序列。综合资质只设甲级。专业资质原则上分为甲、乙、丙三个级别，并按照工程性质和技术特点划分为 14 个专业工程类别；除房屋建筑、水利水电、公路和市政公用四个专业工程类别设丙级资质外，其他专业工程类别不设丙级资质。事务所不分等级。

根据《工程造价咨询企业管理办法》规定，工程造价咨询企业资质等级分为甲级、乙级。

2018 年 3 月，住房和城乡建设部决定废止《工程建设项目招标代理机构资格认定办法》（建设部令第 154 号），工程招标代理资质正式取消。

五、公共资源交易中心

公共资源交易中心是在改革开放过程中出现的使建设市场有形化的管理方式。公共资源交易中心是一种有形的建筑市场，根据国家法律法规成立，负责收集和发布建设工程信息，依法办理建设工程的有关手续，提供和获取政策法规及技术经济咨询服务。

（一）公共资源交易中心的性质与作用

1. 公共资源交易中心的性质

公共资源交易中心依法自主经营、独立核算，它不以营利为目的，可经批准收取一定的费用，是具有法人资格的服务性经济实体。它不是政府管理部门，也不是政府授权的监督机构，本身不具备监督管理职能。它的设立需要经过政府或者政府授权主管部门批准，并非任何单位和个人可随意成立，旨在为建立公开、公平、平等竞争的招投标制度服务。

2. 公共资源交易中心的作用

在我国，公共资源交易中心须经政府授权成立，依法必须招标的建设项目都要在公共资源交易中心内报建、发布招标信息、进行合同授予、申领施工许可证。招投标活动都要在场内进行，并接受政府有关管理部门的监督，成为我国解决国有建设项目交易透明度差的问题和加强建筑市场管理的一种独特方式，有效地减少工程发包中的不正之风和腐败现象。

（二）公共资源交易中心的基本功能

我国公共资源交易中心负责具体实施交易中心的各项建设和运行管理工作，规范交易活动和窗口服务行为。

（1）收集、存储、发布各类工程招标、投标、中标信息。提供勘察、设计、施工、监理、中介服务等各类企业相关信息，提供材料、设备、价格信息，科技和人才信息，工程分包信息。

（2）提供评标专家库、负责收集、记录专家动态工作情况，为政府有关部门审定、考核专家提供资料。

（3）提供政策法规咨询、经济技术咨询服务，提供招标、投标、开标、评标、定标、洽谈、合同签署等交易活动的固定场所和相关设施设备服务。

（4）为政府职能部门提供固定的集中办公场地，为建设工程交易各方提供办理施工许可手续的一条龙服务。

（5）负责管理建设工程交易计算机管理系统和相关网络的开发建设和运行管理。

（6）在工程交易中发现违法违规行为，及时向有关部门报告，并协助有关部门进行调查。

（7）妥善保存建设工程招投标活动中产生的有关资料、原始记录等，制订相应的查询制度和保密措施，便于有关部门加强对建设工程交易活动的监督和管理。

（8）严格按照依法核准的收费范围和标准计收工程交易费。

（三）公共资源交易中心的运行原则

为了保证公共资源交易中心能够有良好的运行秩序和市场功能的充分发挥，必须坚持市场运行的一些基本原则，主要包括：

1. 信息公开原则

公共资源交易中心必须充分掌握政策法规、工程发包、承包商和咨询单位的资质：造价指数、招标规则、评标标准、专家评委库等信息，并保证市场各方主体都能及时获得所需要的信息资料。

2. 依法管理原则

公共资源交易中心应当严格按照法律法规开展工作，尊重业主依法确定中标单位的权利。尊重潜在的投标人提出的投标要求和接受邀请参加投标的权利。禁止非法干预交易活动的正常进行，监察机关、公证部门实施监督。

3. 公平竞争原则

进驻公共资源交易中心的有关行政监督管理部门应严格监督招投标单位的行为，防止行业部门垄断和不正当竞争，不得侵犯交易活动各方的合法权益。

4. 属地进入原则

按照相关规定，实行属地进入原则。每个城市原则上只能设立一个公共资源交易中心，特大城市可以根据需要，设立区域性分中心。在建设工程所在地的交易中心进行招标投标活动，对于跨省、自治区、直辖市的铁路、公路、水利等工程项目，可在政府有关部门的监督下，通过公告由项目法人组织招标、投标。

5. 办事公正原则

公共资源交易中心必须配合进场各行政管理部门做好相应的工程交易活动管理和服务工

作。要建立监督制约机制，公开办事规则和程序，制订完善的规章制度和工作人员守则。发现建设工程交易活动中的违法违规行为，应当向政府有关管理部门报告。

（四）建设工程交易中心交易流程

按照有关规定，建设工程交易中心的一般交易流程如下：

（1）拟建工程立项后，到建设工程交易中心办理报建备案手续，报建内容包括：工程名称、建设地点、投资规模、工程规模、资金来源、当年投资额、工程筹建情况和开竣工日期等。

（2）申请招标监督管理部门确认招标方式。

（3）履行建设项目的招投标程序。

（4）自《中标通知书》发出 30 日内，双方签订合同。

（5）进行质量、安全监督登记。

（6）统一缴纳有关费用。

（7）领取《施工许可证》。

根据《中华人民共和国建筑法》（2019 年修订版），申请领取施工许可证，应当具备下列条件：

（1）已经办理该建筑工程用地批准手续。

（2）依法应当办理建设工程规划许可证的，已经取得建设工程规划许可证。

（3）需要拆迁的，其拆迁进度符合施工要求。

（4）已经确定建筑施工企业。

（5）有满足施工需要的资金安排、施工图纸及技术资料。

（6）有保证工程质量和安全的具体措施。

建设行政主管部门应当自收到申请之日起七日内，对符合条件的申请颁发施工许可证。

任务三 建筑工程招投标

一、建筑工程招标投标的概念

招标与投标，实际上是一种商品交易方式。这种交易方式的成本比较高，但具有很强的竞争性。通过竞争，发包方或买受人在得到质量、期限等的保证的同时，享受优惠的价格，当交易数量大到一定规模时，较高的交易成本就可忽略不计，因此在工程项目承发包和大宗物资的交易中应用十分广泛。特别是建设工程的发包，我国的法律法规明确规定除不宜招标的工程项目外，都应当实行招标发包。

招标投标是在市场经济条件下进行工程建设、货物买卖、中介服务等经济活动的一种竞争方式和交易方式，其特征是引入竞争机制以求达成交易协议或订立合同。是指招标人对工程建设、货物买卖、中介服务等交易业务事先公布采购条件和要求，吸引愿意承接任务的众多投标人参加竞争，招标人按照规定的程序和办法择优选定中标人的活动。

整个招标投标过程，包含着招标、投标和定标三个主要阶段。招标，是指建筑单位就拟建的工程发布通告，用法定方式吸引建筑项目的承包单位参加竞争，进而通过法定程序从中选择条件优越者完成工程建设任务的一种法律行为。投标，是指经过特定审查而获得投标资格的建筑项目承包单位，按照招标文件的要求，在规定的时间内向招标单位填报投标书，争取中标的法律行为。定标是招标人完全接受众多投标人中提出最优条件的投标人。

二、各类建设工程招标投标的特点

建设工程招标投标的目的就是通过在工程建设中引进竞争机制，为招标人择优选定中标人（勘察、设计、设备安装、施工、装饰装修、材料设备供应、监理或工程总承包等单位），按照合同约定完成规定的建设任务，保证缩短工期、提供工程质量和节约建设投资等建设目标得以顺利实现。

作为一种交易方式，建设工程招标投标总的特点有：

（1）通过竞争机制，实行交易公开。

（2）鼓励竞争、防止垄断、优胜劣汰，实现投资效益。

（3）通过科学合理和规范化的监管机制与运作程序，可以有效的杜绝不正之风，保证交易的公正性和公平性。

各类建设工程招投标的内容又不尽相同，所以它们又有不同的招投标意图或侧重点，在具体操作上也有一定差别，呈现出不同的特点。下面我们分别介绍。

（一）工程勘察、设计招标投标的特点

工程勘察和工程设计，是两个既有密切联系但又不同的工作。工程勘察是指依据工程建筑目标，通过对地形、地质、水文等要素进行测绘、勘探及综合分析测定，查明建筑场地和有关范围内的地质地理环境特征，提供工程建筑所需的资料及与其相关的活动，具体包括工程测量、水文地质勘察和工程地质勘察。工程设计是指依据工程建筑目标，运用工程技术和经济方法，对建筑工程的工艺、土木、建筑、公用、环境等系统进行综合策划、论证，编制工程建筑所需要的文件及与其相关的活动。具体包括总体规划设计、初步设计、技术设计、施工图设计和设计概（预）算编制。

1. 工程勘察招标投标的主要特点

（1）有批准的项目建议书或者可行性研究报告、规划部门同意的用地范围许可文件和要求的地形图。

（2）采用公开招标或邀请招标方式。

（3）申请办理招标登记，招标人自己组织招标或委托招标代理机构代理招标，编制招标文件，对投标单位进行资格审查，发放招标文件，组织勘察现场和进行答疑，投标人编制、递交投标书，开标、评标、定标，发出中标通知书，签订勘察合同。

（4）在评标、定标上，着重考虑勘察方案的优劣，同时也考虑勘察进度的快慢，勘察收费依据与收费的合理性、正确性，以及勘察资历和社会信誉等因素。

2. 工程设计招标投标的主要特点

（1）设计招标在招标的条件、程度、方式上，与勘察招标相同。

（2）在招标的范围和形式上，主要实行设计方案招标，可以是一次性总招标，也可以分单项、分专业招标。

（3）在评标、定标上，强调把设计方案的优劣作为择优、确定中标的主要依据，同时也考虑设计经济效益的好坏、设计进度的快慢、设计费报价的高低以及设计资历和社会信誉等因素。

（4）中标人应承担初步设计和施工图设计，经招标人同意也可以向其他具有相应资格的设计单位进行一次性委托分包。

（二）施工招标投标的特点

建设工程施工是指把设计图纸变成预期的建筑产品的活动。施工招标投标是目前我国建

筑工程招标投标中开展得比较早、比较多、比较好的一类，其程序和相关制度具有代表性、典型性。甚至可以说，建筑工程其他类型的招标投标制度，都是承袭施工招标投标制度而来的。就施工招标投标本身而言，特点主要是：

（1）在招标条件上，比较强调建筑资金的充分到位。

（2）在招标方式上，强调公开招标、邀请招标，议标方式受到严格限制甚至被禁止。

（3）在投标和评标定标中，要综合考虑价格、工期、技术、质量、安全、信誉等因素，价格因素所占分量比较突出，可以说是关键的一环，常常起到决定性作用。

（三）工程建设监理招标投标的特点

工程建设监理是指具有相应资质的监理单位和监理工程师，受建设单位或个人的委托，独立对工程建筑过程进行组织、协调、监督、控制和服务的专业化活动。工程建筑监理招标投标的主要特点是：

（1）在性质上，属工程咨询招标投标的范畴。

（2）在招标的范围上，可以包括工程建筑过程中的全部工作，如项目建筑前期的可行性研究、项目评估等，项目实施阶段的勘察、设计、施工等，也可以只包括工程建筑过程中的部分工作，通常主要是施工监理工作。

（3）在评标定标上，综合考虑监理规划（或监理大纲）、人员素质、监理业绩、监理取费、检测手段等因素，但其中最主要的考虑因素是人员素质，分值所占比重较大。

（四）材料设备采购招标投标的特点

建筑工程材料设备是指用于建筑工程的各种建筑材料和设备。材料设备采购招标投标的主要特点是：

（1）在招标形式上，一般应优先考虑在国内招标。

（2）在招标范围上，一般为大宗的而不是零星的建筑工程材料设备采购，如锅炉、电梯、空调等的采购。

（3）在招标内容上，可以就整个工程建筑项目所需的全部材料设备进行总招标，也可以就单项工程所需材料设备进行分项招标或者就单件（台）材料设备进行招标，还可以进行从项目的设计，材料设备生产、制造、供应和安装调试到试用投产的工程技术材料设备的成套招标。

（4）在招标中，一般要求做标底，标底在评标定标中具有重要意义。

（5）允许具有相应资质的投标人就部分或者全部招标内容进行投标，也可以联合投标，但应在投标文件中明确一个总牵头单位承担全部责任。

（五）工程总承包招标投标的特点

工程总承包，简单地讲，是指对工程全过程的承包。按其具体范围，可分为三种情况：一是对工程建筑项目从可行性研究、勘察、设计、材料设备采购、施工、安装，直到竣工验收、交付使用、质量保修等的全过程实行总承包，由一个承包商对建筑单位或个人负总责任，建筑单位或个人一般只负责提供项目投资、使用要求及竣工、交付使用期限，这也就是所谓交钥匙工程；二是对工程建筑项目实施阶段从勘察、设计、材料设备采购、施工、安装，直到交付使用等的全过程实行一次性总承包；三是对整个工程建筑项目的某一阶段或某几个阶段实行一次性总承包。这一阶段的主要特点是：

（1）它是一种带有综合性的全过程的一次性招标投标。

（2）投标人在中标后应当自行完成中标工程的主要部分，对中标工程范围内的其他部分，经发包人同意，有权作为招标人组织分包招标投标或委托具有相应资质的招标代理机构组织分包招标投标，并与中标的分包投标人签订工程分包合同。

（3）分承包招标投标的运作一般按照有关总承包招标投标的规定执行。

三、建设工程招标投标活动的基本原则

建筑工程招标投标的基本原则是指在建筑工程招标投标过程中自始至终应该遵循的最基本的原则。我国《招标投标法》规定："招标投标活动应当遵循公开、公平、公正和诚实信用的原则。"我国《建筑法》规定："建筑工程发包与承包的招投标活动，应当遵循公开、公正、平等竞争的原则，择优选择承包单位。"

1. 公开原则

公开是指招标投标活动应当有较高的透明度，招标投标活动中所遵循的公开原则要求招标活动信息公开，开标活动公开，评标标准公开，定标结果公开。

2. 公平原则

招标投标属于民事法律行为，公平是指民事主体的平等。招标人要给所有的投标人以平等的竞争机会，这包括给所有投标人同等的信息量、同等的投标资格要求，不设倾向性的评标条件。

【案例】

在一次招标活动中，招标指南写明投标不能口头附加材料，也不能附条件投标，但业主将合同授予了这样的投标人甲。业主解释说，如果考虑到该投标人的口头附加材料，则该投标人的报价最低。另一个报价低的投标人乙起诉业主，请求法院判定业主将该合同授予自己。法院经过调查发现，投标人甲是业主早已内定的承包商。法院最后判决将合同授予合格的最低价的投标人乙。

【解析】

招标投标是国际和国内建筑行业广泛采用的一种方式。其目的旨在保护公共利益和实现自由竞争。招标法规有助于在公共事业上防止欺诈、串通、倾向性和资金浪费，确保政府部门和其他业主以合理的价格获得高质量的服务。从本质上讲，招标法规是保护公共利益的，保护投标人并不是它的出发点。为了更好地保护公共利益，确保自由、公正的竞争是招标法规的核心内容。对于招标法规的实质性违反是不允许的，即使这种违反是出于善意，也不允许违反有关招标法规的强制性规定。

保证招标活动的竞争性是有关招标法规最重要的原则。《建筑法》第十六条规定，建筑工程发包与承包的招标投标活动，应当遵循公开、公正、平等竞争的原则，择优选择承包单位。这就从法律上确立了保障招标投标活动竞争性这一最高原则。

在本案中，业主私下内定了承包商，这就违反了招标法规的有关竞争性原则。况且本案中的招标文件明确规定投标不能口头附加条件，也不能附条件投标。法院判决将合同授予合格的最低价的投标人乙是正确的。对于投标人甲，由于他违反了招标法规的竞争原则，当然不能取得合同，也不能要求返还他的合理费用。

3. 公正原则

公正原则是指招标人在执行开标程序，评标委员会在执行评标标准时都要严格照章办事，尺度相同，不能厚此薄彼，尤其是处理迟到标、判定废标、无效标以及质疑过程中更要体现公正原则，要实事求是地进行评标和决策，不偏袒任何一方。

4. 诚实信用原则

诚实信用是民事活动的基本原则，不得有欺骗、背信的行为。招标人不得搞内定承包人的虚假招标，也不能在招标中设圈套损害承包人的利益。投标人不能用虚假资质、虚假标书投标，投标文件中所有各项都要真实。合同签订后，任何一方都要严格、认真地履行。

5. 求效、择优原则

求效、择优原则，是建筑工程招标投标的终极原则。实行建筑工程招标投标的目的，就是要求追求最佳的投资效益，在众多的竞争者中选择出最优秀、最理想的投标人作为中标人。讲求效益和择优定标，是建筑工程招标投标活动的主要目标，在建筑工程招标投标活动中，除了要坚持合法、公开、公正等前提性、基础性原则外，还必须贯彻求效、择优的目的性原则。贯彻求效、择优原则，最重要的是要有一套科学合理的招标投标程序和评标、定标办法。

任务四　建设工程招标投标主体

一、建设工程招标人

建设工程招标人是指依法提出招标项目，进行招标的法人或者其他组织。通常为该建设工程的投资人即项目业主或建设单位。建设工程招标人在建设工程招标投标活动中起主导作用。

在我国，随着投资管理体制的改革，投资主体已由过去单一的政府投资发展为国家、集体、个人多元化投资。与投资主体多元化相适应，建筑工程招标人的类型也多种多样，出现了多样化趋势，包括各类企业单位、机关、事业单位、社会团体、合伙企业、个人独资企业和外国企业以及企业的分支机构等。

（一）建设工程招标人的招标资质

建设工程招标人的招标资质，又称招标资格，是指建设工程招标人能够自己组织招标活动所必须具备的条件和素质。由于招标人自己组织招标是通过其设立的招标组织进行的，因此，招标人资质实质上就是招标人设立的招标组织的资质。建设工程招标人自行办理招标必须具备的两个条件是：

（1）有编制招标文件的能力。

（2）有组织评标的能力。

从条件要求来看，主要是指招标人必须设立专门的招标组织；必须有与招标工程规模和复杂程度相适应的工程技术、预算、财务和工程管理等方面的专业技术力量；有从事同类工程建设招标的经验；熟悉和掌握招标投标法及有关法规规章。凡符合上述要求的，招标人应向招标投标管理机构备案后组织招标。招标人不符合上述条件的，不得自行组织招标，只能委托招标代理机构代理组织招标。

对于建设工程招标人招标资质的管理，目前国家也只是通过向招标投标管理机构备案进行监督和管理，没有具体的等级划分和资质认定标准。随着建筑工程项目招标投标制度的进一步完善，我国应该建立一套完整的对招标人进行资质认定和管理的办法。

（二）建设工程招标人的权利和义务

1. 建设工程招标人的权利

（1）自行组织招标或者委托招标的权利。招标人是工程建筑项目的投资责任者和利益主体，也是项目的发包人。招标人发包工程项目，凡具备招标资格的，有权自己组织招标，自行办理招标事宜；不具备招标资格的，则委托招标代理机构代理组织招标、代为办理招标事宜的权利。招标人委托招标代理机构进行招标时，享有自由选择招标代理机构的权利，同时享有参与整个招标过程的权利，招标人有权参加评标组织。任何机关、社会团体、企业事业单位和个人不得以任何理由为招标人指定或变相指定招标代理机构，招标代理机构只能由招标人选定。在招标人委托招标代理机构代理招标的情况下，招标人对招标代理机构办理的招标事务要承担法律后果，因此对代理机构的代理活动，特别是评标、定标代理活动进行必要的监督。

（2）进行投标资格审查的权利。对于要求参加投标的潜在投标人，招标人有权要求其提供有关资质情况的资料，进行资格审查、筛选，拒绝不合格的潜在投标人参加投标。招标单位对参加投标的承包商进行资格审查，是招标过程中的重要一环。招标单位对投标者的审查，着重掌握投标者的财务状况、技术能力、管理水平、资信能力和商业信誉，以确保投标者能胜任投标的工程项目承揽工作。招标单位对投标者的资格审查内容主要包括：企业注册证明和技术等级；主要施工经历；质量保证措施；技术力量简况；正在施工的承建项目；施工机械设备简况；资金或财务状况；企业的商业信誉；准备在招标工程上使用的施工机械设备；准备在招标工程上采用的施工方法和施工进度安排。

（3）择优选定中标人的权利。招标的目的是通过公平、公开、公正的市场竞争，确定最优中标人，以顺利地完成工程建筑项目。招标过程其实就是一个优选过程，择优选定中标人，就是根据评标组织的评审意见和推荐建议，确定中标人。这是招标人最重要的权利。

（4）享有依法约定的其他各项权利。建设工程招标人的权利依法确定，法律法规有规定的应该依据法律法规，法律法规无规定时则依双方约定，但双方的约定不得违法或损害社会公共利益和公共秩序。

2. 建设工程招标人的义务

（1）遵守法律、法规、规章和方针、政策。社会主义市场经济是法治经济，在社会主义市场经济条件下，任何行为都必须依法进行，建设工程招标行为也不例外。建设工程招标人的招标活动必须依法进行，违法或违规、违章的行为不仅不受法律保护，而且还要承担相应的法律责任。遵纪守法是建设工程招标人的首要义务。

（2）接受招标投标管理机构管理和监督的义务。为了保证建设工程招标投标活动公开、公平、公正，建设工程招标投标活动必须在招标投标管理机构的行政监督管理下进行。

（3）不侵犯投标人合法权益的义务。招标人、投标人是招标投标活动的双方，他们在招标投标中的地位是完全平等的，因此招标人在行使自己权利的时候，不得侵犯投标人的合法权益，不得妨碍投标人公平竞争。

（4）委托代理招标时向代理机构提供招标所需资料、支付委托费用等义务。招标人委托招标代理机构进行招标时，应承担的义务主要有：①招标人对于招标代理机构在委托授权的范围内所办理的招标事务的后果直接接受并承担民事责任。②招标人应向招标代理机构提供招标所需的有关资料，提供为办理受托事务必需的费用。③招标人应向招标代理机构支付委托费或报酬。支付委托费或报酬的标准和期限，依法律规定或合同的约定。④招标人应向招标代理机构赔偿招标代理机构在执行受托任务中非因自己过错所遭受的损失。

（5）保密的义务。建筑工程招标投标活动应当遵循公开原则，但对可能影响公平竞争的信息，招标人必须保密。招标人设有标底的，标底必须保密。

（6）与中标人签订并履行合同的义务。招标投标的最终结果，是择优确定中标人，与中标人签订并履行合同。无故不签订或不履行合同应依法承担相应的法律责任。

（7）承担依法约定的其他各项义务。在建设工程招标投标过程中，招标人与他人依法约定的义务，也应认真履行。但是，约定不能违反法律规定，违反法律规定的约定属于无效约定。约定必须双方自愿，坚持意思自治原则，不得强迫或欺诈。

二、建设工程投标人

建设工程投标人是建设工程招标投标活动的另一主体，它是指响应招标并购买招标文件，参加投标的法人或其他组织。投标人应当具备承担招标项目的能力。参加投标活动必须具备一定条件，不是所有感兴趣的法人或其他组织都可以参加投标。我国《招标投标法》第二十六条规定："投标人应当具备承担招标项目的能力；国家有关规定对投标人资格条件或者招标文件对投标人资格条件有规定的，投标人应当具备规定的资格条件。"概括地说，投标人通常应具备的基本条件主要有：①必须有与招标文件要求相适应的人力、物力和财力；②必须有符合招标文件要求的资质证书和相应的工作经验与业绩证明；③必须有符合法律、法规规定的其他条件。

建设工程投标人主要是指勘察设计单位、施工企业、建筑装饰装修企业、工程材料设备供应单位、工程总承包单位以及咨询、监理单位等。

1. 建设工程投标人的投标资质

建设工程投标人的投标资质，是指建设工程投标人参加投标所必须具备的条件和素质，包括资历、业绩、人员素质、管理水平、资金数量、技术力量、技术装备、社会信誉等几个方面的因素。

我国目前已对从事勘察、设计、施工、建筑装饰装修、工程材料设备供应、工程总承包以及咨询、监理等活动的单位实行了从业资格认证制度，以上单位必须依法取得相应等级的资质证书，并在其资质等级许可的范围内从事相应的工程建设活动。在建设工程招标投标管理中，可以不再对上述单位发放专门的投标资质证书，只需对它们已经取得的相应等级的资质证书进行验证，以确认它们的投标资质。

（1）工程勘察设计单位。工程勘察设计单位参加建设工程勘察设计招标投标活动时，必须持有相应的勘察设计资质证书，并在其资质证书许可的范围内进行活动。工程勘察设计单位的专业技术人员参加建设工程勘察设计招标投标活动时，也应持有相应的执业资格证书，并在其执业资格证书许可的范围内进行活动。

根据《建筑工程勘察设计企业资质管理规定》（住建部第 169 号令），工程勘察资质分为工程勘察综合资质、工程勘察专业资质、工程勘察劳务资质；工程设计资质分为工程设计综合资质、工程设计行业资质、工程设计专业资质，每种资质各有其相应等级。

（2）施工企业。施工企业参加建筑工程招标投标活动，应当在其资质等级证书许可的范围内进行。施工企业的专业技术人员参加建设工程施工招标活动，应持有相应的执业资格证书，并在其执业资格证书许可的范围内进行。承担项目经理工作的，必须持有相应等级和相应专业的建造师执业资格证书。

（3）建设监理单位。建设监理单位参加建筑工程监理招标活动，必须持有相应的建筑监理资质证书，并在其资质证书许可的范围内进行。建筑监理单位的专业技术人员参加建筑工程监理招标投标活动，应持有相应的执业资格证书，并在其执业资格证书许可的范围内进行。

（4）建设工程材料设备供应单位。建设工程材料设备供应单位，包括具有法人资格的建设工程材料设备生产、制造厂家，材料设备公司、设备成套承包公司等。目前，我国对建设工程材料设备供应单位实行资质管理的，主要是混凝土预制构件生产企业、商品混凝土生产企业和机电设备成套供应单位。

混凝土预制构件生产企业、商品混凝土生产企业和机电设备成套供应单位参加建设工程材料设备招标投标活动，必须持有相应的资质证书，并在其资质证书许可的范围内进行。混凝土预制构件生产企业、商品混凝土生产企业和机电设备成套供应单位的专业技术人员参加建设工程材料设备招标投标活动，应持有相应的执业资格证书，并在其执业资格证书许可的范围内进行。

2. 建设工程投标人的权利和义务

建设工程投标人的权利有：

（1）有权平等获得和利用招标信息。招标信息是投标决策的基础和前提，投标人不掌握招标信息，就不可能参加投标。投标人掌握的招标信息是否真实、准确、及时、完整，对投标工作具有非常重要的影响。投标人对招标信息的获得主要是通过招标人发布的招标公告，也可以通过政府主管部门公布的工程报建登记信息获得。能够保证投标人平等地获得招标信息，是招标人和政府主管部门的重要义务。

（2）有权按照招标文件的要求自主投标或组成联合体投标。为了更好地把握投标竞争机会，提高中标率，投标人可以根据自身的实力和投标文件的要求，自主决定是独自参加投标竞争还是与其他投标人组成一个联合体以一个投标人的身份共同投标。在此需要注意的是，联合体投标是一种联营行为，联合体各方对招标人承担连带责任。联合体是一个临时性组织，不具有法人资格。

（3）有权要求对招标文件中的有关问题进行答疑。对招标文件中的有关问题进行答疑是指招标人或招标代理机构对于投标人所提问题的答疑。投标人参加投标，必须编制投标文件。编制投标文件的基本依据就是招标文件。正确地理解和领悟招标文件是编制投标文件的前提。对招标文件不清楚或有疑问，投标人有权要求招标人或招标代理机构给予澄清或解释，以利于准确领会和把握招标意图。

（4）有权确定自己的投标报价。投标人参加投标，是参加建筑市场的竞争活动，各个投标人之间是一种市场竞争关系。投标竞争是投标人自主经营、自负盈亏、自我发展壮大的强大动力。建设工程招标投标活动必须按照市场经济的规律办事。投标人的投标报价由投标人根据自身的情况自主确定，任何单位和个人都不得非法干涉。投标人根据自身的经营状况、利润目标和市场行情，科学合理地确定投标报价，是整个投标活动中最关键的一环。

（5）有权参与或放弃投标竞争。在市场经济条件下，投标人参加投标竞争的机会是均等的。参加投标是投标人的权利，放弃投标也是投标人的权利。对投标人来说，参加不参加投标，是不是参加到底，完全是自愿的。任何单位或个人不能强制、胁迫投标人参加投标，更不能强迫或变相强迫投标人“陪标”，也不能阻止投标人中途放弃投标。

（6）有权要求优质优价。价格问题是招标投标中的一个核心问题。在现实中，很多投标人为了取得建筑项目的中标而互相盲目压价，不利于建筑工程建筑质量的提高，也有害于建筑工程市场的良性发展。为了保证工程的安全和质量，必须防止和克服只为争得项目中标而不切实际的盲目降价压价现象，投标人有权要求实行优质优价，避免投标人之间的恶性竞争。

（7）有权控告、检举违法、违规行为。在建设工程招标投标活动中，投标人和其他利害关系人认为招标投标活动有违反法律、法规禁止情形的，有权向招标人提出异议或依法向有关行政监督部门控告、检举。

建设工程投标人的义务有：

（1）遵守法律、法规、规章、方针和政策。建设工程投标人的投标活动必须依法进行，遵纪守法是建设工程投标人的首要义务。违法、违规的行为会受到法律的制裁。

（2）接受招标投标管理机构的监督管理。我国《招标投标法》第 7 条规定："招标投标活动及其当事人应当接受依法实施的监督。有关行政监督部门依法对招标投标活动实施监督，依法查处招标投标活动中的违法行为。"

（3）保证所提供文件的真实性，提供投标保证金或其他形式的担保。投标人提供的投标文件必须真实可靠，并对此予以保证。让投标人提供投标保证金或其他形式的担保，目的在于使投标人的保证落到实处，使投标活动保持应有的严肃性，建立和维护招标投标活动的正常秩序。

（4）按招标人或招标代理人的要求对投标文件的有关外问题进行答疑。投标文件是以招标文件为主要依据进行编制的。正确理解投标文件，是准确判断投标文件是否实质性响应招标文件的前提。对投标文件中不清楚的问题，招标人或招标代理人有权要求投标人予以答疑。

（5）中标后与招标人签订合同并履行合同。投标人中标后与招标人签订，并实际履行合同约定的全部义务，是实行招标投标制度的意义所在。投标人在接到《中标通知书》30 日内必须与招标人签订合同。中标人应当亲自履行合同，不得将工程任务倒手转让给他人承包。如需进行分包的，需经招标人认可方可进行分包。

（6）履行依法约定的其他义务。在建设工程招标投标过程中，投标人和招标人、招标代理人可以在遵守法律的前提下，互相协商，约定一定的义务。双方自愿约定的义务也是具有法律效力的，也必须依法履行。

三、建设工程招标代理机构

建设工程招标代理机构是依法设立，接受招标人的委托，从事招标代理业务并提供相关服务的社会中介组织，如工程招标公司、工程招标（代理）中心、工程咨询公司等。工程招标代理机构与行政机关和其他国家机关不存在隶属关系或者其他利益关系，是独立法人，实行独立核算、自负盈亏。

招标人有权自行选择招标代理机构，委托其办理招标事宜。任何单位和个人不得以任何方式为招标人指定招标代理机构。招标人具有编制招标文件和组织评标能力的，可以自行办理招标事宜。依法必须进行招标的项目，招标人自行办理招标事宜的，应当向有关行政监督部门备案。

1. 建设工程招标代理机构概述

（1）建设工程招标代理的概念。建设工程招标代理，是指建设工程招标人将建设工程招标事务委托给相应中介服务机构，由该中介服务机构在招标人委托授权的范围内以委托的招标人的名义同他人独立进行建设工程招标投标活动，由此产生的法律后果由委托招标人承担的一种法律制度。

在建设工程招标代理关系中，接受委托的中介服务机构称为代理人；委托中介机构的招标人称为被代理人或者本人；与代理人进行建设工程招标活动的人称为第三人（相对人）。

在建设工程招标代理关系中存在着三方面的关系：一是被代理人和代理人之间基于委托授权而产生的一方在授权范围内以他方名义进行招标事务，他方承担其行为后果的关系；二是代理人与第三人之间承受招标代理行为法律后果的关系；三是被代理人与第三人之间因招标代理行为所产生的法律后果归属关系。

（2）建设工程招标代理的特征。①建设工程招标代理人必须以被代理人的名义办理招标事务；②建设工程招标代理人具有在授权范围内独立进行意思表示的职能；③建设工程招标代理行为，应在委托授权的范围内实施；④建设工程招标代理行为的法律后果归属于被代理人。

2. 建设工程招标代理机构的权利和义务

（1）建设工程招标代理机构的权利。①组织和参与招标活动；②依据招标文件的要求，审查投标人资质；③按规定标准收取代理费用；④招标人授予的其他权利。

（2）建设工程招标代理机构的义务。①遵守法律、法规、规章、方针和政策；②维护委托人的合法权益；③组织编制解释招标文件；④接受招标投标管理机构的监督管理和招标行业协会的指导；⑤履行依法约定的其他义务。

四、建设工程招标投标行政监管机关

建设工程招标投标涉及国家利益、社会公共利益和公众安全，因而必须对其实行强有力的政府监管。建设工程招标投标活动及其当事人应当接受依法实施的监督管理。

1. 建设工程招标投标监管体制

为了维护建筑市场的统一性、竞争有序性和开放性，国家明确指定一个统一归口的建设行政主管部门，即住房和城乡建设部（简称住建部）。它是全国最高招标投标管理机构。在住建部的统一监管下，实行省、市、县三级建设行政主管部门对所辖行政区内的建设工程招标投标分级管理。

各级建设行政主管部门作为本行政区域内建设工程招标投标工作的统一归口监督管理部门，其主要职责是：

（1）指导建筑活动，规范建筑市场，发展建筑产业的高度研究，制订有关建筑工程招标投标的发展战略、规划、行业规范和相关方针、政策、行为规则、标准和监管措施，组织宣传、贯彻有关建筑工程招标投标的法律、法规、规章，进行执法检查监督。

（2）指导、检查和协调本行政区域内建筑工程的招标投标活动，总结交流经验，提供高效率的规范化服务。

（3）负责对当事人的招标投标资质、中介服务机构的招标投标中介服务资质和有关专业技术人员的执业资格的监督，开展招标投标管理人员的岗位培训。

（4）会同有关专业主管部门及其直属单位办理有关专业工程招标投标事宜。

（5）调解建筑工程招标投标纠纷，查处建筑工程招标投标违法、违规行为，否则违反招标投标规定的定标结果。

2. 建设工程招标投标分级管理

建设工程招标投标分级管理，是指省、市、县三级建筑行政主管部门依照各自的权限，对本行政区域内的建筑工程招标投标分别实行管理，即分级属地管理。

实行建筑行政主管部门系统内的分级属地管理，是现行建筑工程项目投资管理体制的要求，是进一步提高招标工作效率和质量的重要措施，有利于更好地实现建筑行政主管部门对本行政区域建筑工程招标投标工作的统一监管。

3. 建设工程招标投标监管机关

建设工程招标投标监管机关，是指经政府或政府主管部门批准设立的代表政府行使行政监管职能的部门。

建筑行政主管部门与建筑工程招标投标监管机关之间是领导与被领导的关系。省、市、县建筑工程招标投标监管机关的上级与下级之间有业务上的指导和监督关系。

建设工程招标投标监管机关的职权，概括起来可以分为两个方面：一方面是承担具体负责建筑工程招标投标管理工作的职责；另一方面，是在招标投标管理活动中享有可独立以自己的名义行使的管理职能。具体来说有：

（1）办理建设工程项目报建登记。

（2）审查发放招标组织资质证书、招标代理人以及标底编制单位的资质证书。

（3）接受招标申请书，对招标工程应该具备的招标条件、招标人的招标资质、采用的招标方式进行审查备案。

（4）接受招标文件，并进行审查备案。

（5）对投标人的投标资质进行审查认定。

（6）对标底进行审定。

（7）对评标定标办法进行审查认定，对招标投标活动进行全过程监督，对开标、评标、定标活动进行现场监督。

（8）核发或者与招标人联合发出中标通知书。

（9）审查合同草案，监督承发包合同的签订和履行。

（10）调解招标人和投标人在招标投标活动中或合同履行过程中发生的纠纷。

（11）查处建筑工程中招标投标方面的违法行为，依法受委托实施相应的行政处罚。

任务五　工程招投标案例分析

【案例】

在广东省中山医科大学附属第三医院医技大楼工程招投标中，存在包工头串标、建筑施工单位出让资质证照、评标委员会不依法评标、省交易中心个别工作人员收受包工头钱物等违纪违法问题。经广东省建设厅、监察厅研究决定，取消该项目招投标结果，依法重新组织招投标。并依法追究相关人员的刑事责任。

这是广东省建立有形建筑市场以来查处的首宗建设工程交易中心工作人员违纪违法案件。

案情：中山医大三院医技大楼设计建筑面积为19945m^2，预计造价7400万元，其中土建工程造价约为3402万元，配套设备暂定造价为3998万元。该工程项目在广东省建设工程交易中心以总承包方式向社会公开招标。

经常以“广州辉宇房地产有限公司总经理”身份对外交往的包工头郑某得知该项目的情况后，即分别到广东省和广州市4家建筑公司活动，要求挂靠这4家公司参与投标。这4家公司在未对郑某的广州辉宇房地产有限公司的资质和业绩进行审查的情况下，就同意其挂靠，并分别商定了“合作”条件：一是投标保证金由郑某支付；二是广州市某建筑公司代郑某编制标书，由郑支付“劳务费”，其余3家公司的经济标书由郑某编制；

三是项目中标后全部或部分工程由郑某组织施工，挂靠单位收取占工程造价3%～5%的管理费。上述4家公司违法出让资质证明，为郑某搞串标活动提供了条件。今年1月郑某给4家公司各汇去30万元投标保证金，并支付给广州市某建筑公司1.5万元编制标书的“劳务费”。

为揽到该项目，郑某还不择手段地拉拢广东省交易中心评标处副处长张某、办公室副主任陈某。郑某以咨询业务为名，经常请张某、陈某吃喝玩乐，并送给张某港币5万元、人民币1000元，以及人参、茶叶等物品；送给陈某港币3万元和洋酒等物品。张、陈两人积极为郑某提供“咨询”服务，不惜泄露招投标中有关保密事项，甚至带郑某到审核标底现场向有关人员打探标底，后因现场监督严格而未得逞。

2016年1月22日下午开始评标。评委会置该项目招标文件规定于不顾，把原安排22日下午评技术标、23日上午评经济标两段评标内容集中在一个下午进行，致使评标委员会没有足够时间对标书进行认真细致地评审，一些标书明显存在违反招标文件规定的错误未能发现。同时，评标委员在评审中还把标底价50%以上的配套设备暂定价3998万元剔除，使造价总体下浮变为部分下浮，影响了评标结果的合理性。下午7时20分左右。评标结束，中标单位为深圳市总公司。

由于郑某挂靠的4家公司均未能中标，郑某便鼓动这4家公司向有关部门投诉，设法改变评标结果。因不断发生投诉，有关单位未发出中标通知书。

【解析】

中山医大三院医技大楼工程招投标中的违纪违法问题，是一宗包工头串通有关单位内部人员干扰和破坏建筑市场秩序的典型案件。建立建设工程交易中心是规范建筑市场秩序的一项重要举措，对建筑领域腐败问题的滋生蔓延起到了有效的遏制作用。但是交易中心工作人员和评标委员成了不法分子拉拢腐蚀的重点对象。整顿和规范建筑市场秩序，要坚决将政府对工程招投标活动的监管职能与有形建筑市场的服务职能相分离，强化招投标工作的监管力度，切实加强有形建筑市场的规范管理。

知识梳理与小结

本学习情境主要内容有：工程承发包的概念。承发包是一种商业交易行为，是指交易的一方负责为交易的另一方完成某项工作或供应一批货物，并按一定的价格取得相应报酬的一种交易。委托任务并负责支付报酬的一方称为发包人，接受任务并负责按时完成而取得报酬的一方称为承包人。

工程承发包方式。指发包人与承包人之间的经济关系形式。①按承包范围划分，包括：建设全过程承发包、阶段承发包、专项承发包、BOT方式。②按承包人所处的地位划分，包括：总承包、分承包、独立承包、联合承包、直接承包。③按获得承包任务的途径划分，包括：计划分配、投标竞争、委托承包、指令承包。④按合同计价方法划分，包括：固定总价合同、计量估价合同、固定单价合同、成本加酬金合同、按投资总额或承包工程量计取酬金的合同。

建筑市场的概念、建筑市场管理体制、建筑市场的主体和客体。

建筑市场的主体是指参与建筑生产交易过程的各方，主要有业主、承包商、工程咨询服务机构等。建筑市场的客体是指有形的建筑产品（建筑物、构筑物）和无形的建筑产品（咨询、监理等智力型服务）。

建筑市场的客体，一般称作建筑产品，是建筑市场的交易对象，既包括有形建筑产品，也包括无形产品——各类智力型服务。

建筑市场的资质管理。为保证建设工程的质量和安全，对从事建设活动的单位和专业技术人员实行的从业资格管理，即资质管理制度。建筑市场中的资质管理包括两类：一类是对从业企业的资质管理；另一类是对专业人士的资格管理。

公共资源交易中心。公共资源交易中心是在改革开放过程中出现的使建设市场有形化的管理方式。公共资源交易中心是一种有形的建筑市场，根据国家法律法规成立，负责收集和发布建设工程信息，依法办理建设工程的有关手续，提供和获取政策法规及技术经济咨询服务。

建筑工程施工招标。建设工程施工是指把设计图纸变成预期的建筑产品的活动。施工招标投标是目前我国建筑工程招标投标中开展得比较早、比较多、比较好的一类，其程序和相关制度具有代表性、典型性。甚至可以说，建筑工程其他类型的招标投标制度，都是承袭施工招标投标制度而来的。工程建设监理招标投标。工程建设监理是指具有相应资质的监理单位和监理工程师，受建筑单位或个人的委托，独立对工程建筑过程进行组织、协调、监督、控制和服务的专业化活动。

建设工程招标投标活动的基本原则包括：公开原则、公平原则、公正原则、诚实信用原则、求效、择优原则。

建设工程招标代理机构。建设工程招标代理机构是依法设立，接受招标人的委托，从事招标代理业务并提供相关服务的社会中介组织，如工程招标公司、工程招标（代理）中心、工程咨询公司等。工程招标代理机构与行政机关和其他国家机关不存在隶属关系或者其他利益关系，是独立法人，实行独立核算、自负盈亏。

复习思考与练习

1．工程承发包的概念。
2．工程承发包的方式有哪些？
3．我国工程建设中的经营方式有哪几种？
4．建筑市场的概念。
5．建筑市场的主体、客体？
6．什么是建筑市场的资质管理？
7．公共资源交易中心的性质和作用。
8．建设工程招标投标的种类。
9．什么是建筑工程施工招标？
10．建设工程招标投标活动的基本原则是什么？
11．招标人自行组织招标应具备的条件。

项目实训

要求：以当年某建筑市场为背景，选择一个建筑企业为参考单位。收集、查阅、归纳、整理各种资料，编制一份图文并茂的文字调查报告。

教师：作为某项目的投资人代表。

学生：作为企业项目经理（代表人），就某市某项目的投资事宜进行洽谈。企业项目经理（学生）交出一份具有说服力的可行性报告。让投资人认可、出资。小组代表（学生）发言汇报，投资人代表（教师）当场提问质疑。

具体要求：

1．小组代表发言准备 PPT 在多媒体教室演讲，自述 10 分钟，超时扣分。

2．调查报告需包括方面内容：①市场分析；②企业简介。

3．图文并茂的形式，交电子稿设计封面需注明报告题目、班级学号姓名及小组。

4．投资人提问质疑，学习小组团队可以补充回答。成员少一人全组扣分。

5．现场汇报当场多媒体填表打分。

6．交项目成果方式：学生交小组长，小组长交班级，班级汇集交给老师。

学习情境二　国内建设工程施工招标

学习目标

1. 了解工程项目施工招标程序；
2. 了解工程项目开标、评标过程；
3. 掌握工程招投标的方式；
4. 了解设备采购招标的内容及评标办法。

技能目标

1. 能够拟写招标公告；
2. 拟写资格预审通知书；
3. 编制招标文件。

【案例导入】 某工程的公开招标的资格预审文件中有如下文字：

有兴趣参加本项目的投标申请单位可对上述7个合同段中的任何一个或几个提出资格预审申请。但外地企业不论其通过几个标段的资格预审都只许投1个标，本市企业和对本市建设有突出贡献的企业许可投2个以上标。

【案例解析】 这样的规定不合适，是明显地照顾和保护本系统和特定投标人、歧视和限制外地投标人的行为。对于所有潜在投标人，应一视同仁，不应搞区别待遇。这种做法严重违反公开、公平、公正和诚实信用的原则。

【知识链接】

任务一　工程项目施工招标程序

一、必须招标的建筑工程项目

根据《中华人民共和国招标投标法》第3条：“中华人民共和国境内进行下列工程建设项目包括项目的勘察、设计、施工、监理以及与工程建设有关的重要设备、材料等的采购，必须进行招标：①大型基础设施、公用事业等关系社会公共利益、公众安全的项目；②全部或者部分使用国有资金投资或者国家融资的项目；③使用国际组织或者外国政府贷款、援助资金的项目。”

前款所列项目的具体规模和范围标准，中华人民共和国国家发展和改革委员会于2018年3月27日第16号令发布实施的《必须招标的工程项目规定》进行了细化规定：

（1）全部或者部分使用国有资金投资或者国家融资的项目包括：①使用预算资金200万元人民币以上，并且该资金占投资额10%以上的项目；②使用国有企业事业单位资金，并且该资金占控股或者主导地位的项目。

（2）使用国际组织或者外国政府贷款、援助资金的项目包括：①使用世界银行、亚洲开发银行等国际组织贷款、援助资金的项目；②使用外国政府及其机构贷款、援助资金的项目。

（3）不属于第 1 条、第 2 条规定情形的大型基础设施、公用事业等关系社会公共利益、公众安全的项目，必须招标的具体范围由国务院发展改革部门会同国务院有关部门按照确有必要、严格限定的原则制订，报国务院批准。

（4）第 1 条至第 3 条规定范围内的项目，其勘察、设计、施工、监理以及与工程建设有关的重要设备、材料等的采购达到下列标准之一的，必须招标：①施工单项合同估算价在 400 万元人民币以上；②重要设备、材料等货物的采购，单项合同估算价在 200 万元人民币以上；③勘察、设计、监理等服务的采购，单项合同估算价在 100 万元人民币以上。同一项目中可以合并进行的勘察、设计、施工、监理以及与工程建设有关的重要设备、材料等的采购，合同估算价合计达到前款规定标准的，必须招标。

二、建筑工程项目施工招标条件

为了建立和维护建筑工程项目施工招标程序，招标人必须在招标前做好准备工作，满足招标条件。我国《工程建设项目施工招标投标办法》第八条规定，依法必须招标的工程建设项目，应当具备下列条件才能进行施工招标：

（1）招标人已经依法成立。

（2）初步设计及概算应当履行审批手续的，已经批准。

（3）有相应资金或资金来源已经落实。

（4）有招标所需的设计图纸及技术资料。

三、建设工程项目施工招标程序

建设工程项目施工招标程序主要包括：招标前准备工作、招标、开标、评标和定标五个环节。具体流程图如图 2-1 所示。

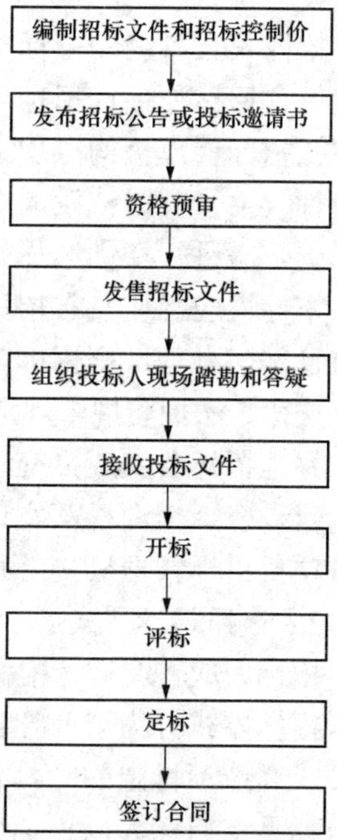

图 2-1　建设工程施工招标流程图

（一）招标前的准备工作

招标前的准备工作，主要包括以下几个方面。

1. 确定招标范围

工程建设招标可分为整个建设过程各个阶段的全部工作，称工程建设总承包招标或全过程总体招标，或是其中某个阶段的招标，或是某一个阶段中的某一专项的招标。例如工程建设总承包招标、设计招标、工程施工招标、设备材料供应招标等。在此，我们仅介绍工程施工招标的招标范围确定问题。

施工招标有施工全过程中标、单项工程招标、专业工程招标等形式。工程承包可采取全部包工包料、部分包工包料或包工不包料。招标承包的工程，承包人不得将整个工程分包出去，部分工程分包出去也必须征得工程师（监理单位或业主代表）的书面同意。分包出去的工程由总包单位和分包单位向建设单位承担连带负责。实施施工招标的建设项目必须具备下列条件：

（1）计划落实：项目列入国家或省、市基本建设计划。

（2）设计落实：项目应具备相应设计深度的图纸及概算。

（3）投资来源及物资来源落实：项目总投资及年度投资资金有保证，项目设备供应及施工材料订货与到货落到实处。

（4）征地拆迁及七通一平落实：项目施工现场应做到通给水、通排水、通电、通信、通路、通燃气、通热力以及场地平整，并具备工作条件。

（5）项目建设批准手续落实：有政府主管部门签发的建筑许可证。

2. 工程报建

（1）建设工程项目的立项批准文件或年度投资计划下达后，按照《工程建设项目报建管理办法》规定具备条件的，须向建设行政主管部门报建备案。

（2）建设工程项目报建范围：各类房屋建筑（包括新建、改建、扩建、翻建、大修等）、土木工程（包括道路、桥梁、房屋基础打桩）、设备安装、管道线路敷设、装饰装修等建设工程。

（3）建设工程项目报建内容主要包括：工程名称、建设地点、投资规模、资金来源、当年投资额、工程规模、结构类型、发包方式、计划开竣工日期、工程筹建情况等。

（4）办理工程报建时应交验的文件资料：立项批准文件或年度投资计划；固定资产投资许可证；建设工程规划许可证；资金证明。

（5）工程报建程序：建设单位填写统一格式的“建设工程项目报建登记表”，有上级主管部门的需经其备案后，连同应交验的文件资料一并报建设行政主管部门。建设工程项目报建备案后，具备了《招标投标法》中规定招标条件的建设工程项目，可开始办理建设单位资质审查。建设项目立项文件获得批准后，招标人需向建设行政主管部门履行建设项目报建手续。只有报建申请批准后，才可以开始项目的建设。

（二）招标阶段主要工作

招标阶段工作主要包括以下几个方面。

1. 招标备案

招标人具备编制招标文件和组织评标能力的，可以自行组织招标。招标人自行办理依法必须进行招标的项目招标事宜的，应当向工程所在地住房城乡建设行政主管部门备案。招标人委托招标代理机构办理工程招标事宜的，接受委托的招标代理机构应当依法取得住房城乡建设行政主管部门核发的工程建设项目招标代理资格证书。招标人委托工程建设项目招标代理机构，需进行择优选择并签订书面委托合同。

招标人应当在发布招标公告或者发出投标邀请书 5 日前，到工程所在地住房城乡建设行政主管部门办理工程招标备案，并报送相关材料。住房城乡建设行政主管部门发现备案材料有违反法律、法规和规章规定的，在收到备案材料之日起 3 个工作日内，一次性提出整改意见。

办理招标备案应提交以下资料：立项审批手续；建设用地手续；取得建设用地规划许可证；建设资金来源已落实证明；拟订的招标公告（含资格预审公告）或者投标邀请书；工程建设项目招标代理机构的相关资格证明材料，招标代理委托合同。

2. 选择招标方式

招标人应按我国《招标投标法》和有关招标投标的法律法规、规章的规定确定招标方式。

招标方式分为公开招标和邀请招标两种方式。公开招标是指招标人以公开发布招标公告的方式邀请不特定的、具备资格的投标人参加投标，并按法律法规规定择优选定中标人。邀请招标是指招标人以投标邀请书的方式邀请特定的、具备资格的投标人参加投标，并按相关法律法规规定，择优选定中标人。

3. 编制资格预审文件

采用资格预审的工程项目，招标人应参照“资格预审文件范本”编写资格预审文件。资格预审文件应包括以下主要内容：资格预审申请人须知；资格预审申请书格式；资格预审评审标准或方法。

4. 编制招标文件

招标文件既是投标人编制投标书的依据，也是招标阶段招标人的行为准则。为了避免疏漏，招标人应根据工程的特点和具体情况参照“招标文件范本”编写招标文件。可根据招标项目具备情况划分标段的，应当合理划分标段、确定工期，并在招标文件中说明。招标文件的主要内容通常包括：投标须知；招标工程的技术要求和设计文件；采用工程量清单招标的，应提供工程量清单；投标函的格式及附录；拟签订合同的主要条款；要求投标人提交的其他材料。

采用资格预审的工程项目，招标人应参照“资格预审文件范本”编写资格预审文件。资格预审文件应包括以下主要内容：资格预审申请人须知；资格预审申请书格式；资格预审评审标准或方法。

依法必须招标的建设项目，招标文件在向投标人发放的同时应向建设行政主管部门备案。建设行政主管部门发现招标文件有违反法律法规内容的，责令其改正。

5. 编制标底或招标控制价

标底即招标项目的底价，是招标人购买工程、货物、服务的预期价格。标底只能作为评标的参考。

招标控制价即招标人根据国家或省级、行业建设主管部门颁发的有关计价依据和办法，以及拟定的招标文件和招标工程量清单，结合工程具体情况编制的招标工程的最高投标限价。国有资金投资的工程建设项目应实行工程量清单招标，并应编制招标控制价。

招标控制价是招标人控制投资、掌握招标项目造价的重要手段，招标控制价在计算时应科学合理、计算准确和全面。招标控制价由招标人自行编制或委托经建设行政主管部门批准的具有编制招标控制价资格和能力的中介咨询服务机构代理编制。

招标人在发布招标文件时，须按本办法规定将招标控制价及有关资料报送工程所在地工程造价管理机构备案。

标底与招标控制价的主要区别是是否需要保密，标底需要在开标前保密，控制价不需要保密，因此标底在开标时公布，控制价则在招标文件中公布。

6. 资格预审

（1）资格预审。采取资格预审的工程项目，招标人需要标识资格预审文件，向报名参加投标的申请人发放资格预审文件；招标人资格预审时不得超过资格预审文件中规定的评审标准，不得提高资格标准、业绩标准和曾获奖项等附加条件来加以限制或者排斥投标申请人，不得对投标申请人实行歧视待遇。

对潜在投标人进行资格审查，主要考察该企业总体能力是否具备完成招标工作所要求的条件。公开招标时设置资格预审程序，一是保证参与投标的法人或其他组织在资质和能力等方面能够满足完成招标工作的要求；二是通过评审优选出综合实力较强的一批申请投标人，再请他们参加投标竞争，以减少评标的工作量。

资格预审中投标人必须满足的最基本条件，可分为一般资格条件和强制性条件两类。

一般资格条件的内容通常包括：法人地位、资质等级、财务状况、企业信誉、分包计划等具体要求，是潜在投标人应满足的最低标准。

强制性条件视招标项目是否对潜在投标人有特殊要求决定有无。普通工程项目一般承包人均可完成，可不设置强制性条件。对于大型复杂项目尤其是需要有专门技术设备或经验的投标人才能完成时，则应设置此类条件。强制性条件是为了保证承包工程能够保质、保量、按期完成，按照项目特点设定而不是针对外地区或外系统投标人，因此不违背《招标投标法》有关规定。

（2）发放资格预审合格通知书。合格投标人确定后，招标人向资格预审合格的投标人发出资格预审合格通知书。投标人在收到资格预审合格通知书后，应以书面形式予以确定是否参加投标，并在规定的地点和时间领取或购买招标文件和有关技术资料。只有通过资格预审的申请投标人才有资格参与下一阶段的投标竞争。资格预审合格通知书格式参考如下。

投标申请人资格预审合格通知书

致：（预审合格的投标申请人名称）

鉴于你方参加了我方组织的招标编号为____的工程施工投标资格预审，并经我方审定，资格预审合格。现通知你方作为资格预审合格的投标人就上述工程施工进行密封投标，并将有关事宜告知如下：

（1）凭本通知书于____年____月____日至____年____月____日，每天上午____时____分至____时____分，下午____时____分至____时____分（公休日、节假日除外）到购买招标文件，招标文件售价为（币种，金额，单位），无论是否中标，该费用不予退还。另需交纳图纸押金（币种，金额，单位），当投标人退还图纸时，该押金同时退还给投标人（不计利息）。上述资料如需邮寄，可以书面通知招标人，并另加邮寄费用每套（币种，金额、单位），招标人在收到邮购款____日内，以快递方式向投标人寄送上述资料。

（2）收到此通知后____日内，请以书面形式予以确认。如果你方不准备参加该投标，请于____年____月____日前通知我方，谢谢合作。

招标人：（盖章）
办公地址：
邮编： 联系电话：
传真： 联系人：
招标代理机构：（盖章）
办公地址：
邮编： 联系电话：
传真： 联系人：
日期： 年 月 日

7. 发布招标公告或投标邀请书

招标备案后根据招标方式，发布招标公告或投标邀请书。招标人根据工程规模、结构复杂程度或技术难度等具体情况可以采取资格预审或资格后审。实行资格预审的工程，招标人应当在招标公告或投标邀请书中明确资格预审的条件和获取资格预审文件的时间、地点等事项。

实行公开招标的工程项目，招标公告须在国家和省（直辖市、自治区）规定的报刊或信息网等媒介上公开发布，同时在中国工程建设和建筑信息网公开发布。招标公告的作用是让潜在的投标人获得招标信息，以便进行项目筛选，确定是否参与竞争。

实行邀请招标的工程项目招标人可以向三个以上符合资质条件的投标人发出投标邀请书。

招标公告或投标邀请函的具体格式可由招标人自定，内容一般包括：招标条件；项目概况与招标范围；投标人资格要求；招标文件的获取；投标文件的递交；发布公告的媒介；联系方式等具体内容。

8. 发售招标文件

（1）招标文件的发售。招标人应向合格的投标人发放招标文件。投标人收到招标文件、图纸和有关资料后，应认真核对，核对无误后应以书面形式予以确认。招标人对于发出的招标文件可以酌收工本费，但不得以此牟利。对于其中的设计文件，招标人可以采取酌收押金的方式；在确定中标人后，对于将设计文件予以退还的，招标人应当同时将其押金退还。

（2）招标文件澄清或修改。投标人收到招标文件、图纸和有关资料后，若有疑问，应在收到招标文件后在规定的时间前以书面形式向招标人提出，招标人应以书面形式或在投标预备会上予以解答。

招标人对招标文件所做的任何澄清或修改，须报建设行政主管部门备案，并在投标截止日期15日前发给获得招标文件的投标人。投标人收到招标文件的澄清或修改内容应以书面形式予以确认。

招标文件的澄清或修改内容作为招标文件的组成部分，对招标人和投标人起约束作用。

9. 组织踏勘现场、投标预备会

（1）踏勘现场。其目的在于让投标人了解工程现场场地情况和周围环境情况等，以便投标人编制施工组织设计或施工方案，获取计算各种措施费用时必要的信息。

招标人在投标须知规定的时间组织投标人自费进行现场考察。设置此程序的目的，一方面让投标人了解工程项目的现场情况、自然条件、施工条件以及周围环境条件，以便于编制投标书；另一方面也要求投标人通过自己的实地考察确定投标的原则和策略，避免合同履行过程中不了解现场情况为由推卸应承担的合同责任。

投标人在踏勘现场中如有疑问，应在投标预备会前以书面形式向招标人提出，便于投标人提出问题并得到招标人的解答。对于投标人踏勘现场的疑问，招标人可以书面形式答复，也可以在投标预备会上答复。

（2）标前会议。在招标文件中规定的时间和地点，由招标人主持召开的“标前会议”也称投标预备会或答疑会。

答疑会的目的在于招标人解答投标人提出的、招标文件和踏勘现场中的疑问。答疑会由招标人组织并主持召开。解答的疑问包括会议前由投标人书面提出的和在答疑会上口头提出的质疑。答疑会结束后，由招标人整理会议记录和解答内容，将以书面形式将所有问题及解答向获得招标文件的投标人发放。会议记录作为招标文件的组成部分，内容若与已发放的招标文件有不一致之处，以会议记录的解答为准。问题及解答纪要要同时向建设行政主管部门备案。为便于投标人在编制投标文件时，将招标人对疑问的解答内容和招标文件的澄清或修改内容考虑进去，招标人可以根据情况酌情延长投标截止时间。

10. 投标文件的接收

在投标截止时间前，招标人应做好投标文件的接收工作，并做好接收记录。招标人应将所接收的投标文件在开标前妥善保存；在规定的投标截止时间以后递交的投标文件，将不予接收或原封退回。

（三）开标阶段主要工作

1. 开标的时间和地点

开标应在招标文件确定的投标截止时间的同一时间公开进行；开标地点应是在招标文件中规定的地点；开标时，投标人的法定代表人或授权代理人应参加开标会议。

2. 开标会议

公开招标和邀请招标均应举行开标会议，体现招标的公开、公平和公正原则。开标会议由招标人或其委托的招标代理机构组织并主持，可以邀请公证部门对开标过程进行公证。招标人应对开标会议做好签订记录，以证明投标人出席开标会议。

开标会议开始后，应按招标文件规定的唱标顺序进行唱标，当众宣读有效投标的投标人名称、投标报价、工期、质量、拟派项目负责人，以及招标人认为有必要的内容。但提交合格“撤回通知”和逾期送达的投标文件不予启封。

招标人应对唱标内容做好记录，并请投标人法定代表人或授权代理人签订确认。

3. 开标会议程序

招标人应按招标文件规定的程序开标，一般开标程序如下：

1）宣读开标纪律。

2）公布在投标截止时间前递交投标文件的投标人名称，并点名投标人是否到场。

3）宣布招标（代理）人、唱标人、监督人、记录人等相关单位。

4）在监督人监督下，由招标人或其委托的公证人核验投标人的证件（法定代表人身份证明或授权委托书、被授权人身份证原件），未按规定提交的视为自动放弃投标资格。

5）在监督人监督下，由招标人委托的公证人或投标人推选的代表检查投标文件的密封情况并予以签字确认，并宣布核验结果。

6）在监督人监督下，由投标人推选的代表抽取评标所需的权重指数、下浮系数和参评清单子目项数百分比系数。

7）按照宣布的开标顺序当众开标，公布投标人名称、项目名称、投标报价、质量目标、工期及其他内容，并记录在案。

8）招标（代理）人、唱标人、监督人应对《开标记录》全部内容进行签字确认。

9）询问投标人对本次开标过程是否有异议，如有异议现场提出。

10）监督人致监督词。

11）开标会结束。

12）开标现场需要对投标人提供的参与评标的相关资料（企业业绩，项目班子主要成员及业绩等）进行公示，并同时在相关网站公示。投标人对其提供的参与评标的相关资料（企业业绩，项目班子主要成员及业绩等）的真实性负责，所有利害关系人均有对以上信息质疑或投诉的权利。

13）公示期间，投标人如对公示内容有异议可向招标人提出，由招标人负责核实。

（四）评标阶段主要工作

评标由招标人依法组建的评标委员会负责，按照招标文件中明确的评标定标方法进行。

1. 评标委员会的建立

评标委员会由招标人或其委托的招标代理机构熟悉相关业务的代表，以及有关技术、经济等方面的专家组成，成员人数为五人以上单数，其中技术、经济等方面的专家不得少于成员总数的2/3。

评标委员会是负责评标的临时组织。有关经济、技术专家应从建设行政主管部门及其他有关政府部门确定的专家名册或者工程招标代理机构的专家库内相关专业的专家名单中随机抽取，随机抽取的评委人员如与招标人或投标人有利害关系的应重新抽取。

评标委员会成员有下列情形之一的，应当回避：

1）招标人或投标人主要负责人的近亲属。

2）项目主管部门或者行政监督部门的人员。

3）与投标人有经济利益关系，可能影响对投标公正评审的。

4）曾因在招标、评标以及其他与招标投标有关活动中从事违法行为而受过行政处罚或刑事处罚的。

2. 评标

评标委员会应对投标文件进行符合性鉴定，核查投标文件是否按照招标文件的规定和要求编制、签署；投标文件是否实质上响应招标文件的要求。所谓实质上响应招标文件的要求，就是其投标文件应该与招标文件的所有条款、条件和规定相符，无显著差异或保留。显著差异或保留是指对工程的发包范围、质量标准、工期、计价标准、合同条件及权利义务产生实质性影响；如果投标文件实质上不响应招标文件的要求或不符合招标文件的要求，将被确定为无效标。

（1）初步评审。初步评审分为形式评审、资格评审、响应性评审。

形式评审主要包括投标人名称、投标函签字盖章、投标文件格式、报价唯一等评审。资格评审主要包括营业执照、安全生产许可证、资质等级、财务状况、类似项目业绩、信誉、项目经理等评审。响应性评审主要包括投标内容、工期、工程质量、投标有效期、投标保证金、权利义务、已标价工程量清单、技术标准和要求、投标价格、分包计价的评审。

（2）详细评审。包括商务标评审、技术标评审、资信标评审和投标文件的澄清、答疑。

1）商务标评审。评标委员会将对确定为实质上响应招标文件要求的投标进行投标报价评审，审查其投标报价是否按招标文件要求的计价依据进行报价；其报价是否合理是否低于工程成本；并对具有投标报价的工程清单表中的单价和合价进行校核，看其是否有计算或累计上的算术错误。

如有计算或累计上的算术错误，按修正错误的方法调整投标报价；经投标人代表确认同意后，调整后的投标报价对投标人起约束作用。如果投标人不接受修正后的投标报价，则其投标将被拒绝。

2）技术标评审。对投标人的技术评估应从以下方面进行：投标人的施工方案、施工进度计划安排是否合理及投标人的施工能力和主要人员的施工经验、设备状况等情况。其内容应包括：施工方案或施工组织设计、施工进度计划的合理性，施工技术管理人员和施工机械设备的配备，劳力、材料计划、材料来源、临时用地、临时设施布置是否合理可行，投标人的综合施工技术能力、以往履约、业绩和分包情况等。

3）资信标评审。资信标评审主要包括项目项目班子配备人员的执业资格、技术职称、配置数量符合招标文件要求。项目班子管理人员具有类似工程经验。投标人及项目负责人业绩。

4）投标文件的澄清、答疑。必要时，为有助于投标文件的审查、评价和比较，评标委员会将要求投标人澄清其投标文件或答疑。投标文件的答辩一般召开答辩会，分别对投标人进行答辩，先以口头形式询问并解答，随后在规定的时间内投标人以书面形式予以确认，澄清或答辩问题的答复作为投标文件的组成部分。但澄清的问题不应寻求、提出或允许更改投标价格或投标的实质性内容。

（五）定标阶段主要工作

1. 定标方式

评标委员会根据招标文件要求可直接确定中标人。除此之外招标人依据评标委员会推荐的中标人，评标委员会推荐中标人的人数按招标文件规定执行。评标委员会在推荐中标候选人时，应遵照以下原则：评标委员会按照最终得分由高至低的次序排列。评标委员会直接确定中标人的，评标委员会按照最终得分由高至低的次序排列，并确定排名第一的投标人为中标人。

2. 评标报告

评标委员会按照招标文件中规定的评标定标方法完成评标后，编写评标报告，向招标人推选中标候选人或确定中标人，评标报告中应阐明评标委员会对各投标人的投标文件的评审和比较意见。评标报告应当由全体评标委员会成员签字，并于评标结束后报城乡建设行政主管部门备案。评标报告应当包括以下内容：基本情况和数据表；评标委员会成员名单；开标记录；符合要求的投标一览表；废标情况说明；评标标准、评标方法或者评标因素一览表；经评审的价格一览表（包括评标委员会在评标过程中所形成的所有记载评标结果、结论的表格、说明、记录等文件）；经评审的投标人排序；推荐的中标候选人名单（如果第二章“投标人须知”前附表授权评标委员会直接确定中标人，则为“确定的中标人”）与签订合同前要处理的事宜；澄清、说明、补正事项纪要。

3. 确定中标人

招标人一般应当在评标委员会提出书面评标报告后，3 日内公示中标候选人，10 个工作日内确定中标人，最迟应当在投标有效期满 30 个工作日前确定中标人。

4. 中标公示

中标公示需同时公布项目经理、安全员信息。公示期不得少于 3 日，中标公示发布媒体应与招标公告发布媒体一致。

5. 发出中标通知书

建设行政主管部门自接到招标投标情况书面报告和招标投标备案资料之日起 5 个工作日内未提出异议的，招标人向中标人发放中标通知书；招标人向中标人发出的“中标通知书”应包括招标人名称、建设地点、工程名称、中标人名称、中标标价、中标日期、质量标准等主要内容。向中标人发出“中标通知书”的同时将中标结果通知所有未中标的投标人。中标通知书格式如下：

中 标 通 知 书

建设单位名称__________的__________（建设地点）__________工程，结构类型为，建设规模，经____年____月____日公开开标后，经评标小组评定并报招标管理机构核准，确定为中标单位，中标标价______人民币元，中标工期自____年____月____日开工，____年

____月____日竣工，工期____天（日历日），工程质量达到国家施工验收规范（优良、合格）标准。

中标单位收到中标通知书后，在____年____月____日时前到____________（地点）与建设单位签订合同。

建设单位：（盖章）
法定代表人：（签字、盖章）
日期：　　年　　月　　日
招标单位：（盖章）
法定代表人：（签字、盖章）
日期：　　年　　月　　日
招标管理机构：（盖章）
审核人：（签字、盖章）
审核日期：　　年　　月　　日

（六）签订合同

（1）中标人确定后，招标人应当向中标人发出中标通知书，并同时将中标结果通知所有未中标人。中标通知书对招标人和中标人，均具有法律效力。中标通知书发出后，招标人改变中标结果的，或者中标人放弃中标项目的，应依法承担法律责任。

（2）招标人和中标人应当自中标通知书发出之日起30日内，按照招标文件和中标人的投标文件订立书面合同。招标人和中标人不得再订立背离合同实质性内容的其他协议。招标文件要求中标人提交履约保证金的，中标人应当提交。

（3）中标人拒绝在规定的时间内提交履约担保和签订合同，招标人报请招标管理机构批准后取消其中标资格，并按规定没收其投标保证金，并考虑与另一参加投标的投标人签订合同。

（4）招标人如拒绝与中标人签订合同的，除双倍返还投标保证金外还需赔偿有关损失。

（5）招标人与中标人签订合同后，招标人应及时通知其他投标人其投标未被接受，按要求退回招标文件、图纸和有关技术资料；招标人收取投标定金的，应当将投标定金退还给中标人和未中标人。因违反规定被没收的投标定金不予退回。

（6）招标人与中标人签订合同前，到建设行政主管部门或其授权单位进行合同审查。

招标工作结束后，招标人应将开标、评标过程中的有关纪要、资料、评标报告、中标人的投标文件一份副本报招标管理机构备案。

（七）招标投标情况备案

1. 招标投标情况书面报告包括的内容

招标投标情况书面报告包括以下内容：

（1）施工招标投标的基本情况，包括施工招标范围、施工招标方式、资格审查、开标评标过程和确定中标人的方式及理由等；

（2）相关的文件资料，包括招标公告或者投标邀请书、投标报名表、资格预审文件、招标文件、评标委员会的评标报告（设有标底的，应当附标底）、中标人的投标文件。委托工程招标代理的，工程施工招标代理委托合同。

2. 招标投标情况书面报告的备案

依法必须进行招标的项目，招标人应将工程招标、开标、评标情况，根据评标委员会编写的评标报告编制招标投标情况书面报告；并在自确定中标人之日起 15 日内，将招标投标情况书面报告和有关招标投标情况备案资料、中标人的投标文件向建设行政主管部门备案。

招标人在办理招标时已向建设行政主管部门备案的文件资料，可以不再重复提交。

3. 招标投标情况备案资料

依法必须进行招标的项目，招标人应向建设行政主管部门备案以下资料：

1）招标人编写的招标投标情况书面报告。

2）评标委员会编写的评标报告。

3）中标人的投标文件。

4）中标通知书。

5）建设项目的年度投资计划或立项批准文件。

6）经备案的工程项目报建登记表。

7）建设工程施工招标备案登记表。

8）项目法人单位的法人资格证明书和授权委托书。

9）招标公告或投标邀请书。

10）投标报名表及合格投标人名单。

11）招标文件或资格预审文件（采用资格预审时）。

12）招标人招标机构有关人员的证明材料。

13）如委托工程招标代理机构招标，委托方和代理方签订的“委托工程招标代理合同”。

任务二　工程项目施工招标方式

建筑工程的招标通常有两种方式：公开招标与邀请招标。

一、公开招标

公开招标是一种无限竞争性招标方式。采用这种方式时，招标单位通过在报纸或专业性刊物上发布招标通告，或利用其他媒介，说明招标工程的名称、性质、规模、建造地点、建设要求等事项，公开招请承包商参加投标竞争。凡是对该工程感兴趣的、符合规定条件的承包商都允许参加投标，因而相对于其他招标方式，其竞争最为激烈。

公开招标方式可以给一些符合资格审查要求的承包商以平等竞争的机会，可以极为广泛地吸引招标者，从而使招标单位有较大的选择范围，可以在众多的投标单位之间选择报价合理、工期较短、信誉良好的承包商。但也存在着一些缺点，如招标成本大、时间长。

招标人采用公开招标方式的，应当发布招标公告。依法必须进行招标的项目的招标公告，应当通过国家指定的报刊、信息网络或者其他媒介发布。招标公告应当载明招标人的名称和地址、招标项目的性质、数量、实施地点和时间以及获取招标文件的办法等事项。

二、邀请招标

在国际上，邀请招标被称为选择性招标，是一种有限竞争性招标方式。招标单位一般不是通过公开的方式，而是根据自己了解和掌握的信息、过去与承包商合作的经验或由咨询机构提供的情况等有选择地邀请数目有限的承包商参加投标。其优点在于：经过选择的投标单位在施工经验、技术力量、经济和信誉上都比较可靠，因而一般都能保证进度和质量要求。此外，参加投标的承包商数量少，因而招标时间相对缩短，招标费用也较少。由于邀请招标在价格、竞争的公平方面存在一些不足之处，因此《招标投标法》规定，国家重点项目和省、自治区、直辖市的地方重点项目不宜进行公开招标的，经过批准后可以进行邀请招标。

招标人采取邀请招标方式的，应当向三个以上具备承担招标项目的能力、资信良好的法人或其他组织发出投标邀请书，一般以 3～10 个参加者较为适宜。邀请招标虽然能保证投标人具有可靠的资信和完成任务的能力，能保证合同的履行，但由于受招标人自身的条件所限，不可能对所有的潜在投标人都了解，可能会失去技术上、报价上有竞争力的投标人。

三、公开招标与邀请招标在招标程序上的主要区别

1. 招标信息的发布方式不同

公开招标是利用招标公告发布招标信息，而邀请招标则是采用向三家以上具备有实施能力的投标人发出投标邀请书，请他们参与投标竞争。

2. 对投标人的资格审查时间不同

进行公开招标时，由于投标响应者较多，为了保证投标人具备相应的实施能力，以及缩短评标时间，突出投标的竞争性，通常设置资格预审程序。而邀请招标由于竞争范围较小，且招标人对邀请对象的能力有所了解，不需要再进行资格预审，但评标阶段还要对各投标人的资格和能力进行审查和比较，通常称为“资格后审”。

3. 适用条件

公开招标方式广泛使用。公开招标估计响应者少，达不到预期目的的情况，可以采用邀请招标方式委托建设任务。

任务三　建筑工程招标文件的编制

一、招标文件的作用

招标文件的编制是招标准备工作中最重要的环节，其重要性体现在两个方面：

1. 招标文件是提供给投标人的投标依据

施工招标文件中应明白无误地向投标人介绍实施工程项目的有关内容和要求，包括工程基本情况、预计工期、工程质量要求、支付规定等方面的信息，以便投标人据以编制投标书。

2. 招标文件的主要内容是签订合同的基础

招标文件中除“投标须知”以外的绝大多数内容都将构成今后合同文件的有效组成部分。尽管在招标过程中招标人可能对招标文件中的某些内容或要求提出补充和修改意见，投标人也会对招标文件提出一些修改要求或建议，但招标文件中对工程施工的基本要求不会有太大变动。由于合同文件是工程实施过程中双方都应该严格遵守的准则，也是发生纠纷时进行判断和裁决的标准，所以招标文件不仅决定了发包人在招标期间能否选择一个优秀的承包人，而且关系工程施工是否能顺利实施，以及发包人与承包人双方的经济利益。编制一个好的招标文件可以减少合同履行过程中的变更和索赔，意味着工程管理和合同管理已成功了一半。

二、建筑工程招标文件的主要内容

招标文件既是投标人编制投标书的依据，也是招标阶段招标人的行为准则。由于招标工程的规模、专业特点、发包的工作范围不同，招标文件的内容有繁有简。为了能使投标人在招标阶段明确自己的义务、合理预见实施阶段的风险，招标文件应有以下几个方面的内容：

（1）投标邀请书。投标邀请书是发给通过资格预审投标人的投标邀请信函，并请其确认

是否参与投标。

（2）投标人须知。投标人须知是对投标人投标时的注意事项的书面阐述和告知，投标人须知包括两个部分：第一部分是投标须知前附表；第二部分是投标须知正文，主要内容包括对总则、招标文件、投标文件、开标、评标、授予合同等方面的说明和要求，投标须知前附表是投标人须知正文部分的概括和提示，放在投标人须知正文前面，有利于引起投标人注意和便于查阅检索。

（3）合同主要条款。我国建设工程施工合同由合同协议书、通用合同条款和专用合同条款三部分组成。合同条款是招标人与中标人签订合同的基础。在招标文件中发给投标人，一方面要求投标人充分了解合同义务和应该承担的风险责任，以便在编制投标文件时加以考虑；另一方面允许投标人在投标文件中以及合同谈判时提出不同意见，如果招标人同意也可以对部分条款的内容予以修改。

（4）投标文件格式。投标文件是由投标人授权的代表签署的一份文件，一般都是由招标人或咨询工程师拟定好的固定格式，由投标人填写。

（5）采用工程量清单招标的，应当提供工程量清单。《建设工程工程清单计价规范》规定，工程量清单是表现拟建工程的分部分项工程项目、措施项目、其他项目名称和相应数量的明细清单。工程量清单是由封面、填表须知、总说明、分部分项工程量清单、措施项目清单、其他项目清单、规费和税金项目清单等组成。

（6）技术条款。这部分是投标人编制施工规划和计算施工成本的依据。一般有三个方面的内容：一是提供现场的自然条件；二是现场施工条件；三是本工程采用的技术规范。

（7）设计图纸。图纸是招标文件和合同的重要组成部分，是投标人在拟定施工方案、确定施工方法以及提出替代方案、计算投标报价必不可少的资料。

（8）评标标准和方法。评标标准和方法应根据工程规模和招标范围详细地确定出来。

（9）投标辅助材料。投标辅助材料主要包括项目经理简历表、主要施工管理人员表、主要施工机构设备表、项目拟分包情况表、劳动力计划表、近三年的资产负债表和损益表、施工方案或施工组织设计、施工进度计划表、临时设施布置及临时用电表等。

招标人应当在招标文件中规定实质性要求和条件，并用醒目的方式标明。

三、投标担保

1. 投标担保的形式

在招标文件中可以要求投标人提交投标担保。投标担保可以采用投标保函或者投保保证金的方式。投标保证金的金额既要使保证金额具有一定的约束力，又不能令投标人负担过大。《工程建设项目施工招标投标办法》（2013 修订版）第三十七条规定：招标人可以在招标文件中要求投标人提交投标保证金。投标保证金除现金外，可以是银行出具的银行保函、保兑支票、银行汇票或现金支票。投标保证金一般不得超过项目估算价的百分之二，但最高不得超过八十万元人民币。投标保证金有效期应当与投标有效期一致。投标人应当按照招标文件要求的方式和金额，将投标保证金随投标文件提交给招标人或其委托的招标代理机构。

2. 投标担保的约束条件

由于投标担保是在投标截止日期以前，投标人随同投标文件一起提交给投标人，因此投标保证约束的是开标后投标人的行为。投标截止日期前，投标人的任何行为都可以自主决定而不构成投标人违约，如申请资格预审后不递交资格预审文件；资格预审合格者不购买招标文件；购买招标文件后不参与投标；递交投标文件后在投标截止日前以书面形式要求撤回投标书或更改其内容等均不能视为投标人违约。

投标人在投标截止日期后构成违约行为的，招标人可以没收投标保证金，具体情况包括：

（1）投标截止时间后要求撤标。

（2）投标截止时间后坚持要求对投标文件做实质性修改。

（3）对经评标委员会修正后的报价计算错误拒绝签字确认。

（4）接到中标通知书后拒绝签订合同。

（5）中标后不在招标文件规定的时间内向招标人提供履约担保。

四、建筑工程招标文件的编制原则

建设工程招标文件是编制投标文件的重要依据，是评标的依据。招标文件的编制必须做到系统、完整、准确、明了，即提出要求的目标明确，使投标人一目了然。编制招标文件的依据和原则是：

（1）确定建设单位和建设项目是否具备招标条件，不具备条件的须委托具有相应资质的咨询、监理单位代理招标。

（2）必须遵守招标投标法及有关法律的要求。因为招标文件是中标者签订合同的基础。按《民法典》（第三编）规定，凡违反法律、法规和国家有关规定的合同属于无效合同。招标文件必须符合《招标投标法》《民法典》（第三编）等多项有关法规、法令等。

（3）应公正、合理地处理招标人投标人的关系，保护双方的利益。如果招标人在招标文件中不恰当地过多将风险转移给投标人一方，势必迫使投标人加大风险费用，提高投标报价，而最终还是招标人一方增加支出。

（4）招标文件应正确、详尽地反映项目的客观真实情况，这样才能使投标者建立在客观可靠的基础上投标，减少签约、履约的争议。

（5）招标文件各部分的内容必须统一。这一原则是为了避免各份文件之间的矛盾。招标文件涉及投标者须知、合同条件、规范、工程量表等多项内容。如果文件各部分之间矛盾多，就会给投标工作和履行合同的过程中带来许多争端，甚至影响工程的施工。

五、建筑工程施工招标文件编制的注意事项

建筑工程施工招标文件编制的注意事项包括以下几点：

（1）评标原则和评标办法细则，尤其是计分方法在招标文件中要明确。

（2）投标价格中，一般结构不太复杂且工期在 12 个月以内的中小型工程，可以采用固定价格，考虑一定的风险系数。结构复杂或大型工程，工期在 12 个月以上的，应采用调整价格。调整方法和调整范围在招标文件中明确。

（3）在招标文件中应明确投标价格计算依据。

（4）质量标准必须达到国家施工验收规范合格标准，对于要求质量目标达到优良的，应计取补偿费用，补偿费用的计算办法应按照国家或地方的有关文件规定执行，并在招标文件中明确。

（5）招标文件中的建筑工期应该参照国家或地方颁发的工期定额来确定，一般情况下，如果要求的工期比工期定额缩短 20%以上（含 20%）的，应计算赶工措施费。赶工措施费如何计取应该在招标文件中明确。由于施工单位原因造成不能按照合同工期竣工时，计取赶工措施费的需扣除，同时还应该承担给建筑单位带来的损失。损失费用的计算方法或规定应该在招标文件中明确。

（6）如果建筑单位要求按合同工期提前竣工交付使用，应该考虑计取提前工期奖，提前工期奖的计算方法应在招标文件中明确。

（7）招标文件中应该明确投标准备时间。即从开始发放招标文件之日起，至投标截止时间，最短不得少于 20 天。

（8）在招标文件中应明确投标保证金数额，一般该保证金数额不超过投标总价的 2%，投标保证金的有效期应与投标有效期一致。

（9）中标单位应按规定向招标单位提交履约担保，履约担保可采用银行保函或履约担保书。履约担保比率一般为：银行出具的银行保函为合同价格的 5%；履约担保书为合同价格的 10%。

（10）投标有效期的确立应视工程情况确定，结构不太复杂的中小型的投标有效期可定为 28 天以内；结构复杂的大型工程有效投标期可定为 56 天。

（11）材料或设备采购、运输、保管的责任应该在招标文件中明确。如果建筑单位提供材料或设备，应列明材料或设备名称、品种或型号、数量，以及提供日期和交货地点等；还应该在招标文件中明确招标单位提供的材料或设备计价和结算退款的方式、方法。

（12）关于工程量清单，招标单位按照国家颁布的统一工程项目划分，统一计量单位和统一的工程量计算规则，根据施工图纸计算工程量，提供给投标单位作为投标报价的基础。结算拨付工程款时以实际工程量为依据。

（13）合同专用条款的编写，招标单位在编制招标文件时，应根据我国《民法典》（第三编）《建筑工程施工合同管理办法》的规定和工程具体情况确定“招标文件合同专用条款”内容。

（14）投标单位在收到招标文件后，若有问题需要澄清，应于收到招标文件后以书面形式向招标单位提出，招标单位将以书面形式向投标预备会的方式予以解答，答复将送给所有获得招标文件的投标单位。

（15）招标人对已经发出的招标文件进行必要的澄清或修改的，澄清或者修改的内容可能影响资格投标文件编制的，应当在招标文件要求提交投标文件截止时间至少 15 日前，以书面形式通知所有招标文件收受人。该澄清或修改内容为招标文件的组成部分。

六、建筑工程招标文件举例

招投标文件范本

第一部分 招 标 公 告 （略）

第二部分 投 标 人 须 知

1. 总则

1.1 项目概况

1.1.1 根据《中华人民共和国招标投标法》等有关法律、法规和规章的规定，本招标项目已具备招标条件，现对本项目施工进行招标。

1.1.2 本招标项目招标人：见投标人须知前附表。

1.1.3 本项目招标代理机构：见投标人须知前附表。

1.1.4　本招标项目名称：见投标人须知前附表。

1.1.5　本招标项目建设规模：见投标人须知前附表。

1.1.6　本项目建设地点：见投标人须知前附表。

1.2　资金来源和落实情况

1.2.1　本招标项目的资金来源：见投标人须知前附表。

1.2.2　本招标项目的出资比例：见投标人须知前附表。

1.2.3　本招标项目的资金落实情况：见投标人须知前附表。

1.3　招标范围、计划工期和质量要求

1.3.1　本次招标范围：见投标人须知前附表。

1.3.2　本项目的计划工期：见投标人须知前附表。

1.3.3　本项目的质量要求：见投标人须知前附表。

1.4　投标人资格要求

如果已进行资格预审，投标人应是收到招标人发出投标邀请书的单位。

对未进行资格预审的：

1.4.1　投标人应具备承担本项目施工的资质条件、能力和信誉。

（1）资质条件：见投标人须知前附表；

（2）财务要求：见投标人须知前附表；

（3）业绩要求：见投标人须知前附表；

（4）信誉要求：见投标人须知前附表；

（5）项目经理资格：见投标人须知前附表；

（6）其他要求：见投标人须知前附表。

1.4.2　投标人须知前附表规定接受联合体投标的，除应符合本章第 1.4.1 项和投标人须知前附表的要求外，还应遵守以下规定：

（1）联合体各方应按电子招标文件提供的格式签订联合体协议书，明确联合体牵头人和各方权利义务；

（2）由同一专业的单位组成的联合体，按照资质等级较低的单位确定资质等级；

（3）联合体各方不得再以自己名义单独或参加其他联合体在同一项目中投标。

1.4.3　投标人不得存在下列情形之一：

（1）为本标段前期准备提供设计或咨询服务的，但设计施工总承包的除外；

（2）为本标段的监理人；

（3）为本标段提供招标代理服务的；

（4）与本标段的监理人或招标代理机构同为一个法定代表人的；

（5）与本标段的监理人或招标代理机构相互控股或参股的；

（6）与本标段的监理人或招标代理机构相互任职或工作的；

（7）被责令停业的；

（8）被暂停或取消投标资格的；

（9）财产被接管或冻结的；

（10）在最近三年内有骗取中标或严重违约或重大工程质量问题的；

（11）单位负责人为同一人或者存在控股、管理关系的不同单位，在同一工程标段中投标；

（12）投标人低于成本或者违反政府指导价的报价。

1.5 费用承担

投标人准备和参加投标活动发生的费用自理。

1.6 保密

参与招标投标活动的各方应对电子招标文件和投标文件中的商业和技术等秘密保密，违者应对由此造成的后果承担法律责任。

1.7 语言文字

除专用术语外，与招标投标有关的语言均使用中文。必要时专用术语应附有中文注释。

1.8 计量单位

所有计量均采用中华人民共和国法定计量单位。

1.9 踏勘现场

1.9.1 投标人须知前附表规定组织踏勘现场的，招标人按投标人须知前附表规定的时间、地点组织投标人踏勘项目现场。

1.9.2 投标人踏勘现场发生的费用自理。

1.9.3 除招标人的原因外，投标人自行负责在踏勘现场中所发生的人员伤亡和财产损失。

1.9.4 招标人在踏勘现场中介绍的工程场地和相关的周边环境情况，供投标人在编制投标文件时参考，招标人不对投标人据此作出的判断和决策负责。

1.10 投标预备会

1.10.1 投标人须知前附表规定召开投标预备会的，招标人按投标人须知前附表规定的时间和地点召开投标预备会，澄清投标人提出的问题。

1.10.2 投标人应在投标人须知前附表规定的时间前，以书面形式将提出的问题送达招标人，以便招标人在会议期间澄清。

1.10.3 投标预备会后，招标人在投标人须知前附表规定的时间内，将对投标人所提问题的澄清，以书面方式通知所有购买电子招标文件的投标人。该澄清内容为电子招标文件的组成部分。

1.11 分包

投标人拟在中标后将中标项目的部分非主体、非关键性工作进行分包的，应符合投标人须知前附表规定的分包内容、分包金额和接受分包的第三人资质要求等限制性条件。

1.12 偏离

投标人须知前附表允许投标文件偏离电子招标文件某些要求的，偏离应当符合电子招标文件规定的偏离范围和幅度。

2. 电子招标文件

2.1 电子招标文件的组成

本电子招标文件包括：

（1）招标公告（或投标邀请书）；

（2）投标人须知；

（3）评标办法；

（4）合同条款及格式；

（5）工程量清单（qdz 格式）；

（6）图纸；

（7）技术标准和要求；

（8）投标文件格式；

（9）投标人须知前附表规定的其他材料。

根据本章第 1.10 款、第 2.2 款和第 2.3 款对电子招标文件所作的澄清、修改，构成电子招标文件的组成部分。

2.2　电子招标文件的澄清

2.2.1　投标人应仔细阅读和检查电子招标文件的全部内容。如发现内容或附件不全，应及时向招标人提出，以便补齐。如有疑问，应在投标人须知前附表规定的时间前以书面形式（包括信函、电报、传真等可以有形地表现所载内容的形式，下同），要求招标人对电子招标文件予以澄清。

2.2.2　电子招标文件的澄清将在投标人须知前附表规定的投标截止时间 15 天前以书面形式发给所有购买电子招标文件的投标人，但不指明澄清问题的来源。如果澄清发出的时间距投标截止时间不足 15 天，相应延长投标截止时间。

2.2.3　投标人在收到澄清后，应在投标人须知前附表规定的时间内以书面形式通知招标人，确认已收到该澄清。

2.3　电子招标文件的修改

2.3.1　在投标截止时间 15 天前，招标人可以修改电子招标文件，并以书面形式通知所有已购买招标文件的投标人。如果修改招标文件的时间距投标截止时间不足 15 天，相应延长投标截止时间。

2.3.2　投标人收到修改内容后，应在投标人须知前附表规定的时间内以书面形式通知招标人，确认已收到该修改。

3．电子投标文件

3.1　电子投标文件的组成

3.1.1　电子投标文件应不大于 50MB，内容分为技术标、资信标和商务标。实行资格后审的，还需增加上传资格后审文件。

3.1.2　电子投标文件应包括下列内容：

3.1.2.1　资格审查资料（采用资格后审的）：

执行第九章资格后审内容。

3.1.2.2　技术标

采用“暗标”评审，按系统要求形式编制，不得出现任何可以识别投标人的标志、标识、图片及资料，违反规定者，技术标不得分。其主要内容包括：施工组织设计方案（详见技术标评分细则）。

3.1.2.3　资信标

其主要内容包括：

（1）项目管理班子配备情况；

（2）类似工程施工业绩（上传内容需包括相关业绩合同及竣工验收证明材料原件的扫描件）；

（3）信用评价结果。

注：以上电子投标文件中涉及证书、证件的须上传原件扫描件，否则视为自动放弃投标资格。

3.1.2.4 商务标

其主要内容包括：

（1）投标函及投标函附录；

（2）法定代表人身份证明或附有法定代表人身份证明的授权委托书；

（3）联合体协议书（如有）；

（4）投标保证金；

（5）商务报价；

（6）拟分包项目情况表（如有）；

（7）投标人须知前附表规定的其他材料。

3.2 投标报价

3.2.1 投标人应按第五章“工程量清单”的要求填写相应表格。

3.2.2 投标人在投标截止时间前修改投标函中的投标报价，应同时修改第五章“工程量清单”中的相应报价。此修改须符合本章第 4.3 款的有关要求。

3.3 投标有效期

3.3.1 在投标人须知前附表规定的投标有效期内，投标人不得要求撤销或修改其投标文件。

3.3.2 出现特殊情况需要延长投标有效期的，招标人以书面形式通知所有投标人延长投标有效期。投标人同意延长的，应相应延长其投标保证金的有效期，但不得要求或被允许修改或撤销其投标文件；投标人拒绝延长的，其投标失效，但投标人有权收回其投标保证金。

3.4 投标保证金

3.4.1 投标人在递交投标文件的同时，应按投标人须知前附表规定的金额、担保形式和第八章“投标文件格式”规定的投标保证金格式递交投标保证金，并作为其投标文件的组成部分。联合体投标的，其投标保证金由牵头人递交，并应符合投标人须知前附表的规定。

3.4.2 投标人不按本章第 3.4.1 项要求提交投标保证金的，其投标文件按无效处理。

3.4.3 招标人授权评标委员会确定中标人的，中标公示期结束无投诉或投诉不影响评标结果的，5 日内向未中标的投标人退还投标保证金及银行同期存款利息，招标人与中标人签订合同后 5 日内，向中标人退还投标保证金及银行同期存款利息；评标委员会按照排序向招标人推荐 2 名或 3 名中标候选人的，中标公示期结束无投诉或投诉不影响评标结果的，5 日内向非中标候选人退还投标保证金及银行同期存款利息，招标人与中标人签订合同后 5 日内，向未中标的中标候选人和中标人退还投标保证金及银行同期存款利息。

3.4.4 有下列情形之一的，投标保证金将不予退还：

（1）投标人在规定的投标有效期内撤销或修改其投标文件；

（2）中标人在收到中标通知书后，无正当理由拒签合同协议书或未按电子招标文件规定提交履约担保；

（3）经查实发现有围标、串标、弄虚作假、骗取中标情况的；

（4）中标人无正当理由放弃中标的。

3.5 资格审查资料（适用于已进行资格预审的）

投标人在编制投标文件时，应按新情况更新或补充其在申请资格预审时提供的资料，以证实其各项资格条件仍能继续满足资格预审文件的要求，具备承担本项目施工的资质条件、能力和信誉。投标报名（资格预审）时，提交的项目经理投标时无正当理由不得更换。

3.5　资格审查资料（适用于进行资格后审的）

执行第九章 资格后审

3.6　备选投标方案

除投标人须知前附表另有规定外，投标人不得递交备选投标方案。允许投标人递交备选投标方案的，只有中标人所递交的备选投标方案方可予以考虑。评标委员会认为中标人的备选投标方案优于其按照电子招标文件要求编制的投标方案的，招标人可以接受该备选投标方案。

3.7　电子投标文件的编制

3.7.1　投标文件应按第八章“投标文件格式”在投标文件制作系统中进行编写，作为投标文件的组成部分。

3.7.2　电子投标文件应当对电子招标文件有关工期、投标有效期、质量要求、技术标准和要求、招标范围等实质性内容作出响应。

3.7.3　电子投标文件技术标部分，电子招标投标监督管理系统提供文本编辑框，由投标人可在线编辑和粘贴方式上传技术标内容；商务标、资信标及资格审查文件（采用资格后审的）电子招标投标监督管理系统提供 pdf 格式文件上传节点，pdf 文件按照电子招标文件盖章要求电子签章后再上传。

3.7.4　多标段项目制作电子投标文件时一次勾选所有参投标段，最后形成一个 ztb13 文件，一个投标单位提供一份电子投标文件（ztb13 文件）。

3.7.5　纸质投标文件份数。

3.7.6　纸质投标文件装订要求。

4. 投标

4.1　投标文件的密封和标记

4.1.1　电子投标文件、纸质投标文件应分别独立封装，加贴封条，并在封套的封口处骑缝加盖投标人单位公章和法定代表人或其委托代理人的印鉴或签字。

4.1.2　未按本章第 4.1.1 项要求密封和加写标记的投标文件，招标人不予受理。

4.2　电子投标文件的递交

4.2.1　投标人应在本章第 2.2.2 项规定的投标截止时间前递交投标文件。

4.2.2　投标人递交投标文件的地点：见投标人须知前附表。

4.2.3　除投标人须知前附表另有规定外，投标人所递交的投标文件不予退还。

4.2.4　招标人收到投标文件后，向投标人出具签收凭证。

4.2.5　逾期送达的或者未送达指定地点的投标文件，招标人不予受理。

4.2.6　投标人可将电子投标文件（已加密）以光盘或 U 盘形式开标现场提交或开标前上传评标服务器（以回执凭证为准）。

4.3　电子投标文件的撤回

4.3.1　在本章第 2.2.2 项规定的投标截止时间前，投标人可以撤回已递交的投标文件，但应以书面形式通知招标人。

4.3.2 投标人撤回已递交投标文件的书面通知应按照投标人须知前附表第 3.7.3 项的要求签字或盖章。招标人收到书面通知后，向投标人出具签收凭证。

5. 开标

5.1 开标时间和地点

招标人在本章第 2.2.2 项规定的投标截止时间（开标时间）和投标人须知前附表规定的地点公开开标，并邀请所有投标人的法定代表人或其委托代理人准时参加。

5.2 开标程序

主持人按下列程序进行开标:

（1）宣读开标纪律。

（2）公布在投标截止时间前递交投标文件的投标人名称，并点名投标人是否到场。

（3）宣布招标（代理）人、唱标人、监督人、记录人等相关单位。

（4）在监督人监督下，由招标人或其委托的公证人核验投标人的证件（法定代表人身份证明或授权委托书、被授权人身份证原件），未按规定提交的视为自动放弃投标资格。

（5）在监督人监督下，由招标人（或其委托的公证人）或投标人推选的代表检查投标文件的密封情况并予以签字确认；并宣布核验结果。

（6）在监督人监督下，由投标人推选的代表抽取评标所需的权重指数、下浮系数和参评清单子目项数百分比系数。

（7）按照宣布的开标顺序当众开标，导入并解密已上传服务器的电子投标文件，公布投标人名称、项目名称、投标报价、质量目标、工期及其他内容，并记录在案。

（8）招标（代理）人、唱标人、监督人应对《开标记录》全部内容进行签字确认后封存。

（9）询问投标人对本次开标过程是否有异议，如有异议现场提出。

（10）监督人致监督词。

（11）开标会结束。

（12）开标现场需要对投标人提供的参与评标的相关资料（企业业绩，项目班子主要成员及业绩等）进行公示，并同时在相关网站公示。投标人对其提供的参与评标的相关资料（企业业绩，项目班子主要成员及业绩等）的真实性负责，所有利害关系人均有对以上信息质疑或投诉的权利。

（13）公示期间，投标人如对公示内容有异议可向招标人提出，由招标人负责核实。

5.3 投标人有下列情形之一的视为无效投标:

（1）参加开标会议的投标人的法定代表人或其委托代理人未携带本人身份证，委托代理人未携带参加开标会议的法定代表人授权委托书，法定代表人未携带法定代表人证书，无法证明其身份的;

（2）无法定代表人（或法定代表人授权的代理人）签字（或盖章）或无单位盖章的;

（3）未按规定格式填写，内容不全或关键字迹模糊、无法辨认的;

（4）投标人在一份投标文件中对同一招标项目报有两个或多个报价，且未声明哪一个有效，按电子招标文件规定提交备选投标方案的除外;

（5）投标人名称或组织结构与资格预审时不一致;

（6）投标人未按投标文件的要求提供投标保函或者提交投标保证金的;

（7）联合体投标未附联合体各方共同投标协议的;

（8）投标文件未按照电子招标文件的要求予以密封的；

（9）投标文件中的投标函未加盖投标人企业公章及企业法定代表人印章或签字的，或者企业法定代表人委托代理人没有合法、有效的委托书（原件）及委托代理人印章或签字的；

（10）投标保证金未从基本账户转出的。

5.4　电子投标文件有下列情形之一的，其投标作无效投标处理：

（1）提供的电子投标文件（ztb13 格式）没有内容的；

（2）提供的电子投标文件（ztb13 格式）无法被电子辅助评标系统读取的。

6. 评标

6.1　评标委员会

6.1.1　评标由招标人依法组建的评标委员会负责。评标委员会由招标人或其委托的招标代理机构熟悉相关业务的代表，以及有关技术、经济等方面的专家组成。评标委员会成员人数以及技术、经济等方面专家的确定方式见投标人须知前附表。

6.1.2　评标委员会成员有下列情形之一的，应当回避：

（1）招标人或投标人主要负责人的近亲属；

（2）项目主管部门或者行政监督部门的人员；

（3）与投标人有经济利益关系，可能影响对投标公正评审的；

（4）曾因在招标、评标以及其他与招标投标有关活动中从事违法行为而受过行政处罚或刑事处罚的。

6.2　评标原则

评标活动遵循公平、公正、科学、择优的原则依法进行，任何单位和个人不得非法干预或影响评标过程和结果。

6.3　评标内容的保密

6.3.1　公开开标后，直到宣布授予中标人合同为止，凡属于审查、澄清、评价和比较投标书的所有资料，有关授予合同的信息，都不应向投标人或与评标无关的其他人泄露。

6.3.2　在投标文件的审查、澄清、评价和比较及授予合同过程中，投标人对招标人和评标委员会成员施加影响的任何行为，都将导致取消其投标资格。

6.4　评标纪律

6.4.1　为了规范评标活动，保证评标的公平、公正，维护招标投标活动当事人的合法权益，依据《中华人民共和国招标投标法》及国家有关法律、法规制订本规定。

6.4.2　评标活动在严格保密的情况下进行，只有依法组建的评标委员会的成员、监督人员及经批准的招标人或者其委托的招标代理机构的有关工作人员参加。其他任何人员不得随意进入评标地点。

6.4.3　在评标过程中，只有评标委员会的成员享有评审发言权，其他人员不得随意发表评审意见。

6.4.4　评标委员会成员应当客观、公正地履行职责，遵守职业道德，对所提出的评审意见承担个人责任。

6.4.5　评标委员会应当根据招标文件规定的评标标准和方法，对投标文件进行系统评审和比较。招标文件中没有规定的标准和方法不得作为评标的依据。

6.4.6　评标委员会成员不得与任何投标人或者与招标结果有利害关系的人进行私下接

触，不得收受投标人、中介人、其他利害关系人的财物或者其他好处。

6.4.7 评标期间，评标人员不得单独出入评标地点、与外界通信、会客等。

6.4.8 评标委员会成员和与评标活动有关的工作人员不得透露对投标文件的评审和比较、中标候选人的推荐情况以及与评标有关的其他情况。

6.4.9 评标结束后，各评标人员应将全部资料整理上交招标人或者招标代理机构，严禁将评标过程中有关资料向投标人或者其他单位提供。

6.4.10 评标委员会成员在评标过程中擅离职守，影响评标程序正常进行或者在评标过程中不能客观公正地履行职责的，给予警告；情节严重的，取消担任评标委员会成员的资格，不得再参加依法必须进行招标项目的评标，并处3000元以上5万元以下的罚款；构成犯罪的，依法追究刑事责任。

6.4.11 城乡建设行政主管部门依法对本工程招标过程实行监督。

6.5 评标

6.5.1 评标委员会按照第三章"评标办法"规定的方法、评审因素、标准和程序对投标文件进行评审。第三章"评标办法"没有规定的方法、评审因素和标准，不作为评标依据。

6.5.2 为了有助于投标文件的审查、评价和比较，评标委员会可以要求投标人对投标文件含义不明确的内容作必要的澄清或者说明，有关澄清说明与答复，投标人应以书面形式进行，但对投标报价和实质性的内容不得更改。

7. 合同授予

7.1 定标方式

除投标人须知前附表规定评标委员会直接确定中标人外，招标人依据评标委员会推荐的中标候选人确定中标人，评标委员会推荐中标候选人的人数见投标人须知前附表。

7.2 从业人员动态管理

详见投标人须知前附表。

7.3 确定中标人

详见投标人须知前附表。

7.4 中标公示

详见投标人须知前附表。

7.5 发出中标通知书

详见投标人须知前附表。

7.6 履约担保

7.6.1 在签订合同前，中标人应按投标人须知前附表规定的金额、担保形式和电子招标文件第四章"合同条款及格式"规定的履约担保格式向招标人提交履约担保。联合体中标的，其履约担保由牵头人递交，并应符合投标人须知前附表规定的金额、担保形式和电子招标文件第四章"合同条款及格式"规定的履约担保格式要求。

7.6.2 中标人不能按本章第7.6.1项要求提交履约担保的，视为放弃中标，其投标保证金不予退还，给招标人造成的损失超过投标保证金数额的，中标人还应当对超过部分予以赔偿。

7.7 签订合同

7.7.1 招标人和中标人应当自中标通知书发出之日起30日内，按照电子招标文件和中标人的电子投标文件订立书面合同。招标人和中标人不得再行订立背离合同实质性内容的其他协议。

7.7.2　中标人无正当理由拒签合同的，招标人取消其中标资格，其投标保证金不予退还；给招标人造成的损失超过投标保证金数额的，中标人还应当对超过部分予以赔偿。

7.7.3　发出中标通知书后，招标人无正当理由拒签合同的，招标人向中标人退还投标保证金；给中标人造成损失的，还应当赔偿损失。

8. 重新招标和不再招标

8.1　重新招标

有下列情形之一的，招标人将重新招标：

（1）投标截止时间止，投标人少于3个的；

（2）评标委员会对投标作废标处理后有效投标不足3个，或者因其他原因使得投标明显缺乏竞争的；

（3）经评标委员会评审后否决所有投标的。

8.2　不再招标

重新招标后投标人仍少于3个或者所有投标被否决的，属于必须审批或核准的工程建设项目，经原审批或核准部门批准后不再进行招标。

9. 纪律和监督

9.1　对招标人的纪律要求

招标人不得泄露招标投标活动中应当保密的情况和资料，不得与投标人串通损害国家利益、社会公共利益或者他人合法权益。

9.2　对投标人的纪律要求

投标人不得相互串通投标或者与招标人串通投标，不得向招标人或者评标委员会成员行贿谋取中标，不得以他人名义投标或者以其他方式弄虚作假骗取中标；投标人不得以任何方式干扰、影响评标工作。

9.3　对评标委员会成员的纪律要求

评标委员会成员不得收受他人的财物或者其他好处，不得向他人透露对投标文件的评审和比较、中标候选人的推荐情况以及评标有关的其他情况。在评标活动中，评标委员会成员不得擅离职守，影响评标程序正常进行，不得使用第三章“评标办法”没有规定的评审因素和标准进行评标。

9.4　对与评标活动有关的工作人员的纪律要求

与评标活动有关的工作人员不得收受他人的财物或者其他好处，不得向他人透露对投标文件的评审和比较、中标候选人的推荐情况以及评标有关的其他情况。在评标活动中，与评标活动有关的工作人员不得擅离职守，影响评标程序正常进行。

9.5　异议和投诉

9.5.1　潜在投标人或其他利害关系人对电子招标文件有异议的，应当在投标截止时间10日前向招标人提出。

9.5.2　投标人对开标过程有异议，应在开标现场向招标人提出。

9.5.3　投标人或者其他利害关系人对依法必须进行招标的项目的评标结果有异议的，应当在中标候选人公示期间向招标人提出。

9.5.4　投标人或者其他利害关系人认为招标投标活动不符合法律、行政法规规定的，可以自知道或者应当知道之日起10日内向城乡建设行政主管部门投诉。投诉应当有明确的请求和必要的证明材料。就9.5.1、9.5.2、9.5.3规定事项投诉的，应当先向招标人提出异议。

9.5.5　恶意投诉者将在济南建设网予以通报，并计入不良行为记录。视其情节严重程度，在本行政区域内限制其投标，并抄报上级建设行政主管部门。

10. 需要补充的其他内容

需要补充的其他内容：见投标人须知前附表。

任务四　建筑工程招标控制价的编制

一、建筑工程招标控制价的概述

招标人根据国家或省级、行业建设主管部门颁发的有关计价依据和办法，以及拟定的招标文件和招标工程量清单，结合工程具体情况编制的招标工程的最高投标限价。国有资金投资的工程建设项目应实行工程量清单招标，并应编制招标控制价。招标控制价应由具有编制能力的招标人或委托具有相应资质的工程造价咨询人编制。

招标控制价是《建设工程工程量清单与计价规范》（GB 50500）基于“标底”所提出的概念。招标控制价的应用既顺应了建筑市场招投标管理的需要，又避免了与《招标投标法》关于标底必须保密的规定相违背。这一概念的提出，是由于在推行工程量清单计价过程中、一些工程项目在招标中除了过度的低价恶性竞争外，还出现了所有投标人的投标报价均高于招标人的标底，即使是最低的报价招标人也不能接受的现象，但由于缺乏相应的制度规定，招标人如不接受投标又产生了招标的合法性问题。对此，为避免投标人串标、哄抬标价，鉴于多个省、市相继出台了控制最高限价的规定，从而界定了相对于传统标底概念的招标控制价，且要求在招标文件中将其公布，同时规定投标人的报价如超过公布的招标控制价，则其投标将作为废标处理。

二、招标控制价的作用

（1）招标人有效控制项目投资，防止恶性投标带来的投资风险。

（2）增强招标过程的透明度，有利于正常评标。

（3）利于引导投标方投标报价，避免投标方无标底情况下的无序竞争。

（4）招标控制价反映的是社会平均水平，为招标人判断最低投标价是否低于成本提供参考依据。

（5）可为工程变更新增项目确定单价提供计算依据。

（6）作为评标的参考依据，避免出现较大偏离。

（7）投标人根据自己的企业实力、施工方案等报价，不必揣测招标人的标底，提高了市场交易效率。

（8）减少了投标人的交易成本，使投标人不必花费人力、财力去套取招标人的标底。

（9）招标人把工程投资控制在招标控制价范围内，提高了交易成功的可能性。

三、编制招标控制价的原则

招标控制价的编制应当遵循以下原则：

（1）根据国家公布现行的《工程量清单计价规范》，统一工程项目划分、统一计量单位、统一计算规则以及施工图纸、招标文件，并参照国家、行业、地方规定的技术标准规范确定工程量，同时参考各地的预算定额以及主要材料的市场价格确定控制价价格。

（2）控制价作为建设单位的期望价格，应力求与市场的时间变化吻合，要有利于竞争和保证工程量。要按照市场价格行情客观、公正地确定控制价价格，绝不能故意低估或高估控制价价格。

（3）控制价应由成本、利润、税金等组成，应控制在批准的总概算及投资包干的限额内。

（4）控制价应考虑人工、材料、设备、机械台班等价格变化因素，还应包括不可预见费、预算包干费、措施费、现场因素费、保险以及采用固定价格的工程风险金等。工程要求优良的还应增加相应的费用。

（5）一个工程只能编制一个控制价，绝不能编制多个控制价和评标时任意选择控制价。

（6）控制价编制完成后，应密封报送招标管理机构审定。审定后必须及时妥善封存，直至开标时，所有接触过控制价价格的人员均负有保密责任，不得泄露。招标人或其委托的控制价编制单位泄露控制价的，要按《招标投标法》的有关规定处罚。

四、编制招标控制价的主要依据

（1）《建设工程工程量清单计价规范》（GB 50500）。

（2）省、市建设主管部门颁发的计价定额、计价办法及相关规定。

（3）建设工程设计文件及相关资料。

（4）招标文件及招标工程量清单。

（5）与建设项目相关的标准、规范及技术资料。

（6）施工现场情况、工程特点及常规施工方案。

（7）工程造价管理机构发布的工程造价信息，当工程造价信息没有发布时，参照市场价。

（8）其他相关资料。

五、建设工程招标控制价文件的主要内容

（1）招标控制价的综合编制说明。

（2）招标控制价价格审定书、招标控制价价格计算书、带有价格的工程量清单、现场因素、各种施工措施的测算明细以及采用固定价格工程的风险系数测算明细等。

（3）主要人工、材料、设备用量。

（4）招标控制价附件：如各项交底纪要、各种材料及设备的价格来源、现场的地质、水文、地上情况的有关资料、编制招标控制价价格所依据的施工方案或施工组织设计等。

（5）招标控制价编制的有关表格。

六、编制招标控制价的主要程序

当招标文件中的商务条款一经确定，即可进入招标控制价编制阶段。工程招标控制价编制程序如下：

（1）确定招标控制价的编制单位。招标控制价应由具有编制能力的招标人或受其委托有相应资质的工程造价咨询人编制。工程造价咨询人不得同时接受招标人和投标人对工程的招标控制价和投标报价的编制。

（2）收集编制资料，包括全套施工图纸及现场地质、水文、地上情况的有关资料，招标文件，报审的有关表格。

（3）编制招标控制价。编制人员应严格按照国家的有关政策、规定，科学公正地编制招控制价。

（4）招标控制价审核。

七、招标控制价的编制方法

目前我国建设工程施工招标中招标控制价的编制主要采用工程量清单计价。

（1）分部分项工程费应根据招标文件中的分部分项工程量清单项目的特征描述及有关要求，按规定确定综合单价进行计算。综合单价中应包括招标文件中要求投标人承担的风险费用。招标文件提供了暂估单价的材料，按暂估的单价计入综合单价。

（2）措施项目费应按招标文件中提供的措施项目清单确定，措施项目采用分部分项工程综合单价形式进行计价的工程量，应按措施项目清单中的工程量，并按规定确定综合单价；以“项”为单位的方式计价的，按规定确定除规费、税金以外的全部费用。措施项目费中的安全文明施工费应当按照国家或省级、行业建设主管部门的规定标准计价。

（3）其他项目费应按下列规定计价。①暂列金额。暂列金额由招标人根据工程特点，按有关计价规定进行估算确定。为保证工程施工建设的顺利实施，在编制招标控制价时应对施工过程中可能出现的各种不确定因素对工程造价的影响进行估算，列出一笔暂列金额。暂列金额可根据工程的复杂程度、设计深度、工程环境条件（包括地质、水文、气候条件等）进行估算，一般可按分部分项工程费的 10%～15%作为参考。②暂估价。暂估价包括材料暂估价和专业工程暂估价。暂估价中的材料单价应按照工程造价管理机构发布的工程造价信息或参考市场价格确定；暂估价中的专业工程暂估价应分不同专业，按有关计价规定估算。③计日工。计日工包括计日工人工、材料和施工机械。在编制招标控制价时，对计日工中的人工单价和施工机械台班单价应按省级、行业建设主管部门或其授权的工程造价管理机构公布的单价计算；材料应按工程造价管理机构发布的工程造价信息中的材料单价计算，工程造价信息未发布材料单价的材料，其价格应按市场调查确定的单价计算。④总承包服务费。招标人应根据招标文件中列出的内容和向总承包人提出的要求，参照下列标准计算：

1）招标人仅要求对分包的专业工程进行总承包管理和协调时，按分包的专业工程估算造价的 1.5%计算。

2）招标人要求对分包的专业工程进行总承包管理和协调，并同时要求提供配合服务时，根据招标文件中列出的配合服务内容和提出的要求，按分包的专业工程估算造价的 3%～5%计算。

3）招标人自行供应材料的，按招标人供应材料价值的 1%计算。

4）招标控制价的规费和税金必须按国家或省级、行业建设主管部门的规定计算。

八、招标控制价的审定

招标人在发布招标文件时，将招标控制价及有关资料报送工程所在地工程造价管理机构备案。招标管理机构在规定的时间内完成招标控制价的审定工作，未经审查的招标控制价一律无效。

1. 招标控制价审查时应提交的各类文件

招标控制价报送招标管理机构审查时，应提交工程施工图纸、方案或施工组织设计、填有单价与合价的工程量清单、招标控制价计算书、招标控制价汇总表、招标控制价审定书，采用固定价格的工程的风险系数测算明细，以及现场因素、各种施工措施测算明细、主要材料用量、设备清单等。

2. 招标控制价的审定

招标控制价的审定包括以下内容：

（1）招标控制价计价内容。包括承包范围、招标文件规定的计价方法及招标文件的其他有关条款。

（2）工程量清单单价组成分析。人工、材料、机械台班计取的价格、直接费、其他直接费、有关文件规定的调价、间接费、现场经费、预算包干费、利润、税金、采用固定价格的工程测算的在施工周期价格波动风险系数、不可预见费（特殊情况）以及主要材料数量等。

（3）设备的市场供应价格、措施费（赶工措施费、施工技术措施费），现场因素费用等。

3. 招标控制价审定时间

招标控制价应在招标文件中注明，不应上调或下浮，招标人应将招标控制价及有关资料报送工程所在地工程造价管理机构备查。招标控制价超过批准的概算时，招标人应将其报原概算审批部门审核。投标人的投标报价高于招标控制价的，其投标应予拒绝。

任务五　设备采购招标

设备是指大型设备，即和建筑物共存的固定资产，包括电梯、锅炉、空调（中央空调）、楼宇控制等。所有的大型设备都必须依据招投标法来选择销售及安装，并必须选择具备相应资格的企业，具有特种设备经营、生产、安装、维护保养的企业来承担工程。设备招标有着个体非标准制作等差异。

一、建筑工程物资采购招标投标特点

建设工程物资包括材料和设备两大类，招标投标采购方式主要适用于大宗材料、定型批量生产的中小型设备、大型设备和特殊用途的大型非标准部件等的采购，各类物资的招标采购都具有各自的特点。

（一）工程建设物资采购招标的特点

1. 大宗材料或定型批量生产的中小型设备

（1）标的物采用国家标准。大宗材料或定型批量生产的中小型设备等，规格、性能、主要技术参数等都是通用指标，都应采用国家标准。

（2）招标中评标的重点。大宗材料或定型批量生产的中小型设备等的质量都必须达到国家标准，在资格预审时认定投标人的质量保证条件，评标的重点应当是各投标人的商业信誉、报价、交货期等条件。

2. 非批量生产的大型设备和特殊用途的大型非标准部件

非批量生产的大型设备和特殊用途的大型非标准部件，既无通用的规格、型号等指标，也没有国家标准，招标择优的对象，应当是能够最大限度地满足招标文件规定的各项综合计价标准的投标人。评标的内容主要有：

（1）标的物的规格、性能、主要技术参数等质量指标。

（2）投标人的商业信誉、报价、交货期等商务条件。

（3）投标人的制造能力、安装、调试、保修、操作培训等技术条件。

3. 贯彻最合理采购价格原则

（1）材料采购招标。在标价评审时，综合考虑材料价格和运杂费两个因素。

（2）设备采购招标。设备采购的最合理采购价格原则是指按寿命周期费用最低原则采购物资，在标价评审中要全面考虑下列价格的构成因素：①物资的单价和总价；②采购物资的

运杂费；③寿命期内需要投入的运营费用。

（二）工程建设物资采购分段招标的相关因素

工程建设所需物资种类繁多，可按建设进度对物资的需求分阶段进行招标。确定分标范围的相关因素主要有：

（1）建设进度与供货时间的合理衔接。建设物资采购分标，应以物资到货时间刚好满足建设进度为要求，最好能够做到既不延误工程建设，也不过早到货。

（2）鼓励有实力的供货厂商参与竞争。分标采购的资金额度，应当有利于各类供应商或生产厂家参与竞争。分标的额度过大，不利于中小供货厂商的参与；分标额度过小，则对有实力的供货厂商缺乏吸引力。

（3）建设物资的市场行情。建设物资采购的分标除考虑上述因素外，还应考虑建设物资市场货源和价格浮动等情况。货源紧，要提早采购；货源充裕时，应通过预测市场价格，掌握其浮动的规律，合理分阶段分批采购。

（4）建设资金计划。根据资金计划中有关资金到位的安排和资金周转的要求，分标采购。

二、设备采购招标的资格预审

设备采购招标，特别是大型设备的采购，电梯、锅炉、空调等都必须进行资格预审。审查的内容有：

1. 具有合同主体资格

参与投标的设备供应厂商必须具有合同主体资格，拥有独立订立合同的权利，能够独立承担民事责任。代理商（经销商）必须要有委托授权书。

2. 具有履行合同的资格和能力

（1）具备国家核定的生产或供应招标采购设备的法定条件。①设备生产许可证、设备经销许可证或制造厂商的代理授权文件；②产品鉴定书（生产厂商的生产许可、安全检查合格证）。

（2）具有与招标标的物及其数量相适应的生产能力。①设计和制造的能力。包括专业技术水平、技术装备水平、专业技术人员的情况等。②质量控制的能力。包括：

1）具有完善的质量保证体系。

2）业绩良好。设计或制造过与招标设备相同或相近的设备至少已有 1～2 台（套），在安装、调试和运行中，未发现重大质量问题，或已有有效的改进措施，并且经 2 年以上运行。技术状态良好。

3. 社会信誉

在社会信誉方面，主要审查投标人的资金信用、商业信誉和交易习惯等。

三、材料设备采购招标的评标方法

1. 经评审的最低投标报价法

（1）评标要点。评标时，材料采购招标的最合理采购价格根据投标价格和运杂费等确定。设备采购应贯彻寿命周期费用最低原则，以报价、运杂费、设备运营费用作为评比要素，将投标人按其经评审的投标报价由低到高排序，取前二至三名作为评标委员会推荐的中标候选人。以设备寿命周期费用为基础评审标价的程序如下：①确定设备寿命周期；②计算设备寿命周期成本的净现值；③将投标价加上设备寿命周期成本的净现值作为投标报价的评审值。

（2）适用范围。经评审的最低投标报价法适用于招标采购简单商品、半成品、原材料，以及其他的性能、质量相同或容易进行比较的物资。

2. 综合评估法

在物资采购招标中，采用综合评估法评标的具体做法有综合评审标价法和综合评分法两种。这种评标方法适用于招标采购机组、车辆、电梯、锅炉、空调等大型设备。

（1）综合评审标价法。

评标时，以投标报价为基础，将各评审要素按预定方法换算成相应的价格值，用以对投标报价进行增减，形成各投标人的经评审的投标报价，并按由低到高的顺序排序，取前二至三名为评标委员会推荐的中标候选人。

综合评审标价法的评审要素和换算方法应当在招标文件中明示。评审要素主要有：

1）运输费用。主要指需招标人额外支付的运费、保险费和其他费用。例如，运输道路加宽费、桥梁加固费等。费用按运输、保险等部门的取费标准计算。

2）交货期。提前到货不影响评标；推迟供货，在施工进度允许范围内的，每迟延一个月，按投标价的一定百分比（通常为 2%）计算折算价，增加到报价上去。

3）付款条件。投标人应按招标文件规定的付款条件报价，不符合规定的投标是非响应性投标可予以拒绝；大型设备采购招标中，投标人提出增加（或减少）预付款或前期付款的，按招标文件规定的贴现率（或利率）换算成评标时的净现值（或利息），对投标价进行相应的增减。

4）零配件和售后服务。招标文件规定将这两笔费用纳入报价的，评审价格时不再考虑；单独报价的，将其加到报价上。

5）设备性能和生产能力。投标设备应具有招标文件规定的技术规范所要求的生产效率。如果由于定型生产等原因所提供的设备的性能、生产能力等的某些技术指标不能达到要求的基准参数时，则每种参数降低 1%，以设备生产效率成本为基础计算出折算价，加到报价上去。一般维修期两年。

（2）综合评分法。

首先确定评价项目及其评分标准，然后求出各投标文件的计价总分，最后取得分最高的二至三名投标人为推荐的中标候选人。综合评分法在物资采购评标中的应用见表 2-1。

表 2-1 综合评分方法在物资采购评标中的应用

评价项目	评分标准及方法	对各投标文件的评价		
		A 标书	B 标书	C 标书
投标价	50（1 分/百元）	50	45	40
运杂费	10	0	5	10
备件价格	5	5	0	5
技术性能	20	10	15	20
运行费用	10	5	5	10
售后服务及维修	5	5	0	5
合计得分		75	70	90
中标人				C

知识梳理与小结

本学习情境主要内容有：必须招标的建筑工程项目。①大型基础设施、公用事业等关系社会公共利益、公众安全的项目；②全部或者部分使用国有资金投资或者国家融资的项目；③使用国际组织或者外国政府贷款、援助资金的项目。

建筑工程项目施工招标条件。应当具备下列条件才能进行施工招标：①招标人已经依法成立；②初步设计及概算应当履行审批手续的，已经批准；③有相应资金或资金来源已经落实；④有招标所需的设计图纸及技术资料。

建筑工程项目施工招标程序。①招标前的准备工作；②招标与投标阶段的主要工作；③决标成交阶段工作；④招标投标情况备案。

建筑工程的招标通常有两种方式：公开招标与邀请招标。

（1）公开招标。公开招标是一种无限竞争性招标方式。采用这种方式时，招标单位通过在报纸或专业性刊物上发布招标通告，或利用其他媒介，说明招标工程的名称、性质、规模、建造地点、建设要求等事项，公开招请承包商参加投标竞争。凡是对该工程感兴趣的、符合规定条件的承包商都允许参加投标，因而相对于其他招标方式，其竞争最为激烈。

（2）邀请招标。在国际上，邀请招标被称为选择性招标，是一种有限竞争性招标方式。招标单位一般不是通过公开的方式，而是根据自己了解和掌握的信息、过去与承包商合作的经验或由咨询机构提供的情况等有选择地邀请数目有限的承包商参加投标。

建筑工程招标文件的主要内容：①投标邀请书；②投标人须知；③合同主要条款；④投标文件格式；⑤采用工程量清单招标的，应当提供工程量清单；⑥技术条款；⑦设计图纸；⑧评标标准和方法；⑨投标辅助材料。

建筑工程招标控制价的概念。招标控制价是建筑安装工程造价的表现形式之一，是指由招标人自行编制的，或者是委托具有编制标底资格和能力的中介机构代理编制，并按规定报经审定的招标工程的预期价格，在建筑工程招标投标过程中起着至关重要的作用。

编制建设工程招标控制价的原则、编制控制价价格的主要依据、建设工程招标控制价文件的主要内容、建设工程招标控制价的编制方法。

建筑工程物资采购招标投标。建设工程物资包括材料和设备两大类，招标投标采购方式主要适用于大宗材料、定型批量生产的中小型设备、大型设备和特殊用途的大型非标准部件等的采购。材料设备采购招标的评标方法：①经评审的最低投标报价法。评标时，材料采购招标的最合理采购价格根据投标价格和运杂费等确定。设备采购应贯彻寿命周期费用最低原则，以报价、运杂费、设备运营费用作为评比要素，将投标人按其经评审的投标报价由低到高排序，取前二至三名作为评标委员会推荐的中标候选人。②综合评估法。在物资采购招标中，采用综合评估法评标的具体做法有综合评审标价法和综合评分法两种。这种评标方法适用于招标采购机组、车辆、电梯、锅炉、空调等大型设备。

复习思考与练习

1．建设工程招标的概念。

2．必须进行招标的工程有哪些？
3．建筑工程项目施工招标条件。
4．建筑工程项目施工招标程序。
5．什么是公开招标？什么是邀请招标？
6．什么是招标文件？招标文件的内容是什么？
7．什么是招标控制价？
8．建设工程招标的特点、作用有哪些？
9．编制建设工程招标控制价的原则、依据是什么？
10．材料设备采购招标的方法有哪些？

项目实训一

某工程对投标者进行资格预审，有 44 家公司提出申请，22 家合格，但由于项目其他部分工程的拖延，该工程在资格预审两年后才开始招标。业主建议在招标文件中加入资格后审一项，要求投标人更新其资格材料。

问：这样的程序是否合适？

项目实训二

其办公楼的招标人于 2016 年 10 月 11 日向具备承担该项目能力的 A、B、C、D、E5 家承包商发出投标邀请书，其中说明，10 月 17—18 日 9—16 时在该招标人总工程师室领取招标文件，11 月 8 日 14 时为投标截止时间。该 5 家承包商均接受邀请，并按规定时间提交了投标文件。但承包商 A 在送出投标文件后发现报价估算有较严重的失误，遂赶在投标截止时间前 10 分钟递交了一份书面声明，撤回已提交的投标文件。

开标时，由招标人委托的市公证处人员检查投标文件的密封情况，确认无误后，由工作人员当众拆封。由于承包商 A 已撤回投标文件，故招标人宣布有 B、C、D、E4 家承包商投标，并宣读该 4 家承包商的投标价格、工期和其他主要内容。

评标委员会委员由招标人直接确定，共由 7 人组成，其中招标人代表 2 人，本系统技术专家 2 人、经济专家 1 人，外系统技术专家 1 人、经济专家 1 人。

在评标过程中，评标委员会要求 B、D 两投标人分别对施工方案作详细说明，并对若干技术要点和难点提出问题，要求其提出具体、可靠的实际措施。作为评标委员的招标人代表希望承包商 B 再适当考虑一下降低报价的可能性。

按照招标文件中确定的综合评标标准，4 个投标人综合得分从高到低的依次顺序为 B、D、C、E，故评标委员会确定承包商 B 为中标人。由于承包商 B 为外地企业，招标人于 11 月 10 日将中标通知书以挂号方式寄出，承包商 B 于 11 月 14 日收到中标通知书。

由于从报价情况来看，4 个投标人的报价从低到高的依次顺序为 D、C、B、E，因此，从 11 月 16 日至 12 月 11 日招标人又与承包商 B 就合同价格进行了多次谈判，结果承包商 B 将价格降到略低于承包商 C 的报价水平，最终 B 方于 12 月 12 日签订了书面合同。

1．从招投标的性质看，本案例中的要约邀请、要约和承诺的具体表现是什么？

2．从所介绍的背景资料来看，在该项目的招标投标程序中在哪些方面不符合《招标投标法》的有关规定？请逐一说明。

项目实训三

某市中梁山隧道拓宽工程全部由政府投资。该项目为该市建设规划的重要项目之一，且已列入地方年度固定资产投资计划，概算已经主管部门批准，施工图及有关技术资料齐全。根据《国务院关于投资体制改革的决定》，该项目拟采用 PPP 方式建设，市政府正在与有意向的 PPP 项目公司洽谈。为赶工期政府方决定对该项目进行施工招标。因估计除本市施工企业参加投标外，还可能有外省市施工企业参加投标，故招标人委托咨询单位编制了两个标底，准备分别用于对本市和外省市施工企业投标价的评定。招标人对投标人就招标文件所提出的所有问题统一作了书面答复，并以备忘录的形式分发给各投标人，为简明起见，采用表格形式，见下表。

序号	问题	提问单位	提问时间	答复
1				
…				
n				

在书面答复投标人的提问后，招标人组织各投标人进行了施工现场踏勘。在投标截止日期前 10 天，招标人书面通知各投标人，由于市政府有关部门已从当天开始取消所有市内交通项目的收费，因此决定将收费站工程从原招标范围内删除。

问：1．该项目施工招标在哪些方面存在问题？

2．如果在评标过程中才决定删除收费站工程，应如何处理？

学习情境三　国内建设工程施工投标

学习目标

1. 了解工程项目投标的程序；
2. 掌握投标决策的方法、技巧；
3. 掌握投标文件的编制；
4. 了解开标、评标、定标的方法。

技能目标

在老师指导下，分小组编制投标文件。

【案例导入】 递交投标文件截止期及开标时间为中午 12 点整。有 6 个投标人出席，共递交 7 份投标文件，其中有一个出席者同时代表两个投标人。业主通知此人，他只能投一份投标文件而应撤回一份投标文件。

【案例解析】 同一个投标人只能单独或作为合伙人投一份投标文件。但他不一定亲自递交，可以委托别人代他递交投标文件并出席开标会。一名代表可同时被授权代表不止一名投标人递交投标文件并出席开标。案例中第一种情况业主的做法是不对的。

在预定递交投标文件截止期及开标时间已过的情况下，不论由于何种原因，业主可以拒绝迟交的投标文件。理由是，开标时间已到，部分投标文件的内容可能已经宣读，迟交投标文件的投标人就有可能作有利于自己的修改。这样，对已在开标前递交投标文件的投标人不公平。按惯例只要不影响招标程序的完整性，而又无损于有关各方的利益，递交投标文件时间稍有延迟也不必拘泥于刻板的时间。故此，在本案例中，如果任何投标文件都未宣读，业主也可以接受其投标文件。但是我国《招标投标法》第 28 条中明确规定“在招标文件要求提交投标文件的截止时间后送达的投标文件，招标人应当拒收。”

【知识链接】

任务一　工程项目投标及基本程序

一、建设工程投标的概念

建设工程投标，指投标人（或承包人）根据所掌握的信息，按照招标人的要求，参与投标竞争，以获得建设工程承包权的法律活动。建设工程投标行为实质上是参与建筑市场竞争的行为，是众多投标人综合实力的较量，投标人通过竞争取得建设工程承包权。

二、建设工程投标组织

进行工程投标，需要有专门的机构和人员对投标的全部活动过程加以组织和管理。实践证明，建立一个强有力的、内行的投标班子是投标获得成功的根本保证。为了迎接技术和管理方面的挑战，在竞争中取胜，承包商的投标班子应该由如下三种类型的人才组成：

1. 经营管理类人才

所谓经营管理类人才，是指专门从事工程承包经营管理、制订和贯彻经营方针与规划、负责工作的全面筹划和安排具有决策水平的人才。为此，这类人才应具备以下基本条件：

（1）知识渊博、视野广阔。经营管理类人员必须在经营管理领域有造诣，对其他相关学科也应有相当知识水平。只有这样，才能全面地、系统地观察和分析问题。

（2）具备一定的法律知识和实际工作经验。该类人员应了解我国乃至国际上的有关法律和国际惯例，并对开展投标业务所应遵循的各项规章制度有充分的了解。同时，丰富的阅历和实际工作经验可以使投标人员具有较强的预测能力和应变能力，对可能出现的各种问题进行预测并采取相应的措施。

（3）必须勇于开拓，具有较强的思维能力和社会活动能力。渊博的知识和丰富的经验，只有和较强的思维能力结合，才能保证经营管理人员对各种问题进行综合、概括、分析，并作出正确的判断和决策。

（4）掌握一套科学的研究方法和手段，诸如科学的调查、统计、分析和预测等。

2. 技术专业类人才

所谓技术专业类人才，主要是指工程设计及施工中的各类技术人员，诸如建筑师、土木工程师、电气工程师、机械工程师等各类专业技术人员。他们应拥有本学科最新的专业知识，具备熟练的实际操作能力，以便在投标时能从本公司的实际技术水平出发，考虑各项专业实施方案。

3. 商务金融类人才

所谓商务金融类人才，指从事金融、贸易、税法、保险、采购、保函、索赔等专业知识方面的人才。财务人员要懂税收、保险、涉外财会、外汇管理和结算等方面的知识。

除了上述关于投标班子的组成和要求外，还需注意保持投标班子成员的相对稳定，不断提高其素质和水平，对于提高投标的竞争力至关紧要；同时，逐步采用或开发有关投标报价的软件，使投标报价工作更加快速、准确。

三、建设工程投标程序

建设工程投标人取得投标资格并愿意参加投标，其参加投标一般要经过以下几个程序：

（1）投标人了解并跟踪招标信息，提出投标申请。建筑企业根据招标公告或投标邀请书，分析招标工程的条件，依据自身的实力，选择并确定投标工程。向招标人提出投标申请，并提交有关资料。

（2）接受招标人的资质审查。

（3）购买招标文件及有关技术资料。

（4）参加现场踏勘，并对有关疑问提出询问。

（5）编制投标书及报价。投标书是投标人的投标文件，是对招标文件提出的要求和条件作出的实质性响应。

（6）参加开标会议。

（7）接受中标通知书，与招标人签订合同。

四、建设工程施工投标过程

投标过程主要是指投标人从填写资格预审调查表申报资格预审时开始，到将正式投标文件递交业主为止所进行的全部工作，一般需要完成下列工作：资格预审，填写资格预审调查表；通过资格预审的单位购买招标文件；组织投标班子；进行投标前调查，现场踏勘；分析招标文件、校核工程量；投标质疑；编制施工规划；投标报价的计算；编制投标文件；递送投标文件。如果中标，则与招标人协商签署承包合同。

1. 资格预审

资格预审是投标人能否通过投标过程中的第一关。申报资格预审应注意的事项主要有：

（1）平时对一般资格预审的有关资料注意积累，储存在计算机中，到针对某个项目填写资格预审调查表时，将有关资料调出来，并加以补充完善。

（2）在投标决策阶段，研究并确定今后本公司发展的地区和项目时，注意收集信息，如果有合适的项目，及早动手做资格预审的申请准备。

（3）加强填表时的分析，既要针对工程特点，下功夫填好重点部位，又要反映出本公司的施工经验、施工水平和施工组织能力。这是业主考虑的重点。

（4）做好递交资格预审表后的跟踪工作，以便及时发现问题，补充资料。如果是国外工程可通过当地分公司或代理人进行有关查询工作。

2. 投标前的调查与现场考察

投标人在现场考察前，应先拟定好现场考察的提纲和疑点，设计好现场调查表格，做到有准备、有计划地进行现场考察。现场考察是招标人组织投标人对项目的实施现场的经济、地理、地址、气候等客观条件和环境进行的现场调查。一般应注意至少了解以下内容：

（1）施工现场是否达到招标文件规定的条件。

（2）施工的地理位置和地形、地貌。

（3）施工现场的地址、土质、地下水位、水文等情况。

（4）施工现场的气候条件，如气温、湿度、风力等。

（5）现场的环境，如交通、供水、供电、污水排放等。

（6）临时用地、临时设施搭建等，即工程施工过程中临时使用的工棚、堆放材料的库房以及这些设施所占地方等。

投标人提出的报价应当是在现场考察的基础上编制出来的，而且应包括施工中可能遇见的各种风险和费用。

3. 分析招标文件，核实工程量，编制施工规划

（1）分析招标文件。分析招标文件，重点应该放在投标者须知、合同条件、设计图纸、工程范围以及工程量清单上。作为一名有经验的专家，施工投标中要注意将招标文件中的各项规定和过去承担过的项目合同逐一进行比较，发现其规定上的差异，并逐条做好记录。如技术规范中的质量标准和过去合同中的规定相比，有什么提高；合同条款中关于各种风险的规定与过去相比有什么差异等。

（2）核实工程量。招标项目的工程量在招标文件的工程量清单中有详细说明，但由于种种原因，工程量清单中的工程数量有时会和图纸中的数量存在不一致的现象。投标人一定要认真核实工程量清单，因为它直接影响投标报价及中标机会。

（3）编制施工规划。编制施工规划对于投标报价影响很大。在投标活动中，必须编制施工规划，其深度和广度都比不上施工组织设计。如果中标，再编制施工组织设计。施工规划的内容一般包括施工方案和施工方法、施工进度计划、施工机械计划、材料设备计划和劳动力计划，以及临时生产、生活设施。制订施工规划的依据是设计图纸、执行的规范、经复核

的工程量、招标文件要求的开竣工日期以及对市场材料、设备、劳力价格的调查。编制的原则是在保证工期和工程质量的前提下，如何使成本最低，利润最大。

4. 投标报价的计算

投标报价是投标人承包项目工程的总报价。招标人对一般项目合同而言，在能够满足招标文件实质性要求的前提下，以投标人报价作为主要标准来选择中标人。所以投标成败的关键，就是确定一个合适的投标报价。

投标报价是由成本和利润构成的，有经验的成熟企业应有自己各项目的直接费用的单价。该单价是准确的保本价，这是编制投标报价的基础。在保本的直接费单价上再摊入间接费、风险基金和利润后，即为各项目的综合单价。在投标时结合工程项目和市场竞争情况，对上述综合单价进行适当修正，即为投标报价。这样做既做到心中有数，也加快投标报价的编制工作。

5. 编制投标文件

编制投标文件必须依照招标文件中提供的格式或大纲编制，除另有规定者外，投标人不得修改投标文件格式。一般不能带任何附加条件，否则将导致投标书作废。

6. 编制备忘录提要

招标文件中一般都有明确规定，不允许投标人对招标文件的各项要求进行随意取舍、修改或提出保留。但是在投标过程中，投标人在对招标文件进行仔细研究后，通常会发现很多问题，这些问题可归纳如下：

（1）发现的问题对投标人有利。对于投标人有利的问题，可以在投标时加以利用或在以后提出索赔要求的，投标人在投标时候一般是不提的。

（2）发现的问题明显对投标人不利。如总价包干合同工程漏项或工程量偏少，这类问题投标人应及时向业主提出疑问，要求业主更正。

（3）投标人企图通过修改某些招标文件和条款或希望补充某些规定，以便使自己在合同实施时能处于主动地位的问题。

7. 递送投标文件

递送投标文件也称递标，指投标人编制投标文件完成后按招标文件规定的投标截止日期之前，将准备好的所有投标文件密封报送指定的地点的行为。

招标人或者招标代理机构收到投标文件后，应当签收保存，并应采取措施确保投标文件的安全，以防失密。投标人报送投标文件后，在截止日期之前，允许撤回投标文件，可对其修改补充。修改或补充的内容作为投标文件的组成部分。投标人的投标文件在投标截止日期以后送达的，将被招标人拒收。

需要注意的是，除上述规定的投标书外，投标人还可以写一份更为详细的致函，对自己的投标报价做必要的说明，以吸引招标人的兴趣和提供必要信息。

任务二 建设工程投标决策

投标人通过投标取得项目，是市场经济条件下的必然。但是，作为施工单位来说，并不是每标必投，因为施工单位要想在投标中获胜并且盈利，就需要研究投标决策并注意投标技巧。

一、投标决策的概念

所谓投标决策，包括三方面内容：

（1）针对项目招标确定投标或不投标。

（2）确定去投标后，决定投什么性质的标。

（3）研究优胜劣汰的策略和技巧，力争中标。

投标决策的正确与否，关系到能否中标和中标后效益的高低，关系到施工企业的生存和发展。

二、投标决策的划分

投标决策可以分为两个阶段进行，即投标的前期决策和投标的后期决策。

1. 投标决策的前期阶段

投标决策的前期阶段，主要是投标人及其决策班子对是否参加投标进行研究、论证并作出决策。这个阶段的决策必须在投标人参加投标资格预审前完成。

（1）决策依据。①招标人发布的招标公告；②对招标工程项目的跟踪调查情况；③对业主情况的调研和了解的程度；④如果是国际工程，还包括对工程所在国和工程所在地的调研和了解程度。

（2）应放弃投标的招标项目。①本施工企业主营和兼营能力以外的项目；②工程规模、技术要求超过本施工企业技术等级的项目；③本施工企业生产任务饱满，无力承担的工程项目；④招标工程的赢利水平较低或风险较大的项目；⑤本施工企业技术等级、信誉、施工水平明显不如竞争对手的项目。

2. 投标决策的后期阶段

该阶段指从申报投标资格预审资料至投标报价期间的决策研究阶段，主要研究投什么性质的标以及投标中采取的策略问题。承包商应结合自身经济实力和施工管理水平作出选择。

（1）企业经济实力雄厚，施工管理水平较高的条件下，可投风险标、亏损标或赢利标；

（2）企业经济实力较差，施工管理水平一般的情况下，可投保险标、保本标。

三、投标决策的主观条件

投标人决定参加投标或放弃投标，首先要取决于投标人的实力，也就是投标人自身的主观条件。主要的主观条件有：

1. 技术实力

技术实力主要是对人才的要求，具备了高素质人才的企业的技术实力必然就强。

1）有精通专业的建筑师、工程师、造价师、会计师和管理专家等所组成的投标组织机构；

2）有技术、经验较为丰富的施工工人队伍；

3）有工程项目施工专业特长，有解决工程项目施工技术难题的能力；

4）有与招标工程项目同类的施工和管理经验；

5）有一定技术实力的合作伙伴、分包商和代理人。

2. 经济实力

1）具有垫付建设资金的能力，即具有“带资承包工程”的能力；

2）具有一定的固定资产和机具设备；

3）具有支付施工费用的资金周转能力；

4）具有支付各项税款和保险金、担保金的能力；

5）具有承包国际工程所需要的外汇；

6）具有承担不可抗力所带来的风险的能力。

3. 管理实力

投标人想取得较好的经济效益就必须从成本控制上下功夫，向管理要效益。因此要加强企业管理，建立企业管理制度，制订切实可行的措施，努力实现企业管理的科学化和现代化。

4. 信誉实力

在目前建筑市场竞争日益激烈的情况下，投标人信誉也是中标的一条重要条件。因此投标人必须具有重质量、重合同、守信誉的意识，建立良好的企业信誉就必须遵守国家法律、法规，按照国际惯例办理，保证工程施工的安全、质量和工期。

四、投标决策的客观因素

1. 招标人和监理工程师的情况

招标人的合法地位、支付能力、履约能力，监理工程师处理问题的公正性、合理性等均是影响投标人决策的重要客观因素，须予以考虑。

2. 投标竞争形势和竞争对手的情况

一般来说，大型承包公司技术水平高，管理经验丰富、适应性强，具有承包大型工程的能力，因此在大型工程项目中，中标可能性较大；中小型工程项目的投标中，一般中小型公司或当地工程公司中标的可能性更大。

3. 法律、法规情况

目前我国实现依法治国的策略，法律法规具有统一性，全国各地的法治环境基本相同。因此，对于国内工程承包，适用本国法规。如果是国际工程，则存在法律的适用问题。法律适用的原则有：

1）强制适用工程所在地原则；

2）意思自治原则；

3）最密切联系原则；

4）适用国际惯例原则；

5）国际法优先于国内法原则。

五、投标策略与技巧

投标策略与技巧，是指投标人在投标竞争中的指导思想与系统工作部署及其参与投标竞争的方式和手段。投标策略作为投标取胜的方式、手段和艺术，贯穿于投标竞争始终。常见的投标策略有以下几种：

1. 增加建议方案

有时招标文件中规定，可以提出一个建议方案，即可以修改原设计方案，提出投标者的方案。投标者这个时候应抓住机会，组织一批有经验的设计和施工工程师，对原招标文件的设计和施工方案进行仔细研究，提出更为合理的方案以吸引业主，促成自己的方案中标。这种新建议方案可以降低总造价或缩短工期，或使工程运用更合理。需注意对原招标方案一定也要报价。建议方案不要写得太具体，要保留方案的技术关键，防止业主将此建议方案交给其他承包商。

建议方案一定要比较成熟，有很好的操作性和可行性，不能空谈而不切实际。

2. 不平衡报价法

不平衡报价指在总价基本确定的前提下，如何调整内部各个子项的报价，以期既不影响总报价，又在中标后投标人可尽早收回垫支于工程中的资金和获取较好的经济效益，但要注意避免不正常的调高或压低现象，避免失去中标机会。通常采用的不平衡报价有下列几种情况：

1）对能早期结账收回工程款的项目的单价可报较高价，例如土方、基础工程，以利于资金周转；对后期项目单价可适当降低，如装饰、电气设备安装等。

2）估计今后工程量可能增加的项目，其单价可提高，而工程量可能减少的项目，其单价可降低。

3）图纸内容不明确或有错误，估计修改后工程量要增加的，其单价可提高；而工程内容不明确的，其单价可降低。

4）没有工程量只填报单价的项目，其单价宜高。这样，既不影响总的投标报价，又可多获利。

5）对于暂定项目，其实施的可能性大的项目，价格可定高价；估计该工程不一定实施的可定低价。

6）零星用工一般可稍高于工程单价表中的工资单价，因为零星用工不属于承包有效合同总价的范围，发生时实报实销，也可多获利。

3. 突然袭击法

由于投标竞争激烈，为迷惑对方，有意泄露一些假情报，如不打算参加投标，或准备投高标，表现出无利可图不干等假象，到投标截止之前几个小时，突然前往投标，并压低投标价，从而使对手措手不及而败北。

4. 多方案报价法

多方案报价法是利用工程说明书或合同条款不够明确之处，以争取达到修改工程说明书和合同为目的的一种报价方法。当工程说明书或合同条款有些不够明确之处时，往往使投标人承担较大风险。为了减少风险就必须提高工程单价，增加“不可预见费”，但这样做又会因报价过高而增加被淘汰的可能性。多方案报价法就是为对付这种两难局面而出现的。其具体做法是在标书上报两个单价，一是按原工程说明书合同条款报一个价；二是加以注解，“如工程说明书或合同条款可作某些改变时”，则可降低多少的费用，使报价成为最低，以吸引业主修改工程说明书和合同条款。

5. 优惠取胜法

优惠取胜法指向业主提出缩短工期、提高质量、降低支付条件，提出新技术、新设计方案，提供物资、设备、仪器等，以此优惠条件取得业主赞许，争取中标的方法。

6. 低价投标法

此种方法是非常情况下采用的非常手段：例如企业大量窝工，为减少亏损；或为打入某一建筑市场；或为挤走竞争对手保住自己的地盘，于是制订了严重亏损标，力争夺标。若企业无经济实力，信誉不佳，此法也不一定会奏效。

任务三 建设工程投标报价

一、投标报价的主要依据

一般来说，投标报价的主要依据包括以下几方面的内容：

1）设计图样；

2）工程量表；

3）合同条件，尤其是有关工期、支付条件、外汇比例的规定；

4）相关的法律、法规；

5）拟采用的施工方案、进度计划；

6）施工规范和施工说明书；

7）工程材料、设备的价格及运费；

8）劳务工资标准；

9）当地的物价水平。

除了依据上述因素以外，投标报价还应该考虑各种相关的间接费用。

二、投标报价的步骤

投标标价的一般步骤有：

1）熟悉招标文件，对工程项目进行调查与现场考察；

2）结合工程项目的特点、竞争对手的实力和本企业的自身状况、经验、习惯，制订投标策略；

3）核算招标项目实际工程量；

4）编制施工组织设计；

5）考虑土木工程承包市场的行情，以及人工、机械及材料供应的费用，计算分项工程直接费；

6）分摊项目费用，编制单价分析表；

7）计算投标基础价；

8）根据企业的管理水平、工程经验与信誉、技术能力与机械装备能力、财务应变能力、抵御风险的能力、降低工程成本增加经济效益的能力等，进行获胜分析、盈亏分析；

9）提出备选投标报价方案；

10）编制出合理的报价，以争取中标。

三、投标报价的原则

建设工程投标报价时，可参照以下原则确定报价策略：

1）按招标要求的计价方式确定报价内容及各细目的计算深度；

2）按经济责任确定报价的费用内容；

3）充分利用调查资料和市场行情资料；

4）依据施工组织设计确定基本条件；

5）投标报价计算方法应简明适用。

四、建设工程投标价的确定方法

建设工程投标价与标底的确定方法相似，主要有三种方法。

1. 按编制工程概预算的方法确定投标价

按编制工程概预算的方法确定投标价，是国内工程投标经常使用的方法。此法的报价费用组成与工程概预算的费用构成基本一致。

2. 按工程量清单报价编制投标价的方法

按工程量清单报价首先应按《建设工程工程量清单计价规范》（GB 50500）复核招标方提供的工程量清单，然后确定分部分项工程综合单价，计算合价、税费，形成投标总价。

按工程量清单报价应编制的主要表格有：分部分项工程量清单计价表，措施项目清单计价表，其他项目清单计价表，规费和税金项目清单计价表，措施项目费分析表，分部分项工程量清单综合单价分析表，单位工程费汇总表。

这种方法的关键是工程量清单复核、企业定额。

3. 按总值浮动率编制投标报价的方法

对工程图纸不全、无法编制标底或急于开工的工程，可明确采用的定额、计费标准，假设标底价，在考虑工程动态因素和企业经营状况及承受能力的情况下，投标人以浮动率作为投标价。

任务四　建设工程投标文件的编制

一、投标文件的内容

投标文件应严格按照招标文件的各项要求编制，一般来说投标文件的内容主要包括以下几点：

1）投标函及投标函附录；

2）法定代表人身份证明或附有法定代表人身份证明的授权委托书；

3）联合体协议书；

4）投标保证金；

5）已标价工程量清单；

6）施工组织设计；

7）项目管理机构；

8）拟分包项目情况表；

9）资格审查资料；

10）投标人须知前附表规定的其他材料。

二、投标文件编制的要点

投标文件编制的要点如下：

1）招标文件要研究透彻，重点是投标须知、合同条件、技术规范、工程量清单及图纸；

2）为编制好投标文件和投标报价，应收集现行定额标准、取费标准及各类标准图集，收集掌握政策性调价文件及材料和设备价格情况；

3）投标文件编制中，投标单位应依据招标文件和工程技术规范要求，并根据施工现场情况编制施工方案或施工组织设计；

4）按照招标文件中规定的各种因素和依据计算报价，并仔细核对，确保准确，在此基础上正确运用报价技巧和策略，并用科学方法作出报价决策；

5）填写各种投标表格；

6）投标文件的封装。

三、投标报价前期工作

1. 招标信息跟踪

公开招标的项目所占比例很小，而邀请招标项目在发布信息时，业主已经完成了考察及选择投标单位的工作。投标单位应建立严密、广泛的信息网，搜集招标信息。有时投标人从工程立项甚至从项目可行性研究阶段就开始跟踪，并结合自身的技术优势和经验向业主提供合理的建议，从而取得业主信任。

2. 报名并参加投标资格审查

投标人获得招标信息后，应及时报名，向招标人表明愿意参加投标，以便获得资格审查的机会。

资格审查的主要内容是：注册证明和技术等级，主要施工经历，技术力量简介，施工机械设备简介，正在施工的工程项目，资金及财务状况。若跨区域投标，投标人还必须提前取得招标项目所在地工商行政管理部门和建设行政主管部门签发的营业执照、施工许可证，有的地区还要求取得投标许可证。

资格审查这一环节十分重要，缺乏经验的投标人会因资料不规范而被淘汰出局。例如：某建设项目要求投标人提供近三年由会计师事务所出具的资产负债表和损益表原件，某颇具实力的投标人仅提供了复印件，未能通过资格审查。

3. 研究招标文件

（1）组织投标机构。投标机构负责掌握市场动态，积累有关资料，研究招标文件，决定投标策略，计算标价，编制施工方案，投送投标文件等。日常有一个强有力的投标机构，对投标人是十分需要的。投标机构一般由决策人、工程师、估价师、合同专家、物资供应人员、财务会计人员组成。

（2）研究招标文件的要求。注意对投标书的语种要求，若要求使用投标人不熟悉的语种，应做好翻译和校核准备，避免出错。必须掌握投标范围，常出现图纸、技术规范、工程量清单之间在范围、做法或数量上的矛盾，应及时请招标人解释或修正，或在招标文件中寻找投标依据。熟悉投标书的格式、签署方式、密封方法和标志，掌握投标截止日期，以免错失投标机会。

（3）研究评标办法。分析评标办法和授予合同标准，据以采取投标策略。我国常用的评标和授予合同标准有两种方式，即综合评议法和最低报价法。综合评议法又分为定性和定量两种。

定量综合评议法是根据投标人的投标报价、施工方案或施工组织设计（工期）、信誉、质量、项目经理的素质等因素综合评分，选择综合分最高的投标人中标的方法。定性综合评议法是在不能将报价、工期、质量等因素定量化的情况下，评标人根据经验判断各投标方案优劣的方法。采用综合评议法时，投标人应在各得分因素间平衡考虑，例如可适度提高标价，换得更高的质量或更短的工期，进而提高综合分；这种替换需要投标人具有丰富的投标经验，才能判断替换的优劣；替换的目的是要获得最高的综合分。

最低报价法是在质量、工期满足招标文件要求的条件下，明确选择响应招标文件要求、投标价格最低的投标人中标。

（4）研究合同协议书、通用条款和专用条款。首先，研究合同形式，是总价合同还是单价合同，价格是否可调整。其次，分析拖延工期的罚款，保修期的长短和保证金的额度。最后，研究付款方式、币种、违约责任等。根据权利义务对比分析风险，确定对策。

4. 调查投标环境

（1）勘察施工现场。从以下几点了解对费用和时间的影响：现场形状和性质，包括地表下的条件；水文和气候条件；工程施工及竣工修补缺陷所需的工作和材料的范围和性质；进入现场的手段，施工需要的食宿条件等。

（2）调查环境。投标人不仅要了解施工现场，还应了解工程项目所在地的政治形势、经济形势、法律法规、风俗习惯、自然条件、生产和生活条件等。政治形势主要是工程和投资方所在地政局的稳定性；经济形势方面主要了解工程和投资方所在地的经济发展状况．工程所在地外汇管理政策、银行存贷款利率等；自然条件主要是工程所在地的水文地质、交通运输条件、气候状况等；对法律法规和风俗习惯的调查应放在工程所在地政府对施工的安全、环保、时间限制等各项管理规定上，以及当地的宗教信仰和节假日等；对生产生活条件重点调查施工现场周围情况，如道路、供电、给排水、通信是否方便，劳务和材料资源是否丰富，生活物资的供应是否充足。

（3）调查发包人和竞争对手。首先，调查项目资金来源的可靠性，避免风险。其次，调查项目开工手续齐备性，避免免费为其估价。第三，是否有明显的授标倾向，避免陪标。第四。调查竞争对手的数量、同类工程的经验、其他优势、惯用的投标策略等。通过调查，采取相应对策，提高中标可能性。

5. 参加标前会议，提出疑问

对招标文件中存在的问题向招标人提出，招标人将以书面形式回答。提出疑问时应注意方式方法，特别要注意不能引起招标人反感。对招标文件中出现的对承包人有利的矛盾或漏洞，可不提请澄清，否则会失去中标后索赔的机会。

四、投标报价工作

1. 编制投标文件

投标文件，即投标须知中规定的投标人必须提交的全部文件，一般包括投标函、施工组织设计或施工方案、投标保证金、招标文件要求提供的其他材料。

（1）施工组织设计。施工组织设计是评标时考虑的主要因素之一。施工组织设计主要考虑施工方法、施工机械设备、施工进度、劳动力的素质和数量、质量保证措施和安全防护措施等。

施工组织设计不仅关系到工期，而且与工程成本和报价有密切关系。在施工组织设计中应进行风险管理规划，以防范风险。施工组织设计应包括以下基本内容：项目组织机构、施工方案、现场平面布置、总进度计划和分部分项工程进度计划、主要施工工艺、施工技术组织措施、主要施工机械配置、劳动力配备、主要材料安排、大宗材料和机械设备的运输方式、施工用水用电的标准、临时设施的设置等。

（2）物资询价。招标文件中指明的特殊物资应通过询价作采购方案比较。材料和设备在工程造价中常常占50%以上，报价时应谨慎对待材料和设备供应。建筑材料价格波动很大，应调查了解和分析近年建材价格变动趋势，决定采用近年平均单价或当期单价时，应考虑物价上涨因素，降低价格波动导致的损失。

（3）分包询价。总承包商会把部分专业工程分包给专业承包商。分包价格的高低直接影响总承包商的报价，而且招标文件亦会要求投标人将拟选定的分包商资质和资历等作为投标文件的内容。分包商的信誉、价格要求直接影响投标人中标的可能性。

（4）估算初步报价。报价是投标的核心，它不仅影响能否中标，也是中标后盈亏的决定因素之一。初步报价是将分部分项单价与工程量逐一相乘加总，再加上与合同义务相对应的开办费而得。工程造价的计算方法有两种：

第一种：按施工图预算的方法计算。其计算依据、计算程序、计算方法与标底的计算相同。

第二种：按竞争价格计算。它是按企业的预计（实际）成本，加利润、税金确定工程造价。这种方法要求企业自行确定单位工程估价表和取费的费种、费率，以及利润率，然后按施工图预算的方法计算工程造价。这种方法的价格不再由国家有关部门规定，而是企业按实际情况编制出的竞争价格。

2. 报价分析决策

（1）分析报价。初步报价提出后，应对其进行多方面分析，探讨初步报价的合理性、竞争性、盈利性和风险性，作出最终报价决策。分析时可从静态分析和动态分析两方面进行。

（2）响应招标文件要求，分析招标文件隐藏机会。投标人不得变更招标文件。但招标文件中提供的图纸和规范往往是初步概念性的文件，以此为基础投标，中标后发包人会提供详细的图纸和规范。这样，概念性文件和详细文件之间会有许多变化、补充，价格也会调整。有经验的投标人为便于对投标书公平评价，会严格按招标人要求编制投标书，对招标文件中隐藏的巨大风险不会正面变更或要求减少条件，而是利用详细说明、附加解释等谨慎地附加某些条件。这是经验丰富的投标人常用的投标技巧，为中标后的索赔留下了伏笔。

（3）替代方案。有些业主欢迎投标人在按招标文件要求之外根据其经验制订科学合理的替代方案，再编制一份投标书。如果替代方案能以较低的价格达到同样的效果，业主可能会选择这个投标人承包。但一定注意：提交了替代方案报价，也必须提交按招标文件要求编制的报价，否则将被视为无效标书。

3. 投标人价格风险防范

投标人面临很大的价格风险，可能由于对风险估计或预防不足、对策不力等导致亏损。因此，投标人必须会防范风险，尤其是报价风险。投标人应克服两种心理障碍：一是为求生存，消极对待风险，甚至采用以毒攻毒的做法，甚至违法经营；二是期望环境改善，盼望将低价发包、索要回扣、垫资承包、拖欠工程款“四把刀”从自己头上拔掉。风险是客观存在的，面对激烈且残酷的市场竞争，必须建立风险意识，靠自身实力、水平、谋略进行经营，才能赢得竞争胜利。

（1）投标人价格风险防范程序：第一，收集项目资料，进行风险分析，决定是否投标；第二，实地考察，继续收集资料，分析风险，编制资格预审文件；第三，办理投标保函，获取招标文件；第四，研究招标文件，参加答疑会，澄清问题，作出风险管理规划，确定投标策略，提交投标文件；第五，中标后进行合同谈判，为防风险，力争签订的合同有利于降低风险损失；第六，加强合同管理，做好索赔工作；第七，做好竣工结算，及时收回全部工程款。

（2）建立风险管理体系。设置专门的机构编制风险管理规划，制订利于风险防范的投标策略，签订可回避风险的施工合同，在合同实施过程中进行风险控制和监视。

（3）编制和利用风险管理规划。风险管理规划是在识别和评估风险基础上为防范风险设计的方案。它包括：回避、预防风险的风险控制方案；为克服已发生的风险并为此需要的财务支出——风险保留方案；风险转移方案，包括合同转移、保险转移、对方担保转移及索赔转移等。投标前的风险管理规划应与投标书中的施工组织设计的编制相结合；开工前的风险管理规划应与工程施工组织设计编制（施工项目经理部编制）相结合。工程施工承包风险主要是价格风险，投标前的风险管理应作为重点，在投标和签订合同时应作出风险防范管理规划。

（4）充分利用《合同示范文本》防范价格风险。

《合同示范文本》的“通用条款”是签约双方无争议的条款。投标人可利用的条款有：第10条“变更”，第11条“价格调整”，第12条“合同价格、计量与支付”，第14条“竣工结算”，第16条“违约”，第17条“不可抗力”，第18条“保险”。

《合同示范文本》“专用条款”对上述各条与防范风险有关的内容进一步具体化，需通过双方谈判达成一致。投标人应确定有利的合同专用条款和谈判方案，争取实现风险管理规划。

谈判时应注意：第一，力争回避风险；第二，使风险发生的可能性降到最低；第三，力争改善招标文件中的合同建议条款。取消不利条款，增加利于保护自己、约束业主的条款；第四，采取担保、保险、风险分散等办法转移风险；第五，为索赔创造合同条件。

五、编制建设工程投标文件的注意事项

（1）编制建设工程投标文件必须使用招标人提供的投标文件表格式。

投标人填写投标文件表格时，凡要求填写的空格，必须填写，否则视为放弃意见。实质性内容未填写，如工期、质量、价格未填，将作为无效标书处置。

（2）编制投标文件正本一份，副本按招标文件要求份数编制，并注明“投标文件正本”“投标文件副本”；当正本与副本出现不一致时，以正本为准。

（3）投标文件正本、副本应按招标文件要求打印或书写。

（4）投标文件应由投标方的法定代表人签字盖章，并加盖法人印章。

（5）投标文件应反复校核，确保无误。按招标人要求修改的错误，应由投标文件原签字人签字并加盖印章证明。

（6）投标文件应保密。

（7）投标人应按规定密封、送达标书。

六、送达投标文件

投标文件编制完成，经核对无误，由投标人的法定代表人签字密封，派专人在投标截止日前送到招标人指定地点，并取得收讫证明。

投标人在规定的投标截止日期前，在递送标书后，可以书面形式向招标人递交补充、修改或撤回其投标文件的通知。在投标截止日后撤回投标文件，投标保证金不能退还。

递送投标文件不宜太早，因市场情况在不断变化，投标人需要根据市场行情及自身情况对投标文件进行修改。递送投标文件的时间在招标人接收投标文件截止日前两天为宜。

任务五　建筑工程投标案例分析

【案例】 某市某局为一座集装箱仓库的屋盖进行工程招标，该工程为70000m^{2}的仓库，上面为7组拼连的屋盖，每组约10000m^2，原招标方案用大跨度的普通钢屋架、檩条和彩色涂层压型钢板的传统式屋盖。招标文件规定除按原方案报价外，允许投标者提出新的建议方案和报价，但不能改变仓库的外形和下部结构。K公司参加了投标，除严格按照原方案报价外，提出的新建议是，将普通钢屋架一檩条结构改为钢管构件的螺栓球接点空间网架结构。这个新建议方案不仅节省大量钢材，而且可以在当地加工制作构件和节点后，用集装箱运到现场进行拼装，从而大大降低了工程造价，施工周期可以缩短两个月。开标后，按原方案的报价，K公司名列第5名；其可供选择的建议方案报价最低、工期最短技术先进。招标人派专家到当地考察，看到大量的大跨度的飞机库和体育场馆均采用球接点空间网架结构，技术先进、可靠，而且美观，因此宣布将这个仓库的大型屋盖工程以近3000万美元的承包价格授予K公司。

问：本项目是否属于一个项目投了两个标？

【解析】 本案例确实属于一个项目投了两个标。

在一般的招标中，一个投标人只能投一份投标文件，即“一标一投”，这是招标投标活动的惯例。但在一些招标中，招标文件规定投标人“除按原方案报价外，允许投标者提出新的建议方案和报价”，即投标人在一个项目中，可以提供两份投标文件。但必须注意的是，两份投标文件一份是对招标文件所提供方案的投标，另一份是对投标人自己所提方案的投标，而不能对招标文件所提供方案投两个标。

本案例K公司很好地利用了招标人允许提供建议方案的机会，使自己的投标不但具有价格上的竞争优势，而且具有技术上的竞争优势，因而赢得了合同。

有时招标人对原设计方案并不很满意时，会在招标文件中规定，投标人可以提一个建议方案，即可以修改原设计方案，提出投标人的方案。但是，为了减少或避免争议，他们在招标的文件中一般做出某些限制性规定，例如，规定承包商须首先对原设计方案完全按招标文件报价，新建议只是一种可供选择的方案，并且建议方案要包括设计计算书、技术规范、建议方案价格、实施技术方案，甚至应该包括合同条件及环境影响情况等内容；还可以规定，新建议必须保留或遵守原招标方案的某些要点，例如不能改变建筑物的功能和外形、不能改变工程规模和生产能力等。招标文件也会对接受建议方案的条件和评价方法做出明确的说明。因此，投标人进行此类项目的投标必须先按招标文件规定的方案报一个价格，另外再报备选方案及其价格。同时投标人也应注意建议方案不要写得太具体，要保留方案的技术关键，防止业主将此方案交给其他承包商。同时要强调的是，建议方案一定要比较成熟，有很好的操作性。

假设本案例的K公司仅提供建议方案的投标，而未对原设计方案报价，尽管其按新建议方案的投标报价最低，一般也会被认定为未对招标文件进行实质性响应而成为“废标”。

任务六 开标、评标、定标

一、开标

（一）开标程序

1. 开标时间

开标应当在招标文件确定的提交投标文件截止时间的同一时间公开进行。

2. 开标地点

开标地点应当为招标文件中预先确定的地点。

3. 开标会议

（1）开标会议由招标人主持，邀请所有投标人参加。

（2）在开标时，首先由投标人或者投标人集体推选的代表检查投标文件的密封情况。如果招标人委托开标公证，也可以由公证机构参加会议的人员进行检查并公证。

（3）经确认无误后，由有关工作人员当众拆封，宣读投标人名称、投标价格和投标文件的其他主要内容。招标人在招标文件要求提交投标文件的截止时间前收到的所有投标文件，开标时都应当当众予以拆封、宣读。

（4）开标过程应当记录，并存档备案。

（二）无效投标

在开标时，如果发现投标文件出现下列情形之一，应当作为无效投标文件，不再进入评标：

（1）投标文件未按招标文件要求予以密封的。

（2）投标文件中的投标函未加盖投标人的企业及企业法定代表人印章，或者企业法定代表人委托代理人没有合法、有效的委托书（原件）及委托代理人印章。

（3）投标文件的关键内容字迹模糊、无法辨认。

（4）投标人未按照招标文件的要求提供投标保证金或者投标保函。

（5）组成联合体投标的，投标文件未附联合体各方共同投标协议。

二、评标

（一）评标基本原则

评标应遵循下列原则：

（1）竞争优先。

（2）公正、公平、科学合理。

（3）质量好、信誉高、价格合理、工期适当、施工方案先进可行。

（4）反不正当竞争。

（5）规范性与灵活性相结合。

（二）对投标文件的澄清

评标过程中评标委员会可以用书面形式要求投标人对其投标文件中含义不明确的内容作出必要的澄清或者说明。要求投标人进一步提交的澄清纯属评标中的技术性措施，如拟投入的某种专业施工机具性能说明；某一综合单价的单价分析表；投标文件中提到准备采用新技术的质量保证措施的细节等有关问题。

投标人应采用书面形式进行澄清或者说明，但澄清或者说明不得超出投标文件的范围或者改变投标文件的实质性内容。书面澄清文件将作为投标文件的有效组成部分。

（三）评标原则

按照建设法规的要求，评标委员会确定中标人或者推荐中标候选人排序，应当采用综合评估法或者经评审的最低投标价法。

1. 综合评估法

综合评估法指对投标文件提出的工程质量、施工工期、投标价格、施工组织设计或者施工方案、投标人及项目经理业绩等，能否最大限度地满足招标文件中规定的各项综合评价标准进行评审和比较。经评审委员会的表决，确定中标人或者中标候选人的排序。

2. 经评审的最低投标价法

经评审的最低投标价法不一定是最低报价，因为招标人购买建筑产品要考虑价格功能比，因此经评审的最低投标价是指能够满足招标文件的实质性要求，并且经评审的投标价格最低（但投标价格低于成本的除外），按照投标价格最低确定中标人。

3. 对过低投标价的质疑

由于不允许投标人以低于本企业施工成本的价格报价竞标，但企业成本为多少是一个较模糊的标准，因此投标报价有下列情形之一时，评标委员会可以要求投标人作出书面说明并提供相关材料：

（1）设有标底的评标，投标报价低于标底合理幅度。

（2）不设标底的评标，投标报价明显低于其他人的投标报价，怀疑有可能低于其企业成本。

投标人提供相应的说明材料后，经评标委员会论证，认定该投标人的报价低于其企业成本的，不能推荐为中标候选人或者中标人。

三、定标

定标也称决标，是指招标人最终确定中标的实施单位。招标人自开标之日起，除特殊情况外，一般应当在30日内确定中标人。

招标人根据评标委员会提出的书面评标报告和推荐的中标候选人确定中标人，也可以授权评标委员会直接确定中标人。对于依法必须进行施工招标的工程，全部使用国有资金投资或者国有资金投标占控股或者主导地位的，招标人应当按照中标候选人的排序确定中标人。当确定中标的中标候选人放弃中标或者因不可抗力提出不能履行合同的，招标人可以依序确定其他中标候选人为中标人。

按照《招标投标法》的规定，招标人确定中标人前不得与投标人就投标价格、投标方案等实质性内容进行谈判。但为了最终确定中标人，可以分别与评标委员会推荐的候选中标人就投标书中提及而又未明确说明的某些内容进行商谈，以便定标。会谈内容可能涉及落实施工方案中的某些细节；开工的条件和时间；评标报告中提到的质量保证体系需加以补充或完善的内容；招标人准备接受的投标书提出的合理化建议落实细节等作进一步了解。

知识梳理与小结

本学习情境主要有：

建设工程投标。指投标人（或承包人）根据所掌握的信息，按照招标人的要求，参与投标竞争，以获得建设工程承包权的法律活动。建设工程投标行为实质上是参与建筑市场竞争的行为，是众多投标人综合实力的较量，投标人通过竞争取得建设工程承包权。

建设工程施工投标过程。投标过程主要是指投标人从填写资格预审调查表申报资格预审时开始，到将正式投标文件递交业主为止所进行的全部工作，一般需要完成下列工作：资格预审，填写资格预审调查表；通过资格预审的单位购买招标文件；组织投标班子；进行投标前调查，现场踏勘；分析招标文件、校核工程量；投标质疑；编制施工规划；投标报价的计算；编制投标文件；递送投标文件。如果中标，则与招标人协商签署承包合同。

投标策略与技巧。是指投标人在投标竞争中的指导思想与系统工作部署及其参与投标竞争的方式和手段。投标策略作为投标取胜的方式、手段和艺术，贯穿于投标竞争始终。常见的投标策略有以下几种：①增加建议方案；②不平衡报价法；③突然袭击法；④多方案报价法；⑤优惠取胜法；⑥低价投标法。

投标报价的主要依据、步骤、原则。

投标文件的内容。投标文件应严格按照招标文件的各项要求编制，一般来说投标文件的内容主要包括以下几点：①投标书；②投标书附录；③投标保证金；④法定代表人；⑤授权委托书；⑥具有标价的工程量清单与报价表；⑦施工组织；⑧辅助资料表；⑨资格审查表；⑩对招标文件的合同条款内容的确认和响应；⑪按招标文件规定提交的其他资料。

评标基本原则。①竞争优先；②公正、公平、科学合理；③质量好、信誉高、价格合理、工期适当、施工方案先进可行；④反不正当竞争；⑤规范性与灵活性相结合。

定标，定标也称决标，是指招标人最终确定中标的实施单位。招标人自开标之日起，除特殊情况外，一般应当在30日内确定中标人。

复习思考与练习

1．简述工程项目施工投标的程序及主要内容。

2．建设工程施工投标过程分哪几步？

3．投标人申请资格预审时应注意哪些问题？

4．什么是工程项目施工投标文件？编制投标文件应当注意哪些问题？

5．投标前进行现场考察的原因是什么？

6．工程项目施工投标决策的含义，投标的技巧有哪些？

7．什么是不平衡报价，它适用哪些情况？

8．投标报价的主要依据、步骤是什么？

9．应放弃投标的情况有哪些？

10．什么是开标、评标、定标？

11．评标的基本原则是什么？

12．怎样理解报价低不是确定中标人的唯一条件？

项目实训一

2016年6月，某污水处理厂对污水设备的设计、安装、施工等一揽子工程进行招标。招标文件明确规定了新型污水设备的设计要求、设计标准等基本内容。

在投标过程中，A污水设备开发公司对招标文件理解有误，投标报价低于正常价格100万元。后A公司发现了错误，提出要求修改投标书。由于投标人没有采取书面的告知，该要求被招标人拒绝。

为避免损失，A公司撤回了标书。

招标工作结束后，招标单位没收了A公司的投标保证金。A公司不服，向法院提出诉讼，要求招标人退还投标保证金。

问：法院是否支持A单位的诉讼请求？为什么？

项目实训二

2018年12月，某公路施工招标采用经评审最低投标价法评标，招标文件中规定招标控制价1000万元。评标的原则对可接受的标书进行比较时，评标价考虑工期和临时用地，其折算办法是：

工期：在24～30个月内均为合理工期，评标时以24个月为基准，每增加1个月在报价上加10万元。

临时用地：在200～300亩内均为合理用地，评标时以临时用地250亩为基准，临时用地每增加1亩用地费在报价上加1万元，每减少1亩用地费在报价上减少1万元。

投标人	报价（万元）	修正后报价（万元）	投标工期（月）	临时用地（亩）
A	950	1000	24	240
B	980	950	25	260
C	980	980	26	260
D	990	990	24	240
E	960	950	27	270

问：采用经评审的最低投标价法确定中标单位。

学习情境四　国际工程招投标概述

学习目标

1. 了解国内和国际工程招投标的区别和联系；
2. 熟悉国际工程招投标的程序。

技能目标

能够处理国际工程招投标中的简单问题。

任务一　国际工程招投标概述

一、国际工程的概念

国际工程指的是从咨询、融资、采购、承包、管理以及培训等各个阶段的参与者来自不止一个国家，并且按照国际上通用的工程项目管理模式进行管理的工程。既包括我国公司去海外参与投资和实施的各项工程，又包括国际组织和国外的公司到中国来投资和实施的工程。

二、国际工程招投标的概念

国际工程招投标是指发包方通过国内和国际的新闻媒体发布招标信息，所有有兴趣的投标人均可参与投标竞争，通过评标比较优选确定中标人的活动。

国际工程招标与投标是从买方或卖方的角度进行运作所得到的称呼。从买方角度看，国际工程招标是一项有组织的国际购买活动。作为购买人，国内一般称作“甲方”“业主”等，应着重分析国际招标的程序与组织方法，以及各国法律、贷款机构的有关规定。从卖方角度看，国际工程投标是一种利用商业机会进行销售或出口的活动。作为卖方，他更看重国际投标的竞争手段和策略。

三、国际工程招投标的特点

1. 择优性

对工程业主来说，招标就是择优。对于建筑工程，优胜主要表现在以下几个方面：

（1）最优技术。包括现代的施工机具设备和先进的施工技术和科学的管理体系等。

（2）最佳质量。包括良好的施工记录和保证质量的可靠措施等。

（3）最低价格。包括单位价格合理和总价最低等。

（4）最短周期。保证按期或提前完成所要求的全部工程任务。

国际工程招投标的过程就是一个多目标系统选优的过程。通常在实践中，在以上四个方面都获得优胜是比较难的，业主通过招标，从众多的投标者中进行评选，按业主自己所要求的侧重面来确立评选标准，既综合上述各方面的优劣，又从其突出的侧重面进行衡量，最后确定中标者。

2. 平等性

只有在平等的基础上竞争，才能分出真正的优劣，因此，招标通常都要求制订统一的条件，这就是编制统一的招标文件。要求参加投标的承包商严格按照招标文件的规定报价和递交投标书，以便业主进行对比分析，作出公平合理的评价。特别是国际工程公开招标，通过公开发布公告，公开邀请投标人，公开开标宣读投标人名称、国别、投标报价、降价声明、交货期或工期、交货方式或移交方式，使得所有合格投标者机会均等。

3. 限制性

在国际工程招投标中，有固定的规则和条件、一系列的时间和程序表、固定的招标组织人和必要的技术专家、固定的场所。业主可以根据自己的意图来确定其优胜条件和选择承包商，承包商也可以根据自身的选择来确定是否参加该项工程的投标。但是，一旦进入招标和投标程序，双方都要受到一定的限制，特别是采取“公开招标”的方式时，它将受到公共的、社会的甚至国家法规的限制。许多国家颁布了《招标法》或者《招标条例》，目的是防止不公正的招标和某些招标引起的争议。

任务二　国内和国际工程招投标的区别和联系

一、适用范围的区别和联系

具体表现在：

（一）国内招标投标制度的适用范围

从 2000 年实施《中华人民共和国招标投标法》（2017 年修订），2003 年实施《中华人民共和国采购法》，到 2012 年实施《中华人民共和国招标投标法实施条例（征求意见稿）》（到 2019 年删除“征求意见稿”并加 2019 年修订字样）和 2015 年实施的《中华人民共和国政府采购法实施条例》，可以看出，国内的招标投标立法与政府采购立法是相互独立的。

在中华人民共和国境内进行招标投标活动，都应适用《中华人民共和国招标投标法》的规定。国内的招标投标法与政府采购法既相互区别，也具有密切联系。

首先，从法律角度的界定来看它们的基本目标一致。都是为了保护国家和社会公共利益，保护招标投标当事人的合法权益，提高经济效益，规范采购程序和采购人的行为。

其次，它们最终完成的任务大体相同。即用比较通俗的解释是，采取规范的程序，在尽最大努力节约资金的前提下，选择理想的供应商。

再有，它们的工作所采取的方式很相似。一般都是运用法律规定的固定方法，按照一定的运行模式，在有关方面的监督和制约下，完成既定的采购任务。

但是，作为不同规范范畴的政府采购和招标投标，两者又有严格区别。

1. 规范的主体不同

《政府采购法》规范的主体是国家机关、事业单位和社会团体组织，即适用于财政拨款的单位。政府部门用于自身消费的采购和政府投资用于公共事业的采购都应当由《政府采购法》规范。而《招标投标法》规范的主体则无限制，是国家机关、事业单位、社会团体和国有企业，即不仅适用于财政拨款的单位，也包含全民所有制性质的企业，任何主体在进行货物、工程、服务采购时都可以采用招标投标的方式。

2. 规范的行为不同

《政府采购法》只规范国家机关、事业单位和团体组织使用财政性资金的采购行为，是一种行政行为，也包括采取其他的采购方式，如询价采购、竞争性谈判采购和单一来源采购等。

而《招标投标法》规范的是所有的招标投标行为，既包括政府的招标采购行为，也包括投标的销售行为。因此，在一般情况下，被视为民事行为。

3. 采购机构设置不同

对招投标而言，国家批准设立的有建设、水利、公路、电力、医药甚至专项设备等方面的各类招投标机构，分别负责各项工程、材料及设备的采购。而政府采购仅在每一个行政区划单位成为一个机构，并且担负所有政府采购项目的实施。

4. 采购包含具体内容不同

必须进行招投标的内容主要包括各类工程和重要设备、材料，而政府采购明确规定把货物、工程、服务纳入自己的采购范围。

5. 组织形式有区别

招投标组织是由业主、代理机构和投标人组成的，有时甚至是两方组织完成采购活动。而政府采购则是由政府采购机构与其他三方共同组织采购工作。

（二）国际招标投标制度的适用范围

国际上，世界银行和亚洲开发银行基本相同，没有独立的招标投标制度，只有政府采购方面的强制性规定，要求政府采购一般情况下必须采用招标投标。因此，从一般意义上说，政府采购法就是招标投标法，国际强制性招标投标只适用于政府采购。

国际的采购政策，是以公开、公平、清楚明确和一视同仁的招标制度采购货品和服务，目的是确保投标者受到平等的对待，并使政府能取得价廉物美的货品和服务。

凡是“关税及贸易总协定”缔结的“政府采购协定”的缔约成员，均依循“世界贸易组织政府采购协定”。政府采购制度所依据原则与世贸采购协定相符，为本地及外地供应商及服务承办商提供公开、公平的竞争环境。所有政府部门在采购货品及服务和招商承造各类工程时均须依照订明的招标程序。

二、中标原则的区别和联系

《中华人民共和国招标投标法》规定，“中标人的投标应当符合下列条件之一：①能够最大限度地满足招标文件中规定的各项综合评价标准；②能够满足招标文件的实质性要求，并且经评审的投标价格最低，但是投标价格低于成本的除外。”这样的规定体现了国内建设项目的中标原则有两种：综合评价最优中标原则和最低评标价中标原则。

在国际上，建设项目招标实行的是最低报价中标原则，即应当由报价最低的投标人（承包商）中标。但是，最低报价中标是一个原则，它并不排除在个别情况下淘汰最低价投标。

三、评标组织的区别和联系

《中华人民共和国招标投标法》对评标的组织做出了明确的规定，评标由招标人依法组建的评标委员会负责。依法必须进行招标的项目，其评标委员会由招标人的代表和有关技术、经济等方面的专家组成，成员人数为 5 人以上单数，其中技术、经济等方面的专家不得少于成员总数的 2/3；专家应当从事相关领域工作满 8 年并具有高级职称或者具有同等专业水平；由招标人从国务院有关部门或者省、自治区、直辖市人民政府有关部门提供的专家名册或者招标代理机构的专家库内的相关专业的专家名单中确定；一般招标项目可以采取随机抽取方式，特殊招标项目可以由招标人直接确定。与投标人有利害关系的人不得进入相关项目的评标委员会，已经进入的应当更换；评标委员会成员的名单在中标结果确定前应当保密。

在国际上，政府对非政府投资项目的评标组织的组成是不进行干预的。对于非政府投资项目只有当招标人在评标组织的组成上违反招标文件的规定，才可能受到司法部门（法院）的干预。

四、评标程序的区别和联系

国内评标实践中采用的评标程序一般包括投标文件的符合性评审、技术评审、商务评审、投标文件澄清、综合评价与比较、编制评标报告等几个步骤。

国际建设项目的评标重点是集中在最低报价的三份标书上。但如有必要，如第三标与第四标非常接近，第四标亦在审核之列。除了审核标书在计算上有没有错误，主要的分析工作一般集中于小项的单价是否合理。特别是审核那些有可能增加或减少数量的小项及投标的策略是否正常。除上述价格、数量与投标策略的审核外，还要注意前三标承包商的以往工程表现、财务与信用状况、以往工程现场的安全表现、以往违法记录（如聘用非法劳工、触犯劳工法例等行为）。

任务三　国际工程招投标程序

国际工程承包是一种较复杂的国际经济技术合作方式，作为一种跨国的经济活动，工程资金金额较大、技术性较强、对工期质量也有较高要求，一般都要求通过公开的竞争性招标来优选承包商，特别是世界银行、亚洲开发银行贷款项目在国际上逐渐形成了一套招标程序的国际惯例，见图 4-1，具体到每个项目，在执行时可以加以改动。

国际工程招投标主要包含以下几个步骤：

1. 刊登资格预审广告

资格预审的目的是：①通过资格预审，排除不具备招标要求能力的投标人参加投标，这不但可以减少评标工作量，更主要的是避免误选不合格的投标人，给工程建设带来难以估量的风险。为不合格的投标人节省参加投标的费用；②使业主对投标人的法律地位、商业信誉、技术水平、管理经验、经济和财务状况等有个比较全面、准确的了解，从而在其中选出合格的投标人；③使潜在投标人对工程情况、招标条件有比较全面的了解，衡量自己是否具备投标资格，从而为是否参加资格预审、投标和施工作出决策。

资格预审广告应刊登在国内外有影响的、发行面比较广的报纸或刊物上。中国的世行贷款国际招标项目的资格预审广告应刊登在《中国日报》和联合国《发展论坛》上。

2. 资格预审（土建工程项目一般都要进行资格预审）

资格预审文件的主要内容：资格预审通知、资格预审申请人须知、资格预审申请人填写的调查表，包括：资格预审申请书、一般情况表、财务数据表、工作经验记录表、拟用于本工程的设备、拟派往本工程的人员表、现场组织计划、分包人、联营体资料等。

3. 发行招标文件

在对申请资格预审的投标者所提交的资格预审书进行审查后，业主即向已通过资格预审的投标者发出招标邀请，出售招标文件。招标文件主要内容如下：投标邀请函、投标者须知、投标表格及附件、合同条款、技术规范、合同协议书的格式、工程的范围、工程量清单、工程进度表、图纸、投标及履约保函等。

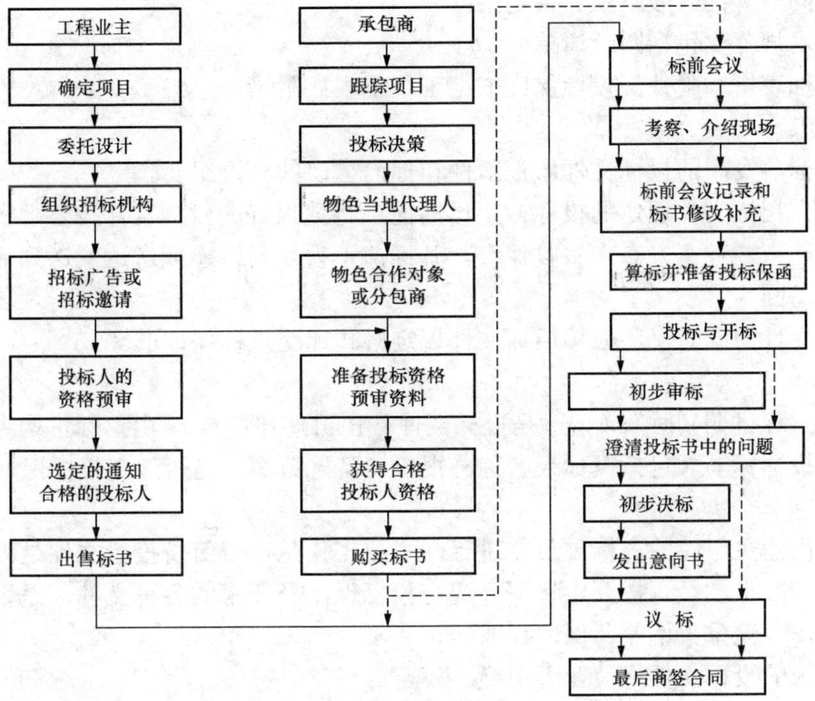

图 4-1　国际工程项目招标投标程序图

4. 现场考察和招标文件补遗

在投标人购买招标文件后（一般为一个月左右），业主方组织投标人考察项目现场，目的是让投标人在研究招标文件时了解现场的实际情况。采取合适的投标报价策略。

按照业主方安排的日期和时间，由业主方负责组织，投标人自费参加现场考察，在规定的日期之前提出书面质疑，由业主以信函方式或标前会议方式，向所有投标人颁发招标文件补遗，包括对质疑的解答。

【案例】 我国某水电站建设工程，采用国际招标，选定国外某承包公司承包引水洞工程施工。在招标文件列出应由承包商承担的税赋和税率。但在其中遗漏了承包工程总额 3.03%的营业税，因此承包商报价时没有包括该税。工程开始后，工程所在地税务部门要求承包商交纳已完工程的营业税 92 万元，承包商按时缴纳，同时向业主提出索赔要求。

【解析】 业主在招标文件中仅列出几个小额税种，而忽视了大额税种，是招标文件的不完备，或者是有意的误导行为。业主应该承担责任。索赔发生后，业主向国家申请免除营业税，并被国家批准。但对已交纳的 92 万元税款，经双方商定各承担 50%。

如果招标文件中没有给出任何税收目录，而承包商报价中遗漏税赋，本索赔要求是不能成立的。这属于承包商环境调查和报价失误，应由承包商负责。因为合同明确规定：“承包商应遵守工程所在国一切法律”，“承包商应交纳税法所规定的一切税收”。

5. 投标

向投标者发售的投标文件主要包括：

卷一　投标者须知

合同条款：一般条款、特定条款

卷二　技术规范（包括图纸清单）

卷三　投标表格和附件；投标保证书；工程量表；附录。

卷四　图纸

还包括开标前发布的投标文件修正附件和标前会议的会议纪要。

投标人应在招标文件规定的投标截止日期前，将填报好的投标文件按要求密封，签字后送交业主指定地点，业主方专人签收保存，开标前不得启封。逾期送达或送到非指定地点，则视为废标被退回。

递交投标文件的同时，还应按招标文件规定格式递交投标保证书。

6. 开标

在规定的开标日期和时间（一般是投标文件截止日期和地点），由招标机构当众宣布并记录所有递交的投标标书（包括投标人名称、报价、备选方案，是否递交投标保证等）。

7. 评标

评审标书由业主组建的评标委员会进行。主要工作是审查每份投标文件是否完全符合招标文件的规定和要求，是否按要求签署并提交投标保函及要求的各种文件，是否对招标文件实质上的响应，有无重大偏差、保留和遗漏。

不符合要求的投标文件将被业主拒绝。

当投标书实质性响应，无重大偏差时，业主可以接受此标书，要求投标人在合理时间内提交必要的资料和文件（不涉及报价），做出书面的澄清或修正。

业主方综合考虑了投标文件的报价、技术方案和其他方面情况后，最终确定一家承包商为中标者。除特殊情况外，业主应将合同授予投标文件符合要求且评标后的投标报价最低者。

8. 授予和签订合同

确定中标人后，业主要与其进行深入谈判，签订合同协议书谅解备忘录，双方签字确认后，即可发出中标函。中标函中应明确合同价格。

业主向中标人发出中标函的同时，应寄去招标文件中提供的合同协议书格式。中标人收到上述文件后，应在规定时间（28天）内派出全权代表与业主签署合同协议书。

中标人在收到中标通知书后的时限（28天）内，应按招标文件规定的格式和金额，向业主提交一份履约保证。

中标人与业主签订了合同协议书并提交履约保证之后，业主退还投标保证，招投标工作完成。然后，业主可通知所有未中标者并退还他们的投标保证。

【案例】 工程为非洲某国政府的两个学院的建设，资金由非洲银行提供，属技术援助项目，招标范围为土建工程的施工。

（1）投标过程：我国某工程承包公司获得该国建设两所学院的招标信息，考虑到准备在该国发展业务，决定参加该项目的投标。由于我国与该国没有外交关系，经过几番周折，投标小组到达该国时离投标截止仅剩20天。买了标书后，没有时间进行全面的招标文件分析和详细的环境调查，仅粗略地折算各种费用，仓促投标报价。

待开标后发现报价低于正常价格的30%。开标后业主代表、监理工程师进行了投标文件的分析，对授标产生分歧。监理工程师坚持我国该公司的标为废标，因为报价太低肯定亏损，如果授标则肯定完不成。但业主代表坚持将该标授予我国公司，并坚信中国公司信誉好，工程项目一定很顺利。最终我国公司中标。

（2）合同中的问题：中标后承包商分析了招标文件，调查了市场价格，发现报价太低，合同风险太大，如果承接，至少亏损100万美元以上。合同中有如下问题：

1）没有固定汇率条款，合同以当地货币计价，而经调查发现，汇率一直变动不定。

2）合同中没有预付款的条款，按照合同所确定的付款方式，承包商要投入很多自有资金，这样不仅造成资金困难，而且财务成本增加。

3）合同条款规定不免税，工程的税收约为合同价格的13%，而按照非洲银行与该国政府的协议本工程应该免税。

（3）承包商的补救措施：在收到中标函后，承包商与业主代表进行了多次接触。一方面谢谢业主代表的支持和信任，决心搞好工程，另一方面又讲述了所遇到的困难——由于报价太低，亏损是难免的，希望业主代表在几个方面给予支持：

1）按照国际惯例将汇率以投标截止期前28天的中央银行的外汇汇率固定下来，以减少承包商的汇率风险。

2）合同中虽没有预付款，但作为非洲银行的经援项目通常有预付款。没有预付款承包商无力进行工程。因此要求支付预付款。

3）通过调查了解获悉，在非洲银行与该国政府的经济援助协议上本项目是免税的。而本项目必须执行这个协议，所以应该免税。合同规定由承包商缴纳税赋是不对的，应予修改。

（4）最终结果：由于业主代表坚持将标授予中国的公司，如果这个项目失败，业主代表要承担责任，所以对承包商提出的上述三个要求，他尽了最大努力与政府交涉，并帮承包商讲话。最终承包商的三点要求都得到满足，这一下扭转了本工程的不利局面。最后在本工程中承包商顺利地完成了合同。业主满意，在经济上不仅不亏损而且略有盈余。本工程中业主代表的立场以及所做出的努力起了十分关键的作用。

（5）注意点：

1）承包商新到一个地方承接工程必须十分谨慎，特别在国际工程中，必须详细地进行环境调查，进行招标文件的分析。本工程虽然结果尚好，但实属侥幸。

2）本工程中承包商与业主代表的关系是关键。能够获得业主代表、监理工程师的同情和支持对合同的签订和工程实施是十分重要的。

任务四　国际工程招投标案例

小浪底工程水利枢纽工程土建国际工程

案例背景：小浪底水利枢纽主体土建工程的部分建设资金是利用世界银行的贷款，按照世界银行采购导则的要求，业主——小浪底水利枢纽建设管理局又称黄河水利水电开发总公司。对主体土建工程采取国际竞争性招标的方式选择承包商。其招标评标的程序严格按照世界银行要求及国际工程师联合会（FIDIC）推荐的招标评标程序——“土木工程合同招标评标程序”进行。如图4-2～图4-4所示。

图 4-2 小浪底大坝

图 4-3 建设中的小浪底水利枢纽

国际工程招标评标一般从邀请潜在投标人参加资格预审开始到授予合同为止，按照FIDIC 推荐的招标评标程序，主要分为三个阶段，共计 12 个步骤：

第一阶段：对投标者资格预审

1）邀请承包商参加资格预审；

2）颁发和提交资格预审文件；

3）资格预审资料分析，挑选并通知已入选的投标者名单。

第二阶段：招标和投标

4）准备招标文件；

图 4-4　运行中的小浪底水利枢纽

5）招标文件的颁发；

6）投标者考察现场；

7）招标文件的修订；

8）投标者质疑；

9）投标书的提交和接收。

第三阶段：开标和评标

10）开标；

11）评标；

12）授予合同。

小浪底主体土建工程三个标段的招标评标就是严格按照上述步骤进行的。下面对小浪底主体土建工程招标评标程序进行简要的介绍。

一、资格预审（第一阶段）

（一）邀请承包商参加资格预审（步骤一）

1992 年 2 月至 7 月业主在以下刊物上先后刊登了资格预审邀请：

发展论坛，1992 年 2 月（世行采购刊物）

人民日报，1992 年 7 月 22 日（北京，中文版）

中国日报，1992 年 7 月 22 日（北京，英文版）

同时，还在部分驻京使馆和商务代表处中进行了宣传。

邀请函的主要内容是：

1）业主部分将利用世界银行贷款支付小浪底主体土建工程施工合同项目费用。

2）介绍小浪底主体土建工程分标情况和每个标的工程范围，主要指标和工程量，并说明投标人可以投任何一个标或所有标。

业主委托中国国际招标公司在北京代售资格预审文件，发售时间自 1992 年 7 月 27 日起。投标人递交资格预审申请书的时间为 1992 年 10 月 24 日，后来应投标人的请求延期至 10 月

31 日。

在截止递交资格预审申请书日期 35 天前，承包商如对资格预审文件中的内容有疑问，可以向业主提出书面询问，业主在截止日 21 天前做出答复。

在业主发出资格预审邀请后，共有 13 个国家的 45 个公司对招标邀请作出反应，并且购买了资格预审文件。

到截止日期 1992 年 10 月 31 日止，共有 9 个国家的 37 个公司递交了资格预审申请书，其中单独报送预审文件的公司有两个，其他的 35 个公司分别组成 9 个联营体，上述公司分别申请单独投标或组织联合体投标。

（二）颁发和提交资格预审文件（步骤二）

小浪底主体土建工程资格预审文件是根据 FIDIC 招标评标的标准程序并结合小浪底工程的具体特点和要求进行编制的，其主要内容有：

（1）引言及工程概况：介绍业主及工程背景，工程分标和工程范围，工程地理、地质条件，以及工程特点和特性等。

（2）业主提供的设施和服务：如对外交通和道路，物资转运、存放，施工场地，供水、供电和通信系统以及当地劳务营地、医疗设施等。

（3）合同条件的合同形式和要点。

（4）资格预审要求，主要包括：

1）承包商情况概要；

2）主要施工人员情况表；

3）已完成类似小浪底工程规模的工程；

4）正在施工或即将承建的项目；

5）主要的施工设施和设备；

6）公司的财务报表；

7）银行信用证；

8）公证书；

9）外汇要求；

10）投标者的保证书。

（5）评审标准。

资格预审文件明确对申请人的公司经验、技术人员、施工设备和财力状况四个方面进行评审，分别提出不同的计分标准。而对于公司经验和财务状况两个方面还提出了必须达到的标准。对于必须达到的标准，是说明若达不到此标准则申请就会被拒绝。对于计分标准，是用来确定申请人资格达到投标要求的程度，为做进一步比较选择之用。

二、招标与投标（第二阶段）

（一）准备招标文件（步骤四）

业主于 1991 年 6 月在郑州开始编制小浪底主体土建工程招标文件，主要委托黄委设计院和加拿大国际工程管理公司（CIPM）进行编制。由于招标文件是投标人编制投标文件的基础和依据，也是工程建设前业主和承包商签订合同的基础，又是合同执行过程中双方都应严格遵守的标准，还是双方发生纠纷时进行评判和裁决的依据，因此业主、设计院和咨询专家对招标文件的编制都十分重视并尽力做好这项工作。

一、二、三标招标文件的基本结构和组成是一致的，主要包括四卷共计十章，具体如下：

第一卷　投标邀请书、投标须知和合同条款

第一章　投标商须知

第二章　合同条款

第Ⅰ部分　一般条款

第Ⅱ部分　特殊应用条款

第三章　合同特别条件

第二卷　技术规范

第四章　技术规范

第三卷　投标书格式和合同格式

第五章　投标书格式、投标担保书格式及授权书格式

第六章　工程量清单

第七章　补充资料细目表

第八章　协议书格式、履约担保书格式和预付款银行保函格式

第四卷　图纸和资料

第九章　招标图纸

第十章　现场资料

上述招标文件是严格按照世界银行招标采购指南的要求和格式编制的。招标文件经水利部审查后，于 1993 年 1 月提交世界银行，并于 1993 年 2 月 4 日获得世界银行批准。

（二）招标文件的颁发（步骤五）

1993 年 3 月，向经过预审合格的各个承包商发出招标邀请函，所有通过资格预审的承包商均购买了招标文件。投标截止日期定为 1993 年 7 月 31 日。

（三）投标者考察现场（步骤六）

根据合同一般条款的规定，投标人提出的投标报价一般被认为是在审核招标文件后并在对现场全面而深入了解的基础上编制的，一旦投标，投标人就无权因不了解现场情况而提出修改标价或要求补偿。因此现场考察是土建工程项目招标投标过程中一个重要环节。

按照招标文件规定，于 1993 年 3 月 8～12 日业主组织各投标商参加标前会集体考察现场。其中 5 月 11 日业主对投标商提出的问题进行答疑。标前会答疑的会议纪要由业主编写并且分发至各个投标商。

（四）招标文件的修订（步骤七）

业主先后向各个投标商发出了四次补遗，对合同条款、技术规范等进行修改和补充。根据多数投标商的要求，有一份补偿通知将投标截止日期推迟至 1993 年 8 月 31 日。

（五）投标者质疑（步骤八）

在招标过程中，业主对投标商提出的疑问作了必要的澄清，并将三次澄清信通知分送各投标商。

（六）投标书的提交和接收（步骤九）

为了让投标商有足够的时间进行调查研究和准备投标书，从 1993 年 3 月 8 日开始发售标书起，至原来预定的在 7 月 31 日开标为止，投标准备期历时 149 天，符合世界银行招标采购指南对大型项目一般不应少于 90 天的规定。后来鉴于小浪底工程规模宏大和技术复杂，投标

商普遍要求延长投标准备期限，所以业主最后决定将开标日期推迟至 1993 年 8 月 31 日。所有通过资格预审的投标商都参加了投标，并按规定提交了投标书。

三、开标和评标（第三阶段）

（一）开标（步骤十）

1993 年 8 月 31 日下午 2 点（北京时间），业主在中国技术进出口总公司的北京总部举行开标仪式，开标时各投标商代表均在场，并且按照要求宣布了各个投标人名称、投标价的总额以及被允许的备选投标价的总额。

（二）评标（步骤十一）

根据世界银行的招标采购指南，评标是为了能在标书评标价的基础上对各个投标书进行比较，以确定业主对每份投标书所需的费用。选择的原则是将合同授予评标价最低的投标商，但不一定是报价最低的投标商。

评标工作从 1993 年 9 月开始，至 1994 年 1 月上旬结束，历时 4 个多月。分为初评和终评两个阶段。初评是全面评审各投标商的投标书，并提出重点对象短名单；终评包括澄清和详细评审，推荐选择中标承包商的意向报世界银行审批。

1. 评标标准

各标评标标准已按世界银行采购导则确定并在招标文件中作出了规定，内容如下：

（1）投标书均按人民币进行评价。报价的外币部分按投标截止日期前 28 天中国银行公布的外汇售价汇率折合成人民币。

（2）与招标书要求不符的任何标书均不予受理。

（3）工程量清单或投标书格式中的计算错误按招标文件中规定的程序予以更正。

（4）评标时对关税不予考虑，因此投标商所报关税仅供参考。评标时仅保留工程量表总价和计日工费用。

（5）评标时任何拟用替代方案均不予考虑。只有当投标商中标后，业主才在签订合同前考虑其拟用替代方案，但业主并没有义务采纳此替代方案。

另外，邀请各标预审合格的投标商报出联合中标后的降价，以便降价后的联合报价与相应的最低单个标的标价总和相比较。但是，业主并没有义务一定要授联合标。

2. 评标机构

（1）招标领导小组。①招标领导小组职责：审查评标委员会提交的评标报告；授权与可能中标的投标商进行谈判；决定授权。②领导小组组成：水利部副部长（兼组长）；水利部有关司局领导；黄河水利水电开发总公司总经理。

（2）评标委员会。①评标委员会职责：审查评标工作组提交的初步报告；决定澄清会的原则、内容、日期和议程，召开澄清会；审批和决定投标商的短名单；负责向招标领导小组报告。②评标委员会组成（共 22 人）。黄河水利水电开发总公司总经理（兼组长）；有关部门的专家（水利部、其他部委、业主、黄委设计院、国际招标公司）。

（3）评标工作组。①评标工作组是评标委员会的工作机构，负责对投标书进行检查分析，其职责内容包括：检查投标书是否符合招标文件规定；核对投标书中的计算成果；对投标商提交的补充资料细目表进行审查与评价；评价投标商的附加条件、保留条件和偏差；评价投标商的施工方案；准备要求投标商澄清的问题；就投标商短名单提建议；编写向评标委员会提交的初步评价报告。②评标工作组组成：黄河水利水电总公司副总经理（兼组长）；业主有关专家；黄委设计院有关专家；国际招标公司有关专家。

评标工作组根据专业分工的不同，在具体工作时又分成综合、商务和技术三个小组。

3. 初步评审

（1）投标书的符合性检验。

1）是否按照招标文件要求递交投标书。

2）对照文件有无重大或实质性修改。

3）有无投标保证金并按规定填写。

4）投标书是否完全签署，有无授权书。

5）有无营业执照。

6）如果是联营体，是否有联营体协议。

7）是否按照招标文件要求，全部填写了工程量清单和补充资料细目表等。

经检查，所有投标书基本上都符合要求。

（2）投标价的算术性校验和核对。

经对投标书的计算结果进行检查，发现不少投标书都存在一些错误，主要是小的计算错误，包括工程量清单中的乘法和加法错误。另外，有些投标商，如比芬格、旭普林和斯坎斯加未按招标文件规定将关税打进开标价中。

计算错误按投标须知中的有关规定进行更正，比如：所有投标单价认为是优先的；当数字金额与大写金额、单价与总价有差异时，按规定更正；暂定金额和不可预见费的补充和更正；关税从总报价中扣除。

对计算结果检查后，将改正后的总报价用作计算评标价的依据。

（3）投标书的附加条件和保留条件。

1）在商务方面。

有几家投标商提出的在商务方面的附加条件和保留条件有：预付款支付方法；进、出场费支付方法；滞留金的有关规定；调价条款的实施；保险风险；出口信贷先决条件；关税；合同终止；地质条件变化；业主提供的营地设施等。

上述附加条件和保留条件，虽未构成断然否决任一投标书的理由，但投标商应予撤销。

另外，还发现有些标书补充资料细目表有些内容没有或不全；外币调价系数没有提供或不全；在总报价中有些分项与工程量汇总表中所列分项不符等，这些均要求投标商做出澄清。

2）在技术方面。

有几份标书还提出了一些小的技术偏离和保留条件，如个别工程项目拟用不同的施工方法；施工公差超过标书要求；拟选用不同的料场等。

上述偏离和保留虽未构成否决任一投标书的理由，但要求承包商对此做出澄清。

（4）投标初评报告。

经评标工作组对各投标书校对计算结果，并且作出商务、技术分析后，汇总了有关材料，并且列出了需要投标商进一步澄清的问题，于 1993 年 10 月 18 日向评标委员会作了投标初评报告。

（5）经评标委员会评议后，确定投标商短名单。

评标工作小组提出的投标初评报告，经评标委员会评议后，确定了投标商的短名单如下：

一标	二标	三标
英波吉罗	斯皮·巴蒂格诺尔	杜美兹
杜美兹	旭普林	旭普林
比芬格	现代	斯皮·巴蒂格诺尔

并确定对初评中所查出的问题向列入短名单的投标商进行书面澄清，同时决定邀请各标名单上的前三名投标商到郑州参加澄清会。

4. 最终评审

（1）书面澄清函。1993 年 11 月 15 日根据初评查出的问题，向列入短名单的投包商进行书面澄清。随后，各投包商均作了书面答复。

（2）澄清会。1993 年 11 月 23 日至 30 日在郑州举行了澄清会。澄清会的内容包含商务和施工技术两个方面。

1）商务方面。

①对一标三个投标商的澄清

投标商英波吉罗、杜美兹和比芬格，对所有要求澄清的问题均作了澄清，并撤销所有的附加和保留条件。

②对二标三个投标商的澄清

a．对投标商——斯皮的澄清

对所有需要澄清的问题均进行了澄清。但投包商仍保留下面几个附加条件，如：

对所有指定供应材料的价差要求增加 35%的管理费。（该项附加条件的影响估价：根据中国当前的水泥、木材、燃料、炸药等价格趋势，自 1993 年至 2001 年，按年膨胀率 8%计算，上述主要材料在 8 年合同期内价差总计为人民币 3.5 亿，则上述价差管理费约为人民币 1.3 亿元）

对由合同要求二标供给三标骨料的价差，则要求在工程量清单中的单价栏内进行调价（经计算，此项要求增加费用人民币 2413 万元）。

要求加快预付款的进程，同时推迟预付款的扣还。此外，还提出以保函代替滞保金。

b．对投标商——旭普林的澄清

对所有需要澄清的问题均做了澄清，但投标商仍保留下面几个附加条件：

增加材料价差管理费。这一条与斯皮所提条件相似，其要求对所有指定供应材料的价差增加 29%的管理费（经计算，此项价差管理费为人民币 1.2 亿元）。

关税。要求对各项应付关税增加 8.7%的管理费。（经计算，此项要求增加费用人民币 2513 万元）

要求加快预付款进程并推迟预付款扣还。此外，还要求以保函代替滞保金。

c．对投标商——现代的澄清

投标商对所有要求澄清的问题均进行了澄清，没有提出任何附加和保留条件。

③对三标三个投标商的澄清

a．对投标商——杜美兹的澄清

投标商对所要要求澄清的问题均作了澄清，并且撤销所有附加和保留条件。投标商在澄清期间承诺增加施工支洞，而不增加业主的费用。

b．对投标商——斯皮以及旭普林的澄清，其要求保留的条件与该投标商在二标投标时一样，这里不再赘述。

2）施工技术方面。

有几个投标书还提出了一些小的施工技术偏离和保留条件，大多涉及拟用施工方法、施工公差以及料场的选择等。对此，均要求投标商予以澄清。

为了更好地评标，业主还要求投标商提出某些补充资料，如施工方法说明、施工进度计划、生产强度、施工设备、进场计划、混凝土温控措施等。

为了审核投标商的投标书在施工技术方面的可靠性，业主对投标商的施工方法、措施、资源配置以及施工强度等方面进行了认真的核查和必要的澄清。例如，根据一标高峰期对施工强度和施工设备配置的计算结果，认为投标商设备配置不足，尚需增加 3 台大马力推土机和 10 台载重 45 吨以上的自卸汽车，投标商接受了这一要求，并且不增加投标价。

（3）评标价计算结果。经过澄清会以后，除了斯皮和旭普林两个投标商对二标和三标的投标仍然坚持某些附加和保留条件外，其余各标的投标商均撤销了各自所提出的附加和保留条件。对于个别非实质性的偏离条件按世界银行采购导则和招标文件的规定，可考虑予以适当的接受，但在计算评标价时应按招标书规定，计入合适的定量修正值。所以，在确定了 3 个主体土建国际标的评标价时，对投标商提出的附加和保留条件，均以贴现方式进行了定量计算并计入了评标价。

（4）各标评审分析意见。①从评标价计算结果可知，一、二、三标评标价最低的分别是以意大利英波吉罗公司为责任方的联营体、以德国斯皮公司为责任方的联营体和法国以杜美兹公司为责任方的联营体，根据世界银行采购导则，这三个标应分别授予上述三个联营体。②从对评标价进一步分析和对其他方面综合考虑的结果，推荐的授标建议是一、三标联合授标，给以法国杜美兹公司为责任方的联营体，二标仍授给以德国斯皮公司为责任方的联营体。其理由如下：

- 英波吉罗评标价约为人民币 16.26 亿元，而杜美兹约为 16.97 亿美元，比英波吉罗仅高出人民币 0.71 亿元。
- 英波吉罗投标书前期资金投入较多，经贴现预测与杜美兹相比业主需多承担人民币 6000 万元。
- 英波吉罗所列管理费比例高达 60%，而劳务费用过低，存在潜在不可靠因素，而杜美兹相对要好一些。
- 英波吉罗外币需求量相对来说要比杜美兹多一些。
- 英波吉罗投标书所列施工设备相对来说没有杜美兹充足。
- 英波吉罗当时正承担二滩水电站混凝土大坝的施工任务，若同时又承担小浪底特大型土石坝的施工，正如投标书所显示的那样将抽调二滩的人力，因此很可能分散其人力、物力和财力，对这两大水利工程施工均为不利。
- 若一、三标联合授给杜美兹联营体，其两个标的总标价可降低人民币约 0.515 亿元。

各标评审与分析工作告一段落后，业主于 1994 年 1 月编写了“小浪底水利枢纽土建工程国际招标评标报告”上报水利部和世界银行。

（三）授予合同（步骤十二）

1. 合同谈判

合同谈判分两步进行。第一步是预谈判，把终评阶段澄清会未能解决的一些遗留问题，再次正式与拟订的中标商进行澄清，为正式谈判扫清障碍。第二步是正式谈判并签订合同协议书。同时还签署了合同协议书备忘录以及一系列的附件。备忘录是对某些合同条款作必要的补充。附件是业主和承包商双方对“联合测量”、承包商材料设备进口管理、业主指定材料的采购及价格调整等具体问题达成的书面协议。

小浪底工程国际招标的合同谈判是艰难的和曲折的。

2. 合同授予

对于二标来说，斯皮公司评标价最低，但在合同谈判时一直坚持若取消投标的保留和附加条件业主就要增加相应的费用，而这种费用是很高的。因此，业主不能接受，重新选择了评标价第二低的旭普林公司。为了取消该公司投标的保留和附加条件，业主同意给该公司一定的补偿。

对于三标来说，评标价最低的是杜美兹，而且没有任何附加和保留条件因此杜美兹是无可非议的。

对于一标来说，业主接受了世界银行的建议，把该标授予评标价最低的英波吉罗联营体。

综上所述，通过国际竞争性招标，业主以较低的价格引进了合格的国际承包商。在水利部和其他上级主管部门的正确领导以及世界银行的大力支持下，通过有业主、设计院、监理单位和 CIPM 专家等共同努力和团结合作，此项国际招标工作圆满、顺利完成。

分析：从案例可以看出，该工程的操作完全按 FIDIC 合同的程序运作。可以看出操作的规范性，以及我国在该方面与国际接轨已经达到一定的程度。

知识梳理与小结

国际工程的概念。国际工程指的是从咨询、融资、采购、承包、管理以及培训等各个阶段的参与者来自不止一个国家，并且按照国际上通用的工程项目管理模式进行管理的工程。

国际工程招投标的概念。国际工程招投标是指发包方通过国内和国际的新闻媒体发布招标信息，所有有兴趣的投标人均可参与投标竞争，通过评标比较优选确定中标人的活动。

国际工程招投标的特点。①择优性；②平等性；③限制性。

国际工程招投标程序。国际工程承包是一种较复杂的国际经济技术合作方式，作为一种跨国的经济活动，工程资金金额较大、技术性较强、对工期质量亦有较高要求，一般都要求通过公开的竞争性招标来优选承包商，特别是世界银行、亚洲开发银行贷款项目在国际上逐渐形成了一套招标程序的国际惯例，具体到每个项目，在执行时可以加以改动。

复习思考与练习

1. 国际性招标方式有哪些？各有什么特点？
2. 简述国内与国际工程招投标的区别和联系。
3. 简述国际工程招投标的程序。
4. 国际招标文件主要包括哪些内容？

项　目　实　训

某工程项目招标收到了若干份投标。一投标人在投标截止时间前一天递交了一份合乎要求的投标文件，其报价为 1 亿元。在投标截止期前 1 小时，他又交一封按投标文件要求密封的信，在该补充信中声明："出于友好的目的，本投标人决定将计算总标价及所有单价都降低 4.934%"。但是招标单位有关工作人员认为，根据国际上"一标一投"的惯例，一个投标人不得递交两份投标文件，因而拒收该投标人的补充材料。

问题：

1．招标单位有关工作人员的做法合适吗？

2．如果他只提到将其报价降低 4.934%，行不行？

3．如果投标人在其信中提出将其报价比评标价最低的投标降低 4.934%，行不行？

4．投标人采用了哪种报价技巧？

学习情境五　工程施工合同认知

学习目标

1. 了解施工合同的基本概念、签订的依据和条件及其特点；
2. 熟悉施工合同文件构成；
3. 理解施工合同词语含义。

技能目标

能够拟写合同文件。

【案例导入】 某住宅小区施工合同分析

2015年6月，×××省××市龙达房地产开发公司与东方建筑公司签订了一份施工合同，修建某一住宅小区。小区建成后，经验收质量合格。验收后1个月，龙达房地产开发公司发现楼房屋顶漏水，遂要求东方建筑公司负责无偿修理，并赔偿损失，东方建筑公司则以施工合同中并未规定质量保证期限，且工程已经验收合格为由，拒绝无偿修理要求。龙达房产开发公司遂诉至法院。法院判决施工合同有效。认为合同中虽然并没有约定工程质量保证期限，但依国务院2000年1月30日发布实施的《建设工程质量管理条例》（2017年修订）的规定，屋面防水工程保修期限为5年，因此本案工程交工后两个月内出现的质量问题应由施工单位承担无偿修理并赔偿损失的责任。判东方建筑公司应当承担无偿修理的责任。

【案例解析】《民法典》第795条规定："施工合同的内容包括工程范围、建设工期、中间交工工程和竣工时间、工程质量、工程造价、技术资料交付时间、材料和设备供应责任、拨款和结算、竣工验收、质量保修范围和质量保证期、双方相互协作等条款。"因此，质量保修范围和质量保证期是建设工程施工合同很重要的条款。

本案争议的施工合同虽欠缺质量保证期条款，但并不影响双方当事人对施工合同主要义务的履行，故该合同有效。由于合同中没有质量保证期的约定，故应当依照法律、法规的规定或者其他规章确定工程质量保证期。法院依照《建设工程质量管理条例》（2017年修订）的有关规定对欠缺条款进行补充，依据该办法规定，出现的质量问题属保证期内，故认定东方建筑公司承担无偿修理和赔偿损失责任是正确的。《建设工程质量管理条例》（2017年修订）规定，在正常使用条件下，屋面防水工程、有防水要求的卫生间、房间和外墙防渗漏的最低保修期限为5年。该条例第四十一条规定，建设工程在保修范围和保修期限内发生质量问题的，施工单位应当履行保修义务，并对造成的损失承担赔偿责任。

【知识链接】

任务一　施工合同概述

一、施工合同的基本概念

工程施工合同，是发包人和承包人之间，为完成商定的建筑安装工程，明确相互权利义务关系的协议。

承发包双方签订施工合同，必须具备相应资质条件和履行施工合同的能力。对合同范围内的工程实施建设时，发包人必须具备组织协调能力或委托给具备相应资质的监理单位承担；承包人必须具备有关部门核定的资质等级并持有营业执照等证明文件。依据施工合同，承包人应完成发包人交给的建筑安装工程任务，发包人应按合同规定提供必需的施工条件并支付工程价款。

建设工程施工合同是建设工程的主要合同，是工程建设质量控制、进度控制、投资控制的主要依据。

二、施工合同签订的依据和条件

签订施工合同必须依据《民法典》（第三编）《建筑法》《招标投标法》《建设工程质量管理条例》等有关法律、法规，这些法律也是我们建设工程施工合同管理的依据。按照《建设工程施工合同示范文本》的“合同条件”，明确规定合同双方的权利、义务，并各尽其责，共同保证工程项目按合同规定的工期、质量、造价等要求完成。签订施工合同必须具备以下条件：

（1）初步设计已经批准。

（2）工程项目已列入年度建设计划。

（3）有能够满足施工需要的设计文件和有关技术资料。

（4）建设资金和主要建筑材料、设备来源已经落实。

（5）招投标工程中标通知书已经下达。

只有上述条件成立时，施工合同才具有有效性，并能保证合同双方都能正确履行合同，以免在实施过程中引起不必要的违约和纠纷，从而圆满地完成合同规定的各项要求。

三、施工合同的特点

由于建筑产品是特殊的商品，建筑产品的单件性、建设周期长、施工生产和技术复杂、工程付款和质量论证具备阶段性、受外界自然条件影响大等特点，决定了施工合同不同于其他经济合同，具有自身的特点，具体介绍如下。

1. 施工合同标的的特殊性

施工合同的标的是各类建筑产品，建筑产品体积庞大，消耗的人力、物力、财力多，一次性投资额大，具有固定性（不动产）和施工生产的流动性、单件性等特点。这些特点必然需要在施工合同中将建筑产品的幢数、面积、层数或高度、结构特征、内外装饰标准和设备安装要求等一一规定清楚。

2. 施工合同履行期限的长期性

由于建筑产品体积大、结构复杂、施工周期长，在合同履行过程中不确定影响因素多，受外界自然条件影响大，合同双方承担的风险高。当主观和客观情况变化时，就有可能造成施工合同期限的变化，因此决定了施工合同履行期限的长期性。

3. 施工合同内容的多样性和复杂性

由于建设工程本身的特殊性和施工生产的复杂性，虽然施工合同的当事人只有两方，但其涉及的主体却有多方，其涉及的法律关系（包括劳务关系、保险关系、运输关系等）具有多样性和复杂性，这就要求施工合同的内容尽可能详尽。施工合同一般应具备以下主要内容：

（1）工程名称、地点、范围、内容，工程价款及开、竣工日期。

（2）双方的权利、义务和一般责任。

（3）施工组织设计的编制要求和工期调整的处置办法。

（4）工程质量要求、检验与验收方法。

（5）合同价款调整与支付方式。

（6）材料、设备的供应方式与质量标准。

（7）设计变更。

（8）竣工条件与结算方式。

（9）违约责任与处置办法。

（10）争议解决方式。

（11）安全生产防护措施等。

此外，关于索赔、专利技术使用、发现地下障碍物和文物、工程分包、不可抗力、工程保险、合同生效与终止等也是施工合同的重要内容。

4. 施工合同管理的严格性

施工合同主体必须满足法定条件。发包人一般只能是经过批准进行工程建设的法人、其他组织或自然人，必须有国家批准的项目，落实投资计划，并具备相应的协调能力。承包人则必须具备法人资格，并且具备相应的从事施工的资质，承包人只能按照其资质等级承揽项目，不得越级承包建设工程。

签订施工合同必须遵守国家的法律、法规，另外还有其他法规、规定和管理办法，如部门规章、地方法规，定额及相应预算价格、取费标准、调价办法等也是签订施工合同要涉及的内容。因此，承发包双方要熟悉和掌握与施工合同相关的法律、法规和各种规定。

此外，施工合同在履行过程中，除了合同当事人应当对合同进行管理外，合同的主管机关（工商行政管理机构）、金融机构、建设行政主管机关等，都要对施工合同的履行进行严格管理。

施工合同的这些特点，使得施工合同无论在合同文本结构，还是合同内容上，都要反映其特点，符合工程项目建设客观规律的内在要求，以保护施工合同当事人的合法权益，促使当事人严格履行自己的义务和职责，提高工程项目的社会和经济效益。

任务二 建设工程施工合同

建设工程施工合同经济法律关系中必须包括主体、客体和内容三大要素。施工合同的主体是建设单位（发包人、甲方）和建筑安装施工单位（承包人、乙方），客体是建筑安装工程项目，内容就是施工合同的具体条款中规定的双方的权利和义务。按合同价款的计价方式分为总价合同、单价合同、其他形式的合同。

一、《建设工程施工合同（示范文本）》（GF-2017-0201）（以下简称《示范文本》）

为了指导建设工程施工合同当事人的签约行为，维护合同当事人的合法权益，依据《民法典》（第三编）《建筑法》《招标投标法》以及相关法律法规，住房和城乡建设部、国家工商行政管理总局对《建设工程施工合同（示范文本）》（GF-2013-0201）进行了修订，制订了《建设工程施工合同（示范文本）》（GF-2017-0201）。

《示范文本》为非强制性使用文本。适用于房屋建筑工程、土木工程、线路管道和设备安装工程、装修工程等建设工程的施工承发包活动。合同当事人可结合建设工程具体情况，根据《示范文本》订立合同，并按照法律法规规定和合同约定承担相应的法律责任及合同权利义务。

《示范文本》由合同协议书、通用合同条款和专用合同条款三部分组成，并有11个附件。

（一）合同协议书

协议书是《示范文本》中纲领性的文件，共计13条，主要包括：工程概况、合同工期、质量标准、签约合同价和合同价格形式、项目经理、合同文件构成、承诺以及合同生效条件等重要内容，集中约定了合同当事人基本的合同权利义务，经合同当事人在这份文件上签字盖章，就对双方当事人产生法律约束力，而且在所有施工合同文件组成中，它具有最优的解释效力。

（二）通用合同条款

通用合同条款是合同当事人根据《建筑法》《民法典》（第三编）等法律法规的规定，就工程建设的实施及相关事项，对合同当事人的权利义务作出的原则性约定。

通用合同条款共计20条，具体条款分别为：一般约定、发包人、承包人、监理人、工程质量、安全文明施工与环境保护、工期和进度、材料与设备、试验与检验、变更、价格调整、合同价格、计量与支付、验收和工程试车、竣工结算、缺陷责任与保修、违约、不可抗力、保险、索赔和争议解决。前述条款安排既考虑了现行法律法规对工程建设的有关要求，也考虑了建设工程施工管理的特殊需要，可适用于任何工程项目，并可作为招标文件的组成部分而予以直接采用。

（三）专用合同条款

专用合同条款是对通用合同条款原则性约定的细化、完善、补充、修改或另行约定的条款。合同当事人可以根据不同建设工程的特点及具体情况，通过双方的谈判、协商对相应的专用合同条款进行修改补充。在使用专用合同条款时，应注意以下事项：

1）专用合同条款的编号应与相应的通用合同条款的编号一致；

2）合同当事人可以通过对专用合同条款的修改，满足具体建设工程的特殊要求，避免直接修改通用合同条款；

3）在专用合同条款中有横道线的地方，合同当事人可针对相应的通用合同条款进行细化、完善、补充、修改或另行约定；如无细化、完善、补充、修改或另行约定，则填写“无”或画“/”。

《示范文本》的附件则是对施工合同当事人的权利、义务的进一步明确，并且使得施工合同当事人的有关工作一目了然，便于执行和管理。附件共有11个，其中协议书附件1个：承包人承揽工程项目一览表，专用条款附件10个：发包人供应材料设备一览表、工程质量保修书、主要建设工程文件目录、承包人用于本工程施工的机械设备表、承包人主要施工管理人员表、分包人主要施工管理人员表、履约担保格式、预付款担保格式、支付担保格式、暂估价一览表（材料、工程设备、专业工程）。

二、下面根据住建部颁发的2017年《建设工程施工合同（示范文本）》通用条款，介绍施工合同的主要内容和条款

（一）词语含义及合同文件

1. 词语含义

这些合同术语的含义是根据建设工程施工合同的需要而特写的，它可能不同于其他文件或词典内的定义或解释。在施工合同中除专用条款另有约定外，这些词语或术语只能按特定的含义去理解，不能任意解释。合同协议书、通用合同条款、专用合同条款中的下列词语具有本款所赋予的含义：

（1）合同：是指根据法律规定和合同当事人约定具有约束力的文件，构成合同的文件包括合同协议书、中标通知书（如果有）、投标函及其附录（如果有）、专用合同条款及其附件、通用合同条款、技术标准和要求、图纸、已标价工程量清单或预算书以及其他合同文件。

（2）合同协议书：是指构成合同的由发包人和承包人共同签署的称为“合同协议书”的书面文件。

（3）中标通知书：是指构成合同的由发包人通知承包人中标的书面文件。

（4）投标函：是指构成合同的由承包人填写并签署的用于投标的称为“投标函”的文件。

（5）投标函附录：是指构成合同的附在投标函后的称为“投标函附录”的文件。

（6）技术标准和要求：是指构成合同的施工应当遵守的或指导施工的国家、行业或地方的技术标准和要求，以及合同约定的技术标准和要求。

（7）图纸：是指构成合同的图纸，包括由发包人按照合同约定提供或经发包人批准的设计文件、施工图、鸟瞰图及模型等，以及在合同履行过程中形成的图纸文件。图纸应当按照法律规定审查合格。

（8）已标价工程量清单：是指构成合同的由承包人按照规定的格式和要求填写并标明价格的工程量清单，包括说明和表格。

（9）预算书：是指构成合同的由承包人按照发包人规定的格式和要求编制的工程预算文件。

（10）其他合同文件：是指经合同当事人约定的与工程施工有关的具有合同约束力的文件或书面协议。合同当事人可以在专用合同条款中进行约定。

（11）合同当事人：是指发包人和（或）承包人。

（12）发包人：是指与承包人签订合同协议书的当事人及取得该当事人资格的合法继承人。

（13）承包人：是指与发包人签订合同协议书的，具有相应工程施工承包资质的当事人及取得该当事人资格的合法继承人。

（14）监理人：是指在专用合同条款中指明的，受发包人委托按照法律规定进行工程监督管理的法人或其他组织。

（15）设计人：是指在专用合同条款中指明的，受发包人委托负责工程设计并具备相应工程设计资质的法人或其他组织。

（16）分包人：是指按照法律规定和合同约定，分包部分工程或工作，并与承包人签订分包合同的具有相应资质的法人。

（17）发包人代表：是指由发包人任命并派驻施工现场在发包人授权范围内行使发包人权利的人。

（18）项目经理：是指由承包人任命并派驻施工现场，在承包人授权范围内负责合同履行，且按照法律规定具有相应资格的项目负责人。

（19）总监理工程师：是指由监理人任命并派驻施工现场进行工程监理的总负责人。

（20）工程：是指与合同协议书中工程承包范围对应的永久工程和（或）临时工程。

（21）永久工程：是指按合同约定建造并移交给发包人的工程，包括工程设备。

（22）临时工程：是指为完成合同约定的永久工程所修建的各类临时性工程，不包括施工设备。

（23）单位工程：是指在合同协议书中指明的，具备独立施工条件并能形成独立使用功能的永久工程。

（24）工程设备：是指构成永久工程的机电设备、金属结构设备、仪器及其他类似的设备和装置。

（25）施工设备：是指为完成合同约定的各项工作所需的设备、器具和其他物品，但不包括工程设备、临时工程和材料。

（26）施工现场：是指用于工程施工的场所，以及在专用合同条款中指明作为施工场所组成部分的其他场所，包括永久占地和临时占地。

（27）临时设施：是指为完成合同约定的各项工作所服务的临时性生产和生活设施。

（28）永久占地：是指专用合同条款中指明为实施工程需永久占用的土地。

（29）临时占地：是指专用合同条款中指明为实施工程需要临时占用的土地。

（30）开工日期：包括计划开工日期和实际开工日期。计划开工日期是指合同协议书约定的开工日期；实际开工日期是指监理人按照第 7.3.2 项〔开工通知〕约定发出的符合法律规定的开工通知中载明的开工日期。

（31）竣工日期：包括计划竣工日期和实际竣工日期。计划竣工日期是指合同协议书约定的竣工日期；实际竣工日期按照第 13.2.3 项〔竣工日期〕的约定确定。

（32）工期：是指在合同协议书约定的承包人完成工程所需的期限，包括按照合同约定所做的期限变更。按总日历天数（包括法定节假日）计算。

（33）缺陷责任期：是指承包人按照合同约定承担缺陷修复义务，且发包人预留质量保证金（已缴纳履约保证金的除外）的期限，自工程实际竣工日期起计算。

（34）保修期：是指承包人按照合同约定对工程承担保修责任的期限，从工程竣工验收合格之日起计算。

（35）基准日期：招标发包的工程以投标截止日前 28 天的日期为基准日期，直接发包的工程以合同签订日前 28 天的日期为基准日期。

（36）天：除特别指明外，均指日历天。合同中按天计算时间的，开始当天不计入，从次日开始计算，期限最后一天的截止时间为当天 24：00 时。

（37）合同价格和费用。

（38）签约合同价：是指发包人和承包人在合同协议书中确定的总金额，包括安全文明施工费、暂估价及暂列金额等。

（39）合同价格：是指发包人用于支付承包人按照合同约定完成承包范围内全部工作的金额，包括合同履行过程中按合同约定发生的价格变化。

（40）费用：是指为履行合同所发生的或将要发生的所有必需的开支，包括管理费和应分摊的其他费用，但不包括利润。

（41）暂估价：是指发包人在工程量清单或预算书中提供的用于支付必然发生但暂时不能确定价格的材料、工程设备的单价、专业工程以及服务工作的金额。

（42）暂列金额：是指发包人在工程量清单或预算书中暂定并包括在合同价格中的一笔款项，用于工程合同签订时尚未确定或者不可预见的所需材料、工程设备、服务的采购，施工中可能发生的工程变更、合同约定调整因素出现时的合同价格调整以及发生的索赔、现场签证确认等的费用。

（43）计日工：是指合同履行过程中，承包人完成发包人提出的零星工作或需要采用计日工计价的变更工作时，按合同中约定的单价计价的一种方式。

（44）质量保证金：是指按照第 15.3 款〔质量保证金〕约定承包人用于保证其在缺陷责任期内履行缺陷修补义务的担保。

（45）总价项目：是指在现行国家、行业以及地方的计量规则中无工程量计算规则，在已标价工程量清单或预算书中以总价或以费率形式计算的项目。

（46）书面形式：是指合同文件、信函、电报、传真等可以有形地表现所载内容的形式。

2. 施工合同文件构成及解释顺序

组成合同的各项文件应互相解释，互为说明。除专用合同条款另有约定外，解释合同文件的优先顺序如下：

1）合同协议书；

2）中标通知书（如果有）；

3）投标函及其附录（如果有）；

4）专用合同条款及其附件；

5）通用合同条款；

6）技术标准和要求；

7）图纸；

8）已标价工程量清单或预算书；

9）其他合同文件。

上述各项合同文件包括合同当事人就该项合同文件所作出的补充和修改，属于同一类内容的文件，应以最新签署的为准。

在合同订立及履行过程中形成的与合同有关的文件均构成合同文件组成部分，并根据其性质确定优先解释顺序。

当合同文件内容出现含糊不清或不相一致时，在不影响工程正常进行的情况下由双方协商解决。双方也可以提请负责监理的工程师作出解释；双方协商不成或不同意负责监理的工程师的解释时，可按争议的处理方式解决。

3. 合同文件使用的文字、标准和适用法律

合同以中国的汉语简体文字编写、解释和说明。合同当事人在专用合同条款中约定使用两种以上语言时，汉语为优先解释和说明合同的语言。

合同所称法律是指中华人民共和国法律、行政法规、部门规章，以及工程所在地的地方性法规、自治条例、单行条例和地方政府规章等。合同当事人可以在专用合同条款中约定合同适用的其他规范性文件。

适用于工程的国家标准、行业标准、工程所在地的地方性标准，以及相应的规范、规程等，合同当事人有特别要求的，应在专用合同条款中约定。发包人要求使用国外标准、规范的，发包人负责提供原文版本和中文译本，并在专用合同条款中约定提供标准规范的名称、份数和时间。发包人对工程的技术标准、功能要求高于或严于现行国家、行业或地方标准的，应当在专用合同条款中予以明确。除专用合同条款另有约定外，应视为承包人在签订合同前

已充分预见前述技术标准和功能要求的复杂程度，签约合同价中已包含由此产生的费用。

4. 图纸

（1）发包人应按照专用合同条款约定的期限、数量和内容向承包人免费提供图纸，并组织承包人、监理人和设计人进行图纸会审和设计交底。发包人至迟不得晚于开工通知载明的开工日期前14天向承包人提供图纸。

因发包人未按合同约定提供图纸导致承包人费用增加和（或）工期延误的，按照第因发包人原因导致工期延误的约定办理。

（2）承包人在收到发包人提供的图纸后，发现图纸存在差错、遗漏或缺陷的，应及时通知监理人。监理人接到该通知后，应附具相关意见并立即报送发包人，发包人应在收到监理人报送的通知后的合理时间内作出决定。合理时间是指发包人在收到监理人的报送通知后，尽其努力且不懈怠地完成图纸修改补充所需的时间。

（3）图纸需要修改和补充的，应经图纸原设计人及审批部门同意，并由监理人在工程或工程相应部位施工前将修改后的图纸或补充图纸提交给承包人，承包人应按修改或补充后的图纸施工。

（4）承包人应按照专用合同条款的约定提供应当由其编制的与工程施工有关的文件，并按照专用合同条款约定的期限、数量和形式提交监理人，并由监理人报送发包人。

除专用合同条款另有约定外，监理人应在收到承包人文件后7天内审查完毕，监理人对承包人文件有异议的，承包人应予以修改，并重新报送监理人。监理人的审查并不减轻或免除承包人根据合同约定应当承担的责任。

（5）除专用合同条款另有约定外，承包人应在施工现场另外保存一套完整的图纸和承包人文件，供发包人、监理人及有关人员进行工程检查时使用。

5. 联络

与合同有关的通知、批准、证明、证书、指示、指令、要求、请求、同意、意见、确定和决定等，均应采用书面形式，并应在合同约定的期限内送达接收人和送达地点。

发包人和承包人应在专用合同条款中约定各自的送达接收人和送达地点。任何一方合同当事人指定的接收人或送达地点发生变动的，应提前3天以书面形式通知对方。

发包人和承包人应当及时签收另一方送达至送达地点和指定接收人的来往信函。拒不签收的，由此增加的费用和（或）延误的工期由拒绝接收一方承担。

6. 化石、文物

在施工现场发掘的所有文物、古迹以及具有地质研究或考古价值的其他遗迹、化石、钱币或物品属于国家所有。一旦发现上述文物，承包人应采取合理有效的保护措施，防止任何人员移动或损坏上述物品，并立即报告有关政府行政管理部门，同时通知监理人。

发包人、监理人和承包人应按有关政府行政管理部门要求采取妥善的保护措施，由此增加的费用和（或）延误的工期由发包人承担。

承包人发现文物后不及时报告或隐瞒不报，致使文物丢失或损坏的，应赔偿损失，并承担相应的法律责任。

（二）双方一般责任

1. 发包人的工作

（1）许可或批准。发包人应遵守法律，并办理法律规定由其办理的许可、批准或备案，包括但不限于建设用地规划许可证、建设工程规划许可证、建设工程施工许可证、施工所需临时用水、临时用电、中断道路交通、临时占用土地等许可和批准。并协助承包人办理法律规定的有关施工证件和批件。

因发包人原因未能及时办理完毕前述许可、批准或备案，由发包人承担由此增加的费用和（或）延误的工期，并支付承包人合理的利润。

（2）提供施工现场。除专用合同条款另有约定外，发包人应最迟于开工日期 7 天前向承包人移交施工现场。

（3）提供施工条件。除专用合同条款另有约定外，发包人应负责提供施工所需要的条件，包括：

将施工用水、电力、通信线路等施工所必需的条件接至施工现场内；保证向承包人提供正常施工所需要的进入施工现场的交通条件；协调处理施工现场周围地下管线和邻近建筑物、构筑物、古树名木的保护工作，并承担相关费用；按照专用合同条款约定应提供的其他设施和条件。

（4）提供基础资料。发包人应当在移交施工现场前向承包人提供施工现场及工程施工所必需的毗邻区域内供水、排水、供电、供气、供热、通信、广播电视等地下管线资料，气象和水文观测资料，地质勘察资料，相邻建筑物、构筑物和地下工程等有关基础资料，并对所提供资料的真实性、准确性和完整性负责。

按照法律规定确需在开工后方能提供的基础资料，发包人应尽其努力及时地在相应工程施工前的合理期限内提供，合理期限应以不影响承包人的正常施工为限。

（5）资金来源证明及支付担保。除专用合同条款另有约定外，发包人应在收到承包人要求提供资金来源证明的书面通知后 28 天内，向承包人提供能够按照合同约定支付合同价款的相应资金来源证明。

除专用合同条款另有约定外，发包人要求承包人提供履约担保的，发包人应当向承包人提供支付担保。支付担保可以采用银行保函或担保公司担保等形式，具体由合同当事人在专用合同条款中约定。

（6）支付合同价款。发包人应按合同约定向承包人及时支付合同价款。

（7）组织竣工验收。发包人应按合同约定及时组织竣工验收。

（8）现场统一管理协议。发包人应与承包人、由发包人直接发包的专业工程的承包人签订施工现场统一管理协议，明确各方的权利义务。施工现场统一管理协议作为专用合同条款的附件。

发包人不按合同约定完成以上工作，导致工期延误或给承包人造成损失的，发包人应赔偿承包人有关损失，顺延延误的工期。

2. 承包人的工作

承包人在履行合同过程中应遵守法律和工程建设标准规范，并履行以下义务：

1）办理法律规定应由承包人办理的许可和批准，并将办理结果书面报送发包人留存；

2）按法律规定和合同约定完成工程，并在保修期内承担保修义务；

3）按法律规定和合同约定采取施工安全和环境保护措施，办理工伤保险，确保工程及人员、材料、设备和设施的安全；

4）按合同约定的工作内容和施工进度要求，编制施工组织设计和施工措施计划，并对所有施工作业和施工方法的完备性和安全可靠性负责；

5）在进行合同约定的各项工作时，不得侵害发包人与他人使用公用道路、水源、市政管网等公共设施的权利，避免对邻近的公共设施产生干扰。承包人占用或使用他人的施工场地，影响他人作业或生活的，应承担相应责任；

6）按照环境保护的约定负责施工场地及其周边环境与生态的保护工作；

7）按照安全文明施工的约定采取施工安全措施，确保工程及其人员、材料、设备和设施的安全，防止因工程施工造成的人身伤害和财产损失；

8）将发包人按合同约定支付的各项价款专用于合同工程，且应及时支付其雇用人员工资，并及时向分包人支付合同价款；

9）按照法律规定和合同约定编制竣工资料，完成竣工资料立卷及归档，并按专用合同条款约定的竣工资料的套数、内容、时间等要求移交发包人；

10）应履行的其他义务。

（三）监理人

工程实行监理的，发包人和承包人应在专用合同条款中明确监理人的监理内容及监理权限等事项。监理人应当根据发包人授权及法律规定，代表发包人对工程施工相关事项进行检查、查验、审核、验收，并签发相关指示，但监理人无权修改合同，且无权减轻或免除合同约定的承包人的任何责任与义务。

1. 监理人员

发包人授予监理人对工程实施监理的权利由监理人派驻施工现场的监理人员行使，监理人员包括总监理工程师及监理工程师。监理人应将授权的总监理工程师和监理工程师的姓名及授权范围以书面形式提前通知承包人。更换总监理工程师的，监理人应提前 7 天书面通知承包人；更换其他监理人员，监理人应提前 48 小时书面通知承包人。

2. 监理人的指示

监理人应按照发包人的授权发出监理指示。监理人的指示应采用书面形式，并经其授权的监理人员签字。紧急情况下，为了保证施工人员的安全或避免工程受损，监理人员可以口头形式发出指示，该指示与书面形式的指示具有同等法律效力，但必须在发出口头指示后 24 小时内补发书面监理指示，补发的书面监理指示应与口头指示一致。

监理人发出的指示应送达承包人项目经理或经项目经理授权接收的人员。因监理人未能按合同约定发出指示、指示延误或发出了错误指示而导致承包人费用增加和（或）工期延误的，由发包人承担相应责任。

承包人对监理人发出的指示有疑问的，应向监理人提出书面异议，监理人应在 48 小时内对该指示予以确认、更改或撤销，监理人逾期未回复的，承包人有权拒绝执行上述指示。

监理人对承包人的任何工作、工程或其采用的材料和工程设备未在约定的或合理期限内提出意见的，视为批准，但不免除或减轻承包人对该工作、工程、材料、工程设备等应承担的责任和义务。

一般情况下，监理人的指令承包人都必须予以执行，监理人如果发布错误的指令，承包人根据错误指令施工后，必然导致错误的结果，而错误的结果最终还是要予以纠正的。纠正错误的代价，是由于监理人的错误指令引起的，而监理人不是合同的主体，因此该代价自然只由发包人来承担。因此，施工合同规定，因监理人指令错误给承包人造成的损失由发包人承担，延误的工期相应顺延。

3. 商定或确定

合同当事人进行商定或确定时，总监理工程师应当会同合同当事人尽量通过协商达成一致，不能达成一致的，由总监理工程师按照合同约定审慎做出公正的确定。

（四）分包的一般约定

承包人不得将其承包的全部工程转包给第三人，或将其承包的全部工程肢解后以分包的名义转包给第三人。承包人不得将工程主体结构、关键性工作及专用合同条款中禁止分包的专业工程分包给第三人，主体结构、关键性工作的范围由合同当事人按照法律规定在专用合同条款中予以明确。承包人不得以劳务分包的名义转包或违法分包工程。

承包人应按专用合同条款的约定进行分包，确定分包人，承包人应确保分包人具有相应的资质和能力。工程分包不减轻或免除承包人的责任和义务，承包人和分包人就分包工程向发包人承担连带责任。除合同另有约定外，承包人应在分包合同签订后 7 天内向发包人和监理人提交分包合同副本。

任务三 施工合同案例分析

【案例】

甲建筑公司负责乙房地产开发公司的一项商业居民楼建设施工工程，双方依法签订了建筑工程施工合同。工程完成后，甲公司通知乙公司验收，乙公司迟迟不进行验收，就直接出售该楼房屋。不久，一买主丙被塌陷的天花板砸伤。

请问丙所受到的损害应该由谁承担责任？

【解析】

我国《民法典》第 799 条规定："建设工程竣工后，发包人应当根据施工图纸及说明书、国家颁发的施工验收规范和质量检验标准及时进行验收。验收合格的，发包人应当按照约定支付价款，并接收该建筑工程。建设工程竣工验收合格后，方可交付使用；未经验收或者验收不合格的，不得交付使用。"发包人没有履行验收义务就接收了工程的，第 799 条未给出明确的答案。《最高人民法院关于审理建设工程施工合同纠纷案件适用法律问题的解释》（以下简称《解释》）第十三条对此予以了回应："建设工程未经竣工验收，发包人擅自使用后，又以使用部分质量不符合约定为由主张权利的，不予支持；但是承包人应当在建设工程的合理使用寿命内对地基基础工程和主体结构质量承担民事责任。"《民法典》第 802 条还规定："因承包人的原因致使建设工程在合理使用期限内造成人身和财产损害的，承包人应当承担损害赔偿责任。"

显然，天花板塌陷不属于地基基础工程和主体结构质量瑕疵，因乙未尽验收义务径行出售该楼，故不得以质量不合格为由向甲主张违约责任。乙也不是被侵权人，不可以向甲主张侵权责任。丙被砸伤，依《民法典》第 802 条，可直接主张甲侵权无疑；而且，他可以依据与乙的买卖合同主张违约责任。不仅如此，由于乙应当预见到未经验收合格的房屋可能造成他人损害，而他仍然将该房出售给丙，因此乙对丙的受害存在过错，故丙可以主张乙承担侵权责任。对此种情形，《解释》在第三条第 2 款作了确认："因建设工程不合格造成的损失，发包人有过错的，也应承担相应的民事责任。"

知识梳理与小结

本学习情境主要有：

工程施工合同。是发包人和承包人之间，为完成商定的建筑安装工程，明确相互权利义务关系的协议。承发包双方签订施工合同，必须具备相应资质条件和履行施工合同的能力。

施工合同签订的依据和条件：①初步设计已经批准；②工程项目已列入年度建设计划；③有能够满足施工需要的设计文件和有关技术资料；④建设资金和主要建筑材料、设备来源已经落实；⑤招投标工程中标通知书已经下达。

施工合同的特点：施工合同标的的特殊性；施工合同履行期限的长期性；施工合同内容的多样性和复杂性；施工合同管理的严格性。

建设工程施工合同经济法律关系中必须包括主体、客体和内容三大要素，施工合同的主体是建设单位（发包人、甲方）和建筑安装施工单位（承包人、乙方），客体是建筑安装工程项目，内容就是施工合同条款中规定的双方的权利和义务。按合同价款的计价方式分为总价合同、单价合同、其他形式的合同。

《施工合同示范文本》由协议书、通用条款和专用条款三部分组成，并附有11个附件。

复习思考与练习

1．怎样理解施工合同标的的特殊性？
2．什么是工程施工合同？施工合同的特点？
3．施工合同签订的依据和条件是什么？
4．对发包人提供图纸有什么要求？
5．怎样理解“对于工程师的指令，一般情况下承包商都应予执行”？
6．怎样把握工程师错误指令的后果？
7．怎样理解工程师不是施工合同的主体？
8．《施工合同示范文本》由哪几部分组成？

项目实训

南昌某建设公司（承包人）与胜利电子集团（发包人）签订了一份建设工程施工合同。合同中规定，建设项目为胜利大厦，按照设计图纸施工，总造价为2800万元，按照工程进度付款，合同工期为470天。工程于2000年5月1日开工，2001年10月20日竣工，验收合格后交付发包人使用。发包人认为承包人拖延工期68天，拒付工程尾款260万元。承包人认为工程验收合格，发包人应当支付工程款。于是，双方发生了争执。

请分析本案应如何处理？

学习情境六　工程施工合同的谈判、签订与审查

学习目标

1. 了解合同谈判的目的、内容；
2. 掌握合同谈判的技巧；
3. 了解合同签订的原则、内容；
4. 了解合同审查的要求。

技能目标

在老师指导下，分小组模拟合同谈判过程。

【案例导入】 2015 年 2 月 6 日，被告某建筑公司与原告包工头杨某签订了一份《施工合同书》，合同约定将其承包的某公司综合楼工程发包给原告，由原告组织民工施工。承包方式为包工不包料，工程款按建筑面积 9000m^2 来计算一次包死，单价为 86.90 元/m^2，工程款总计 78.21 万元，工程竣工后预留 7%的保修金，其余工程于 2015 年底前一次性支付完毕，保修金在一年缺陷责任期满后支付。合同签订后，原告即组织民工 200 余人进场施工，截至 2015 年 11 月 6 日，原告组织民工完成了合同约定的工程量。2015 年 12 月 31 日，原、被告双方进行了结算，被告应支付原告工程款共计 82.5 万元（含合同外部分工程量）。截至 2016 年 1 月 10 日，被告共支付原告工程款 50 余万元，尚欠 32 万余元未付，故原告提起诉讼，要求被告按合同约定立即支付工程款。

被告辩称，双方签订的《施工合同书》实质上是工程分包合同，而原告不具备建筑施工企业应该具备的从业资格，违反了《中华人民共和国建筑法》第 12 条、第 29 条的规定，因此双方签订的施工合同是无效合同。其二，根据双方签订的补充协议，该工程应在 2015 年 10 月 1 日竣工，而原告却延期 1 个月零 5 天，应赔偿其损失 10 万元（以其向发包人赔偿的损失为据）。其三，按合同约定，工程款应扣除 3%的保修金即 57750 元，在保修期满后再支付。

法院审理后认为，原、被告双方签订的合同属于劳务合同，而非工程分包合同，因此双方签订的合同为有效合同，被告应按合同约定支付原告人工费。对于被告要求原告赔偿因延期交工而造成的经济损失，法院认为延期交工并非原告的过错，应由被告自行承担。对于被告提出的保修金问题，法院认为原告只负责组织民工为该项工程提供劳务，工程质量依法应由被告负责，被告的主张于法无据，不予支持。

问题：

1. 双方签订的合同是否有效？
2. 原告应否承担工期、质量等工程责任？

【案例解析】

1. 原、被告双方签订的合同为有效合同

尽管本案原、被告双方签订的合同名称为《施工合同书》，但我们不能仅凭合同的名

称来判定该合同的性质，从该合同所反映的内容来看，该合同实际上属于劳务合同。我们知道，工程分包合同是指工程承包单位将其承包工程中的部分工程发包给分包单位，分包合同的客体是工程（当然包括劳务），即分包单位要独立完成合同约定的工程，并对其完成的工程向承包单位负责。而本案原、被告双方签订的施工合同，从其包工不包料的承包方式、工程款（实际上为人工费）单价，原告在施工组织、技术、工程质量等方面完全接受被告的领导，以及被告在合同履行过程中下达的一系列指令等因素综合考虑，该合同实质上就是单纯的劳务合同而非工程分包合同，也不是劳务分包合同。我国建筑法规定的从业资格仅指从事建筑活动的建筑施工企业、勘察单位、设计单位和工程监理单位，不包括劳务。根据《民法典》（第三编）关于合同无效的相关规定，该合同既未违反法律、行政法规的强制性规定，也未损害国家和社会公共利益，因此应认定为有效合同。

2. 原告不应承担工期、质量等工程责任

对于工期延误、工程质量保修金，被告的反驳似乎有理，因为双方签订的合同确有明确约定，但仔细分析就会发现被告的理由在法律上是站不住脚的，其目的是推卸自己的责任。我们知道，质量、工期、价款是工程施工合同的三要素，也是承、发包双方确定的最主要的合同目标，承包单位必须按合同约定的质量、工期向发包单位负责且自行承担责任，而不能将该责任转嫁给任何第三人。当然承包单位可以将某些单项工程（包括劳务）分包并确定分包工程的工期、质量标准，但显然不能将整体工程的工期、质量责任转嫁给分包单位；分包单位仅对自己分包工程的工期、质量负责，而不对整体工程的工期和质量负责。何况本案的原告并不是工程分包单位（亦非劳务分包），即使确实存在因原告的原因而导致工期延误或质量缺陷，那也是被告未尽管理职责所致，因此原告不应对工期延误和工程质量承担责任。

【知识链接】

任务一　合同的谈判

一、双方合同谈判的目的

合同谈判，是工程施工合同签订双方对是否签订合同以及合同具体内容达成一致的协商过程。通过谈判，能够充分了解对方及项目的情况，为高层决策提供信息和依据。

开标以后，发包方经过研究，往往选择几家投标者就工程有关问题进行谈判，然后选择中标者，这一过程被称为谈判。

1. 发包方参加谈判的目的

（1）发包方可根据参加谈判的投标者的建议和要求，也可吸收其他投标者的建议，对图样、设计方案、技术规范进行某些修改后，估计可能对工程报价和工程质量产生的影响。

（2）了解和审查投标者的施工规划和各项技术措施是否合理，以及负责项目实施的班子力量是否足够雄厚，能否保证工程质量和进度。

（3）通过谈判，发包方还可以了解投标者报价的组成，进一步审核和压低报价。

2. 投标者参加谈判的目的

（1）争取中标，即通过谈判宣传自己的优势，以及建议方案的特点等，以争取中标。

（2）争取合理的价格，既要准备对付发包方的压价，又要准备当发包方拟修改设计、增加项目或提高标准时适当增加报价。

（3）争取改善合同条款，主要包括：争取修改过于苛刻的不合理的条款，澄清模糊的条款和增加有利于保护投标者利益的条款。

二、谈判的过程

1．谈判的准备工作

谈判工作的成功与否，通常取决于谈判准备工作的充分程度和在谈判过程中策略与技巧的运用。谈判的准备工作具体包括以下几部分内容：

（1）收集资料。谈判准备工作的首要任务就是要收集整理有关合同对方及项目的各种基础资料和背景材料。主要包括对方的资信状况、履约能力、发展阶段、已有成绩等；包括工程项目的由来、土地获得情况、项目目前的进展、资金来源等。这些资料的来源有：双方合法调查，前期接触过程中已经达成的意向书、会议纪要、备忘录、合同等，以及双方参加前期阶段谈判的人员名单及其情况等。

（2）具体分析。我们知道“知彼知己”，才会“百战不殆”。在收集了相关资料以后，谈判的重要准备工作就是对己方和对方进行充分分析。

1）对本方的分析。签订工程施工合同之前，首先要确定工程施工合同的标的物，即拟建工程项目。发包方必须运用科学研究的成果，对拟建工程项目的投资进行综合分析和论证。发包方必须按照可行性研究的有关规定，作定性和定量的分析研究，包括工程水文地质勘察、地形测量以及项目的经济、社会、环境效益的测算比较，在此基础上论证工程项目在技术上、经济上的可行性，对各种方案进行比较，筛选出最佳方案。依据获得批准的项目建议书和可行性研究报告，编制项目设计任务书并选择建设地点。建设项目的设计任务书和选点报告批准后，发包方就可以委托取得工程设计资格证书的设计单位进行设计，然后再进行招标。

对于承包方，在获得发包方发出招标公告后，不是盲目地投标，而是应该做一系列调查研究工作。主要考察的问题有：工程建设项目是否确实由发包方立项？项目的规模如何？是否适合自身的资质条件？发包方的资金实力如何？等等。这些问题可以通过审查有关文件，譬如发包方的法人营业执照、项目可行性研究报告、立项批复、建设用地规划许可证等加以解决。承包方为承接项目，可以主动提出某些让利的优惠条件。但是，在项目是否真实，发包方主体是否合法，建设资金是否落实等原则性问题上不能让步。否则，即使在竞争中获胜，即使中标承包了项目，一旦发生问题，合同的合法性和有效性就得不到保证，此种情况下，受损害最大的往往是承包方。

2）对对方的分析。对对方的基本情况的分析主要从以下几方面入手。

a．对对方谈判人员的分析。主要了解对手的谈判组由哪些人员组成，了解他们的身份、地位、性格、喜好、权限等，以注意与对方建立良好的关系，发展谈判双方的友谊，争取在到达谈判以前就有了亲切感和信任感，为谈判创造良好的氛围。

b．对对方实力的分析。主要是指对对方诚信、技术、财力、物力等状况的分析。可以通过各种渠道和信息传递手段取得有关资料。外国公司很重视这方面的工作，他们往往通过各种机构和组织以及信息网络，对我国公司的实力进行调研。

实践中，对于承包方而言，一要重点审查发包方是否为工程项目的合法主体。发包方作为合格的施工承发包合同的一方，是否具有拟建工程项目的地皮的立项批文、建设用地规划许可证、建设用地批准书、建设工程规划许可证、施工许可证等证件，这在《建筑法》第七条、第八条、第二十二条均作了具体的规定。二要注意调查发包方的诚信和资金情况，是否具备足够的履约能力。如果发包方在开工初期就发生资金紧张问题，就很难保证今后项目的正常进行，就会出现目前建筑市场上常见的拖欠工程款和垫资施工现象。

对于发包方，则应注意承包方是否具有承包该工程项目的相应资质。对于无资质证书承揽工程或越级承揽工程，或以欺骗手段获取资质证书，或允许其他单位或个人使用该企业的资质证书、营业执照的，该施工企业应承担法律责任；对于将工程发包给不具有相应资质的施工企业的，《建筑法》也规定发包方应承担法律责任。

3）对谈判目标进行可行性分析。分析工作中还包括分析自身设置的谈判目标是否正确合理、是否切合实际、是否能被对方接受，以及对方设置的谈判目标是否合理。如果自身设置的谈判目标有疏漏或错误，就盲目接受对方的不合理谈判目标，同样会造成项目实施过程中的后患。在实际中，由于承包方中标心切，往往接受发包方极不合理的要求，比如带资、垫资、工期短等，造成其在今后发生回收资金、获取工程款、工期及索赔方面的困难。

4）对双方地位进行分析。根据此工程项目，与对方相比分析己方所处的地位也是很有必要的。这一地位包括整体与局部的优势和劣势。如果己方在整体上存在优势，而在局部存在劣势，则可以通过以后的谈判等弥补局部的劣势。但如果己方在整体上已显示劣势，则除非能有契机转化这一形势，否则就不宜再耗时耗资去进行无利的谈判。

（3）拟订谈判方案。对己方与对方分析完毕之后，即可总结该项目的操作风险、双方的共同利益、双方的利益冲突，以及双方在哪些问题上已取得一致，还存在着哪些问题甚至原则性的分歧等，然后拟订谈判的初步方案，决定谈判的重点。

2. 明确谈判内容

（1）关于工程范围。承包方所承担的工程范围，包括施工、设备采购、安装和调试等。在签订合同时要做到范围清楚、责任明确，否则将导致报价漏项。

（2）关于合同文件。在拟制合同文件时，应注意以下几个问题：①应将双方一致同意的修改和补充意见整理为正式的“附录”，并由双方签字作为合同的组成部分。②应当由双方同意将投标前发包方对各承包方质疑的书面答复，作为合同的组成部分，因为这些答复，既是标价计算的依据，也可能是今后索赔的依据。③应该表明“合同协议同时由双方签字确认的图样属于合同文件”。以防发包方借补图样的机会增加工程内容。④对于作为付款和结算工程价款的工程量及价格清单，应该根据议标阶段作出的修正重新审定，并经双方签字。⑤尽管采用的是标准合同文本，但在签字前都必须全面检查，对于关键词语和数字更应该反复核对，不得有任何大意。

（3）关于双方的一般义务。①关于“工作必须使监理工程师满意”的条款。这是在合同条件中常常见到的。应该载明，“使监理工程师满意”只能是施工技术规范和合同条件范围内的满意，而不是其他。合同条件中还常常规定，“应该遵守并执行监理工程师的指示”。对此，承包方通常是书面记录下监理工程师对某问题指示的不同意见和理由，以作为日后付诸索赔的依据。②关于履约保证。应该争取发包方接受由国内银行直接开出的履约保证函。有些国家的发包方一般不接受外国银行开出的履约担保，因此，在合同签订前，应与发包方选一家既与国内银行有往来关系，又能被对方接受的当地银行开具保函，并事先与当地银行或国内银行协商解决。③关于工程保险。应争取发包方接受由中国人民保险公司出具的工程保险单，如发包方不同意接受，可由一家当地有信誉的保险公司与中国人民保险公司联合出具保险单。④关于工人的伤亡事故保险和其他社会保险。应力争向承包方本国的保险公司投保。有些国家具有强制性社会保险的规定，对于外籍工人，由于是短期居留性质，应争取免除在当地进行社会保险。否则，这笔保险金应计入在合同价格之内。⑤关于不可预见的自然条件和人为障碍问题。必须在合同中明确界定“不可预见的自然条件和人为障碍”的内容。对于招标文件中提供的气象、地质、水文资料与实际情况有出入，则应争取列为“非正常气象和水文情况”，此时由发包方提供额外补偿费用的条款。

（4）关于工程的开工和工期。①区别工期与合同期的概念。合同期，表明一份合同的有效期，即从合同生效之日至合同终止之日的一段时间。而工期是对承包方完成其工作所规定的时间。在工程承包合同中，通常合同期长于工期。②应明确规定保证开工的措施。要保证工程按期竣工，首先要保证按时开工。将发包方影响开工的因素列入合同条件之中。如果由于发包方的原因导致承包方不能如期开工，则工期应顺延。③施工中，如因变更设计造成工程量增加或修改原设计方案，或工程师不能按时验收工程，承包方有权要求延长工期。④必须要求发包方按时验收工程，以免拖延付款，影响承包方的资金周转和工期。⑤发包方向承包方提交的现场应包括施工临时用地，并写明其占用土地的一切补偿费用均由发包方承担。⑥应规定现场移交的时间和移交的内容。所谓移交现场应包括场地测量图样、文件和各种测量标志的移交。⑦单项工程较多的工程，应争取分批竣工，并提交工程师验收，发给竣工证明。工程全部具备验收条件而发包方无故拖延验收时，应规定发包方向承包方支付工程费用。⑧承包方应有由于工程变更、恶劣气候影响，或其他由于发包方的原因要求延长竣工时间的正当权利。

（5）关于材料和操作工艺。①对于报送给监理工程师或发包方审批的材料样品，应规定答复期限。发包方或监理工程师在规定答复期限不予答复，则视作“默许”。经“默许”后再提出更换，应该由发包方承担延误工期和原报批的材料已订货而造成的损失。②如果发生材料代用、更换型号及其标准问题时，承包方应注意两点：其一，将这些问题载入合同“附录”中去：其二，如有可能，可趁发包方在因议标压价而提出材料代用的意见，更换那些原招标文件中规定的高价或难以采购的材料，承包方提出用其熟悉货源并可获得优惠价格的材料代替。③对于应向监理工程师提供的现场测量和试验的仪器设备，应在合同中列出清单，写明名称、型号、规格、数量等。如果超出清单内容，则应由发包方承担超出的费用。④关于工序质量检查问题。如果监理工程师延误了上道工序的检查时间，往往使承包方无法按期进行下一道工序，而使工程进度受到严重影响。因此，应对工序检验制度作出具体规定。特别是对需要及时安排检验的工序要有时间限制。超出限制时，监理工程师未予检查，则承包方可认为该工序已被接受，可进行下一道工序的施工。⑤争取在合同或“附录”中写明材料化验和试验的权威机构，以防止对化验结果的权威性产生争执。

（6）关于施工机具、设备和材料的进口。承包方应争取用本国的机具、设备和材料去承包涉外工程。许多国家允许承包方从国外运入施工机具、设备和材料为该工程专用，工程结束后再将机具和设备运出国境。如有此规定，应列入合同“附录”中。另外，还应要求发包方协助承包方取得施工机具、设备和材料进口许可。

（7）关于工程维修。应当明确维修工程的范围、维修期限和维修责任。一般工程维修期届满应退还维修保证金。承包方应争取以维修保函替代工程价款的保证金。因为维修保函具有保函有效期的规定，可以保障承包方在维修期满时自行撤销其维修责任。

（8）关于工程的变更和增减。工程变更应有一个合适的限额，超过限额，承包方有权修改单价。对于单项工程的大幅度变更，应在工程施工初期提出，并争取规定限期。超过限期大幅度增加单项工程，由发包方承担材料、工资价格上涨而引起的额外费用：大幅度减少单项工程，发包方应承担因材料业已订货而造成的损失。

（9）关于付款。承包方最为关心的问题就是付款问题。发包方和承包方发生的争议，多数集中在付款问题上。付款问题可归纳为三个方面，即价格问题、支付方式问题、货币问题。①国际承包工程的合同计价方式有三类。如果是固定总价合同，承包方应争取订立“增价条款”，保证在特殊情况下，允许对合同价格进行自动调整。这样，就将全部或部分成本增高的风险转移至发包方承担。如果是单价合同，合同总价格的风险将由发包方和承包方共同承担。其中，由于工程数量方面的变更而引起的预算价格的超出，将由发包方负担，而单位工程价格中的成本增加，则由承包方承担。对单价合同，也可带有“增价条款”。如果是成本加酬金合同，成本提高的全部风险由发包方承担。但是承包方一定要在合同中明确哪些费用列为成本，哪些费用列为酬金。②支付方式问题。主要有支付时间、支付方式和支付保证等问题。在支付时间上，承包方越早得到付款越好。支付的方法有：预付款、工程进度付款、最终付款和退还保证金。对于承包方来说，一定要争取到预付款，而且，预付款的偿还按预付款与合同总价的同一比例每次在工程进度款中扣除为好。对于工程进度付款，应争取它不仅包括当月已完成的工程价款，还包括运到现场合格材料与设备费用。最终付款，意味着工程的竣工，承包方有权取得全部工程的合同价款中一切尚未付清的款项。承包方应争取将工程竣工结算和维修责任予以区分，可以用一份维修工程的银行担保函来担保自己的维修责任，并争取早日得到全部工程价款。关于退还保证金问题，承包方争取降低扣留金额的数额，使之不超过合同总价的5%；并争取工程竣工验收合格后全部退还，或者用维修保函代替扣留的应付工程款。③货币问题。主要是货币兑换限制、货币汇率浮动、货币支付问题。货币支付条款主要有：固定货币支付条款，即合同中规定支付货币的种类和各种货币的数额，今后按此付款，而不受货币价值浮动的影响；选择性货币条款，即可在几种不同的货币中选择支付，并在合同中用不同的货币标明价格。这种方式也不受货币价值浮动的影响，但关键在于选择权的归属问题，承包方应争取主动权。

（10）关于争端、法律依据及其他。①应争取用协商和调解的方法解决双方争端。因为协商解决，灵活性比较大，有利于双方经济关系的进一步发展。如果协商不成需调解解决，则争取由中国的涉外调解机构调解；如果调解不成需仲裁解决，则争取由“中国国际经济贸易仲裁委员会”仲裁。②应注意税收条款。在投标之前应对当地税收进行调查，将可能发生的各种税收计入报价中，并应在合同中规定，对合同价格确定以后由于当地法令变更而导致税收或其他费用的增加，应由发包方按票据进行补偿。③合同规定管辖的法律通常是当地法律。因此，应对当地有关法律有相当的了解。

总之，需要谈判的内容非常多，而且双方均以维护自身利益为核心进行谈判，更加使得谈判复杂化、艰难化。在合同谈判中。合同主谈人是关键。他的合同管理和合同谈判知识、能力和经验对合同的签订至关重要。但他的谈判必须依赖于合同管理人员和其他职能人员的支持；对复杂的合同。只有充分地审查。分析风险。合同谈判才能有的放矢。才能在合同谈判中争取主动。

三、谈判的策略和技巧

谈判是通过不断的会晤确定各方权利、义务的过程，它直接关系到双方的最终利益。因此，谈判绝不是一项简单的机械性工作，而是集合了策略与技巧的艺术。以下介绍几种常见的谈判策略和技巧。

1. 高起点战略

谈判的过程是双方妥协的过程，通过谈判，双方都或多或少会放弃部分利益以求得项目的进展。而有经验的谈判者在谈判之初就会有意识地向对方提出苛刻的谈判条件。这样对方会过高估计己方的谈判底线，从而在谈判中做出更多让步。

2. 掌握谈判议程，合理分配各议题的时间

工程建设的谈判一定会涉及诸多需要讨论的事项，而各谈判事项的重要性并不相同，谈判双方对同一事项的关注程度也并不相同。成功的谈判者善于掌握谈判的进程，在充满合作气氛的阶段，展开自己所关注的议题的商讨，从而抓住时机，达成有利于己方的协议；而在气氛紧张时，则引导谈判进入双方具有共识的议题，一方面缓和气氛；另一方面缩小双方差距，推进谈判进程。同时，谈判者应懂得合理分配谈判时间。对于各议题的商讨时间应得当，不要过多拘泥于细节性问题。这样可以缩短谈判时间，降低交易成本。

3. 注意谈判氛围

谈判各方往往存在利益冲突，要兵不血刃即获得谈判成功是不现实的。但有经验的谈判者会在各方分歧严重、谈判气氛激烈的时候采取润滑措施，舒缓压力。在我国最常见的方式是饭桌式谈判。通过餐宴，联络谈判方的感情，拉近双方的心理距离，进而在和谐的氛围中重新回到议题。

4. 避实就虚

这是孙子兵法中所提出的策略，谈判各方都有自己的优势和弱点。谈判者应在充分分析形势的情况下，做出正确判断，利用对方的弱点，猛烈攻击，迫其就范，作出妥协。而对于己方的弱点，则要尽量注意回避。

5. 拖延和休会

当谈判遇到障碍、陷入僵局的时候，拖延和休会可以使明智的谈判方有时间冷静思考，在客观分析形势后提出替代性方案。在一段时间的冷处理后，各方都可以进一步考虑整个项目的意义，进而弥合分歧，将谈判从低谷引向高潮。

6. 充分利用专家的作用

现代科技发展使个人不可能成为各方面的专家。而工程项目谈判又涉及广泛的学科领域。充分发挥各领域专家的作用，既可以在专业问题上获得技术支持，又可以利用专家的权威性给对方以心理压力。

7. 分配谈判角色

任何一方的谈判团都由众多人士组成，谈判中应利用各人不同的性格特征各自扮演不同的角色。有的唱红脸，有的唱白脸。软硬兼施，才能事半功倍。

任务二 合同的签订

施工合同的订立，是指发包人和承包人之间为了建立承发包合同关系，通过对工程合同

具体内容进行协商而形成合意的过程。

一、订立工程合同的基本原则及具体要求

1. 平等、自愿原则

所谓平等，是指当事人之间在合同的订立、履行和承担违约责任等方面都处于平等的法律地位，彼此的权利、义务对等。合同的当事人，无论规模和实力的大小，在订立合同的过程中地位一律平等，订立工程合同必须体现发包人和承包人在法律地位上完全平等。

所谓自愿原则，是指是否订立合同、与谁订立合同、订立合同的内容以及变更不变更合同，都要由当事人依法自愿决定。

2. 公平原则

所谓公平原则，是指当事人在订立合同的过程中以利益均衡作为评判标准。该原则最基本的要求即发包人与承包人的合同权利、义务、承担责任要对等而不能显失公平。实践中，发包人常常利用自身在建筑市场的优势地位，要求工程质量达到优良标准，但又不愿优质优价；要求承包人大幅度缩短工期，但又不愿支付赶工措施费；竣工日期提前，发包人不支付奖励或奖励很低，竣工日期延迟，发包人却要承包人承担逾期竣工一倍、有时甚至几倍于奖金的违约金。

上述情况均违背了订立工程合同时承、发包方应该遵循的公平原则。

3. 诚实信用原则

诚实信用原则，主要是指当事人在缔约时诚实并且不欺不诈，在缔约后守信并自觉履行。在工程合同的订立过程中，常常会出现这样的情况，经过招标投标过程，发包方确定了中标人，却不愿与中标人订立工程合同，而另行与其他承包商订立合同。发包人此行为严重违背了诚实信用原则，按《民法典》（第三编）规定应承担缔约过失责任。

4. 合法原则

所谓合法原则，主要是指在合同法律关系中，合同主体、合同的订立形式、订立合同的程序、合同的内容、履行合同的方式、对变更或者解除合同权利的行使等都必须符合我国的法律、行政法规。实践中，下列工程合同，常常因为违反法律、行政法规的强制性规定而无效或部分无效，如没有从事建筑经营活动资格而订立的合同；超越资质等级订立的合同；未取得《建设工程规划许可证》或者违反《建设工程规划许可证》的规定进行建设，严重影响城市规划的合同；未取得《建设用地规划许可证》而签订的合同；未依法取得土地使用权而签订的合同；必须招标投标的项目，未办理招标投标手续而签订的合同；根据无效中标结果所订立的合同；非法转包合同；不符合分包条件而分包的合同；违法带资、垫资施工的合同等。

二、订立工程合同的形式和程序

1. 订立工程合同的形式

《民法典》第469条规定："当事人订立合同，可以采用书面形式、口头形式或者其他形式。书面形式是合同书、信件、电报、电传、传真等可以有形地表现所载内容的形式。以电子数据交换、电子邮件等方式能够有形地表现所载内容，并可以随时调取查用的数据电文，视为书面形式。"

工程合同由于涉及面广、内容复杂、建设周期长、标的的金额大，《民法典》第789条规定："工程施工合同应当采用书面形式"。

合同的其他分类形式繁多。主要可以分为以下几类：计划合同与非计划合同、双务合同与单务合同、诺成合同与实践合同、主合同与从合同、有偿合同与无偿合同、要式合同与不要式合同等。

2. 订立工程合同的程序

《民法典》第471条规定："当事人订立合同，可以采取要约、承诺方式或者其他方式"。要约与承诺是合同订立必须经过的两个阶段。

（1）要约。要约是希望和他人订立合同的意思表示，该意思表示应当符合下列规定：内容具体、确定，表明经受要约人承诺，要约人即受该意思表示约束。

要约邀请不同于要约，要约邀请是希望他人向自己发出要约的意思表示。寄送的价目表、拍卖公告、招标公告、招股说明书、商业广告等为要约邀请。

（2）承诺。承诺是受要约人同意要约的意思表示。承诺应当具备的条件：承诺必须由受要约人或其代理人作出；承诺的内容与要约的内容应当一致；承诺要在要约的有效期内作出：承诺要送达要约人。

承诺可以撤回但是不得撤销。承诺通知到达受要约人时生效。不需要通知的，根据交易习惯或者要约的要求作出承诺的行为时生效。承诺生效时，合同成立。

根据《招标投标法》对招标、投标的规定，招标、投标、中标实质上就是要约、承诺的一种具体方式。招标人通过媒体发布招标公告，或向符合条件的投标人发出招标文件，为要约邀请；投标人根据招标文件内容在约定的期限内向招标人提交投标文件，为要约；招标人通过评标确定中标人，发出中标通知书，为承诺：招标人和中标人按照中标通知书、招标文件和中标人的投标文件等订立书面合同时，合同成立并生效。

三、工程合同的文件组成及主要条款

1. 工程合同文件的组成及解释次序

不需要通过招标投标方式订立的工程合同，合同文件常常就是一份合同或协议书，最多在正式的合同或协议书后附一些附件，并说明附件与合同或协议书具有同等的效力。

通过招标投标方式订立的工程合同，因经过招标、投标、开标、评标、中标等一系列过程，合同文件不单单是一份协议书，而通常由以下文件共同组成：本合同协议书、中标通知书、投标书及其附件、本合同专用条款、本合同通用条款、标准、规范及有关技术文件、图纸、已标价工程量清单或预算书等。

当上述文件间前后矛盾或表达不一致时，以在前的文件为准。

2. 工程合同的主要条款

一般合同应当具备如下条款：当事人的名称或姓名和住所，标的、数量、质量、价款或者酬金，履行期限、地点和方式，违约责任，争议的解决方法。工程施工合同应当具备的主要条款如下：

（1）承包范围。建筑安装工程通常分为基础工程（含桩基工程）、土建工程、安装工程、装饰工程，合同应明确哪些内容属于承包方的承包范围，哪些内容属于发包方另行发包。

（2）工期。承发包双方在确定工期的时候，应当以国家工期定额为基础，根据承发包双方的具体情况，并结合工程的具体特点，确定合理的工期：工期是指自开工日期至竣工日期的期限，双方应对开工日期及竣工日期进行精确的定义，否则日后易起纠纷。

（3）中间交工工程的开工和竣工时间。确定中间交工工程的工期，其需与工程合同确定的总工期相一致。

（4）工程质量等级。工程质量等级划分：工程质量等级应按分部工程、单位工程、合同段、建设项目逐级进行评定，分部工程质量等级分为合格、不合格两个等级；单位工程、合同段、建设项目工程质量等级分为优良、合格、不合格三个等级。

（5）合同价款。又称工程造价，通常采用国家或者地方定额的方法进行计算确定。随着市场经济的发展，承发包双方可以协商自主定价，而无须执行国家、地方定额。

（6）施工图纸的交付时间。施工图纸的交付时间，必须满足工程施工进度要求。为了确保工程质量，严禁随意性地边设计、边施工、边修改的“三边”工程。

（7）材料和设备供应责任。承发包双方需明确约定哪些材料和设备由发包方供应，以及在材料和设备供应方面双方各自的义务和责任。

（8）付款和结算。发包人一般应在工程开工前，支付一定的备料款（又称预付款），工程开工后按工程进度按月支付工程款，工程竣工后应当及时进行结算，扣除保修金后应按合同约定的期限支付尚未支付的工程款。

（9）竣工验收。竣工验收是工程合同重要条款之一，实践中常见有些发包人为了达到拖欠工程款的目的，迟迟不组织验收或者验而不收。因此，承包人在拟订本条款时应设法预防上述情况的发生，争取主动。

（10）质量保修范围和期限。对建设工程的质量保修范围和保修期限，应当符合《建设工程质量管理条例》的规定。

（11）其他条款。工程合同还包括隐蔽工程验收、安全施工、工程变更、工程分包、合同解除、违约责任、争议解决方式等条款，双方均要在签订合同时加以明确约定。

任务三　合同的审查

在合同签订前，承包商应认真地、全面地进行合同审查和风险分析，弄清楚自己的权益和责任以及完不成合同责任的法律后果，对每一条款的利弊得失都应清楚了解。承包商应委派有丰富合同工作经验和经历的专家承担这项工作。

合同风险分析和对策一定要在报价和合同谈判前进行，以作为投标报价和合同谈判的依据。在合同谈判中，双方应对各合同条款和分析出来的风险进行认真商讨。

在谈判结束、合同签约前，还必须对合同作再一次的全面分析和审查。其重点包括以下几点：

1）前面合同审查所发现的问题是否都有了落实，得到解决，或都已处理过；不利的、苛刻的、风险型条款是否都已作了修改。

2）新确定的、经过修改或补充的合同条文还可能带来新的问题和风险，与原来合同条款之间可能有矛盾或不一致，仍可能存在漏洞和不确定性。在合同谈判中，投标书及合同条件的任何修改，签署任何新的附加协议、补充协议，都必须经过合同审查并备案。

3）对仍然存在的问题和风险是否都已分析出来，承包商是否都十分明了或已认可，已有精神准备或有相应的对策。

4）合同双方是否对合同条款的理解有完全的一致性。业主是否认可承包商对合同的分析和解释；对合同中仍存在着的不清楚、未理解的条款，应请业主作书面说明和解释。

最终将合同检查的结果以简洁的形式（如表或图）和精炼的语言表达出来，交承包商，由他对合同的签约做最后决策。

一、合同效力的审查

依法成立的合同，自成立时生效。《民法典》第 465 条规定：“依法成立的合同，受法律保护。依法成立的合同，仅对当事人具有法律约束力，但是法律另有规定的除外。”第 502 条规定，依法成立的合同，自成立时生效。法律、行政法规规定应当办理批准、登记等手续生效的，依照其规定。有效的工程施工合同，有利于建设工程顺利地进行。

1. 施工合同的生效条件

（1）当事人必须具有与签订施工合同相适应的缔约能力。施工合同的发包人，既可以是法人，也可是个人。目前我国的有关法律对业主的资格还没有规定，只是对其行为做出规范，但对承揽建筑工程的施工单位的资格则有明确的规定。这里所称的资格，是指经建筑行政主管部门审查所核定的具有从事相应建筑活动的资质等级。《建筑法》规定，承包建设工程的单位应当持有依法取得的资质证书，并在其资质等级许可的业务范围内承揽工程。因此，当事人必须具有与签订施工合同相适应的缔约能力。

（2）不违反工程项目建设程序。工程项目建设程序是工程项目建设的法定程序。工程项目建程序是客观存在的，不以人的意志为转移，所以在签订合同过程中必须要遵循基本建设程序。

2. 无效施工合同的认定

无效施工合同是指虽由发包人与承包人订立，但因违反法律规定而没有法律约束，国家不予承认和保护，甚至要对订立违法施工合同的当事人进行制裁。施工合同属下列情况之一的，合同无效。

（1）没有经营资格而签订的合同。没有经营资格是指没有从事建设经营活动的资格。根据企业登记管理的有关规定，企业法人或者其他经济组织应当在经依法核准的经营范围内从事经营活动，凡承包人没有从事建筑经营活动资格而订立的合同应当认定无效。

（2）超越资质等级所订立的合同。从事建筑活动的施工企业，须由建设行政主管部门对其拥有的注册资本、专业技术人员、技术装备和已完成的建筑工程业绩、管理水平等进行评定。以确定其承担任务的范围，并须在其资质等级许可的范围内从事建筑活动。

（3）违反国家、部门或地方基本建设计划的合同。凡依法应当报请国家和地方有关部门批准而未获批准，没有列入国家、部门和地方的基本建设计划而签订的合同，由于合同的订立没有合法依据，应当认定合同无效。

（4）未依法取得土地使用权、未取得《建设用地规划许可证》而签订的合同，未取得或违反《建设工程规划许可证》进行建设、严重影响城市规划的合同，因合同标的是违法建筑，合同内容违法，因此所签订的合同均为无效合同。

（5）应当办理而未办理招标投标手续而订立的合同。《建筑法》规定，建筑工程依法实行招标发包。《招标投标法》规定，建设单位应当依法对工程建设项目的勘察、设计、施工监理以及工程建设有关的重要设备、材料等的采购进行招标。根据有关法律规定，法定强制招标投标的项目必须进行招标投标活动。对于应当实行招标投标确定施工单位而未实行即签订合同的，合同无效。

（6）非法转包、违法分包的合同。所谓转包是指承包人承包建设工程后，不履行合同约定的责任和义务，将其承包的全部建设工程转给他人或者将其承包的全部建设工程肢解以后以分包的名义分别转给其他单位承包的行为。转包行为有损发包人的合法权益，扰乱建筑市场管理秩序，为《建筑法》等法律、法规所禁止的行为。

所谓违法分包包括四种行为：①总承包单位将建设工程发包给不具备相应资质条件的单位的；②建设工程总承包合同中未有约定，又未经建设单位认可。承包人将其承包的部分建设工程交由其他单位完成的；③施工总承包单位将建设工程主体结构的施工分包给其他单位的；④分包单位将其承包的建设工程再分包的。

（7）采取欺诈、胁迫的手段订立合同，损害国家利益的合同。

二、合同内容的审查

合同条款的内容直接关系到合同双方的权利、义务，在工程施工合同签订之前，应当严格审查各项合同内容，其中尤其应注意如下内容：

1. 确定合理的工期

工期过长，发包方则不利于及时收回投资；工期过短，承包方则不利于工程质量以及施工过程中建筑半成品的养护。因此，对承包方而言，应当合理计算自己能否在发包方要求的工期内完成承包任务，否则应当按照合同约定承担逾期竣工的违约责任。

2. 明确双方代表的权限

在施工承包合同中通常都明确甲方代表和乙方代表的姓名和职务，但对其作为代表的权限则往往规定不明。由于代表的行为代表了合同双方的行为，因此，有必要对其权利范围以及权利限制作一定约定。例如，约定确认工期是否可以顺延应由甲方代表签字并加盖甲方公章方可生效，此时即对甲方代表的权利作了限制，乙方必须清楚这一点，否则将有可能违背合同。

3. 明确工程造价或工程造价的计算方法

工程造价条款是工程施工合同的必备和关键条款，但通常会发生约定不明的情况，往往为日后争议与纠纷的发生埋下隐患。而处理这类纠纷，法院或仲裁机构一般委托有权审价单位鉴定造价，势必使当事人陷入旷日持久的诉累，更何况经审价得出的造价也因缺少可靠的计算依据而缺乏准确性，对维护当事人的合法权益极为不利。

如何在订立合同时就能明确工程造价？“设定分阶段决算程序，强化过程控制”将是一有效的方法。具体而言，就是在设定承发包合同时增加工程造价过程控制的内容，按工程形象进度分段进行预决算并确定相应的操作程序，使合同签约时不确定的工程造价，在合同履行过程中按约定的程序得到确定，从而避免可能出现的造价纠纷。

设定造价过程控制程序需要增加相应的条款，其主要内容为下述一系列的特别约定：

（1）约定发包方按工程形象进度分段提供施工图的期限和发包方组织分段图样会审的期限。

（2）约定承包商得到分段施工图后提供相应工程预算，以及发包方批复同意分段预算的期限。经发包方认可的分段预算是该段工程备料款和进度款的付款依据。

（3）约定承包商完成分阶段工程并经质量检查符合合同约定条件，向发包方递交该形象进度阶段的工程决算的期限，以及发包方审核的期限。

（4）约定承包商按经发包方认可的分段施工图组织设计，按分段进度计划组织基础、结构、装修阶段的施工。合同规定的分段进度计划具有决定合同是否继续履行的直接约束力。

（5）约定全部工程竣工通过验收后，承包商递交工程最终决算造价的期限，以及发包方审核是否同意及提出异议的期限和方法。双方约定经发包方提出异议，承包商作修改、调整后，双方能协商一致的，即为工程最终造价。

（6）约定发包方支付承包商各分阶段预算工程款的比例，以及备料款、进度、工作量增减值和设计变更签证、新型特殊材料差价的分阶段结算方法。

（7）约定承发包双方对结算工程最终造价有异议时的委托审价机构审价以及该机构审价对双方均具有约束力，双方均承认该机构审定的即为工程最终造价。

（8）约定结算工程最终造价期间与工程交付使用的互相关系及处理方法，实际交付使用和实际结算完毕之间的期限是否计取利息以及计取的方法。

（9）约定双方自行审核确定的或由约定审价机构审定的最终造价的支付以及工程保修盖的处理方法。

4. 明确材料和设备的供应

由于材料、设备的采购和供应容易引发纠纷，所以必须在合同中明确约定相关条款，包括发包方或承包商所供应或采购的材料、设备的名称、型号、数量、规格、单价、质量要求运送到达工地的时间、运输费用的承担、验收标准、保管责任、违约责任等。

5. 明确工程竣工交付使用

应当明确约定工程竣工交付的标准。有两种情况：第一是发包方需要提前竣工，而承包商表示同意的，则应约定由发包方另行支付赶工费，因为赶工意味着承包商将投入更多的人力、物力、财力，劳动强度增大，损耗亦增加；第二是承包方未能按期完成建设工程的，应明确由于工期延误所赔偿发包方的延期费。

6. 明确最低保修年限和合理使用寿命的质量保证

《建筑法》第 60 条规定："建筑物在合理使用寿命内，必须确保地基基础工程和主体结构的质量。建筑工程竣工时，屋顶、墙面不得留有渗漏、开裂等质量缺陷；对已发现的质量缺陷，建筑施工企业应当修复。"《建筑法》第 62 条规定："建筑工程实行质量保修制度，建筑工程的保修范围应当包括地基基础工程、主体结构工程、屋面防水工程和其他土建工程以及电气管线、上下水管线的安装工程，供热、供冷系统工程等项目；保修的期限应当按照保证建筑物合理寿命年限内正常使用，维护使用者合法权益的原则确定。具体的保修范围和最低保修期限由国务院具体规定。"

《建设工程质量管理条例》第四十条明确规定："在正常使用条件下，建设工程的最低保修期限为：①基础设施工程、房屋建筑的地基基础工程和主体结构工程，为设计文件规定的该工程的合理使用年限；②屋面防水工程、有防水要求的卫生间、房间和外墙面的防渗漏，为 5 年；③供热与供冷系统，为两个采暖期、供冷期；④电气管线、给排水管道、设备安装和装修工程，为 2 年。其他项目的保修期限由发包方与承包方约定。建设工程的保修期，自竣工验收合格之日起计算。"

根据以上规定，承发包双方应在招标投标时不仅要据此确定上述已列举项目的保修年限，并保证这些项目的保修年限等于或超过上述最低保修年限，而且要对其他保修项目加以列举并确定保修年限。

7. 明确违约责任

违约责任条款的订立目的在于促使合同双方严格履行合同义务，防止违约行为的发生。发包方拖欠工程款、承包方不能保证施工质量或不按期竣工，均会给对方以及第三方带来不可估量的损失。审查违约责任条款时，要注意两点。第一，对违约责任的约定不应笼统化，而应区分情况作相应约定。有的合同不论违约的具体情况，笼统地约定一笔违约金，这没有与因违约造成的真正损失额挂钩，从而会导致违约金过高或过低的情形，是不妥当的。应当针对不同的情形作不同的约定，如质量不符合合同约定标准应当承担的责任、因工程返修造成工期延长的责任、逾期支付工程款所应承担的责任等，衡量标准均不同。第二，对双方的违约责任的约定是否全面。在工程施工合同中，双方的义务繁多，有的合同仅对主要的违约情况作了违约责任的约定，而忽视了违反其他非主要义务所应承担的违约责任。但实际上，违反这些义务极可能影响到整个合同的履行。

除对合同每项条款均应仔细审查外，签约主体也是应当注意的问题。合同尾部应加盖与合同双方文字名称相一致的公章，并由法定代表人或授权代表签名或盖章，授权代表的授权委托书应作为合同附件。

知识梳理与小结

本学习情境主要有：

合同谈判。合同谈判是工程施工合同签订双方对是否签订合同以及合同具体内容达成一致的协商过程。通过谈判，能够充分了解对方及项目的情况，为高层决策提供信息和依据。

谈判的过程：①谈判的准备工作；②明确谈判内容。

谈判的策略和技巧。谈判是通过不断的会晤确定各方权利、义务的过程，它直接关系到双方的最终利益。因此，谈判绝不是一项简单的机械性工作，而是集合了策略与技巧的艺术。谈判技巧包括：①高起点战略；②掌握谈判议程，合理分配各议题的时间；③注意谈判氛围；④避实就虚；⑤拖延和休会；⑥充分利用专家的作用；⑦分配谈判角色。

施工合同的订立，是指发包人和承包人之间为了建立承发包合同关系，通过对工程合同具体内容进行协商而形成合意的过程。

订立工程合同的基本原则及具体要求：①平等、自愿原则；②公平原则；③诚实信用原则；④合法原则。

订立工程合同的形式。《民法典》第 469 条规定：“当事人订立合同，可以采用书面形式、口头形式或者其他形式。书面形式是合同书、信件、电报、电传、传真等可以有形地表现所载内容的形式。以电子数据交换、电子邮件等方式能够有形地表现所载内容，并可以随时调取查用的数据电文，视为书面形式。”

订立工程合同的程序。《民法典》第 471 条规定：“当事人订立合同，可以采取要约、承诺方式或者其他方式”。

合同效力的审查。依法成立的合同，自成立时生效。《民法典》第 465 条规定：“依法成立的合同，受法律保护。依法成立的合同，仅对当事人具有法律约束力，但是法律另有规定的除外。”

合同内容的审查。合同条款的内容直接关系到合同双方的权利、义务，在工程施工合同签订之前，应当严格审查各项合同内容：①确定合理的工期；②明确双方代表的权限；③明确工程造价或工程造价的计算方法；④明确材料和设备的供应；⑤明确工程竣工交付使用；⑥明确最低保修年限和合理使用寿命的质量保证；⑦明确违约责任。

复习思考与练习

1．什么是合同谈判？
2．怎样理解谈判的过程是双方妥协的过程？
3．谈判的策略和技巧有哪些？
4．订立工程合同的基本原则及具体要求是什么？
5．订立工程合同的形式有哪些？
6．工程合同的文件组成及主要条款包括哪些？
7．怎样进行合同效力的审查？
8．合同内容的审查需审查哪几方面？

项目实训一

某县机械厂（供方）和某机械公司（需方）签订供货合同，明确交货时间为当年 11 月底，合同到期，供方尚未交货，经需方一再催促，于同年 12 月底交货，但货到后需方以供方延期交货为由拒绝收货，供方认为虽未按期交货，按《民法典》（第三编）规定应承担一定的责任，但需方并未明确向供方表示撤销合同，原合同仍应有效；需方反驳说，供方延期交货是违约行为，合同当然自动丧失效力。

问题：如何处理这一纠纷？

项目实训二

某 A 厂与 B 厂签订了一台机器设备转让合同。价款 40 万元，合同规定款到后一个月内交货。同年 5 月 A 厂将货款一次付清，可是一个月后，B 厂厂长调走了，后任厂长不承认该合同，提出对机器设备要重新作价，否则不履行合同，致使 A 厂生产无法上马，并损失差旅费 1 万元。

问题：1.B 厂这样做对吗？

2．该纠纷应如何解决？

项目实训三

甲厂（供方）与乙厂（需方）签订一份 $100m^3$ 木材供应合同。合同规定木材 1500 元/m^3，总价款 15 万元，当年年底交货付款，合同不履行时，违约方应偿付对方违约金 5%，并赔偿损失。合同签订后，甲厂未按期交付木材造成乙厂经济损失 9000 元，乙厂要求甲厂支付违约金、赔偿金，并履行合同，遭到甲厂拒绝。

问题：该合同纠纷应如何处理？

学习情境七　建设工程施工合同履约管理

学习目标

1. 了解建设工程施工合同履行原则；
2. 熟悉施工合同条款分析。

技能目标

1. 能够根据实际工程资料，处理合同履约中的问题；
2. 能够对施工合同条款进行分析。

【案例导入】 谢先生为装修自己的公司，与某装饰装修公司签订了地板安装销售合同。合同约定，装修公司向谢先生提供地板，并为其装修，货款总计2万余元，其中包含安装费。同时约定，谢先生向装修公司支付定金5000元，装修公司在4天内为谢先生安装完毕。合同签订后，谢先生依约给付了装修公司定金，并支付了票面价值为1.5万余元的支票一张，装修公司当日交银行承兑。次日，装修公司将部分地板运至谢先生的公司开始安装。后装修公司得知谢先生交付的支票不能兑现，在要求谢先生兑现支票金额未果后，停止了安装，并将地板拉回。为此，谢先生诉至法院，要求装修公司双倍返还定金1万元，并赔偿损失。

关于谢先生赔偿损失的诉讼请求，因其没能提供相关的证据，依法不应予以支持。但在是否双倍返还定金上，合议庭出现两种截然不同的意见。

第一种意见认为，应予双倍返还。双方所签合同是有效合同，定金条款是有效的约定。装修公司没有依约完成地板安装工作，根据《民法典》（第三编）定金罚则应当双倍返还。但定金数额超过了担保法的有关规定，所以，应在合同标的额的20%范围内双倍返还。

第二种意见认为，不应予以返还。谢先生与装修公司签订合同后，向装修公司交付了货款，其行为应是双方对付款方式的约定，谢先生负有先支付货款的义务。从合同的履行情况来看，双方都存在没有依约履行的行为。但是，支票的不能兑现说明谢先生没有先履行义务，违约方是谢先生，装修公司可行使后履行抗辩权，其不应承担定金双倍返还义务。

本案的关键在于，装修公司在安装了部分地板后，停止继续安装并将地板拉回的行为是否构成违约。

从谢先生交付支票行为的性质看，谢先生与装修公司在签订合同时，给付了装修公司一张支票。按票据法的规定，支票为出票人签发的，委托办理支票存款业务的银行或者其他金融机构在见票时无条件支付确定的金额给收款人或者持票人的票据。支票为即付票据，见票即付，即时清结。因此，谢先生给付装修公司支票的行为是付款行为。

【案例解析】 谢先生与装修公司签订的地板安装销售合同是双方当事人的真实意思表示，合同合法有效。从书面合同所约定的条款内容上看，当事人双方没有对付款方式进行约定，但双方在签订合同后，谢先生支付了货款，装修公司在收到货款后，开始安装地板。这一事实说明，双方已经以自己的行为，在书面合同之外对合同的付款方式达成了补充协议。当事人双方对合同履行方式的补充协议，同样体现的是他们在平等自愿的基础上所作的真实意思表示，合法有效，对他们具有约束力。

《民法典》第526条规定："当事人互负债务，有先后履行顺序，先履行一方未履行的，后履行一方有权拒绝其履行要求。"先履行一方履行债务不符合约定的，后履行一方有权拒绝其相应的履行要求。这一规定表明的是后履行抗辩权。从表面上看，行使后履行抗辩权的当事人处于一种违约的状态，但究其原因在于负有先履行义务的一方已经违约，后履行一方为了避免履约后造成损失，不得不违约。后履行抗辩权是一种特殊的违约救济，所以，后履行抗辩权也称为违约救济权。依法，行使后履行抗辩权应具备以下条件：双方当事人由同一债务合同产生对等给付义务；当事人履行债务有先后顺序，需一方履行在先，一方履行在后；先履行债务方没有履行债务，或者履行债务不符合合同的约定。本案中，谢先生与装修公司签订合同后，谢先生以交付支票的形式给付了装修公司货款。谢先生在其交付的支票因空头被退票后，仍负有先履行给付货款的义务，但其拒绝履行。装修公司在此情况下，不再履行地板的销售安装义务，这符合后履行抗辩权的行使条件，装修公司有权拒绝履行装修义务。

综上，装修公司的行为不存在违约。谢先生要求装修公司双倍返还定金的请求，不能成立。此外，定金是合同当事人为了确保合同的履行，依据法律或合同的规定由一方按一定比例，预先付给对方的金钱或其他代替物。依据《民法典》（第三编）规定，定金在性质上属于违约定金，其目的是制裁违约方。我国《民法典》第586条规定："当事人可以约定一方向对方给付定金作为债权的担保。债务人履行债务后，定金应当抵作价款或者收回。给付定金的一方不履行约定的债务的，无权要求返还定金；收受定金的一方不履行约定的债务的，应当双倍返还定金。"可见，如果本案中，谢先生存在违约行为，无权要求装修公司返还定金；而如果装修公司存在违约行为，就应双倍返还定金。《中华人民共和国担保法》第91条规定，定金的数额由当事人约定，但不得超过主合同标的额的20%。本案中，当事人约定的定金5000元，超过了主合同标的额2万余元的20%，所以，应认定主合同标的额的20%，即4000余元是定金，超出部分为预付款。本案中，即使接受定金的装修公司存在违约行为，其双倍返还的定金基数也是4000余元，而不是5000元。而事实上，装修公司没有违约，其没有义务双倍返还定金，所以，谢先生的诉讼请求不能成立。最终，法院判决驳回谢先生的诉讼请求。

任务一　施工合同履约管理概述

一、合同履约概念

合同的签订，只是履行合同的前提和基础。合同的最终实现，还需要当事人双方严格按照合同约定，认真全面地履行各自的合同义务。工程合同一经签订，即对合同当事人双方产生法律约束力，任何一方都无权擅自修改或解除合同。如果任何一方违反合同规定不履行合同义务，或履行合同义务不符合合同约定而给对方造成损失时，都应当承担赔偿责任。由于建设工程施工合同具有合同金额大、履约周期长的特点，合同能否顺利履行将直接对当事人的经济效益乃至社会效益产生很大影响。因此，在合同订立后，当事人必须认真分析合同条款，明确自己的责任和义务，做好合同交底和合同控制工作，以保证合同能够顺利履行。

建设工程施工合同的履行是指工程建设项目的发包方和承包方根据合同规定的时间、地点、方式、内容及标准等要求，各自完成合同义务的行为。根据当事人履行合同义务的程度，合同履行可分为全部履行、部分履行和不履行。建设工程施工合同的履行，其内容之丰富，经历时间之长，是其他合同所无法比拟的，因此对建设工程施工合同的履行，尤其应强调贯彻合同的履行原则。

二、建设工程施工合同履行原则

建设工程施工合同履行的基本原则包括以下几个方面。

（一）实际履行原则

当事人订立合同的是为了满足一定的经济利益，满足特定的生产经营活动的需要。因此当事人一定要按合同约定履行义务，不能用违约金或赔偿金来代替合同的标的。任何一方违约时，不能以支付违约金或赔偿损失的方式来代替合同的履行，守约一方要求继续履行的，应当继续履行，这是建筑工程的特点所决定的。

（二）全面履行原则

当事人应当严格按合同约定的数量、质量、标准、价格、方式、地点、期限等完成合同义务。全面履行原则对合同的履行具有重要意义，它是判断合同各方是否违约以及违约应当承担何种违约责任的根据和尺度。

（三）协作履行原则

协作履行原则即合同当事人各方在履行合同过程中，应当互谅、互助，尽可能为对方履行合同义务提供相应的便利条件。

贯彻协作履行原则对建设工程施工合同的履行具有重要意义，因为工程施工合同的履行过程是一个经历时间长、涉及面广、影响因素多的施工过程，一方履行合同义务的行为往往就是另一方履行合同义务的必要条件，只有贯彻协作履行原则，才能达到双方预期的合同目的。因此，承、发包双方必须严格按照合同约定履行自己的每一项义务；本着共同的目的，相互之间应进行必要的监督检查，及时发现问题，平等协商解决，保证工程顺利实施；当对方遇到困难时，在自身能力许可且不违反法律和社会公共利益的前提下给予必要的帮助，共渡难关；当一方违约给工程实施带来不良影响时，另一方应及时指出，违约方应及时采取补救措施；发生争议时，双方应顾全大局，尽可能不出现极端化等。

（四）诚实信用原则

诚实信用原则是《民法典》的基本原则，它是指当事人在签订和执行合同时。应讲究诚实，恪守信用，实事求是，以善意的方式行使权利并履行义务，不得回避法律和合同，以使双方所期待的正当利益得以实现。对施工合同来说，业主在合同实施阶段应当按合同规定向承包方提供施工场地，及时支付工程款，聘请工程师进行公正的现场协调和监理；承包人应当认真计划，组织好施工，努力按质按量在规定时间内完成施工任务，并履行合同所规定的其他义务。在遇到合同文件没有作出具体规定或规定矛盾含糊时，双方应当善意地对待合同，在合同规定的总体目标下公正行事。

（五）情事变更原则

情事变更原则是指在合同订立后，如果发生了订立合同时当事人不能预见并且不能克服的情况，改变了订立合同时的基础，使合同的履行失去意义或者履行合同将使当事人之间的利益发生重大失衡，应当允许受不利影响的当事人变更合同或者解除合同。情事变更原则实质上是按诚实信用原则履行合同的延伸，其目的在于消除合同因情事变更所产生的不公平后果。理论上一般认为，适用情事变更原则应当具备以下条件。

（1）有情事变更的事实发生。即作为合同环境及基础的客观情况发生了异常变动。

（2）情事变更发生于合同订立后履行完毕之前。

（3）该异常变动无法预料且无法克服。如果合同订立时当事人已预见该变动将要发生，或当事人能予以克服的，则不能适用该原则。

（4）该异常变动不可归责于当事人。如果是因一方当事人的过错所造成或是当事人应当预见的，则应当由其承担风险或责任。

（5）该异常变动应属于非市场风险。如果该异常变动其实是市场中的正常风险，则当事人不能主张情事变更。

（6）情事变更将使维持原合同显失公平。

任务二 建设工程施工合同条款分析

一、概述

（一）建设工程施工合同条款分析的概念

建设工程施工合同条款分析是指从执行的角度分析、补充、解释施工合同，将施工合同目标和合同约定落实到合同实施的具体问题上和具体事件上，用以指导具体工作，使合同能符合日常工程管理的需要。

合同签订后，合同当事人的主要任务是按合同约定圆满地实现合同目标，完成合同责任。而整个合同责任的履行是依赖在一段时间内，完成一项项工程和一个个工程活动实现的。因此对承包人来说，必须将合同目标和责任贯彻落实在合同实施的具体问题上和各工程小组以及各分包人的具体工程活动中。承包人的各职能人员和各工程小组都必须熟练地掌握合同，用合同指导工程实施和工作，以合同作为行为准则。

从项目管理的角度来看，合同分析就是为合同控制确定依据。合同分析确定合同控制目标，并结合项目进度控制、质量控制、成本控制的计划，为合同控制提供相应的合同工作、合同对策、合同措施。从这个意义上讲，合同分析是承包商项目实施的起点。

合同履行阶段的合同分析不同于合同谈判阶段的合同审查与分析。合同谈判时的合同分析主要是对尚未生效的合同草案的合法性、完备性和公正性进行审查，其目的是针对审查发现的问题，争取通过合同谈判改变合同草案中于己不利的条款，以维护己方的合法权益。而合同履行阶段的合同分析主要是对已经生效的合同进行分析，其目的主要是明确合同目标，并进行合同结构分解，将合同落实到合同实施的具体问题上和具体事件上，用以指导具体工作，保证合同能够顺利履行。

（二）建设工程施工合同条款分析作用

如上所述，建设工程施工合同条款的分析是工程实施阶段的开始和前提，通过合同分解，将合同落实到合同实施的具体问题上和具体事件上，用以指导具体工作，保证合同能够顺利履行。具体来说，工程合同条款分析作用有以下几方面：①分析合同漏洞，解释争议内容；

②分析合同风险，制订风险对策；③分解合同工作，落实合同责任；④进行合同交底，简化管理工作。

（三）建设工程施工合同条款分析基本要求

建设工程施工合同条款分析，应达到准确客观、简明清晰、全面完整，满足上述功能的要求，具体表现在以下几方面。

1. 准确客观

施工合同分析的结果应准确、全面地反映施工合同内容。如果不能透彻、准确地分析合同，就不可能有效、全面地履行合同，从而导致合同实施产生较大失误。事实证明，许多工程失误和合同争议都起源于不能准确地理解合同条款。

对合同分析，划分双方合同责任和权益，都必须实事求是地根据合同约定和法律规定，客观地按照合同目的和精神来进行，而不能以当事人的主观愿望解释合同，否则必然导致合同争执。

2. 简明清晰

合同分析的结果必须采用使不同层次的管理人员、工作人员都能够接受的表达方式，使用简单易懂的工程语言，如图、表等形式，对不同层次的管理人员提供不同要求、不同内容的合同分析资料。

3. 协调一致

合同双方及双方的所有人员对合同的理解应一致。合同分析实质上是双方对合同的详细解释、落实各方面的责任的过程。因此，双方在合同分析时应尽可能协调一致，分析的结果应能为对方认可，以减少合同争执。

4. 全面完整

合同分析应全面地对合同文件进行解释。对合同中的每一条款、每句话，甚至每个词都应认真推敲，细心琢磨，全面落实。合同分析要看大局、抓大问题，更不能错过一些细节问题，这是合同实施阶段的特点所决定的。比如在工程实施过程中，解决索赔问题时，合同条款中的一个词甚至一个标点符号就能关系到争执的性质，关系到一项索赔的成败，关系到工程的盈亏。

同时，应当从整体上分析合同，不能断章取义，特别是当不同文件、不同合同条款之间规定不一致或有矛盾时，更应当全面整体地理解合同。

二、合同总体分析与合同结构分解

1. 合同的总体分析

合同协议书和合同条件是合同总体分析的主要对象。通过合同的总体分析，将合同条款和合同规定落实到一些带全局性的具体问题上。

由于承包人在工程施工合同履行过程中处于不利的一方，因此，这里所述的合同总体分析主要是针对承包人而言，其分析的重点包括：承包人的主要合同责任及权利、工程范围；业主（包括工程师）的主要合同责任和权利；合同价格、计价方法和价格补偿条件；工期要求和顺延条件；合同双方的违约责任；合同变更方式、程序；工程验收方法；索赔规定及合同解除的条件和程序；争议的解决等。

需要指出的是，在分析中应对合同执行中的风险及应注意的问题作出特别说明和提示。

合同总体分析的结果是工程施工总的指导性文件，应将它以最简单的形式和最简洁的语言表达出来，以便进行合同的结构分解和合同交底。

2. 合同的结构分解

合同结构分解是指按照系统规则和要求将合同对象分解成互相独立、互相影响、互相联系的单元。根据结构分解的一般规律和施工合同条件自身的特点，施工合同条件结构分解应遵守如下规则。

（1）保证施工合同条件的系统性和完整性。施工合同条件分解和结果应包含所有的合同要素，这样才能保证应用这些分解结果时，能等同于应用施工合同条件。

（2）保证各分解单元间界限清晰、意义完整、内容大体上相当，这样才能保证应用分解结果明确、有序且各部分工作量相当。

（3）易于理解和接受，便于应用，即要充分尊重人们已经形成的概念和习惯，只在根本违背合同原则的情况下才作出更改。

（4）便于按照项目的组织分工落实合同工作和合同责任。

三、合同的漏洞补充和歧义解释

在合同总体分析及进行合同结构分解时，可能会发现已订立的合同有缺陷，如合同条款不完整或约定不明、合同条款规定含糊甚至有些条款相互矛盾等，这就需要合同当事人对这些合同瑕疵根据法律规定及行业惯例进行修正，作出特殊的解释，以保证合同能够得到公正、合理、顺利的履行。合同缺陷的修正包括漏洞补充和歧义分析。

（一）漏洞补充

合同漏洞是指当事人应当约定的合同条款而未约定或者约定不明确、无效和被撤销而使合同处于不完整的状态。为鼓励交易、节约交易成本，法律要求对合同漏洞应尽量予以补充，使之足够明确、清楚，达到使合同全面、适当履行的条件。根据《民法典》的有关规定，补充合同漏洞有以下三种方式。

1. 约定补充

当事人享有订立合同的自由，也就享有补充合同漏洞的自由。因此，《民法典》规定，当事人可以通过协议补充合同漏洞。即当事人对合同的疏漏之处按照合同订立的规则，在平等自愿的基础上另行协商，达成一致意见，作为合同的补充协议，并与原合同共同构成一份完整的合同。

2. 解释补充

解释补充是指以合同缔约内容为基础，依据诚实信用原则并斟酌交易惯例对合同的漏洞作出符合合同目的的填补。解释补充分为两种：①按照合同有关明示条款合理推定。因为合同条款虽相互独立，但更相互关联。例如，履行方式条款与履行地点条款、合同价款等就存在较为密切的联系。如果履行地点不明，但合同规定了履行方式，就有可能从中确定履行的地点。②根据交易习惯确定。交易习惯既包括某种行业或者交易的惯例，也包括当事人之间已经形成的习惯做法。

3. 法定补充

在由当事人约定补充和解释补充仍不足以补充合同漏洞时，适用《民法典》关于法定补充的规定。

所谓法定补充，是指根据法律的直接规定，对合同的漏洞加以补充。《民法典》规定：①标准不明确的，按照国家标准、行业标准履行；没有国家标准、行业标准的，按照通常标准或者符合合同目的的特定标准履行。质量等级要求不明确的，最低应当按质量合格的标准进行施工，不允许质量不合格的工程交付使用。如发包方要求质量等级为优良的，承包方可适时主张优质优价。②价款或者报酬不明确的，按照订立合同时履行地的市场价格履行；依法应当执行政府定价或者政府指导价的，按照规定执行。工程价款不明确的，根据国家建设标准定额进行计算。③合同工期不明确的，除国务院另有规定的以外，应当执行各省、市、自治区和国务院主管部门颁发的工期定额，按照工期定额计算得出合同工期。法律暂时没有规定工期定额的特殊工程，合同工期由双方协商。协商不成的，报建设工程所在地的定额管理部门审定。④付款期限不明确的，根据承包方的工作报表在开工前发包方即应支付进场费和工程备料款，经审核后即应拨付工程进度款，以免影响后续施工；工程竣工后，工程造价一经确认，即应在合理的期限内付清。⑤履行方式不明确的，按照有利于实现合同目的的方式履行。⑥履行费用的负担不明确的，由履行义务一方负担。

（二）歧义解释

合同应当是合同当事人双方完全一致的意思表示。但是，在实际操作中，由于各方面的原因，如当事人的经验不足、素质不高、出于疏忽或是故意，对合同中应当包括的条款未作明确规定，或者对有关条款用词不够准确，从而导致合同内容表达不清楚。表现在：合同中出现错误、矛盾以及二义性解释；合同中未作出明确解释，但在合同履行过程中发生了事先未考虑到的事件；合同履行过程中出现超出合同范围的事件，使得合同全部或者部分归于无效等。

一旦在合同履行过程中产生上述问题，合同当事人双方往往就可能会对合同文件的理解出现偏差，从而导致双方当事人产生合同争议。因此，如何对内容表达不清楚的合同进行正确的解释就显得尤为重要。

1. 解释原则

根据工程施工合同的国际惯例，合同文件间的歧义一般按“最后用语规则”进行解释，合同文件内歧义一般按“不利于文件提供者规则”进行解释。前者是FIDIC在合同文件的优先解释顺序中确立的规则，即认为“每一个被接纳的文件都被看做一个新要约，这样最后一个文件便被看做收到者以沉默的方式接受”，也就是后形成的合同文件优先于先形成的合同文件。后者为英国土木工程师学会制订的新版施工合同文本NEC确立的规则，实质是对定式合同的一种限制，作为一方凭借自己优势将有歧义条款强加给另一方的一种平衡。

《民法典》规定，当事人对合同条款的理解有争议的，应当按照合同所使用的词句，结合相关条款、行为的性质和目的、习惯以及诚信原则，确定行为人的真实意思。合同文本采用两种以上文字订立并约定具有同等效力的，对各文本使用的词句推定具有相同含义。各文本使用的词句不一致的，应当根据合同的目的予以解释。由此可见，合同的解释方法主要如下。

（1）字面解释。即首先应当确定当事人双方的共同意图，据此确定合同条款的含义。合同词句中没有明确指明的，不能强行解释加入。如果仍然不能作出明确解释，就应当根据与当事人具有同等地位的人处于相同情况下可能作出的理解来进行解释。其规则有：①排他规则。如果合同中明确提及属于某一特定事项的某些部分而未提及该事项的其他部分，则可以推定为其他部分已经被排除在外。②反义居先原则（合同条款起草人不利原则）。虽然合同是经过双方当事人平等协商而作出的一致的意思表示，但是在实际操作过程中，合同往往是由当事人一方提供的，提供方可以根据自己的意愿对合同提出要求。这样，他对合同条款的理解应该更为全面。如果因合同的词义而产生争议，则起草人应当承担由于选用词句的含义不清而带来的风险。③主张合同有效的解释优先规则。即在合同履行过程中双方产生争议，如果有一种解释，可以从该解释中推断出该合同仍然可以继续履行，而从其他各种对合同的解释中可以推断出合同将归于无效而不能履行，此时应当按照主张合同仍然有效的方法来对合同进行解释。主张合同有效的解释优先规则之所以被业界普遍接受，就是基于这样的观点，即双方当事人订立合同的根本目的就是为了正确完整地享有合同权利，履行合同义务，即希望合同最终能够得以实现。

（2）整体解释。即当双方当事人对合同产生争议后，应当从合同整体出发，联系合同条款上下文，从总体上对合同条款进行解释，而不能断章取义，割裂合同条款之间的联系来进行片面解释。整体解释原则包括：①同类相容规则。即如果有 2 项以上的条款都包含同样的语句，而前面的条款又对此赋予特定的含义，则其他条款所表达出来的含义可以推断出和前面一样。②非格式条款优先于格式条款规则。即当格式合同与非格式合同并存时，如果格式合同中的某些条款与非格式合同相互矛盾时，应当按照非格式条款的规定执行。

（3）合同目的解释。即肯定符合合同目的的理解，排除不符合合同目的的解释。例如在某装修工程合同中没有对材料防火阻燃等要求进行事先约定，在施工过程中，承包人采用了易燃材料，业主对此产生异议。

在此例中，虽然业主未对材料的防火性能作出明确规定，但是根据合同目的，装修好的工程必须符合我国《消防法》的规定。所以，承包人应当采用防火阻燃材料进行装修。

（4）交易习惯解释。即按照该国家、该地区、该行业所采用的惯例进行解释。运用交易习惯解释时，应遵循以下规则：①必须是双方均熟悉该交易时，方可参照交易习惯；②交易习惯是双方已经知道或应当知道而没有明确排斥者。交易习惯依其范围可分为一般习惯、特殊习惯及当事人之间的习惯。在合同没有明示时，当事人之间的习惯应优先于特殊习惯、特殊习惯应优先于一般习惯。

（5）诚实信用原则解释。诚实信用原则是合同订立和合同履行的最根本的原则，因此，无论对合同的争议采用何种方法进行解释，都不能违反诚实信用原则。

2. 建设工程施工合同文件解释的惯例

（1）合同文件优先顺序。如前所述，我国建设工程施工合同示范文本对合同文件解释顺序规定为：①协议书；②中标通知书；③投标书及其附录；④专用条件；⑤通用条件；⑥标准、规范和其他有关的技术文件；⑦图纸；⑧工程量清单；⑨工程报价单或预算书。

双方有关工程的洽商、变更等书面协议或文件视为协议书的组成部分。在 FIDIC 施工合同条件中也有类似的规定。

（2）第一语言规则。当合同文本是采用两种以上的语言进行书写的，为了防止因翻译问题造成两种语言所表达出来的含义出现偏差而产生争议，一定要在合同订立时预先约定何种语言为第一语言。这样，如果在工程实施时两种语言含义出现分歧，则以第一语言所表达出来的真实意思为准。

（3）其他规则。其他规则包括：①具体、详细的规定优先于一般、笼统的规定，详细条款优先于总论；②合同的专用条件、特殊条件优先于通用条件；③文字说明优先于图示说明，工程说明、规范优先于图纸；④数字的文字表达优先于阿拉伯数字表达；⑤手写文件优先于打印文件，打印文件优先于印刷文件；⑥对于总价合同，总价优先于单价对于单价合同，单价优先于总价；⑦合同中的各种变更文件，如补充协议、备忘录、修正案等，按照时间最近的优先。

四、合同风险分析与对策

风险与影响对象的关系可分为四类：①外来风险与内部对象；②外来风险与外部对象；③内部风险与内部对象；④内部风险与外部对象。

第①类情况。即外来风险对内部对象造成影响的情况是工程施工合同分析中应分析讨论的风险。第②类情况对合同双方不构成风险。第③类情况和第④类情况均因合同一方未履行其义务造成的，对此，工程施工合同主要将该两种情况作为违约来处理，由责任方对对方财产和人身的损失或损害承担责任。

在工程项目招标投标过程中，承包人可以采取工程保险、工程担保、工程分包、联合承包，通过合同约定、风险准备金等办法转移或规避风险。承包人履约前合同风险分析主要是进一步明确自己所应承担的风险，特别是对可能发生的风险及可能造成巨大经济损失的风险，而明确风险的依据是合同的约定及法律的规定。对合同约定不明确的，一般可根据让最有能力控制风险的一方去承担风险的原则进行风险分担，以使合同整体风险最低。具体地说就是技术风险、经济风险对合同权利的损害责任由业主承担，社会风险、自然风险对财产的损害责任按所有权分担，对人身的损害责任按雇佣关系分担，由此延误的工期应相应顺延、由此发生的费用由承包人承担。

通过合同分析，承包人在明确了自己所应承担的风险之后，进一步的工作是制订相应的技术、经济与管理等方面防范风险的措施与对策，具体如下：①对风险大的项目，采用成熟的施工方法、优良的施工设备，选派经验丰富的管理人员和技术人员；②制订对风险的预测、跟踪办法，准备好备用方案；③制订详尽的工程变更管理、索赔管理制度；④制订严密的信息管理制度，保证信息的畅通、证据资料的全面、翔实。

五、合同工作分析与合同交底

（一）合同工作分析

合同工作分析是在合同总体分析和进行合同结构分解的基础上，依据合同协议书、合同条件、规范、图纸、工作量表等，确定工程项目部技术与管理人员及各工程小组的合同工作，以及划分各责任人的合同责任。合同工作分析涉及承包人签约后的所有活动，其结果实质上是承包人的合同执行计划，它包括如下内容。

（1）工程项目的结构分解，即工程活动的分解和工程活动逻辑关系的安排。

（2）技术会审工作。

（3）工程项目管理规划（施工组织设计）。在投标书中虽然已包括这些内容，但是在施工前，应根据实际工程项目的特点和现场具体情况进一步细化，作详细的安排。

（4）工程详细的成本计划。

（5）与承包合同同级的各个合同的协调，包括各个分合同的工作安排和各分合同之间的协调。

根据合同工作分析，落实各分包人、项目部技术管理人员及各工程小组的合同责任。合同责任必须通过经济手段来保证。对分包人，主要通过分包合同确定双方的责权利关系，以保证分包人能及时按质、按量地完成合同约定的任务。如果出现分包人违约，可对其进行合同处罚和索赔。对承包人的工程小组经济利益挂钩，建立一套经济奖罚制度，以保证目标的实现。

合同工作分析的结果是合同时间表。合同事件表反映了合同工作分析的一般方法，它是工程施工中最重要的文件之一，它从各个方面定义了该合同事件。其实质上是承包人详细的合同执行计划，有利于项目部在工程施工中落实责任，安排工作，进行合同监督、跟踪、分析和处理索赔事项。

合同事件表格式见表 7-1。表中各项内容具体说明如下。

表 7-1　　合 同 事 件 表

子项目：	事件编码：	日期变更次数：
事件名称和简要说明：		
事件内容说明：		
前提条件：		
本事件的主要活动：		
负责人（单位）：		
费用： 计划： 实际：	其他参加者：	工期： 计划： 实际：

（1）事件编码。这是为了计算机数据处理的需要，对事件的各种数据处理都靠编码识别。所以编码要能反映事件的各种特性，如所属的项目、单项工程、单位工程、专业性质、空间位置等。通常它应与网络事件（或活动）的编码应一致。

（2）事件名称和简要说明。对一个确定的承包合同，承包人的工程范围、合同责任是一定的，则相关的合同事件和工程活动也是一定的，在一个工程中，这样的事件通常可能有几百甚至几千件。

（3）变更次数和最近一次的变更日期。它记载着与本事件相关的工程变更。在接到变更指令后，应落实变更，修改相应栏目的内容。最近一次的变更日期表示，尚未考虑到从这一天以来的变更。这样可以检查每个变更指令落实情况，既防止重复，又防止遗漏。

（4）事件的内容说明。主要为该事件的目标，如某一分项工程的数量、质量、技术要求以及其他方面的要求。这由工程量清单、工程说明、图纸、规范等定义，是承包人应完成的任务。

（5）前提条件。该事件进行前应有哪些准备工作？应具备什么样的条件？这些条件有的应由事件的责任人承担，有的应由其他工程小组、其他承包人或业主承担。这里不仅确定事件之间的逻辑关系，而且确定了各参加者之间的责任界限。

（6）本事件的主要活动。即完成该事件的一些主要活动和它们的实施方法、技术与组织措施。这要完全从施工过程的角度进行分析，这些活动组成该事件的子网络。

（7）责任人。即负责该事件实施的工程小组负责人或分包人。

（8）成本（或费用）。这里包括计划成本和实际成本，有如下两种情况：①若该事件由分包人承担，则计划费用为分包合同价格。如果在总包和分包之间有索赔，则应修改这个值，而相应的实际费用为最终实际结算账单金额总和。②若该事件由承包人的工程小组承担，则计划成本可由成本计划得到，一般为直接费成本，而实际成本为会计核算的结果，在事件完成后填写。

（9）计划和实际的工期。计划工期由网络分析得到（因为网络计划中有事件的开始期、结束期和持续时间）。实际工期按实际施工进度情况，在该事件结束后填写。

（10）其他参加人。即对该事件的实施提供帮助的其他人员。

（二）合同交底

合同交底是指合同管理人员在对合同的主要内容作出解释和说明的基础上，通过组织项目管理人员和各工程小组负责人学习合同条文和合同总体分析结果，使大家熟悉合同中的主要内容、各种规定、管理程序，了解承包人的合同责任和工程范围、各种行为的法律后果等，使大家树立全局观念，避免在执行中的违约行为，同时使大家的工作协调一致。

1. 合同交底的必要性

（1）合同交底是项目部技术和管理人员了解合同、统一理解合同的需要。合同是当事人正确履行义务、保护自身合法利益的依据。因此，项目部全体成员必须首先熟悉合同的全部内容，并对合同条款有一个统一的理解和认识，以避免不了解或对合同理解不一致带来工作上的失误。由于项目部成员知识结构和水平的差异，加之合同条款繁多，条款之间的联系复杂，合同语言难以理解，因此难以保证每个成员都能吃透整个合同内容和合同关系，这样势必影响其在遇到实际问题时处理办法的有效性和正确性，影响合同的全面顺利实施。因此，在合同签订后，合同管理人员对项目部全体成员进行合同交底是必要的，特别是合同工作范围、合同条款的交叉点和理解的难点。

（2）合同交底是规范项目部全体成员工作的需要。界定合同双方当事人（业主与监理、业主与承包人）的权利义务界限，规范各项工程活动，提醒项目部全体成员注意执行各项工程活动的依据和法律后果，以便在工程实施中进行有效的控制和处理，是合同交底的基本内容之一，也是规范项目部工作所必需的。由于不同的公司对其所属项目部成员的职责分工要求不尽一致，工作习惯和组织管理方法也不尽相同，但面对特定的项目，其工作都必须符合合同的基本要求和合同的特殊要求，必须用合同规范自己的工作。要达到这一点，合同交底也是必不可少的工作。通过交底，可以让内部成员进一步了解自己权利的界限和义务的范围、工作的程序和法律后果，摆正自己在合同中的地位，有效防止由于权利、义务的界限不清引起的内部职责争议和外部合同责任争议的发生，提高合同管理的效率。

（3）合同交底有利于发现合同问题，并利于合同风险的事前控制。合同交底就是合同管理人员向项目部全体成员介绍合同意图，合同关系，合同基本内容、业务工作的合同约定和要求等内容。它包括合同分析，合同交底，交底的对象提出问题、再分析、再交底的过程。因此，它有利于项目部成员领会意图，集思广益，思考并发现合同中的问题，如合同中可能隐藏着的各类风险、合同中的矛盾条款、用词含糊及界限不清条款等。合同交底可以避免因在工作过程中才发现问题带来的措手不及和失控，同时也有利于调动全体项目成员完善合同风险防范措施，提高他们合同风险防范意识。

（4）合同交底有利于提高项目部全体成员的合同意识，使合同管理的程序、制度及保证体系落到实处。合同管理工作包括建立合同管理组织、保证体系、管理工作程序、工作制度等内容，其中比较重要的是建立诸如合同文档管理、合同跟踪管理、合同变更管理、合同争议处理等工作制度，其执行过程是一个随实施情况变化的动态过程，也是全体项目成员有序参与实施的过程。每个人的工作都与合同能否按计划执行完成密切相关，因此项目部管理人员都必须有较强的合同意识，在工作中自觉地遵守合同管理的程序和制度，并采取积极的措施防止和减少工作失误和偏差。为达到这一目标，在合同实施前进行详细的合同交底是必要的。

2. 合同交底的程序

合同交底是公司合同签订人员和精通合同管理的专家向项目部成员陈述合同意图、合同要点、合同执行计划的过程，通常可以分层次按一定程序进行。层次一般可分为三级，即公司向项目部负责人交底，项目部负责人向项目职能部门负责人交底，职能部门负责人向其所属执行人员交底。这三个层次的交底内容和重点可根据被交底人的职责有所不同。一般地讲，按以下程序交底是有效可行的。

（1）公司合同管理人员向项目负责人及项目合同管理人员进行合同交底，全面陈述合同背景、合同工作范围、合同目标、合同执行要点及特殊情况处理，并解答项目负责人及项目合同管理人员提出的问题，最后形成书面合同交底记录。

（2）项目负责人或由其委派的合同管理人员向项目部职能部门负责人进行合同交底，陈述合同基本情况、合同执行计划、各职能部门的执行要点、合同风险防范措施等，并解答各职能部门提出的问题，最后形成书面交底记录。

（3）各职能部门负责人向其所属执行人员进行合同交底，陈述合同基本情况、本部门的合同责任及执行要点、合同风险防范措施等，并解答所属人员提出的问题，最后形成书面交底记录。

（4）各部门将交底情况反馈给项目合同管理人员，尤其对合同执行计划、合同管理程序、合同管理措施及风险防范措施进行进一步修改完善，最后形成合同管理文件，下发到各执行人员，指导其活动。

总之，合同交底是合同管理的一个重要环节，需要各级管理和技术人员在合同交底前，认真阅读合同，进行合同分析，发现合同问题，提出合理建议，避免走形式，以使合同管理有一个良好的开端。

3. 合同交底的内容

合同交底是以合同分析为基础、以合同内容为核心的交底工作，因此涉及合同的全部内容，特别是关系到合同能否顺利实施的核心条款。合同交底的目的是将合同目标和责任具体落实到各级人员的工程活动中，并指导管理人员及技术人员以合同作为行为准则。

合同交底一般包括以下主要内容：①工程概况及合同工作范围；②合同关系及合同涉及各方之间的权利、义务与责任；③合同工期控制总目标和阶段控制目标，目标控制的网络表示及关键线路说明；④合同质量控制目标及合同规定执行的规范、标准和验收程序；⑤合同对本工程的材料、设备采购、验收的规定；⑥投资及成本控制目标，特别是合同价款的支付及调整的条件、方式和程序；⑦合同双方争议问题的处理方式、程序和要求；⑧合同双方的违约责任；⑨索赔的机会和处理策略；⑩合同风险的内容及防范措施。

知识梳理与小结

本学习情境主要内容如下：

合同的签订。合同的签订只是履行合同的前提和基础。合同的最终实现，还需要当事人双方严格按照合同约定，认真全面地履行各自的合同义务。工程合同一经签订，即对合同当事人双方产生法律约束力，任何一方都无权擅自修改或解除合同。如果任何一方违反合同规定不履行合同义务，或履行合同义务不符合合同约定而给对方造成损失时，都应当承担赔偿责任。由于建设工程施工合同具有合同金额大、履约周期长的特点，合同能否顺利履行将直接对当事人的经济效益乃至社会效益产生很大影响。因此，在合同订立后，当事人必须认真分析合同条款，明确自己的责任和义务，做好合同交底和合同控制工作，以保证合同能够顺利履行。

建设工程施工合同履行原则：①实际履行原则；②全面履行原则；③协作履行原则；④诚实信用原则；⑤情事变更原则。

建设工程施工合同条款分析是指从执行的角度分析、补充、解释施工合同，将施工合同目标和合同约定落实到合同实施的具体问题上和具体事件上，用以指导具体工作，使合同能符合日常工程管理的需要。

工程合同条款分析作用有以下几方面：①分析合同漏洞，解释争议内容；②分析合同风险，制订风险对策；③分解合同工作，落实合同责任；④进行合同交底，简化管理工作。

建设工程施工合同条款分析基本要求：①准确客观；②简明清晰；③协调一致；④全面完整。

合同结构分解是指按照系统规则和要求将合同对象分解成互相独立、互相影响、互相联系的单元。根据结构分解的一般规律和施工合同条件自身的特点，施工合同条件结构分解应遵守如下规则。

（1）保证施工合同条件的系统性和完整性。施工合同条件分解和结果应包含所有的合同要素，这样才能保证应用这些分解结果时，能等同于应用施工合同条件。

（2）保证各分解单元间界限清晰、意义完整、内容大体上相当，这样才能保证应用分解结果明确、有序且各部分工作量相当。

（3）易于理解和接受，便于应用，即要充分尊重人们已经形成的概念和习惯，只在根本违背合同原则的情况下才作出更改。

（4）便于按照项目的组织分工落实合同工作和合同责任。

合同工作分析是在合同总体分析和进行合同结构分解的基础上，依据合同协议书、合同条件、规范、图纸、工作量表等，确定工程项目部技术与管理人员及各工程小组的合同工作，以及划分各责任人的合同责任。

合同交底是指合同管理人员在对合同的主要内容作出解释和说明的基础上，通过组织项目管理人员和各工程小组负责人学习合同条文和合同总体分析结果，使大家熟悉合同中的主要内容、各种规定、管理程序，了解承包人的合同责任和工程范围、各种行为的法律后果等，使大家树立全局观念，避免在执行中的违约行为，同时使大家的工作协调一致。

复习思考与练习

1．建设工程施工合同履约的含义和原则各是什么？

2．简述建设工程施工合同交底的程序和内容。

3．建设工程施工合同控制的含义与控制方式是什么？

4．施工合同条款分析的基本要求是什么？

5．简述施工合同条件结构分解应遵守的规则。

6．什么是合同工作分析？

7．什么是合同交底？

项 目 实 训

某施工单位根据领取的2000m^{2}两层厂房工程项目招标文件和全套施工图纸，采用低报价策略编制了投标文件，并获得中标。该施工单位（乙方）于某年某月某日与建设单位（甲方）签订了该工程项目的固定价格施工合同。合同工期为8个月。甲方在乙方进入施工现场后，因资金紧缺，口头要求乙方暂停施工一个月。乙方亦口头答应。工程按合同规定期限验收时，甲方发现工程质量有问题，要求返工。两个月后，返工完毕。结算时甲方认为乙方迟延交付工程，应按合同约定偿付逾期违约金。乙方认为临时停工是甲方要求的。乙方为抢工期，加快施工进度才出现了质量问题，因此迟延交付的责任不在乙方。甲方则认为临时停工和不顺延工期是当时乙方答应的。乙方应履行承诺，承担违约责任。

问题：

（1）该工程采用固定价格合同是否合适？

（2）该施工合同的变更形式是否妥当？此合同争议依据合同法律规范应如何处理？

学习情境八　建设工程施工合同管理

学习目标

1. 掌握延期开工、工期顺延的要求及规定；
2. 熟悉进度计划实施、变更、调整的规定；
3. 了解竣工验收程序；
4. 明确质量标准以及图纸的提供与管理要求；
5. 掌握材料设备供应的质量管理；
6. 了解工程验收及保修；
7. 明确工程预付款、工程进度款支付要求；
8. 掌握变更价款的确定程序、确定方法；
9. 了解竣工结算程序与质量保修金及其他费用；
10. 明确处理合同风险的对策、合同双方的安全责任；
11. 掌握安全事故的分级及安全事故的处理；
12. 了解建设工程施工合同风险的主要表现。

技能目标

1. 能依据施工合同对施工进度进行管理，能审批处理延期开工、工期顺延事件以及变更引起的工程延期；

2. 能依据施工合同进行质量管理，主要是对材料设备供应的质量管理和工程验收的质量管理；

3. 能依据施工合同进行投资管理，特别是工程预付款、进度款的支付及价款的变更处理；

4. 能提出处理合同风险的对策；

5. 能妥善处理重大安全事故。

【案例导入】

某实业有限公司（甲）与某建筑工程有限责任公司（乙）双方签订了施工总承包合同，由乙方负责宿舍楼施工。双方在合同中约定：隐蔽工程由双方检查，相应检查费用由甲方支付。地下室防水工程完成后，乙方通知甲方检查验收，甲方则答复：因公司内事务繁多，由乙方自己检查出具检查记录即可。一周后，甲方又聘请专业人员对地下室防水工程质量进行检查，发现未达到合同所定标准，遂要求乙方负担此次检查费用，并对地下室工程进行返工。乙方则认为，合同约定的检查费用由甲方负担，不应由乙方负担此项费用。对返工重修地下室防水工程的要求乙方予以认可。甲方多次要求乙方付款未果，诉到法院。法院对地下室防水工程重新鉴定，鉴定结论为地下室防水工程不符合合同中约定的标准。法院据此判决由乙方承担复检支出费用。

【案例解析】　《民法典》第798条规定：隐蔽工程在隐蔽以前，承包人应当通知发包人检查。发包人没有及时检查的，承包可以顺延工程工期，并有权要求赔偿停工、窝工等损失。在本案中，乙方履行了通知义务，对于甲方不履行检查义务的行为，乙方有权停工待查，停工造成的损失应当由甲方承担。《建设工程施工合同（示范文本）》第16条隐蔽工程和中间验收规定：工程具备覆盖、掩盖条件或达到协议条款约定的中间验收部位，乙方自检合格后在隐蔽和中间验收48小时前通知甲方代表参加，通知包括乙方自检记录、隐蔽和中间验收的内容、验收时间和地点。乙方准备验收记录。验收合格，甲方代表在验收记录上签字后，方可进行隐蔽和继续施工。验收不合格，乙方在限定时间内修改后重新验收。工程质量符合规范要求，验收24小时后，甲方代表不在验收记录签字，可视为甲方代表已经批准，乙方可进行隐蔽或继续施工。《建设工程施工合同（示范文本）》第14条检查和返工规定：乙方应认真按照标准、规范和设计的要求以及甲方代表依据合同发出的指令施工，随时接受甲方代表及其委派人员的要求返工、修改，承担由于自身原因导致返工、修改的费用。以上检查检验合格后，又发现由于乙方原因引起的质量问题，仍由乙方承担责任和发生的费用，赔偿甲方的有关损失，工期相应顺延。

本案例中甲方没有按约定时间参加检查，应承担一定的责任，工期相应顺延，乙方没有按合同约定达到施工质量标准，应承担由此发生的费用损失。

【知识链接】

任务一　工程施工合同进度管理

【案例】

某建设单位宾馆大楼的装饰装修工程，经公开招标确定由某建筑装饰公司进行施工，并签订了施工承包合同。合同价为1500万元，工期为100天，合同规定石材由甲方提供，其他由承包方采购。施工方编制的施工进度计划和施工方案，已获监理工程师批准。当工程进行到第22天时，甲方挑选确定的石材送达现场，进场验收时发现该批石材大部分不符合质量要求，监理工程师通知承包方该批石材不得使用，承包方将不合格石材退回，因此延期5天，该事件发生在关键线路上。工程在第68天时，该地遭遇罕见暴风雨袭击，施工无法进行，延误工期3天。施工进行到第90天时，施工方因人员调配原因，延误工期2天。最终，工程在110天后竣工，实际进度超过了合同约定。

分析：①进度管理是施工合同管理的重要组成部分，是指合同当事人应当在合同约定的工期内完成施工任务，发包人应当按时做好准备工作，承包人应当按照施工进度计划组织施工。②施工进行到第22天时，实际进度和计划进度不符，是因为甲方提供的石材质量不符合要求导致的，所以装饰公司可以在事件发生后28天内向监理工程师提出工期顺延申请。因此施工方项目经理应当落实进度控制部门的人员，具体的控制任务和管理职能分工，并且编制合理的施工进度计划，并控制其执行，即在工程进展全过程中进度计划与实际进度的比较，对出现的偏差及时采取措施。

进度管理，是施工合同管理的重要组成部分。合同当事人应当在合同规定的工期内完成施工任务，发包人应当按时做好准备工作，承包人应当按照施工进度计划组织施工。为此，监理人应当落实进度管理部门的人员、具体的控制任务和管理职能分工；承包人也应当落实具体的进度管理人员，并且编制合理的施工进度计划并控制其执行，即在工程进展全过程中，通过计划进度与实际进度的比较，对出现的偏差及时采取措施。

施工合同的进度管理可以分为施工准备阶段、施工阶段和竣工验收阶段的进度管理。

一、施工准备阶段的进度管理

施工准备阶段的许多工作都对施工的开始和进度有直接的影响，包括双方对合同工期的约定、承包人提交进度计划、设计图纸的提供、材料设备的采购、延期开工的处理等。

1. 合同双方约定合同工期

施工合同工期，是指施工的工程从开工起到完成施工合同专用条款双方约定的全部内容，工程达到竣工验收标准所经历的时间。合同工期是施工合同的重要内容之一，故《施工合同文本》要求双方在协议书中作出明确约定。约定的内容包括开工日期、竣工日期和合同工期的总日历天数。合同工期是按总日历天数计算的，包括法定节假日在内的承包天数。合同当事人应当在开工日期前做好一切开工的准备工作，承包人则应按约定的开工日期开工。

2. 承包人提交进度计划

承包人应当在专用条款约定的日期，将施工组织设计和工程进度计划提交监理人。群体工程中采取分阶段进行施工的单项工程，承包人则应按照发包人提供图纸及有关资料的时间，按单项工程编制进度计划，分别向监理人提交。

3. 监理人对进度计划予以确认或者提出修改意见

监理人接到承包人提交的进度计划后，应当予以确认或者提出修改意见，时间限制则由双方在专用条款中约定。如果监理人逾期不确认也不提出书面意见，则视为已经同意。

监理人对进度计划予以确认或者提出修改意见，并不免除承包人对施工组织设计和工程进度计划本身的缺陷所应承担的责任。监理人对进度计划予以确认的主要目的，是为监理人对进度进行控制提供依据。

4. 其他准备工作

在开工前，合同双方还应当做好其他各项准备工作。如发包人应当按照专用条款的规定使施工现场具备施工条件、开通施工现场与公共道路，承包人应当做好施工人员和设备的调配工作。

对于监理人而言，特别需要做好水准点与坐标控制点的交验，按时提供标准、规范。为了能够按时向承包人提供设计图纸，监理人可能还需要做好设计单位的协调工作，按照专用条款的约定组织图纸会审和设计交底。

5. 延期开工

（1）承包人要求的延期开工。如果是承包人要求的延期开工，则监理人有权批准是否同意延期开工。

承包人应当按协议书约定的开工日期开始施工。承包人不能按时开工，应在不迟于协议书约定的开工日期前 7 天，以书面形式向监理人提出延期开工的理由和要求。监理人在接到延期开工申请后的 48 小时内以书面形式答复承包人。监理人在接到延期开工申请后的 48 小时内不答复，视为同意承包人的要求，工期相应顺延。

如果监理人不同意延期要求，工期不予顺延。如果承包人未在规定时间内提出延期开工要求，工期也不予顺延。

（2）发包人原因的延期开工。因发包人的原因不能按照协议书约定的开工日期开工，监理人以书面形式通知承包人后，可推迟开工日期。承包人对延期开工的通知没有否决权，但发包人应当赔偿承包人因此造成的损失，相应顺延工期。

二、施工阶段的进度管理

工程开工后，合同履行即进入施工阶段，直至工程竣工。这一阶段进度管理的任务是控制施工任务在协议书规定的合同工期内完成。

1. 监督进度计划的执行

开工后，承包人必须按照监理人确认的进度计划组织施工，接受监理人对进度的检查、监督。这是监理人进行进度控制的一项日常性工作，检查、监督的依据是已经确认的进度计划。

一般情况下，监理人每月检查一次承包人的进度计划执行情况，由承包人提交一份上月进度计划实际执行情况和本月的施工计划。同时，监理人还应进行必要的现场实地检查。

工程实际进度与进度计划不符时，承包人应当按照监理人的要求提出改进措施，经监理人确认后执行。但是，对于因承包人自身的原因造成工程实际进度与经确认的进度计划不符的，所有后果都应由承包商自行承担，监理人也不对改进措施的效果负责。如果采用改进措施后，经过一段时间工程实际进度赶上了进度计划，则仍可按原进度计划执行。如果采用改进措施一段时间后，工程实际进度仍明显与进度计划不符，则监理人可以要求承包人修改原进度计划，并经监理人确认。但是，这种确认并不是监理人对工程延期的批准，而仅仅是要求承包人在合理的状态下施工。因此，如果修改后的进度计划不能按期完工，承包人仍应承担相应的违约责任。

监理人应当随时了解施工进度计划执行过程中所存在的问题，并帮助承包人予以解决，特别是承包人无力解决的内外关系协调问题。

2. 暂停施工

在施工过程中，有些情况会导致暂停施工。暂停施工当然会影响工程进度，作为监理人应当尽量避免暂停施工。暂停施工的原因是多方面的，但归纳起来有以下三个方面：

（1）监理人要求的暂停施工。监理人在主观上是不希望暂停施工的，但有时继续施工会造成更大的损失。监理人在确有必要时，应当以书面形式要求承包人暂停施工，不论暂停施工的责任在发包人还是在承包人。监理人应当在提出暂停施工要求后48小时内提出书面处理意见。承包人应当按照监理人的要求停止施工，并妥善保护已完工工程。承包人实施监理人作出的处理意见后，可提出书面复工要求，监理人应当在48小时内给予答复。监理人未能在规定时间内提出处理意见，或收到承包人复工要求后48小时内未予答复，承包人可以自行复工。

如果停工责任在发包人，由发包人承担所发生的追加合同价款，赔偿承包人由此造成的损失，相应顺延工期；如果停工责任在承包人，由承包人承担发生的费用，工期不予顺延。因为监理人不及时作出答复，导致承包人无法复工，由发包人承担违约责任。

（2）由于发包人违约，承包人主动暂停施工。当发包人出现某些违约情况时，承包人可以暂停施工。这是承包人保护自己权益的有效措施。如发包人不按合同规定及时向承包人支付工程预付款、发包人不按合同规定及时向承包人支付工程进度款且双方未达成延期付款协议，在承包人发出要求付款通知后仍不付款，经过一定时间后，承包人均可暂停施工。这时，发包人应当承担相应的违约责任。出现这种情况时，监理人应当尽量督促发包人履行合同，以求减少双方的损失。

（3）意外情况导致的暂停施工。在施工过程中出现一些意外情况，如果需要暂停施工，则承包人应暂停施工。在这些情况下，工期是否给予顺延应视风险责任的承担确定。如发现有价值的文物、发生不可抗力事件等，风险责任应当由发包人承担，故应给予承包人工期顺延。

3. 设计变更

在施工过程中如果发生设计变更，将对施工进度产生很大的影响。因此，监理人在其可能的范围内应尽量减少设计变更。如果必须对设计进行变更，应当严格按照国家的规定和合同约定的程序进行。

（1）发包人对原设计进行变更。施工中发包人如果需要对原工程设计进行变更，应不迟于变更前14天以书面形式向承包人发出变更通知，变更超过原设计标准或者批准的建设规模时，须经原规划管理部门和其他有关部门审查批准，并由原设计单位提供变更的相应的图纸和说明。

（2）承包人要求对原设计进行变更。承包人应当严格按照图纸施工，不得随意变更设计。施工中承包人提出合理化建议涉及对设计图纸进行变更，须经监理人同意。监理人同意变更后，也须经原规划管理部门和其他有关部门审查批准，并由原设计单位提供变更的相应的图纸和说明。承包人未经监理人同意不得擅自变更设计，否则因擅自变更设计发生的费用和由此导致发包人的直接损失，由承包人承担，延误的工期不予顺延。

由于发包人对原设计进行变更，以及经监理人同意的、承包人要求进行的设计变更，导致合同价款的增减及造成的承包人损失，由发包人承担，延误的工期相应顺延。

4. 工期延误

承包人应当按照合同约定完成工程施工，如果由于其自身的原因造成工期延误，应当承担违约责任。但是，在有些情况下工期延误后，竣工日期可以相应顺延。

（1）工期可以顺延的工期延误。

因以下原因造成工期延误，经监理人确认，工期相应顺延：

1）发包人不能按专用条款的约定提供开工条件；

2）发包人不能按约定日期支付工程预付款、进度款，致使工程不能正常进行；

3）监理人未按合同约定提供所需指令、批准等，致使施工不能正常进行；

4）设计变更和工程量增加；

5）一周内非承包人原因停水、停电、停气造成停工累计超过8小时；

6）不可抗力；

7）专用条款中约定或监理人同意工期顺延的其他情况。

这些情况工期可顺延的根本原因在于：这些情况属于发包人违约或者是应当由发包人承担的风险。反之，如果造成工期延误的原因是承包人的违约或者应当由承包人承担的风险，则工期不能顺延。

（2）工期顺延的确认程序。承包人在工期可以顺延的情况发生后14天内，应将延误的工期向监理人提出书面报告。监理人在收到报告后14天内予以确认答复，逾期不予答复，视为报告要求已经被确认。

当然，监理人确认的工期顺延期限应当是事件造成的合理延误，由监理人根据发生事件的具体情况和工期定额、合同等的规定确认。经监理人确认的顺延的工期应纳入合同工期，作为合同工期的一部分。如果承包人不同意监理人的确认结果，则按合同规定的争议解决方式处理。

三、竣工验收阶段的进度管理

竣工验收，是发包人对工程的全面检验，是保修期外的最后阶段。在竣工验收阶段，监理人进度管理的任务是督促承包人完成工程扫尾工作，协调竣工验收中的各方关系，参加竣工验收。

1. 竣工验收的程序

工程应当按期竣工。工程按期竣工有两种情况：承包人按照协议书约定的竣工日期或者监理人同意顺延的工期竣工。工程如果不能按期竣工，承包人应当承担违约责任。

（1）承包人提交竣工验收报告。当工程按合同要求全部完成后，工程具备了竣工验收条件，承包人按国家工程竣工验收的有关规定，向发包人提供完整的竣工资料和竣工验收报告，并按专用条款要求的日期和份数向发包人提交竣工图。

（2）发包人组织验收。发包人在收到竣工验收报告后 28 天内组织有关部门验收，并在验收 7 天内给予认可或者提出修改意见。承包人应当按要求进行修改，并承担由于自身原因造成修改的费用。竣工日期为承包人送交竣工验收报告日期。需修改后才能达到验收要求的，竣工日期为承包人修改后提请发包方验收日期。中间交工工程的范围和竣工时间，由双方在专用条款内约定。其验收程序与上述规定相同。

（3）发包人不按时组织验收的后果。发包人收到承包人送交的竣工验收报告后 28 天内不组织验收，或者在验收后 7 天内不提出修改意见，则视为竣工验收报告已经被认可。发包人收到承包人送交的竣工验收报告后 28 天内不组织验收，从第 29 天起承担工程保管及一切意外责任。

2. 发包人要求提前竣工

在施工中，发包人如果要求提前竣工，应当与承包人进行协商，协商一致后应签订提前竣工协议。发包人应为赶工提供方便条件。提前竣工协议应包括以下几方面的内容：

1）提前的时间；

2）承包人采取的赶工措施；

3）发包人为赶工提供的条件；

4）承包人为保证工程质量采取的措施；

5）提前竣工所需的追加合同价款。

任务二　工程施工合同质量管理

【案例】

某施工单位负责某学生宿舍楼工程施工任务，双方签订了建设工程施工合同。由于宿舍楼设有地下室，属于隐蔽工程，因而在建设工程施工合同中，双方约定了对隐蔽工程的验收检查条款，其规定地下室的验收检查工作由施工方和学校委托的监理单位共同负责，检查费用由校方承担。地下室竣工后，施工单位通过通知监理检查验收，监理方则答复，因事务繁多，由施工单位自行检查并出具检查记录即可。其后 15 日，监理方又对地下室质量进行重新检查，发现未达到合同规定的标准，于是要求施工单位承担此费用并返工。施工单位则认为，合同约定的检查费用，由校方负担，本方不应负担此费用，但对返工地下室的要求予以认可。

分析：隐蔽工程的验收程序首先是施工单位自检，自检合格后再共同检查，并在共同检查前48小时，施工单位书面通知发包人/监理人。

根据相关规定，承包人在隐蔽工程完工后，应通知发包人/监理人检查。发包人/监理人未及时检查，承包人可以停工。在本案例中，对于监理人不履行检查义务的行为，施工单位有权停工待查，停工造成的损失，应当由发包人/监理人承担。但施工单位未这样做，反而自行检查，并出具检查记录后，交给监理人，并进行继续施工，因此双方均有过失。对于事后的检查费用，则由检查结果而定。检查结果地下室质量未达到标准，这一后果是承包人所致，检查费用由承包人承担；如检查质量符合标准，重新检查的结果是发包人/监理人未履行义务所致，费用由发包人/监理人承担。

工程施工中的质量管理是合同履行中的重要环节。施工合同的质量管理涉及许多方面的因素，任何一个方面的缺陷和疏漏都会使工程质量无法达到预期的标准。

一、标准、规范和图纸

1. 合同适用标准、规范

按照《标准化法》的规定，为保障人体健康、人身财产安全的标准属于强制性标准。建设工程施工的技术要求和方法即为强制性标准，施工合同当事人必须执行。《建筑法》也规定，建筑工程施工的质量必须符合国家有关建筑工程安全标准的要求。因此，施工中必须使用国家标准、规范；没有国家标准、规范但有行业标准、规范的，使用行业标准、规范；没有国家和行业标准、规范的，适用正程所在地的地方标准、规范。双方应当在专用条款中约定适用标准、规范的名称。发包人应当按照专用条款约定的时间向承包人提供一式两份约定的标准、规范。

国内没有相应的标准、规范时，可以由合同当事人约定工程适用的标准。首先，应由发包人按照约定的时间向承包人提出施工技术要求，承包人按照约定的时间和要求提出施工工艺，经发包人认可后执行；若发包人要求工程使用国外标准、规范时，发包人当负责提供中文译本。购买、翻译和制订标准、规范或制订施工工艺的费用，由发包人承担。

2. 图纸

建设工程施工应当按照图纸进行。在施工合同管理中的图纸是指由发包人提供或者由承包人提供经监理人批准、满足承包人施工需要的所有图纸（包括配套说明和有关资料）。按时、按质、按量提供施工所需图纸，也是保证工程施工质量的重要方面。

（1）发包人提供图纸。在我国目前的建设工程管理体制中，施工中所需图纸主要由发包人提供（发包人通过设计合同委托设计单位设计）。在对图纸的管理中，发包人应当完成以下工作：

1）发包人应当按照专用条款约定的日期和套数，向承包人提供图纸。

2）承包人如果需要增加图纸套数，发包人应当代为复制。发包人代为复制意味着发包人应当为图纸的正确性负责。

3）如果对图纸有保密要求的，应当承担保密措施费用。

对于发包人提供的图纸，承包人应当完成以下工作：

1）在施工现场保留一套完整图纸，供监理人及其有关人员进行工程检查时使用。

2）如果专用条款对图纸提出保密要求的，承包人应当在约定的保密期限内承担保密义务。

3）承包人如果需要增加图纸套数，复制费用由承包人承担。

使用国外或者境外图纸，不能满足施工需要时，双方在专用条款内约定复制、重新绘制、翻译、购买标准图纸等责任及费用承担。

监理人在对图纸进行管理时，重点是按照合同约定按时向承包人提供图纸，同时，根据图纸检查承包人的工程施工。

（2）承包人提供图纸。有些工程，施工图纸的设计或者与工程配套的设计有可能由承包人完成。如果合同中有这样的约定，则承包人应当在其设计资质允许的范围内，按监理人的要求完成这些设计，经监理人确认后使用，发生的费用由发包人承担。在这种情况下，监理人对图纸的管理重点是审查承包人的设计。

二、材料设备供应的质量管理

工程建设的材料设备供应的质量管理，是整个工程质量管理的基础。建筑材料、构配件生产及设备供应单位对其生产或者供应的产品质量负责。而材料设备的需方则应根据买卖合同的规定进行质量验收。

1. 材料设备的质量及其他要求

（1）材料生产和设备供应单位应具备法定条件。建筑材料、构配件生产及设备供应单位必须具备相应的生产条件、技术装备和质量保证体系，具备必要的检测人员和设备，把好产品看样、订货、储存、运输和核验的质量关。

（2）材料设备质量应符合要求。

①符合国家或者行业现行有关技术标准规定的合格标准和设计要求；②符合在建筑材料、构配件及设备或其包装上注明采用的标准，符合以建筑材料、构配件及设备说明、实物样品等方式表明的质量状况。

（3）材料设备或者其包装上的标识应符合的要求。①有产品质量检验合格证明；②有中文标明的产品名称、生产厂家厂名和厂址；③产品包装和商标样式符合国家有关规定和标准要求；④设备应有产品详细的使用说明书，电气设备还应附有线路图；⑤实施生产许可证或使用产品质量认证标志的产品，应有许可证或质量认证的编号、批准日期和有效期限。

2. 发包人供应材料设备时的质量管理

（1）双方约定发包人供应材料设备的一览表。对于由发包人供应的材料设备，双方应当约定发包人供应材料设备的一览表，作为合同附件。一览表的内容应当包括材料设备种类、规格、型号、数量、单价、质量等级、提供的时间和地点。发包人按照一览表的约定提供材料设备。

（2）发包人供应材料设备的验收。发包人应当向承包人提供其供应材料设备的产品合格证明，并对这些材料设备的质量负责。发包人应在其所供应的材料设备到货前 24 小时，以书面形式通知承包人，由承包人派人与发包人共同清点。

（3）材料设备验收后的保管。发包人供应的材料设备经双方共同验收后由承包人妥善保管，发包人支付相应的保管费用。因承包人的原因发生损坏丢失，由承包人负责赔偿。发包人不按规定通知承包人验收，发生的损坏丢失由发包人负责。

（4）发包人供应的材料设备与约定不符时的处理。发包人供应的材料设备与约定不符时，应当由发包人承担有关责任，具体按照下列情况进行处理：

1）材料设备单价与合同约定不符时，由发包人承担所有差价；

2）材料设备种类、规格、型号、数量、质量等级与合同约定不符时，承包人可以拒绝接收保管，由发包人运出施工场地并重新采购；

3）发包人供应材料的规格、型号与合同约定不符时，承包人可以代为调剂串换，发包方承担相应的费用；

4）到货地点与合同约定不符时，发包人负责运至合同约定的地点；

5）供应数量少于合同约定的数量时，发包人将数量补齐；多于合同约定的数量时，发包人负责将多出部分运出施工场地；

6）到货时间早于合同约定时间，发包人承担因此发生的保管费用；到货时间迟于合同约定的供应时间，由发包人承担相应的追加合同价款。发生延误，相应顺延工期，发包人赔偿由此承包人造成的损失。

（5）发包人供应材料设备使用前的检验或试验。发包人供应的材料设备进入施工现场后需要在使用前检验或者试验的，由承包具负责；费用由发包人负责。即使在承包人检验通过之后，如果又发现材料设备有质量问题的，发包人仍应承担重新采购及拆除重建的追加合同价款，并相应顺延由此延误的工期。

三、承包人采购材料设备的质量管理

对于合同约定由承包人采购的材料设备，应当由承包人选择生产厂家或者供应商，发包人不得指定生产厂家或者供应商。

1. 承包人采购材料设备的验收

承包人根据专用条款的约定及设计和有关标准要求采购工程需要的材料设备，并提供产品合格证明。承包人在材料设备到货前24小时通知监理人验收。这是监理人的一项重要职责，监理人应当严格按照合同约定、有关标准进行验收。

2. 承包人采购的材料设备与要求不符时的处理

承包人采购的材料设备与设计或者标准要求不符时，监理人可以拒绝验收，由承包人按照监理人要求的时间运出施工场地，重新采购符合要求的产品，并承担由此发生的费用，由此延误的工期不予顺延。

监理人不能按时到场验收，事后发现材料设备不符合设计或者标准要求时，仍由承包方负责修复、拆除或者重新采购，并承担发生的费用，由此造成工期延误可以相应顺延。

3. 承包人使用代用材料

承包人需要使用代用材料时，须经监理人认可后方可使用，由此增减的合同价款由双方以书面形式议定。

4. 承包方采购材料设备在使用前检验或试验

承包人采购的材料设备在使用前，承包人应按监理人的要求进行检验或试验，不合格的不得使用，检验或试验费用由承包人承担。

四、工程验收的质量管理

工程验收是一项以确认工程是否符合施工合同规定目的的行为，是质量管理的最重要的环节。

1. 工程质量标准

工程质量应当达到协议书约定的质量标准，质量标准的评定以国家或者专业的质量检验评定标准为依据。发包人对部分或者全部工程质量有特殊要求的，应支付由此增加的追加合同价款，对工期有影响的应给予相应顺延。

达不到约定标准的工程部分，监理人一经发现，可要求承包人返工，承包人应当按照监理人的要求返工，直到符合约定标准。因承包人的原因达不到约定标准，由承包人承担返工费用，工期不予顺延。因发包人的原因达不到约定标准，由发包人承担返工的追加合同价款，工期相应顺延。因双方原因达不到约定标准，责任由双方分别承担。

双方对工程质量有争议，由专用条款约定的工程质量监督部门鉴定，所需费用及因此造成的损失，由责任方承担。双方均有责任，由双方根据其责任大小分别承担。

2. 施工过程中的检查和返工

在工程施工过程中，监理人及其委派人员对工程的检查检验，是他们的一项日常性工作和重要职能。

承包人应认真按照标准、规范和设计要求以及监理人依据合同发出的指令施工，随时接受监理人及其委派人员的检查检验，为检查检验提供便利条件。工程质量达不到约定标准的部分，监理人一经发现，可要求承包人拆除和重新施工，承包人应按监理人及其委派人员的要求拆除和重新施工，承担由于自身原因导致拆除和重新施工的费用，工期不予顺延。

检查检验不应影响施工正常进行，如影响施工正常进行，检查检验不合格时，影响正常施工的费用由承包人承担。除此之外影响正常施工的追加合同价款由发包人承担，相应顺延工期。

由于隐蔽工程在施工中一旦完成隐蔽，很难再对其进行质量检查，因此必须在隐蔽前进行检查验收。对于中间验收，合同双方应在专用条款中约定需要进行中间验收的单项工程和部位的名称、验收的时间和要求，以及发包人应提供的便利条件。

工程具体隐蔽条件和达到专用条款约定的中间验收部位，承包人进行自检，并在隐蔽和中间验收前 48 小时以书面形式通知监理人验收。通知包括隐蔽和中间验收内容、验收时间和地点。承包人准备验收记录，验收合格，监理人在验收记录上签字后，承包人可进行隐蔽和继续施工。验收不合格，承包人在监理人限定的时间内修改后重新验收。

工程质量符合标准、规范和设计图纸等的要求，验收 24 小时后，监理人不在验收记录上签字，视为监理人已经批准，承包人可进行隐蔽或者继续施工。

3. 重新检验

监理人不能按时参加验收，须在开始验收前 24 小时向承包人提出书面延期要求，延期不能超过 48 小时。监理人未能按以上时间提出延期要求，不参加验收，承包人可自行组织验收，监理人应承认验收记录。

无论监理人是否参加验收，当其提出对已经隐蔽的工程重新检验的要求时，承包人应按要求进行剥露开孔，并在检验后重新覆盖或者修复。检验合格，发包人承担由此发生的全部追加合同价款，赔偿承包人损失，并相应顺延工期。检验不合格，承包人承担发生的全部费用，工期予以顺延。

4. 试车

（1）试车的组织责任。对于设备安装工程，应当组织试车。试车内容应与承包人承包的安装范围相一致。

1）单机无负荷试车。设备安装工程具备单机无负荷试车条件，由承包人组织试车。只有机试运转达到规定要求，才能进行联试。承包人应在试车前 48 小时书面通知监理人。通知包括试车内容、时间、地点。承包人准备试车记录，发包人根据承包人要求为试车提供必要条件。试车通过，监理人在试车记录上签字。

2）联动无负荷试车。设备安装工程具备无负荷联动试车条件，由发包人组织试车，并在试车前48小时书面通知承包人。通知内容包括试车内容、时间、地点和对承包人的要求，承包人按要求做好准备工作和试车记录。试车通过，双方在试车记录上签字。

3）投料试车。投料试车，应当在工程竣工验收后由发包人全部负责。如果发包人要求承包方配合或在工程竣工验收前进行时，应当征得承包人同意，另行签订补充协议。

（2）试车的双方责任。①由于设计原因试车达不到验收要求，发包人应要求设计单位修改设计，承包人按修改后的设计重新安装。发包人承担修改设计、拆除及重新安装全部费用和追加合同价款，工期相应顺延。②由于设备制造原因试车达不到验收要求，由该设备采购一方负责重新购置和修理，承包方负责拆除和重新安装。设备由承包人采购，由承包人承担修理或重新购置、拆除及重新安装的费用，工期不予顺延；设备由发包人采购的，发包人承担上述各项追加合同价款，工期相应顺延。③由于承包人施工原因试车达不到验收要求，承包人按监理人要求重新安装和试车，承担重新安装和试车的费用，工期不予顺延。④试车费用除已包括在合同价款之内或者专用条款另有约定外，均由发包人承担。⑤监理人未在规定时间内提出修改意见，或试车合格而不在试车记录上签字，试车结束24小时后，记录自行生效，承包人可继续施工或办理竣工手续。

（3）监理人要求延期试车。监理人不能按时参加试车，须在开始试车前24小时向承包人提出书面延期要求，延期不能超过48小时，监理人未能按以上时间提出延期要求，不参加试车，承包人可自行组织试车，发包人应当承认试车记录。

5. 竣工验收

竣工验收，是全面考核建设工作，检查是否符合设计要求和工程质量的重要环节。

（1）竣工工程必须符合的基本要求。竣工交付使用的工程必须符合下列基本要求：

1）完成工程设计和合同中规定的各项工作内容，达到国家规定的竣工条件；

2）工程质量应符合国家现行有关法律、法规、技术标准、设计文件及合同规定的要求，并经质量监督机构核定为合格；

3）工程所用的设备和主要建筑材料、构件应具有产品质量出厂检验合格证明和技术标准规定必要的进场试验报告；

4）具有完整的工程技术档案和竣工图，已办理工程竣工交付使用的有关手续；

5）已签署工程保修证书。

（2）竣工验收中承发包双方的具体工作程序和责任。工程具备竣工验收条件，承包人按国家工程竣工验收有关规定，向发包人提供完整竣工资料及竣工验收报告。双方约定由承包人提供竣工图，应当在专用条款内约定提供的日期和份数。

发包人收到竣工验收报告后28天内组织有关部门验收，并在验收后14天内给予认可或提出修改意见。承包人按要求修改。由于承包人原因，工程质量达不到约定的质量标准，承包人承担违约责任。

因特殊原因，发包人要求部分单位工程或者工程部位须甩项竣工时，双方另行签订甩项竣工协议，明确各方责任和工程价款的支付办法。

建设工程未经验收或验收不合格，不得交付使用。发包人强行使用的，由此发生的质量问题及其他问题，由发包人承担责任。但在这种情况下发包人主要是对强行使用直接产生的质量问题及其他问题承担责任，不能免除承包人对工程的保修等责任。

五、缺陷责任与保修

缺陷是指建设工程量不符合建设工程强制性标准、设计文件，以及承包合同的约定。

在工程移交发包人后，因承包人原因产生的质量缺陷，承包人应承担质量缺陷责任和保修义务。

缺陷责任期届满，承包人仍按合同约定的工程各部位保修年限承担保修义务。

1. 缺陷责任期

缺陷责任期是指承包人按照合同约定承担缺陷修复义务，且发包人预留质量保证金（已缴纳履约保证金的除外）的期限，自工程实际工期起计算。合同当事人应在专用合同条款约定缺陷责任期的具体期限。缺陷责任期一般为 6 个月、12 个月，但该期限最长不超过 24 个月。

（1）单位工程先于全部工程进行验收，经验收合格并交付使用的，该单位工程缺陷责任期自单位工程验收合格之日起算。因承包人原因导致工程无法按合同约定期限进行竣工验收的，缺陷责任期从实际通过竣工验收之日起算。因发包人原因导致工程无法按合同约定期限进行竣工验收的，在承包人提交竣工验收报告 90 天后，工程自动进入缺陷责任期；发包人未经竣工验收擅自使用工程的，缺陷责任期自工程转移占有之日起开始计算。

（2）缺陷责任期内，由承包人原因造成的缺陷，承包人应负责维修，并承担鉴定及维修费用。如承包人不维修也不承担费用，发包人可按合同约定从保证金或银行保函中扣除。费用超出保证金额的，发包人可按合同约定向承包人索赔。承包人维修并承担相应费用后，不免除对工程的损失赔偿责任。发包人有权要求承包人延长缺陷责任期，并应在原缺陷责任期届满前发出延长通知，但缺陷责任期（含延长部分）最长不能超过 24 个月。

由他人原因造成的缺陷，发包人负责组织维修，承包人不承担费用，且发包人不得从保证金中扣除费用。

（3）任何一项缺陷或损坏修复后，经检查证明其影响了工程或工程设备的使用性能，承包人应重新进行合同约定的试验和试运行。试验和试运行的全部费用应由责任方承担。

（4）除专用合同条款另有约定外。承包人应于缺陷责任期届满后 7 天内向发包人发出缺陷责任期届满通知。发包人应在收到缺陷责任期届满通知后 14 天内核实承包人是否履行缺陷修复义务。承包人未能履行缺陷修复义务的，发包人有权扣除相应金额的维修费用。发包人应在收到缺陷责任期届满通知后 14 天内，向承包人颁发缺陷责任期终止证书。

2. 保修

工程保修期从工程竣工验收合格之日起算，具体分部分项工程的保修期由合同当事人在专用合同条款中约定，但不得低于法定最低保修年限。发包人未经竣工验收擅自使用工程的，保修期自转移占有之日起算。

（1）工程质量保修范围和内容。质量保修范围包括地基基础工程、主体结构工程、屋面防水工程和双方约定的其他土建工程，以及电气管线、上下水管线的安装工程，供热、供冷系统工程等项目。工程质量保修范围是国家强制性的规定，合同当事人不能约定减少国家规定的工程质量保修范围。工程质量保修的内容由当事人在合同中约定。

（2）质量保修期。①基础设施工程、房屋建筑的地基基础工程和主体结构工程，为设计文件规定的该工程合理使用年限；②屋面防水工程、有防水要求的卫生间、房间和外墙面的防渗漏，为 5 年；③供热与供冷系统，为 2 个采暖期、供冷期；④电气管线、给排水管道、设备安装和装修工程为 2 年，其他项目的保修期限由发包方和承包方约定。

（3）修复费用。保修期内，修复的费用按照以下约定处理：①保修期内，因承包人原因造成工程的缺陷、损坏，承包人应负责修复，并承担修复的费用以及因工程的缺陷、损坏造成的人身伤害和财产损失；②保修期内，因发包人使用不当造成工程的缺陷、损坏，可以委托承包人修复，但发包人应承担修复的费用，并支付承包人合理利润；③因其他原因造成工程的缺陷、损坏，可以委托承包人修复，发包人应承担修复的费用，并支付承包人合理的利润，因工程的缺陷、损坏造成的人身伤害和财产损失由责任方承担。

（4）修复通知。在保修期内，发包人在使用过程中，发现已接收的工程存在缺陷或损坏的。应书面通知承包人予以修复，但情况紧急必须立即修复缺陷或损坏的，发包人可以口头通知承包人并在口头通知后 48 小时内书面确认，承包人应在专用合同条款约定的合理期限内到达工程现场并修复缺陷或损坏。

（5）未能修复。因承包人原因造成工程的缺陷或损坏，承包人拒绝维修或未能在合理期限内修复缺陷或损坏，且经发包人书面催告后仍未修复的，发包人有权自行修复或委托第三方修复，所需费用由承包人承担。但修复范围超出缺陷或损坏范围的。超出范围部分的修复费用由发包人承担。

任务三 工程施工合同造价管理

【案例】

2015 年 4 月 28 日，宏远物流公司作为发包人与鑫宏达钢结构屋面工程公司签订《网架、金属板围护加工制作安装合同书》。合同签订后，承包方进行了施工。工程竣工后，宏远物流公司接收并使用了工程，但未按合同约定支付工程款。

此后工程在使用中出现漏水、滴水情况，2016 年 1 月 19 日，为得到工程款，鑫宏达公司出具了《承诺书》。承诺书的内容为：承包方对漏水进行整改，承诺如无任何漏水现象，2017 年 4 月 1 日前支付剩余 50%工程余款，2018 年 4 月 1 日前支付其余 50%工程余款，否则不再领取工程款。2016 年 3 月底承包方完成修复工作。

2016 年 10 月 18 日因工程又出现漏水情况，宏远物流公司单方委托公证处，就漏水进行了证据保全公证。

2017 年 9 月鑫宏达公司起诉宏远物流公司要求支付工程款，宏远物流公司认为工程又出现了漏水，依据鑫宏达公司出具的《承诺书》，不应再支付工程款。最终本案经过法院审理，支持了鑫宏达公司要求支付工程的诉讼请求。

分析：工程竣工验收合格，发包人应依据约定向承包人支付工程款。承包人应依据约定承担保修责任。在本案中承包人为了获得剩余工程款，应发包人的要求出具放弃工程款的承诺，虽然从人情角度不得罪发包人，但这种行为并不可取，本案中如果发包人依法履行了相应义务，承包人就有可能得不到工程款。

承包人正确的做法是：工程竣工后出现工程质量问题，可通过保修对工程进行修复。如果发包方拒不支付工程款，承包人可以通过合法的途径索取，比如诉讼主张权利，必定会得到法院的支持。

一、施工合同价款及其调整

施工合同价款，按有关规定和协议条款约定的各种取费标准计算，用以支付承包方按照合同要求完成工程内容的价款总额。这是合同双方关心的核心问题之一，招投标等工作主要是围绕合同价款展开的。合同价款应依据中标通知书中的中标价格或非招标工程的工程预算书确定。合同价款在协议书内约定后，任何一方不得擅自改变。合同价款可以按照固定价格合同、可调价格合同、成本加酬金合同三种方式约定。

二、工程预付款

双方应当在专用条款内约定发包人向承包人预付工程款的时间和数额，开工后按约定的时间和比例逐次扣回。预付时间应不迟于约定的开工日期前 7 天。发包人不按约定预付，承包人在约定预付时间 7 天后向发包人发出要求预付的通知，发包人收到通知后仍不能按要求预付，承包人可在发出通知后 7 天停止施工，发包人应从约定应付之日起向承包方支付应付款的贷款利息，并承担违约责任。

三、工程款（进度款）支付

1. 工程量的确认

对承包人已完成工程量的核实确认，是发包人支付工程款的前提。其具体的确认程序如下：

（1）承包人向工程师提交已完工程量的报告。承包人应按专用条款约定的时间，向工程师提交已完工程量的报告。该报告应当由《完成工程量报审表》和作为其附件的《完成工程量统计报表》组成。承包人应当写明项目名称、申报工程量及简要说明。

（2）工程师的计量。工程师接到报告后 7 天内按设计图纸核实完工程量（以下称计量），并在计量前 24 小时内通知承包人，承包人为计量提供便利条件并派人参加。如果承包人不参加计量，发包人自行进行，计量结果有效，作为工程价款支付的依据。

工程师收到承包人报告后 7 天内未进行计量，从第 8 天起，承包人报告中开列的工程量即视为已被确认，作为工程价款支付的依据。工程师不按约定时间通知承包人，使承包人不能参加计量，计量结果无效。

工程师对承包人超出设计图纸范围和（或）因自身原因造成返工的工程量，不予计量。

2. 工程款（进度款）支付的程序和责任

发包人应在双方计量确认后 14 天内，向承包人支付工程款（进度款）。同期用于工程上的发包人供应材料设备的价款，以及按约定时间发包人应按比例扣回的预付款，与工程款（进度款）同期结算。合同价款调整、设计变更调整的合同价款及追加的合同价款，应与工程款（进度款）同期调整支付。

发包人超过约定的支付时间不支付工程款（进度款），承包人可向发包人发出要求付款的通知，发包人在收到承包人通知后仍不能按要求支付，可与承包人协商签订延期付款协议，经承包人同意后可以延期支付。协议须明确延期支付时间和从结果确认计量后第 15 天起计算应付款的贷款利息。发包人不按合同约定支付工程款（进度款），双方又未达成延期付款协议，导致施工无法进行，承包人可停止施工，由发包人承担违约责任。

四、变更价款的确定

1. 变更价款的确定程序

设计变更发生后，承包人在工程设计变更确定后 14 天内，提出变更工程价款的报告，经工程师确认后调整合同价款。承包人在确定变更后14天内不向工程师提出变更工程价款报告时，视为该项设计变更不涉及合同价款的变更。

工程师收到变更工程价款报告之日起14天内，予以确认。工程师无正当理由不确认时，自变更价款报告送达之日起14天后变更工程价款报告自行生效。

工程师不同意承包人提出的变更价格，按照合同约定的争议解决方式处理。

2. 变更价款的确定方法

变更合同价款按照下列方法进行：

1）合同中已有适用于变更工程的价格，按合同已有的价格计算、变更合同价款；

2）合同中只有类似于变更工程的价格，可以参照此价格确定变更价格，变更合同价款；

3）合同中没有适用或类似于变更工程的价格，承包人提出变更工程项目的单价或总价，发包人确认后调整；

4）合同中没有适用也没有类似于变更工程项目，且工程造价管理机构发布的信息（参考）价格缺价的，由承包人根据变更工程资料、计量规则、计价办法和通过市场调查等取得的有合法依据的市场价格提出变更工程项目的单价或总价，报发包人确认后调整。

五、施工中涉及的其他费用

1. 安全施工方面的费用

承包人按工程质量、安全及消防管理有关规定组织施工，采取严格的安全防护措施，承担由于自身的安全措施不力造成事故的责任和因此发生的费用。非承包人责任造成安全事故，由责任方承担责任和发生的费用。

发生重大伤亡及其他安全事故，承包人应按有关规定立即上报有关部门并通知工程师，同时按政府有关部门要求处理，发生的费用由事故责任方承担。

发包人应对其在施工场地的工作人员进行安全教育，并对他们的安全负责。

承包人在动力设备、输电线路、地下管道、密封防震车间、易燃易爆地段以及临街交通要道附近施工时，施工开始前应向工程师提出安全保护措施，经工程师认可后实施，防护措施费用由发包人承担。

实施爆破作业，在放射、毒害性环境中施工（含存储、运输）及使用毒害性、腐蚀性物品施工时，承包人应在施工前14天内以书面形式通知工程师，并提出相应的安全保护措施，经工程师认可后实施。安全保护措施费用由发包人承担。

2. 专利技术及特殊工艺涉及的费用

发包人要求使用专利技术或特殊工艺，须负责办理相应的申报手续，承担申报、试验、使用等费用。承包人按发包人要求使用，并负责试验等有关工作。承包人提出使用专利技术或特殊工艺，报工程师认可后实施。承包人负责办理申报手续并承担有关费用。

擅自使用专利技术侵犯他人专利权，责任者依法承担相应责任。

3. 文物和地下障碍物

在施工中发现古墓、古建筑遗址等文物及化石或其他有考古、地质研究等价值的物品时，承包人应立即保护好现场并于4小时内以书面形式通知工程师，工程师应于收到书面通知后24小时内报告当地文物管理部门，并按有关管理部门要求采取妥善保护措施。发包人承担由此发生的费用，延误的工期相应顺延。

施工中发现影响施工的地下障碍物时，承包人应于8小时内以书面形式通知工程师，同时提出处置方案，工程师收到处置方案后 8 小时内予以认可或提出修正方案。发包人承担由此发生的费用，延误的工期相应顺延。

所发现的地下障碍物有归属单位时，发包人报请有关部门协同处置。

六、竣工结算

1. 承包人递交竣工决算报告及违约责任

工程竣工验收报告经发包人认可后，承发包双方应当按协议书约定的合同价款及专用条款约定的合同价款调整方式，进行工程竣工结算。

工程竣工验收报告经发包人认可后 28 天内，承包人向发包人递交竣工决算报告及完整的结算资料。

工程竣工验收报告经发包人认可后 28 天内，承包人未能向发包人递交竣工决算报告及完整的结算资料，造成工程竣工结算不能正常进行或工程竣工结算价款不能及时支付，发包人要求交付工程的，承包人应当交付；发包人不要求交付工程的，承包人承担保管责任。

2. 发包人的核实和支付

发包人自收到竣工结算报告及结算资料后 28 天内进行核实，确认后支付工程竣工结算价款。承包人收到竣工结算价款后 14 天内将竣工工程交付发包人。

3. 发包人不支付结算价款的违约责任

发包人收到竣工结算报告及结算资料后 28 天内无正当理由不支付工程竣工结算价款，从第 29 天起按承包人同期向银行贷款利率支付拖欠工程价款的利息，并承担违约责任。

发包人收到竣工决算报告及结算资料后 28 天内不支付工程竣工结算价款，承包人可以催告发包人支付结算价款。发包人在收到竣工结算报告及结算资料后 56 天内仍不支付的，承包人可以与发包人协议将该工程折价，也可以由承包人申请人民法院将该工程依法拍卖，承包人就该工程折价或者拍卖的价款优先受偿。目前在建设领域，拖欠工程款的情况十分严重，承包方采取有力措施，保护自己的合法权益是十分重要的。但对工程的折价或者拍卖，尚需其他相关部门的配合。

七、质量保证金

（1）质量保证金的含义。质量保证金（保修金）是指发包人与承包人在建设工程承包合同中约定，从应付的工程款中预留，用以保证承包人在缺陷责任期内对工程项目出现的缺陷进行维修的资金。经合同当事人协商一致扣留保证金的，应在专用合同条款中予以明确。在工程项目竣工前，承包人已经提供履约担保的，发包人不得同时预留工程质量保证金。

（2）承包人提供质量保证金的方式：①质量保证金保函；②相比例的工程款；③双方约定的其他方式。

除专用合同条款另有约定外，质量保证金原则上采用上述第①种方式。

（3）质量保证金的扣留：①在支付工程进度款时扣留。在此情形下，质量保证金的计算基数不包括预付款的支付，扣回以及价格调整的金额。②工程结算时一次性扣留质量保证金。③双方约定的其他扣留方式。

除专用合同条款另有约定外。质量保证金的扣留原则上采用上述第①种方式。

发包人累计扣留的质量保证金不得超过工程价款结算总额的 3%。如承包人在发包人签发竣工付款证书后 28 天内提交质量保证金保函，发包人应同时退还扣留的作为质量保证金的工程价款；保函金额不得超过工程价款结算总额的 3%。

发包人在退还质量保证金的同时按照中国人民银行发布的同期同类贷款基准利率支付利息。

（4）质量保证金的退还。缺陷责任期内，承包人认真履行合同约定的责任，到期后，承包人可向发包人申请返还保证金。

发包人在接到承包人返还保证金申请后，应于14天内会同承包人按照合同约定的内容进行核实。如无异议，发包人应当按照约定将保证金返还给承包人。对返还期限没有约定或者约定不明确的，发包人应当在核实后14天内将保证金返还承包人，逾期未返还的，依法承担违约责任。发包人在接到承包人返还保证金申请后14天内不予答复，经催告后14天内仍不予答复，视同认可承包人的返还保证金申请。

任务四　工程施工合同风险与安全管理

【案例】

太阳城商业广场工程为框架结构，建筑面积115993m^2，工程造价11800万元。其地上中厅四层天井的顶盖原先设计为观光井，后建设方提出变更，6月22日，设计单位下发变更通知单，将观光井改为现浇混凝土梁板柱。中厅四层天井模板支撑系统施工方案于8月10日编制。8月15日，劳务公司负责人在未见到施工方案的情况下，安排架子工按照常规脚手架搭设方案进行搭建。9月4日，经过各方验收，认为合格。9月5日甲方组织各方再次对搭设情况进行验收，提出脚手架架体稳定性不好需继续加固的要求。劳务公司进行了加固后随即浇筑了混凝土。在浇筑工程中，监理发现模板支撑体系加固不符合要求，立即下发工程暂停令，但现场工人未予理睬。在继续浇筑过程中模板支撑体系坍塌。

事故发生后，相关领导立即赶到现场，启动了应急救援预案，成立指挥部，调集200名武警战士，200名消防官兵，300名公安干警以及800多名劳务工人和100名医护人员对现场进行搜救。同时紧急调来有关建筑专家，技术人员和专用搜救设备，制订了科学的抢救方案，采取了有效措施进行了搜救，对抢救出的伤员及时送往医院进行救治，此次事故共造成7人死亡，17人受伤，直接经济损失约596.2万元。

分析：此事故属于较大事故，施工单位严重违反了安全生产制度的有关规定，未充分了解施工方案就安排工人进行搭建，脚手架架体稳定性不符合要求的情况下就进行混凝土浇筑，又浇筑过程中对监理方的工程暂停令未予理睬导致事故发生。事故发生后应按照中华人民共和国国务院令第493号《生产安全事故报告和调查处理条例》的规定进行处理和汇报。

一、合同风险

由于工程项目建设关系的多元性、复杂性、多变性、履约周期长等特征以及金额大、市场竞争激烈等都构成了项目承包合同的风险性，因此几乎没有不存在风险因素的工程。慎重分析研究各种风险因素，在签订合同时尽量避免承担风险的条款，在履行合同中采取有效措施，防范风险发生是十分重要的。

在实际建设工程中，许多承包人在工作中重中标，轻履约；重报价，轻措施；重义务，轻权利；重口头承诺，轻证据保留；重实体规定，轻程序过程；重客观性，轻时效性。这直接导致施工还没有开始，风险已经来临。由于合同管理人员素质不高或由于市场竞争激烈，承包人急于拿下工程而做出一些不适当的让步等原因，如此签订的合同难免没有风险。

1. 建设工程施工合同风险主要表现在以下几个方面：

（1）合同中不明确规定承包人的风险。大量的承包工程合同中都有对承包人承担风险的条款规定。例如，某合同中规定，承包人采购运进场地的工程材料，必须经发包人工地代表认可后方能用于工程。在这里“认可”没有明确的标准，发包人代表可能会以此条款要求提高材料的档次，使承包人支付较高的材料费。合同中所列明的条款必须明确，对双方当事人的权利及义务的划分必须清晰，用词肯定或有明确的范围，使合同条款具有可操作性，合同中含糊不清的用词会使履行方处于被动而蒙受损失。

（2）合同条文不完整，隐含潜在的风险。如合同中规定每月 5 日支付上个月的工程进度款，但因发包人资金筹措受阻，连续三个月拖欠工程款。承包人为了工程的进度不受影响，垫入了大笔资金。但由于合同中没有具体写入拖欠工程进度款的处罚规定，导致承包人向发包人对垫支资金利息的索赔失败，蒙受了较大的经济损失。类似情况在当前合同中并不少见，有的合同中只规定了发包人提供施工场地的时间，但没有规定出具体范围和违约的处罚条款。在合同签订之前，双方应对合同条款逐条进行推敲，慎重考虑在合同履行过程中自己可能要承担的风险，并在合作共赢的基础上签订合同。

（3）合同显失公正。如在合同中仅对一方规定了约束性条款，形成不公平的合同，使合同一方承担风险。如某工程合同中规定，从发包人全部提供施工场地之日起 15 日开工，并按实际开工日算工期，承包人应负延期一切责任。该工程合同开工日为 2017 年 4 月 25 日，由于场地搬迁碰到难题，到 2017 年 6 月 30 日才具备开工条件。基础工程因地下室面积大，正赶上雨季施工，投入了大量人力、物力，进度缓慢。当承包人想起应提出索赔延期时，因合同签订的条款对承包人十分不利而致使索赔无力，承包人只好白费赶工，避免拖期受罚。

（4）承包人主动或被动放弃自己的权利。在激烈竞争的条件下，承包人为获得承包工程，怕得罪发包人受摄于发包人对中标单位的决定权，放弃自己的权利；心理上不敢与发包单位进行平等的协商，对许多隐藏着风险甚至重大风险的中标条件、不合理要求和不利客观环境因素，自愿不自愿地予以接受。更有一些承包人，为了争取中标机会，在响应招标文件实质条件之外，又进一步放弃自己的权利，提出超出公平范畴的更为优惠的条件，以至带来更大的风险。

（5）采用一方自定的合同文本。本着公平公正的原则，双方应高度重视合同谈判、合同文本起草、合理风险转移。如果发包人不采用住建部的“示范文本”，而是选用其他文本或采用自己撰写的文本，合同条款就有可能形成合同陷阱。即使选用“示范文本”，也对文本进行节选，删除发包人承担相关义务方面的条款内容，或者在签署合同时，对相关重要的内容不进行填写，不进行明确，以确保己方的利益，为以后对合同进行有利自己的解释做好准备。例如，在某一商住楼的施工项目上，发包人只使用《专用条款》，而不使用《通用条款》，不但使承包人的权利无从保障，《专用条款》也成了无源之水，而对发包人有约束的内容不进行填写，合同对发包人失去了足够的约束力。

（6）“阴阳”合同。合同签订时用一份“阳”合同，以应对监管部门，私下执行“阴”合同对承包人进行权利限制，一旦双方出现分歧，承包人便陷于被动。

2. 造成合同风险的原因

在施工合同订立阶段，主要是要约风险。订立施工合同需要经过要约邀请、要约和承诺阶段发包人利用承包商急于中标的心理，可能通过编制招标文件、对信息的高度垄断以及主导订约过程，签订有利于自己一方的合同。承包人在急于中标的情况下，通常主动或被迫承认发包人所有要求，放弃自身的一些重要权利。

从项目本身来看，项目可能存在未正式列入国家、部门或地方的年度固定资产投资计划，建设用地的征用工作没有完成，施工需要的图纸及技术资料不能满足施工需要等情况。承担这样的工程不但面临停止施工的危险，严重的还要强制拆除已经施工的部位。承包人还可能遇到费用不能结算的风险。

虽然造成合同风险的原因有工程本身特点带来的，有发包人造成的，有第三方造成的或不可抗力导致的，但承包人自身免疫力不强、工作失误也不同程度地增加风险。

风险来自发包人主体资格及相关资信方面，如发包人不具备主体资格，即发包人没有依法成立，这种情况不多见，但并没有完全消失。虚假项目法人没有独立的项目运作资金和相应管理能力，甚至是为了规避可能承担的责任而设立，实际上也不具有独立承担民事责任的法人资格。承担这类项目法人的施工项目，可能随时被强令停工，甚至承包人的工程款都难以收回。即便通过诉讼，受到损害的权利也难以救济。

除上述情形外，在项目上，承包人缺少风险意识、缺少责任心或者缺乏经验，必将致使许多重大风险未被正确识别和有效处置。

在合同谈判和签署阶段，没有组织专业、高效的谈判班子，对关键问题，没能发现和有效处置，导致施工合同中存在重大风险因素；对重大问题，如计价方式、职责权限、工作程序、工作标准、奖罚额度等，没有认真讨论并用准确的文字固定下来，特别是没有对发包人的义务和责任加以明确，导致自身义务十分沉重。

施工合同中对许多工作都有时间上的严格规定，必须在规定的时间里完成相关手续的办理。一些承包人由于疏忽、工作拖沓等原因，不及时签证，以致超过时效，也是造成合同风险的原因之一。

3. 处理合同风险的对策

任何承包人都愿意签订一个对自己有利的合同，减少工程施工中的风险损失，获得更多的利润，对自己有利的合同体现在以下几个方面：合同的条款、内容完整、全面；在正常管理状态下，施工应有较好的盈利；合同双方责权利关系比较平衡，没有苛刻一方的单方面约束条款；合同内容条理清楚，责权分明，前后一致，概念准确，执行中不易产生争执等对合同的风险程度进行判断。但由于合同是双方共同协商达成一致的协议，许多对自己单方面的意愿在合同谈判中并非都能够实现。

要签订一个有利合同，必须从制订投标报价、深入了解工程情况开始，尽可能掌握签订合同的主动权。安排精明强悍、有经验的合同谈判人员进行具体谈判，分析合同条款中各种可能出现的不利因素。

工程合同中的问题和风险总是存在的，不可能绝对地完美和均衡。合同的签订，不可能完全杜绝风险。合同一经签订，即使对自己非常不利的条款也不可能单方面进行修改。因此，合同管理人员在合同实施中，首先是发现合同中的风险，然后是根据工程实际分析风险发生的可能性，从技术上、经济上和管理上采取措施，尽可能避免风险发生，降低损失。

（1）组织措施。对风险较大的工程项目应派得力的项目负责人，配备能力较强的工程技术人员及合同管理人员，组建精明强干的项目管理班子，必要时应成立专门的指挥管理组织，调配经验丰富的专家组织攻关。

（2）技术措施。对工程设计变更及费用调整较大的合同款应采取技术措施为主的对策。如设计变更较多且费用调整受限制的工程，应召集有丰富经验的工程技术人员，全面分析可能变更的各种问题，提出发包人能够接受的，且承包人便于施工、费用少调或不调的合理化建议，从而减少承包人增加施工成本而得不到补偿的变更。

（3）经济措施。对工程风险较大的某一部分工作，为避免违约承担风险，可相应地采取经济措施减少风险损失。在工程中常见的情况，如在雨季施工前抢施地下室及基础工程，在冬季施工前抢施结构作业工程，在竣工交用前大幅度增加人员、增加工作班次以保证工期等。

（4）加强索赔管理。在工程施工中加强索赔管理，用索赔和反索赔来弥补或减少损失，是施工单位广泛采用的风险对策。认真分析合同，详细划清双方责任，注意合同实施中每一事件的详细过程，寻找索赔机会，通过索赔和反索赔达到风险损失补偿的目的。

（5）共担风险。在一些大型工程项目中，由于专业技术、工程经验和处理工程风险能力的不同，承包人应注意发挥自己的长处，避免自己的弱项，与其他专业工程单位组建联合体，共同分担风险。

（6）动态管理。找出合同中的风险条款，确定了相应的对策，并不意味着风险问题的解决。在工程合同实施错综复杂的变化中，只有进行风险跟踪，及时掌握风险发生、发展的各种情况，才能更好地解决合同风险问题。采取上述措施的效果取决于每一工程的实际情况，针对某一风险可以同时采取多方面的措施，但关键问题是管理人员的实际工程管理经验和对合同风险分析能力及应变能力。合同管理人员应积累大量的防止或减少风险的实际资料，为制订新的风险对策，签订对自己有利的合同提供宝贵的经验。

二、安全管理

1. 合同双方的安全责任

《建设工程安全生产管理条例》对发包人、承包人和设计勘察和监理等建设工程参与的各方都明确了责任范围。对于施工合同的安全管理，主要是指发包人、承包人和监理三方的安全责任的划分。

（1）发包人的安全责任。①发包人应当向施工单位提供有关资料。②不得向有关单位提出影响安全生产的违法要求。③建设单位应当保证安全生产投入。④不得明示或暗示施工单位使用不符合安全施工要求的物资。⑤办理施工许可证或开工报告时应当报送安全施工措施。依法批准开工报告的建设工程，建设单位应当自开工报告批准之日起 15 日内，将保证安全施工的措施报送建设工程所在地的县级以上人民政府建设行政主管部门或者其他有关部门备案。⑥将专业工程发包给具有相应资质的施工单位。建设单位应当在拆除工程施工 15 日前，将下列资料报送建设工程所在地的县级以上地方人民政府主管部门或者其他有关部门备案：

1）施工单位资质等级证明；

2）拟拆除建筑物、构筑物及可能危及毗邻建筑的说明；

3）拆除施工组织方案；

4）堆放、清除废弃物的措施。

实施爆破作业的，还应当遵守国家有关民用爆炸物品管理的规定。根据《民用爆炸物品管理条例》第二十七条的规定，使用爆破器材的建设单位，必须经上级主管部门审查同意，并持说明使用爆破器材的地点、品名、数量、用途、四邻距离的文件和安全操作规程，向所在地县、市公安局申请领取《爆炸物品使用许可证》，方准使用。根据《民用爆炸物品管理条例》第三十条的规定，进行大型爆破作业，或在城镇与其他居民聚居的地方、风景名胜区和重要工程设施附近进行控制爆破作业，施工单位必须事先将爆破作业方案报县、市以上主管部门批准，并征得所在地县、市公安局同意，方准爆破作业。

（2）承包人的安全责任。《建筑工程安全生产管理条例》对承包人的安全责任作出了非常细致的规定，下面列出一些建设工程中最常见的安全管理事项，以便合同管理人员注意。

1）应当设立安全生产管理机构，配备专职安全生产管理人员。专职安全生产管理人员负责对安全生产进行现场监督检查。发现安全事故隐患，应当及时向项目负责人和安全生产管理机构报告；对违章指挥、违章操作的，应当立即制止。

2）垂直运输机械作业人员、安装拆卸工、爆破作业人员、起重信号工和登高架设作业人员等特种作业人员，必须按照国家有关规定经过专门的安全作业培训，并取得特种作业操作资格证书后，方可上岗作业。

3）应当在施工组织设计中编制安全技术措施和施工现场临时用电方案，对达到一定规模的危险性较大的分部分项工程编制专项施工方案，并附安全验算结果，经施工单位技术负责人、总监理工程师签字后实施，由专职安全生产管理人员进行现场监督。

4）应当在施工现场入口、施工起重机械、临时用电设施、脚手架、出入通道口、楼梯口、电梯井口、孔洞口、桥梁口、隧道口、基坑边沿、爆破物及有害气体和液体存放处等危险部位，设置明显的安全警示标志。安全警示标志必须符合国家标准。

5）应当将施工现场的办公、生活区与作业区分开设置，并保持安全距离；办公、生活区的选址应当符合安全性要求。职工的膳食、饮水和休息场所等应当符合卫生标准。施工单位不得在尚未竣工的建筑物内设置员工集体宿舍。

6）在使用施工起重机械和整体提升脚手架、模板等自升式架设设施前，应当组织有关单位进行验收，也可以委托具有相应资质的检验检测机构进行验收。

对施工中使用承租的机械设备和施工机具及配件的，由施工总承包单位、分包单位、出租单位和安装单位共同进行验收，验收合格的方可使用。施工单位应当自施工起重机械和整体提升脚手架、模板等自升式架设设施验收合格之日起30日内，向建设行政主管部门或者其他有关部门登记。

登记标志应当置于或者附着于该设备的显著位置。

2. 安全事故

发生重大伤亡及其他安全事故，承包人应按有关规定立即上报有关部门并通知工程师，同时按政府有关部门要求处理。发包人、承包人对事故责任有争议时，应按政府有关部门的认定处理。

（1）安全事故的分级。安全事故是指生产经营单位在生产经营活动（包括与生产经营有关的活动）中突然发生的，伤害人身安全和健康，或者损坏设备设施，或者造成经济损失的，导致原生产经营活动（包括与生产经营活动有关的活动）暂时中止或永远终止的意外事件。

我国对安全生产的重大事故，采取报告和调查制度。所谓重大事故，系指在工程建设过程中由于责任过失造成工程倒塌或报废、机械设备毁坏和安全设施失当造成人身伤亡或者重大经济损失的事故。

安全生产事故灾难按照其性质、严重程度、可控性和影响范围等因素，一般分为四级：I级（特别重大）、II级（重大）、III级（较大）和IV级（一般）。具体划分标准见表8-1。

表8-1 生产安全事故分级标准

等级	分级标准
特别重大事故	造成30人以上死亡，或100人以上重伤，或1亿元以上直接经济损失的事故
重大事故	造成10人以上30人以下死亡，或50人以上100人以下重伤，或5000万元以上1亿元以下直接经济损失的事故
较大事故	造成3人以上10人以下死亡，或10人以上50人以下重伤，或1000万元以上5000万元以下直接经济损失的事故
一般事故	造成3人以下死亡，或10人以下重伤，或1000万元以下直接经济损失的事故

注 1. 本表所称的“以上”包括本数，所称的“以下”不包括本数。

2. 依照中华人民共和国国务院令第493号《生产安全事故报告和调查处理条例》。

（2）安全生产责任事故应急救援体系。①县级以上地方各级人民政府应当组织有关部门制订本行政区域内特大生产安全事故应急救援预案，建立应急救援体系。②危险物品的生产、经营、储存单位以及矿山、建筑施工单位应当建立应急救援组织；生产经营规模较小，可以不建立应急救援组织的，应当指定兼职的应急救援人员。③危险物品的生产、经营、储存单位以及矿山、建筑施工单位应当配备必要的应急救援器材、设备，并进行经常性维护、保养，保证正常运转。

（3）事故的报告。事故发生后，事故现场有关人员应当立即向本单位负责人报告；单位负责人接到报告后，应当于1小时内向事故发生地县级以上人民政府安全生产监督管理部门和负有安全生产监督管理职责的有关部门报告。当遇情况紧急时，事故现场有关人员可以直接向事故发生地县级以上人民政府安全生产监督管理部门和负有安全生产监督管理职责的有关部门报告。

安全生产监督管理部门和负有安全生产监督管理职责的有关部门接到事故报告后，应当依照下列规定上报事故情况，并通知公安机关、劳动保障行政部门、工会和人民检察院：

1）特别重大事故、重大事故逐级上报至国务院安全生产监督管理部门和负有安全生产监督管理职责的有关部门；

2）较大事故逐级上报至省、自治区、直辖市人民政府安全生产监督管理部门和负有安全生产监督管理职责的有关部门；

3）一般事故上报至区的市级人民政府安全生产监督管理部门和负有安全生产监督管理职责的有关部门。

安全生产监督管理部门和负有安全生产监督管理职责的有关部门依照以上规定上报事故情况，应当同时报告本级人民政府。国务院安全生产监督管理部门和负有安全生产监督管理职责的有关部门以及省级人民政府接到发生特别重大事故、重大事故的报告后，应当立即报告国务院。必要时，安全生产监督管理部门和负有安全生产监督管理职责的有关部门可以越级上报事故情况。

报告事故应当包括下列内容：

1）事故发生单位概况；

2）事故发生的时间、地点以及事故现场情况；

3）事故的简要经过；

4）事故已经造成或者可能造成的伤亡人数（包括下落不明的人数）和初步估计的直接经济损失；

5）已经采取的措施；

6）其他应当报告的情况。

（4）事故的调查。特别重大事故由国务院或者国务院授权有关部门组织事故调查组进行调查。

重大事故、较大事故、一般事故分别由事故发生地省级人民政府、设区的市级人民政府、县级人民政府负责调查。省级人民政府、设区的市级人民政府、县级人民政府可以直接组织事故调查组进行调查，也可以授权或者委托有关部门组织事故调查组进行调查。未造成人员伤亡的一般事故，县级人民政府也可以委托事故发生单位组织事故调查组进行调查。

上级人民政府认为必要时，可以调查由下级人民政府负责调查的事故。

事故调查组的组成应当遵循精简、效能的原则，并履行下列职责：

1）查明事故发生的经过、原因、人员伤亡情况及直接经济损失；

2）认定事故的性质和事故责任；

3）提出对事故责任者的处理建议；

4）总结事故教训，提出防范和整改措施；

5）提交事故调查报告。

3. 安全费用

发包人按工程质量、安全及消防管理有关规定组织施工，采取严格的安全防护措施，承担由于自身的安全措施不力造成事故的责任和因此发生的费用。非承包人责任造成安全事故，由责任方承担责任和发生的费用。

发生重大伤亡及其他安全事故，承包人应按有关规定立即上报有关部门并通知工程师，同时按政府有关部门要求处理，发生的费用由事故责任方承担。

承包人在动力设备、输电线路、地下管道、密封防震车间、易燃易爆地段以及临街交通要道附近施工时，施工开始前应向工程师提出安全保护措施，经工程师认可后实施，保护措施费用由发包人承担。

实施爆破作业，在放射、毒害性环境中施工（含存储、运输、使用）及使用毒害性、腐蚀性物品施工时，承包人应在施工前14天以书面形式通知工程师，并提出相应的安全防护措施，经工程师认可后实施。安全防护措施费用由发包人承担。

知识梳理与小结

进度管理是施工合同管理的重要组成部分。合同当事人应当在合同规定的工期内完成施工任务，发包人应当按时做好准备工作，承包人应当按照施工进度计划组织施工。施工合同的进度管理可以分为施工准备阶段、施工阶段和竣工验收阶段的进度管理。①施工准备阶段的许多工作都对施工的开始和进度有直接的影响，包括双方对合同工期的约定、承包人提交进度计划、设计图纸的提供、材料设备的采购、延期开工的处理等。②工程开工后，合同履行即进入施工阶段，直至工程竣工。这一阶段进度管理的任务是控制施工任务在协议书规定的合同工期内完成。③竣工验收，是发包人对工程的全面检验，是保修期前的最后阶段。在竣工验收阶段，工程师进度管理的任务是督促承包人完成工程扫尾工作，协调竣工验收中的各方关系，参加竣工验收。

施工合同的质量管理涉及许多方面的因素，任何一个方面的缺陷和疏漏都会使工程质量无法达到预期的标准。施工合同的质量管理主要包括对标准、规范和图纸的管理、材料设备供应的质量管理、工程验收的质量管理及工程保修的质量管理。

施工合同的造价管理主要涉及施工合同价款方式、工程预付款及进度款的支付、变更价款的确定、竣工结算及工程保修金的管理。

由于工程项目建设关系的多元性、复杂性、多变性、履约周期长等特征以及金额大、市场竞争激烈等都构成了项目承包合同的风险性，因此几乎没有不存在风险因素的工程。慎重分析研究各种风险因素，在签订合同时尽量避免承担风险的条款，在履行合同中采取有效措施，防范风险发生是十分重要的。本章施工合同风险管理部分主要阐述建设工程施工合同风险的主要表现以及处理合同风险的对策。

施工合同安全管理方面，本章明确了合同双方的安全责任，安全事故的等级划分以及发生重大安全事故后的报告及调查处理程序。

复习思考与练习

1．试述工程顺延的理由及确认程序。
2．发包人供应的材料设备与约定不符时应如何处理？
3．如何进行隐蔽工程验收和中间验收？
4．可调价合同中价格调整的范围有哪些？
5．试述变更价款的确定程序和确定方法。
6．不可抗力导致的费用增加及延误的工期应如何分担？

项 目 实 训

某六层商住楼，总建筑面积 9536.28m^2，框架结构。通过公开招标，业主分别与承包商、监理单位签订了工程施工合同、委托监理合同。工程开、竣工时间分别为当年 3 月 1 日和 12 月 20 日。承、发包双方在专用条款中，对工程变更、工程计量、合同价款的调整及工程款的支付等都作了规定。约定采用工程量清单计价，工程量增减的约定幅度为 8%。

对变更合同价款确定的程序规定如下：

1．工程变更发生后的 7 天内，承包方应提出变更工程价款报告，经工程师确认后，调整合同价款；

2．若工程变更发生后 7 天内，承包方不提出变更工程价款报告，则视为该变更不涉及价款变更；

3．工程师自收到变更价款报告之日起 7 天内应对此予以确认。若无正当理由不确认时，自报告送达之日起，14 天后该报告自动生效。

承包人在 5 月 8 日进行工程量统计时，发现原工程量清单漏项 1 项；局部基础形式发生设计变更 1 项；相应地，有 3 项清单项目工程量减少在 5%以内，工程量比清单项目超过 6%的 2 项，超过 10%的 1 项，当即向工程师提出了变更报告。工程师在 5 月 14 日确认了该三项变更。5 月 20 日向工程师提出了变更工程价款的报告，工程师在 5 月 25 日确认了承包人提出的变更价款的报告。

问题：

1．从确定合同价格的方式看，本例合同属于哪一类？

2．变更合同价款应根据什么原则进行确定？

3．合同中所述变更价款的程序规定有何不妥之处？如何改正？

学习情境九 施工合同索赔管理

学习目标

1. 掌握施工索赔的概念、起因；
2. 了解施工索赔的分类；
3. 了解施工索赔的程序；
4. 掌握施工索赔的技巧；
5. 掌握工期索赔计算；
6. 掌握费用索赔计算。

技能目标

1. 根据所给资料，进行工期索赔计算；
2. 根据所给资料，进行费用索赔计算；
3. 能够编制索赔报告。

【案例导入】 某承包单位承建一大型房地产项目，工程合同中标价格为4912万元。施工期间建筑材料大幅涨价，工程开工时钢材的价格为3500元/吨，实际进货时钢材已涨到5200元/吨，涨幅达48%，远远超过了承包方的承受能力。承包单位成功通过索赔，向业主获得420万元索赔款。

【案例解析】 近年来，施工企业特别重视施工索赔，大部分项目都配置专门负责索赔的专业人员。可以说，施工企业把“投标”看成一次经营，“索赔”看成二次经营，甚至还流传着“中标靠低价，获利靠索赔”的说法。

任务一 建设工程施工索赔概述

在合同履行过程中，合同当事人往往由于非自己的原因而发生额外的支出或承担额外的工作，权利人依据合同和法律的规定，向责任人追回不应该由自己承担的损失的合法行为，即索赔。因此索赔是合同管理的重要内容。

一、施工索赔的概念

施工索赔是指施工合同的一方当事人，对在施工合同履行过程中发生的并非由于自己责任的额外工作、额外支出或损失，依据合同和法律的规定要求对方当事人给予费用或工期补偿的合同管理行为。

施工索赔是一种正当的权利要求，是一种正常的、大量发生而且普遍存在的合同管理业务，是以法律和合同为依据的、合情合理的正当行为。对施工合同双方来说，承包方可以向发包人提出索赔，发包人也可以向承包方提出索赔。在实际工作中的施工索赔多是指承包方向业主提出的索赔。

二、施工索赔的起因

引起施工索赔的原因很多、很复杂，主要有以下几个方面。

（1）工程项目的特殊性。现代工程规模大、技术性强、投资额大、工期长、材料设备价格变化快。工程项目的差异性大、综合性强、风险大，使得工程项目在实施过程中存在许多不确定变化因素，而合同则必须在工程开工前签订，不可能对工程项目所有的问题都能作出合理的预见和规定，而且发包人在工程实施过程中还会有许多新的决策，这一切使得合同变更比较频繁，而合同变更必然会导致项目工期和成本的变化。

（2）工程项目内外部环境的复杂性和多变性。工程项目的技术环境、经济环境、社会环境、法律环境的变化，诸如地质条件变化、材料价格上涨、货币贬值、国家政策法规的变化等会在工程实施过程中经常发生，使得工程的实际情况与计划实施过程不一致，这些因素同样会导致工程工期和费用的变化。

（3）参与工程建设主体的多元性。由于工程参与单位多，一个工程项目往往会有发包人、总承包方、工程师、分包人、指定分包人、材料设备供应人等众多参加单位，各方面的技术、经济关系错综复杂，相互联系又相互影响，只要一方失误，不仅会使自己遭受损失，而且会影响其他合作者，造成他人损失，从而导致索赔和争执。

（4）工程合同的复杂性及易出错性。工程合同文件多且复杂，经常会出现措辞不当、缺陷、图纸错误，以及合同文件前后自相矛盾或者可作不同解释等问题，容易造成合同双方对合同文件理解不一致，从而出现索赔。

（5）投标的竞争性。现代土木工程市场竞争激烈，承包方的利润水平逐步降低，在竞标时大部分靠低标价甚至保本价中标，回旋余地较小。特别是在招标投标过程中，每个合同专用文件内的具体条款，一般是由发包人自己或委托工程师、咨询单位编写后列入招标文件，编制过程中承包人没有发言权，虽然承包人在投标书的致函内及与发包人进行谈判过程中可以要求修改某些对其风险较大的条款的内容，但不能要求修改的条款数目过多，否则就构成对招标文件有实质性的背离而被发包人拒绝。因而工程合同在实践中发包人与承包人往往风险分担不公，把主要风险转嫁于承包人一方，稍遇条件变化，承包人即处于亏损的边缘，这必然迫使承包人寻找一切可能的索赔机会来减轻自己承担的风险。因此索赔实质上是工程实施阶段承包人和发包人之间在承担工程风险比例上的合理再分配，这也是目前国内外土木工程市场上索赔在数量、款额上呈增长趋势的一个重要原因。

以上这些问题会随着工程的逐步开展而不断暴露出来，必然使工程项目受到影响，导致工程项目成本和工期的变化，这就是索赔形成的根源。因此，索赔的发生，不仅是一个索赔意识或合同观念的问题，从本质上讲，索赔也是一种客观存在。

三、施工索赔的分类

施工索赔的分类方法有很多，各种分类方法都从某一个角度对施工索赔进行分类，通过有目的的分类，便于对施工索赔进行有效的管理。

1. 按施工索赔的目的分类

按索赔的目的，施工索赔可以分为工期索赔和费用索赔两类。承包方提出索赔，首先要明确提出的是工期索赔还是费用索赔。工期索赔是要求顺延工期，费用索赔是要求经济补偿。编写索赔报告和论证索赔要求时，应根据索赔目的提供依据和证明材料。

2. 按施工索赔的处理方式分类

按处理方法和处理时间的不同，施工索赔可以分为单项索赔和一揽子索赔两类。单项索赔是指当事人针对某一干扰事件的发生而及时提出的索赔。一揽子索赔是指在工程竣工前后，承包方将施工过程中已经提出但尚未解决的索赔汇总，向业主提出的总索赔。

3. 按施工索赔发生的原因分类

（1）延期索赔。延期索赔是指由于业主的原因使承包方不能按原定计划进行施工所引起的索赔，例如业主不按时供应材料、建筑法规的改变、业主不能按时提交图纸或各种批准等。

（2）工程变更索赔。工程变更索赔是指因合同中规定的工作范围的变化而引起的索赔。发生工程变更索赔的主要情况有：业主和设计者主观意志的改变引起的设计变更、设计的错误和遗漏引起的设计变更等。

（3）施工加速索赔。施工加速索赔是指由于业主要求工程提前竣工或提出其他赶工要求而引起的索赔。施工加速往往使承包方的劳动生产率降低，因此施工加速索赔又称劳动生产率损失索赔。

（4）不利现场条件索赔。不利现场条件是指合同的图纸和技术规范中所描述的现场条件与实际情况有实质性的不同，或者虽然合同中未作描述，但是一个有经验的承包方无法预料的情况。因出现不利现场条件提出的索赔即不利现场条件索赔。

不利现场条件主要出现在地下的水文地质条件和隐藏着的地面条件方面，是施工项目中的固有风险因素，业主往往要求纳入投标报价，索赔相当困难。所以进行不利现场条件索赔时，承包方必须证明业主没有给出现场资料，或所给资料与实际相差很远，或即使是有经验的承包方也是无法预料的不利情况。

4. 按施工索赔的合同依据分类

（1）合同内索赔。合同内索赔是指可以直接引用合同条款作为索赔依据的施工索赔，分为合同明示的索赔和合同默示的索赔两种。①合同明示的索赔。合同明示的索赔是指承包方的索赔要求在合同中有文字依据，承包方可据此取得经济或工期的补偿。合同文件中有索赔文字规定的条款称为明示条款。②合同默示的索赔。承包方提出的索赔要求，在合同中虽然无明示条款，但可根据合同某些条款的含义推断出承包方有索赔权利。这种索赔请求同样具有法律效力，有补偿含义的条款，在合同管理中称为“默示条款”或“隐含条款”。

（2）合同外索赔。合同外索赔是指索赔内容虽在合同条款中找不到依据，但可从有关法律法规中找到依据的索赔。合同外的索赔通常表现为对违约造成的间接损害和违规担保造成的损害索赔，可在民事侵权行为的法律规范中找到依据。

（3）道义索赔。道义索赔是指承包方既在合同中找不到索赔依据，业主也未违约或触犯民法，但因损失确实太大，自己无法承担而向业主提出的给予优惠性补偿的请求。例如承包方投标时对标价估计不足投低标，工程施工中发现比原先预计的困难大得多，有可能无法完成合同，某些业主为使工程顺利进行，会同意根据实际情况给予一定的补偿。

任务二　索赔工作程序与技巧

一、施工索赔的程序

1. 发出意向通知

承包方发现或意识到存在着索赔的机会时，第一件应做的事是把自己的索赔意向书面通知工程师或业主。这种意向通知既标志着一项索赔的开始，也是承包方在整个合同履行期间保持良好的索赔意识的最好办法。索赔意向书的内容应包括：①事件发生的时间及其情况的简单描述；②索赔依据的合同条款及理由；③提供后续资料的安排，包括及时记录和提供事件的发展动态；④对工程成本和工期产生不利影响的严重程度。

2. 索赔证据准备

索赔的成功在很大程度上取决于承包方对索赔作出的解释和强有力的证明材料。索赔所需的证据可从下列资料中收集。

（1）施工日记。承包方应指令有关人员现场记录施工中发生的各种情况，做好施工日记和现场记录。记录完整的施工日记工作有利于及时发现和分析索赔，施工日记也是索赔的重要证明材料。

（2）来往信函。来往信函是索赔证据资料的重要来源，平时应认真保存与工程师等往来的各类信函，并注明收发的时间。

（3）气象资料。天气情况是进度安排和分析施工条件等必须考虑的重要因素。施工合同履行过程中应每天做好天气情况记录，内容包括气温、风力、降雨量、暴雨雪、冰雹等，工程竣工时，形成一份如实、完整、详细的气象资料。

（4）备忘录。①对于工程师和业主的口头指令和电话，应随时书面记录，并及时提请签字予以确认。②对索赔事件发生及其持续过程随时做好情况记录。③投标过程的备忘录等。

（5）会议纪要。承包方、业主和监理的会议应做好记录，并就主要议题形成会议纪要，由参与会议的各方签字确认。

（6）工程进度计划。经工程师批准的各种工程进度计划都应妥善保管，它们是承包方提出施工索赔的重要证据资料。

（7）工程成本核算资料。工程成本核算资料是索赔费用计算的基础资料，主要有人工工资原始记录、材料与设备等的采购单及付款凭证、机械使用台账、会计报表、物价指数、收付款票据等。

（8）其他资料。索赔证据还可从工程图纸、工程照片和声像资料、招标投标文件等资料中收集。

3. 编写索赔报告

索赔报告是承包方要求业主给予费用补偿和延长工期的正式书面文件，应当在索赔事件对工程的影响结束后的合同约定的时间（市场惯例是28天）内提交给工程师或业主。编写索赔报告应注意下列事项。

（1）明确索赔报告的基本要求。

①必须说明索赔的合同依据。有关索赔的合同依据主要有两类：一是关于承包方有资格因额外工作而获得追加合同价款的规定；二是有关业主或工程师违反合同给承包方造成额外损失时有权要求补偿的规定。②索赔报告中必须有详细准确的损失金额或时间的计算。③必须证明索赔事件同承包方的额外工作、额外损失或额外支出之间的因果关系。

（2）索赔报告必须准确。索赔报告不仅要有理有据，而且要求必须准确。

①责任分析清楚、准确。索赔报告中不能有责任含混不清或自我批评的语言，要强调索赔事件的不可预见性，事发后已经采取措施，但无法制止不利影响等。②索赔值的计算依据

要正确，计算结果要准确。索赔值的计算应采用文件规定或公认的计算方法，计算结果不能有差错。③索赔报告的用词要恰当。

（3）索赔报告的形式和内容要求。索赔报告的内容应简明扼要，条理清楚。一般采用“金字塔形式”：按说明信、索赔报告正文、附件的顺序，文字前少后多。

①说明信。简要说明索赔事由、索赔金额或工期天数、正文及证明材料的目录。这部分一定要简明扼要，只需让业主了解索赔概况即可。②索赔报告正文。标题：应针对索赔事件或索赔的事由，概括出索赔的中心内容确定。事件：叙述索赔事件发生的原因和过程，包括索赔事件发生后双方的活动及证明材料。理由：根据索赔事件，提出索赔的依据。因果分析：进行索赔事件所造成的成本增加、工期延长的前因后果分析，列出索赔费用项目及索赔总额。③计算过程、证明材料及附件。这是索赔的有力证据，一定要和索赔报告中提出的索赔依据、证据，索赔事件的责任，索赔要求等完全一致，不能有丝毫相互矛盾的地方，要避免因计算过程和证明材料方面的失误而导致索赔失败。

（4）准备好与索赔有关的各种细节性资料，以备谈判中做进一步说明。

4. 提交索赔报告

索赔的关键在于“索”。索赔报告提交后不能被动等待，而应进行跟踪，即隔一段时间，主动向对方了解索赔处理的情况，并根据反馈的信息做进一步的资料准备。

5. 工程师评审索赔报告

工程师对提交的索赔报告进行全面评审，与承包方和业主深入交换意见后作出初步的索赔处理意见。

6. 业主审定索赔处理意见

工程师的索赔处理意见只有得到业主批准才能生效。业主审定索赔处理意见的要点如下：①根据索赔事件发生的原因、责任范围和合同条款审核索赔处理意见；②依据工程建设的实际情况，权衡利弊，作出处理决定。

7. 承包方的决定

承包方接受经业主审定的索赔处理意见，工程师签发有关证书，索赔处理过程到此结束。如果承包方不同意业主的处理决定，则应通过合同纠纷解决方式解决索赔争端。

二、承包方的索赔技巧

索赔是合同的一方利用合同和法律所赋予的权利向合同另一方要求对自己的损失进行补偿。但这种补偿不是自动进行的，并不是只要遭受到损失就一定能得到补偿。承包方的索赔较之业主的索赔困难得多。承包方要使索赔成功，就需要在认真按照合同要求实施工程的前提下，采取一定的索赔技巧来进行。应该说，索赔应根据项目的不同、业主的不同、工程师的不同和客观条件的不同而采取灵活的索赔策略和技巧来进行。承包方的索赔技巧和应注意事项主要有以下几点。

1. 索赔管理贯穿于项目管理全过程

索赔管理实际上在承包方进行投标时就开始了，一直延续到中标后的整个合同施工期，直到项目保修期结束。在整个过程中，承包方要随时注意发现索赔机会，及时索赔。在投标阶段，一个有经验的承包方就应考虑中标以后施工中可能会出现的索赔问题。承包方应仔细研究招标文件中的合同条款、规范和设计图，对其中在实施中有可能出现变更或容易产生索赔的部分仔细研究，确定一个合适的报价策略；并且要仔细勘查施工现场，寻找可能索赔的机会，在报价时一定要考虑将来索赔的需要。例如，在进行单价分析时，应列入生产效率，把工程成本与投入资源的效率结合起来。这样，在施工过程中论证索赔原因时，可以作为作业效率降低的依据。否则，在实际的索赔中，如果在标书中找不到证明生产效率的资料，也就无法证明作业效率降低。因此计算由于作业效率降低而增加的附加开支就缺乏依据，业主也就很难认可这种索赔。再如，在招标文件中的一些不准确数据，工程量表与设计图的不一致等，均会构成承包方的索赔机会。承包方必须在投标报价时就做好索赔的准备工作，在施工过程中注意这些有可能造成索赔的问题。一旦索赔机会出现，就可以及时发现，并在合同规定的索赔期限内提出合理的索赔要求。

2. 商签好合同协议

虽然说在商签合同时经常采用一些标准的合同文本，如 FIDIC《施工合同条件》和我国的《建设工程施工合同（示范文本）》，但一定要注意专用条件（款）的修改与补充。例如，在采用我国《建设工程施工合同（示范文本）》时，在专用条款中可以约定工程款的具体支付方式，可约定违约金的具体数额和损失赔偿额的具体计算方法，以及不可抗力的具体标准等。这些约定不同，就会带来索赔权的不同、索赔计算方法和计算数值的不同。由于合同是索赔的最主要依据，因此合同签订得好坏，直接影响到承包方的利益，影响到索赔的成功与否。

3. 充分论证索赔权

索赔权是进行索赔的前提，如果不具备索赔权，承包方不论遭受多大的损失，均无权得到经济补偿。因此，为了索赔成功，承包方必须善于从合同专用条件（款）和通用条件（款）、施工技术规范、工程量表、相关法律或类似情况成功的索赔案例等中找出索赔的法律依据，从而充分论证自己具有索赔权，这样索赔才能被业主（工程师）所接受。

在索赔意向通知书和索赔报告中，承包方应明确地指出所依据的合同条款号，最好全文引用具体依据的合同条款；如果是依据法律和规定，必须明确依据的是哪部法律和规定，并引用具体的法律条文。通过这样有理有据的论证，使业主和工程师对承包方的索赔合理性予以确认。

承包方必须明确下述情况是不具备索赔权的。

（1）因承包方责任而发生的费用损失和工期延误。如施工质量不合格造成的返工损失和工期延误。这时承包方不仅没有索赔权，而且可能还要自费采取一些赶工措施以达到按时竣工的目的，否则就要向业主支付误期损害赔偿费或误期罚款。

（2）投标报价计算错误或采用不合理的压低报价策略从而以低价中标时，在施工中可能造成极大亏损。而这种亏损无论多大，也不可能为此获得索赔权。因为，在合同中一般都明确规定承包方应对自己报价负责。

4. 对工程师的口头指示及时确认

虽然合同中一般均规定工程师尽量用书面形式发布指示，但同时指出其有发布口头指示的权力。但是对于这种口头指示，如果工程师不在事后以书面形式予以确认，或承包方未及时以书面形式要求其确认，则一旦承包方因实施了工程师的口头指示（尤其是变更指令）而提出索赔要求时，如果监理工程师予以否认，拒绝承包方的索赔要求，而承包方又拿不出证据证明是工程师的指示，则业主就有权拒绝承包方的索赔要求。所以，为了承包方索赔的成功，必须按照合同规定的时间和程序及时确认工程师的口头指示。按照 FIDIC《施工合同条件》规定，确有必要时，工程师可发出口头指令，并在48小时内给予书面确认，承包人对工程师的指令应予执行。工程师不能及时给予书面确认的，承包人应于工程师发出口头指令后7天内提出书面确认要求。工程师在承包人提出确认要求后48小时内不予答复的，视为口头指令已被确认。

由于合同规定有确认的时间限制，所以承包方一定要在合同时限内向监理工程师提出书面确认。

5. 遵守索赔程序，及时发出索赔通知

对于承包方的索赔，一般合同中均规定索赔程序和索赔时限。一般是要求：在索赔事件发生后的一定时间内，承包方必须发出索赔通知，否则失去索赔权。我国《建设工程施工合同（示范文本）》2017年版第19.1款中规定，承包方在索赔事件发生后28天内必须向监理人递交索赔意向通知书。同时合同中还对索赔报告、索赔证据的提供等提出具体的时间要求，如果承包方不遵守这些程序要求，其索赔要求也要受到影响。因此，承包方为了不失去全部或部分索赔权，必须严格遵守合同中的索赔程序，及时发出索赔通知。

6. 认真准备索赔报告

索赔报告是承包方的主要索赔文件，索赔报告编写得成功与否，对索赔的成功与否具有很重要的影响。在编制索赔报告时，一定要以客观事实为依据，合理引用合同条款和相关文件和法规，使得论述有理有据；并且一定要建立索赔事实与损失的因果关系，从而使工程师认可承包方的索赔要求合理合法。索赔款的计算应建立在正确的计价方法上，每项费用的损失计算均指明依据的合同条款，计算上是按照索赔事项发生承包方所增加的成本为原则计算的；并且计算项目要具体，每项计算都有相应的证据来支持。这样，索赔事项就会很快解决。此外，索赔计价不能过高，漫天要价只能让工程师和业主反感，使索赔事项迟迟得不到解决。而且，还有可能让业主准备周密的反索赔计价，以高额的反索赔对付高额的索赔，使索赔工作更加复杂化。

7. 争取友好解决索赔争端

在工程实际中，索赔争端是难免的。如果遇到争端不能理智、友好地面对，将使一些本来较易解决的问题变得难以解决。承包方必须明确，为了进行索赔的开支是不能得到补偿的，而且采用仲裁或诉讼的方法解决索赔争端耗时长不说，索赔工作成本也大大增加。即使承包方能够胜诉，等拿到索赔款时可能项目都已经干完许久了。何况承包方的索赔要求可能得不到支持或者部分得不到支持，最后扣除掉索赔工作成本，得到的索赔款额相对于做些让步而友好解决来说可能还要少。因此，承包方一定要头脑冷静，防止对立情绪，力争友好解决索赔争端。只有当索赔款额大，通过友好解决努力后仍不能解决争端时，才采取合同约定的仲裁或向法院提出诉讼，以维护自己的索赔权益。

8. 正确处理好同业主与监理的关系

索赔必须取得监理的认可，索赔的成功与否，监理起着关键性作用。索赔直接关系到业主的切身利益，承包方索赔的成败在很大程度上取决于业主的态度。因此，要正确处理好业主、监理关系，在实际工作中树立良好的信誉。健全企业内部管理体系和质量保证体系，诚信服务，确保工程质量，树立品牌意识，加大管理力度，在业主与监理的心目中赢得良好的信誉。对业主或监理的过失，承包方应表示理解和同情，用真诚换取对方的信任和理解。创造索赔的平和气氛，避免感情上的障碍。

9. 注意谈判技巧

谈判技巧是索赔谈判成功的重要因素，要取得成功，必须做到以下两点。

（1）事先做好谈判准备。认真做好谈判准备是促成谈判成功的首要因素，在同业主和监理开展索赔谈判时，应事先研究和统一谈判口径和策略。谈判人员应在统一的原则下，根据实际情况采取应变的灵活策略，以争取主动。谈判中，一要注意维护组长的权威；二要丢芝麻抓西瓜，不斤斤计较；三要掌握主动权，并留有余地。

（2）注意谈判的艺术和技巧。采取强硬态度或软弱立场都是不可取的，难以获得满意的效果；在谈判中应采取刚柔结合的立场，既掌握原则性，又有灵活性。在谈判中要随时研究和掌握对方的心理，了解对方的意图；不要使用尖刻的话语刺激对方，伤害对方的自尊心，要以理服人，求得对方的理解：要善于利用机遇，因势利导，用长远合作的利益来启发和打动对方；准备有进有退的策略。在谈判中该争的要争，该让的要让，使双方有得有失，寻求折中办法；在谈判中要有坚持到底的精神，经受得住挫折的思想准备，绝不能首先退出谈判或发脾气；对分歧意见，应相互考虑对方的观点，共同寻求妥协的解决办法等。

总之，索赔工作关系着企业的经济利益。所有施工管理人员都应重视索赔，知道索赔，善于索赔。必须做到：理由充分，证据确凿，按时签证，讲究谈判技巧，并把索赔工作贯穿于施工的全过程。

任务三 工期索赔

一、工期索赔分析

1. 工期索赔成立的条件

（1）发生了非自身的原因的索赔事件；

（2）索赔事件造成了总工期的延误。

2. 工期索赔分析的依据

工期索赔分析的主要依据有：

（1）合同规定的进度计划；

（2）合同双方共同认可的进度计划；

（3）合同双方共同认可的对工期有影响的文件；

（4）业主、工程师和承包人共同商定的月进度计划；

（5）受干扰后的实际工程进度。

在干扰事件发生时双方都应分析对比上述资料，以发现工期拖延以及拖延的原因，提出有说服力的索赔要求。

3. 工期索赔分析的思路

干扰事件对工期的影响，即工期索赔值可通过原施工网计划与可能状态的网络计划对比得到，而分析的重点是两种状态的关键线路。

4. 工期索赔分析的步骤

工期索赔分析的步骤包括：①确定干扰事件对工程活动的影响，即由于干扰事件发生，使工程活动的持续时间或逻辑关系等产生变化；②由于工程活动持续时间的变化，对总工期产生影响。这可以通过网络分析得到，总工期所受到的影响即为干扰事件的工期索赔值。

二、工期索赔计算

1. 网络分析方法

网络分析方法通过分析干扰事件发生前后网络计划，对比两种工期计算结果来计算索赔值。它是一种科学的、合理的分析方法，适用于各种干扰事件的索赔。

网络分析即关键线路分析法。关键线路上关键活动（工作）持续时间的延长，必然造成总工期的延长，则可以提出工期索赔；而非关键线路上工程活动只要在其总时差范围内的延长，则不能提出工期索赔。具体计算方法如下。

（1）由于非自身原因的事件造成关键线路上的工序暂停施工：

工期索赔天数＝关键线路上的工序暂停施工的日历天数

（2）由于非自身原因的事件造成非关键线路上的工序暂停施工：

工期索赔天数＝工序暂停施工的日历天数－该工序的总时差天数

2. 比例计算法

网络分析方法应有计算机的网络分析和程序，否则分析极为困难。因为稍微复杂的工程，网络事件可能有几百个，甚至几千个，人工分析和计算将十分繁琐。

在实际工程中，干扰事件常常仅影响某些单项工程、单位工程，或分部分项工程的工期，要分析它们对总工期的影响，可以采用更为简单的比例分析方法，即以某个技术经济指标作为比较基础，计算工期索赔值。具体的计算方法有两种，按引起延误的事件选用：

（1）对于已知部分工程的延期的时间：以合同价所占比例计算，计算方法为

$$\text{总工期索赔}=\frac{\text{受干扰部分的工程合同价}}{\text{合同总价}}\times\text{该部分受到干扰工期拖延量} \tag{9-1}$$

（2）对于已知额外增加工程量的价格：以合同价所占比例计算，计算方法为

$$\text{总工期索赔}=\frac{\text{附加工程或新增价格}}{\text{原合同总价}}\times\text{原合同总工期} \tag{9-2}$$

比例计算法在实际工程中用得较多，因计算简单、方便、不需作复杂的网络分析，在概念上人们也容易接受。然而关键线路事件的任何延长即为总工期的延长，而非关键线路事件延长（不超过其总时差）常常对工期没有影响。因此，严格地说，比例计算法是近似计算的方法，对有些情况不适用。例如业主变更工程施工次序，业主指令采取加速措施，业主指令删减工程量或部分工程等。如果仍用这种方法，会得到错误的结果。这在实际工作中应予以注意。

任务四　费用索赔分析

一、费用索赔分析

1. 赔偿实际损失

实际损失包括直接损失与间接损失，直接损失是在实际工程中由于干扰事件导致实际成本增加和费用超支，而间接损失则是可能获得的利益的减少。

对所有干扰事件引起的实际损失，以及这些损失的计算，都应有详细的证明，作为索赔报告的证据。没有证据的索赔是不能成立的。这些证据通常有：各种费用支出的账单、工资表，现场实际用工、用料、用机的证明，财务报表，工程成本核算资料等。

2. 费用索赔必须符合合同规定

费用索赔必须：①符合合同规定的补偿条件和范围，在索赔值的计算中必须扣除合同规定应由承包人承担的风险和承包人自己失误所造成的损失；②符合合同规定的计算方法，如合同价格的调整方法和调整计算公式；③以合同报价作为计算基础，除合同有专门规定以外，费用索赔必须以合同报价中的分部分项工程单价、人工费单价、机械台班费单价及费率标准作为计算基础。

3. 符合通常的会计核算原则

费用索赔中常常需要进行工程实际成本的核算，通过计划成本与实际工程成本的对比得到索赔值。实际工程成本的核算必须符合通常适用的会计核算方法和原则，例如成本项目的划分及费用的分摊方法等。

4. 符合工程惯例的原则

费用索赔的计算必须采用符合人们习惯的、合理的计算方法，要能够为有关各方所接受。

5. 充分准备好全部计算资料

在索赔报告中必须出具所有的计算基础资料、计算过程资料作为证明，这里包括报价分析、成本计划和实际成本、费用开支资料。在计算前必须对实际的各项开支、工程收入以及工地（现场）管理费和总部管理费等作详细的审核分析。

为了审查、计算和取证的方便，应建立该工程如下各项费用的数据库：人工费、材料费、机械费、工地管理费、总部管理费，以及保证金、保险费、保函费、利息支出等其他费用。

这些数据对索赔的处理和解决，如计算索赔值、起草索赔报告、索赔谈判有极大的帮助。

二、费用索赔的计算

1. 总费用法

总费用法又称总成本法，采用这种方法计算索赔值方法简单，但有严格的适用条件。当费用索赔只涉及某些分部分项工程时，可采用修正总费用法。

（1）索赔值计算

索赔额＝该项工程的总费用－投标报价　　(9-3)

（2）适用条件。①已开支的实际总费用经审核认为是合理的；②承包方的原始报价是比较合理的；③费用的增加是由于非自身的原因造成的；④由于现场记录不足等原因，难以采用更精确的计算方法。

2. 修正总费用法

修正总费用法与总费用法的原理相同，只是把计算的范围缩小，使索赔值的计算更容易、更准确。修正总费用法计算索赔值的方法为

费用索赔额＝索赔事件相关单项工程的实际总费用－该单项工程的投标报价　　(9-4)

3. 分项法

费用索赔索赔值计算的分项法，首先应确定每次索赔可以索赔的费用项目，然后按下列方法计算每个项目的索赔值，各项目的索赔值之和即本次索赔的补偿总额。

（1）人工费索赔。人工费索赔包括额外增加工人和加班的索赔、人员闲置费用索赔、工资上涨索赔和劳动生产率降低导致的人工费索赔等，根据实际情况择项计算。

1）额外增加工人和加班

索赔额＝增加的工时（日）×人工单价　　(9-5)

2）人员闲置费用索赔

$$\text{索赔额}=\text{闲置工时（日）}\times\text{人工单价}\times 0.75\text{（折算系数）} \quad (9\text{-}6)$$

3）工资上涨索赔。由于工程变更，延期期间工资水平上调而进行的索赔

$$\text{工资上涨索赔额}=\Sigma\text{相关工种计划工时}\times\text{相关工种工资上调幅度} \quad (9\text{-}7)$$

4）劳动生产率降低导致的人工费索赔。根据实际情况，分别选用下列方法计算索赔值。

①实际成本和预算成本比较法

$$\text{索赔额}=\text{实际人工成本}-\text{合同中的预算人工成本} \quad (9\text{-}8)$$

适用条件：

a．有正确合理的估价体系和详细的施工记录；

b．预算成本和实际成本计算合理；

c．是非自身的原因增加了成本。

②正常施工期与受影响施工期比较法

$$\text{劳动生产率降低值}=\text{正常施工期劳动生产率}-\text{受影响施工期劳动生产率} \quad (9\text{-}9)$$

$$\text{劳动生产率降低索赔值}=\text{计划工日数}\times\frac{\text{劳动生产率降低值}}{\text{预期生产率}}\times\text{工日人工平均工资} \quad (9\text{-}10)$$

（2）材料费索赔。材料费的额外支出或损失包括消耗量增加和单位成本增加两个方面。

1）材料消耗量增加的索赔。追加额外工作、变更工程性质、改变施工方法等，都将导致材料用量增加，其索赔值的计算为

$$\text{索赔额}=\Sigma\text{新增的工程量}\times\text{某种材料的预算消耗定额}\times\text{该种材料单价} \quad (9\text{-}11)$$

2）材料单位成本增加的索赔。由于非自身原因的延期期间材料价格上涨（包括买价、手续费、运输费、保管费等），以及可调价格合同规定的调价因素发生时或需变更材料品种、规格、型号等，都将导致材料单位成本增加。索赔值计算为

$$\text{索赔额}=\text{材料用量}\times\text{（实际材料单位成本}-\text{投标材料单位成本）} \quad (9\text{-}12)$$

（3）施工机械费索赔。施工机械费索赔的费用项目有增加机械台班使用数量索赔、机械闲置索赔、台班费上涨索赔和工作效率降低的索赔等。索赔时根据额外支出或额外损失的实际情况择项按下列方法计算索赔值：

1）增加机械台班使用数量的索赔

$$\text{索赔额}=\Sigma\text{增加的某种机械台班的数量}\times\text{该机械的台班费} \quad (9\text{-}13)$$

2）机械闲置

$$\text{索赔额}=\Sigma\text{某种机械闲置台班数}\times\text{该种机械行业标准台班费}\times\text{折减系数} \quad (9\text{-}14)$$

或

$$\text{索赔额}=\Sigma\text{某种机械闲置台班数}\times\text{该种机械定额标准台班费} \quad (9\text{-}15)$$

3）台班费上涨索赔。由于非自身原因的工期顺延期间，如果遇上机械台班费上涨或采用可调价格合同时，承包方可以提出台班费上涨索赔。计算公式为

$$\text{索赔额}=\Sigma\text{相关机械计划台班数}\times\text{相关机械台班费上调幅度} \quad (9\text{-}16)$$

4）机械效率降低的索赔。机械效率降低索赔的索赔值计算有两种方法，可根据掌握的索赔资料的情况选择其中的一种方法进行计算。

①实际成本和预算成本比较法

$$\text{索赔额}=\text{实际机械成本}-\text{合同中的预算机械成本} \quad (9\text{-}17)$$

适用条件：

a．有正确合理的估价体系和详细的施工记录；

b．预算成本和实际成本计算合理；

c．是非自身的原因增加了成本。

②正常施工期与受影响施工期比较法

$$\text{机械效率降低值}=\text{正常施工期机械效率}-\text{受影响施工期机械效率} \tag{9-18}$$

$$\text{机械效率降低索赔值}=\text{计划台班}\times\text{台班单价}\times\frac{\text{机械效率降低值}}{\text{预期机械效率}} \tag{9-19}$$

（4）现场管理费索赔。这里的现场管理费是指施工项目成本中除人工费、材料费和施工机械使用费外的各费用项目之和，包括项目经理部额外支出或额外损失的现场经费和其他直接费。计算公式为

$$\text{现场管理费索赔额}=\text{直接成本费用索赔额}\times\text{现场管理费率} \tag{9-20}$$

$$\text{直接成本费用索赔额}=\text{人工费索赔额}+\text{材料费索赔额}+\text{机械费索赔额} \tag{9-21}$$

当事人双方通过协商选用下列方法之一确定现场管理费率。①合同百分比法。按签订合同时约定的现场管理费率计算。②行业平均水平法。执行公认的行业标准费率，例如工程造价管理部门制定颁发的取费标准。③原始估价法。按投标报价时确定的费率计算。④历史数据法。采用历史上类似工程的费率。

（5）企业管理费索赔。企业管理费索赔包括企业管理费、财务费用和其他费用的索赔，也可将利润损失计算在内。索赔值的计算方法主要有企业管理费率计算法和国际上通用的埃尺利公式计算法两种。

①企业管理费率计算法

$$\text{企业管理费索赔额}=\text{施工项目成本费用索赔额}\times\text{企业管理费率} \tag{9-22}$$

式中，企业管理费率可采用确定现场管理费率的四种方法之一确定。

②延期索赔的埃尺利公式

$$\text{延期合同应分摊的管理费}（A）=\frac{\text{被延期合同原价}}{\text{同期公司所有合同价之和}}\times\text{同期公司计划企业管理费} \tag{9-23}$$

$$\text{单位时间（周或日）应分摊的管理费}（B）=\frac{A}{\text{计划合同期（周或日）}} \tag{9-24}$$

$$\text{企业管理费索赔额}（C）=B\times\text{延期时间（周或日）} \tag{9-25}$$

说明：由于延期，使承包方的合同直接成本和合同总值减少而损失的管理费应予补偿。

③工作范围变更索赔的埃尺利公式

$$\text{索赔合同应分摊的管理费}（A1）=\frac{\text{被索赔合同原计划直接费}}{\text{同期所有合同实际直接费}}\times\text{同期公司计划企业管理费} \tag{9-26}$$

$$\text{每元直接费用应分摊的管理费}（B1）=\frac{A1}{\text{被索赔合同原计划直接费}} \tag{9-27}$$

$$\text{工作变更企业管理费索赔额}（C1）=B1\times\text{工作范围变更索赔的直接费} \tag{9-28}$$

应用埃尺利公式的条件：承包方应证明由于索赔事件的出现，确实引起管理费增加，或在工程停工期间，确实无其他工程可干。对于停工期间短或是索赔额中已包含了管理费的索赔，埃尺利公式不适用。

任务五　施工合同索赔管理案例分析

【案例】 某建设单位有一宾馆大楼的装饰装修和设备安装工程，经公开招标投标确定了由某建筑装饰装修工程公司和设备安装公司承包工程施工，并签订了施工承包合同。合同价为1600万元，工期为130天。合同规定：业主与承包方“每提前或延误工期一天，按合同价的万分之二进行奖罚”、“石材及主要设备由业主提供，其他材料由承包方采购”。施工方与石材厂商签订了石材购销合同；业主经与设计方商定，对主要装饰石材指定了材质、颜色和样品。施工进行到22天时，由于设计变更，造成工程停工9天，施工方8天内提出了索赔意向通知。

施工进行到36天时，因业主方挑选确定石材，使部分工程停工累计达16天，施工方10天内提出了索赔意向通知；施工进行到73天时，该地遭受罕见暴风雨袭击，施工无法进行，延误工期2天，施工方5天内提出了索赔意向通知；施工进行到137天时，施工方因人员调配原因，延误工期3天；最后，工程在152天后竣工。工程结算时，施工方向业主方提出了索赔报告并附索赔有关的材料和证据，各项索赔要求如下：

1. 工期索赔

（1）因设计变更造成工程停工，索赔工期9天；

（2）因业主方挑选确定石材造成工程停工，索赔工期16天；

（3）因遭受罕见暴风雨袭击造成工程停工，索赔工期2天；

（4）因施工方人员调配造成工程停工，索赔工期3天。

2. 费用索赔

$$30\text{天} \times 1600\text{万元} \times 0.02\% = 9.6\text{万元}$$

3. 工期奖励

$$8\text{天} \times 1600\text{万元} \times 0.02\% = 2.56\text{万元}$$

【案例解析】

1. 能够成立的工期索赔

（1）因设计变更造成工程停工的索赔；

（2）因业主方挑选确定石材造成工程停工的索赔；

（3）因遭受罕见暴风雨袭击造成工程停工的索赔。

以上事件均由业主按合同补偿，承担相应损失，工期顺延，施工方获得的工期补偿为27天。

2. 费用索赔

按照双方合同约定：业主与承包方“每提前或延误工期一天，按合同价的万分之二进行奖罚”。因此，业主在顺延工期的同时，应给予施工方费用补偿为

$$27\text{天} \times 1600\text{万元} \times 0.02\% = 8.64\text{万元}$$

3. 工期奖励

$$[(130+27)-152]\ 1600\text{万元} \times 0.02\% = 1.6\text{万元}$$

知识梳理与小结

本学习情境主要内容如下：

施工索赔的概念。施工索赔是指施工合同的一方当事人，对在施工合同履行过程中发生的并非由于自己责任的额外工作、额外支出或损失，依据合同和法律的规定要求对方当事人给予费用或工期补偿的合同管理行为。

施工索赔是一种正当的权利要求，是一种正常的、大量发生而且普遍存在的合同管理业务，是以法律和合同为依据的、合情合理的正当行为。对施工合同双方来说，承包方可以向发包人提出索赔，发包人也可以向承包方提出索赔。在实际工作中的施工索赔多是指承包方向业主提出的索赔。

施工索赔的起因：①工程项目的特殊性；②工程项目内外部环境的复杂性和多变性；③参与工程建设主体的多元性；④工程合同的复杂性及易出错性；⑤投标的竞争性。

施工索赔的程序：①发出意向通知；②索赔证据准备；③编写索赔报告；④提交索赔报告；⑤工程师评审索赔报告；⑥业主审定索赔处理意见；⑦承包方的决定。

承包方的索赔技巧。索赔是合同的一方利用合同和法律所赋予的权利向合同另一方要求对自己的损失进行补偿。但这种补偿不是自动进行的，并不是只要遭受到损失就一定能得到补偿。承包方的索赔较之业主的索赔困难得多。承包方要使索赔成功，就需要在认真按照合同要求实施工程的前提下，采取一定的索赔技巧。应该说，索赔应根据项目的不同、业主的不同、工程师的不同和客观条件的不同而采取灵活的索赔策略和技巧。

工期索赔分析的主要依据有：①合同规定的进度计划；②合同双方共同认可的进度计划；③合同双方共同认可的对工期有影响的文件；④业主、工程师和承包人共同商定的月进度计划；⑤受干扰后的实际工程进度。

工期索赔分析的步骤包括：①确定干扰事件对工程活动的影响，即由于干扰事件发生，使工程活动的持续时间或逻辑关系等产生变化；②由于工程活动持续时间的变化，对总工期产生影响。这可以通过网络分析得到，总工期所受到的影响即为干扰事件的工期索赔值。

工期索赔计算的网络分析方法。网络分析方法通过分析干扰事件发生前后网络计划，对比两种工期计算结果来计算索赔值。它是一种科学的、合理的分析方法，适用于各种干扰事件的索赔。网络分析即关键线路分析法。关键线路上关键活动（工作）持续时间的延长，必然造成总工期的延长，则可以提出工期索赔；而非关键线路上工程活动的延长，只要在其总时差范围内，则不能提出工期索赔。

费用索赔的计算总费用法。总费用法又称总成本法，采用这种方法计算索赔值方法简单，但有严格的适用条件。当费用索赔只涉及某些分部分项工程时，可采用修正总费用法。

复习思考与练习

1．简述施工索赔的概念、发生施工索赔的原因。

2．简述施工索赔的分类。

3．简述施工索赔的处理程序。

4．工期索赔的必要条件是什么？如何计算？

5．简述费用索赔的几种计算方法。

项 目 实 训

为了实施某项目的建设，业主与施工单位按《建设工程施工合同（示范文本）》签订了建设工程施工合同，该项目未投保工程一切险。在施工过程中遭受特大暴风雨袭击，造成相应损失。施工单位及时向工程师提出补偿要求，并附有相关的详细资料和证据。

施工单位认为遭受暴风雨袭击时因非施工单位原因（属于不可抗力）造成的损失，故应由业主承担赔偿责任，主要补偿要求包括：

（1）给已建部分工程造成破坏损失 18 万元，应由业主承担修复的经济责任，施工单位不承担修复的经济责任；

（2）施工单位人员因此灾害数人受伤，处理伤病医疗费用和补偿金总计 3 万元，业主应予以赔偿；

（3）施工单位进场的正在使用的机械设备受到损坏，造成损失 8 万元，由于现场停工造成台班费损失 4.2 万元，业主应承担赔偿和修复的经济责任；

（4）工人窝工费 3.8 万元，业主应予以支付；

（5）因暴风雨造成现场停工 8 天，要求合同工期顺延 8 天；

（6）由于工程损坏，清理现场需费用 2.4 万元，业主应予以支付。

问题：

（1）监理工程师接到承包方提交的索赔申请后，应进行哪些工作？

（2）对承包方提出的要求如何处理？请逐条回答。

学习情境十　建设工程施工合同的争议处理

学习目标

1. 了解施工合同常见争议类型。
2. 了解施工合同争议的起因。
3. 掌握施工合同争议的解决方式。

技能目标

能结合实际案例背景，解决合同中常见争议、纠纷。

【案例导入】 某住宅小区施工合同分析

2009 年 7 月，某省某市金星房地产开发公司与北方建筑公司签订了一份施工合同，修建某一住宅小区。小区建成后，经验收质量合格。验收后 1 个月，金星房地产开发公司发现房屋楼顶漏水，遂要求北方建筑公司负责无偿修理，并赔偿损失，北方建筑公司则以施工合同中并未规定质量保证期限，且工程已经验收合格为由，拒绝无偿修理要求。金星房地产开发公司遂诉至法院。法院判决施工合同有效。认为合同中虽然并没有约定工程质量保证期限，但依建设部 1999 年 11 月 16 日发布的《建设工程质量管理办法》的规定，屋面防水工程保修期限为 3 年，因此本案工程交工后两个月内出现的质量问题应由施工单位承担无偿修理并赔偿损失的责任。判北方建筑公司应当承担无偿修理的责任。

【案例解析】 《民法典》第 795 条规定："施工合同的内容一般包括工程范围、建设工期、中间交工工程的开工和竣工时间、工程质量、工程造价、技术资料交付时间、材料和设备供应责任、拨款和结算、竣工验收、质量保修范围和质量保证期、相互协作等条款。"因此，质量保修范围和质量保证期是建设工程施工合同很重要的条款。

本案争议的施工合同虽欠缺质量保证期条款，但并不影响双方当事人对施工合同主要义务的履行，故该合同有效。由于合同中没有质量保证期的约定，故应当依照法律、法规的规定或者其他规章确定工程质量保证期。法院依照《建设工程质量管理办法》的有关规定对欠缺条款进行补充，依据该办法规定，出现的质量问题属保证期内，故认定北方建筑公司承担无偿修理和赔偿损失责任是正确的。另外，2000 年 1 月 30 日发布的《建设工程质量管理条例》规定，在正常使用条件下，屋面防水工程、有防水要求的卫生间、房间和外墙的防渗漏的最低保修期限为 5 年。该条例第 41 条规定，建设工程在保修范围和保修期限内发生质量问题的，施工单位应当履行保修义务，并对造成的损失承担赔偿责任。

任务一　施工合同争议

实践中，工程施工合同中的常见争议大致有以下几个方面。

1. 工程价款支付主体争议

施工企业被拖欠巨额工程款已成为整个建设领域中屡见不鲜的“正常事”，往往出现工程的发包人并非工程真正的建设单位、并非工程的权利人的情况。在该种情况下，发包人通常不具备工程价款的支付能力，施工单位该向谁主张权利，以维护其合法权益会成为争议的焦点。在此情况下，施工企业应理顺关系，寻找突破口，向真正的发包方主张权利，以保证合法权利不受侵害。

【案例一】 2008 年 4 月，东方大学（甲方）为建设学生公寓，与宏达建筑公司（乙方）签订了一份建设工程合同。合同约定：工程采用固定总价合同形式，主体工程和内外承重墙一律使用国家标准砌块，每层加水泥圈梁：甲方可预付工程款（合同价款的 10%）；工程的全部费用于验收合格后一次付清；交付使用后，如果在 6 个月内发生严重质量问题，由承包人负责修复等。1 年后，学生公寓如期完工，在东方大学和宏达建筑公司共同进行竣工验收时，东方大学发现工程 3～5 层内承重墙体裂缝较多，要求宏达建筑公司修复后再验收。宏达建筑公司认为不影响使用而拒绝修复。因为很多新生亟待入住，东方大学接收了宿舍楼。在使用了 8 个月之后，公寓楼 5 层的内承重墙倒塌，致使 1 人死亡，3 人受伤，其中 1 人致残。受害者与东方大学要求宏达建筑公司赔偿损失，并修复倒塌工程。宏达建筑公司以使用不当且已过保修期为由拒绝赔偿。无奈之下，受害者与东方大学诉至法院。法院在审理期间对工程事故原因进行了鉴定，鉴定结论为宏达建筑公司偷工减料致宿舍楼内承重墙倒塌。因此，法院对宏达建筑公司以保修期已过拒绝赔偿的主张不予支持，判决宏达建筑公司应当向受害者承担损害赔偿责任并负责修复倒塌的部分工程。

【案例解析】 《民法典》第 802 条规定：“因承包人的原因致使建设工程在合理使用期限内造成人身损害和财产损失的，承包人应当承担赔偿责任。”

本条所规定的承包人的损害赔偿责任不是基于承包人与发包人之间的合同约定产生的，而是基于国家有关工程质量保修的强制性规定产生的。

《建筑法》第 62 条规定：“建筑工程实行质量保修制度。建筑工程的保修范围应当包括地基基础工程、主体结构工程、屋面防水工程和其他土建工程，以及电气管线、上下水管线的安装工程，供热、供冷系统工程等项目；保修期限应当按照保证建筑物合理寿命年限内正常使用，维护使用者合法权益的原则确定，具体的保修范围和最低保修年限由国务院规定。”

《建设工程质量管理条例》第 40 条规定：在正常使用条件下，建设工程最低保修期限如下。

（1）基础设施工程、房屋建筑的地基基础工程、主体结构工程，为设计文件规定的该工程的合理使用年限。

（2）屋面防水工程、有防水要求的卫生间、房间和外墙面的防渗漏，为 5 年。

（3）供热与供冷系统，为 2 个采暖期、供冷期。

（4）电气管线、给排水管道、设备安装和装修工程，为 2 年。

（5）其他项目的保修期限由发包方与承包方约定。

（6）建设工程的保修期，由竣工验收合格之日起计算。

根据上述法律规定，建设工程的保修期限不能低于国家规定的最低保修期限，其中，对于地基基础工程、主体结构工程实际规定为终身保修。

在本案中，东方大学与宏达建筑公司虽然在合同中双方约定保修期限为6个月，但这一期限远远低于国家规定的最低期限，尤其是承重墙属主体结构，依法应终身保修。双方的质量期限条款违反了国家强制性法律规定，因此是无效的。宏达建筑公司应当向受害者承担损害赔偿责任。承包人损害赔偿责任的内容应当包括：医疗费、因误工减少的收入、残疾生活补助费等；造成受害人死亡的，还应支付丧葬费、抚恤费，死者生前抚养的人必要的生活费用等。

此外，鉴于宏达建筑公司已酿成重大工程质量事故，依法应当追究其刑事责任。

2. 工程进度款支付、竣工结算及审价争议

尽管合同中已列出了工程量，约定了合同价款，但实际施工中会有很多变化，包括设计变更、现场工程师签发的变更指令、现场条件变化如地质、地形等，以及计量方法等引起的工程数量的增减。这种工程量的变化几乎每天或每月都会发生，而且承包商通常在其每月申请工程进度付款报表中列出，希望得到（额外）付款，但常因与现场监理工程师有不同意见而遭拒绝或者拖延不决。这些工程实际已完，但未获得付款，其金额日积月累，在后期可能增大到一个很大的数字，业主更加不愿支付，因而造成更大的分歧和争议。

在整个施工过程中，业主在按进度支付工程款时往往会根据监理工程师的意见，扣除那些他们未予确认的工程量或存在质量问题的已完工程的应付款项。这种未付款项累积起来往往可能形成一笔很大的金额，使承包商感到无法承受而引起争议。而且，这类争议在工程施工的中后期可能会越来越严重。承包商会认为由于未得到足够的应付工程款而不得不将工程进度放慢下来，而业主则会认为在工程进度拖延的情况下更不能多支付给承包商任何款项，这就会形成恶性循环而使争端愈演愈烈。

更主要的是，许多业主在资金尚未落实的情况下就开始工程的建设，从而千方百计要求承包商垫资施工、不支付预付款、尽量拖延支付进度款、拖延工程结算及工程审价进程，致使承包商的权益得不到保障，最终引起争议。

【案例二】 某花园别墅施工合同分析

某房地产开发公司欲建一豪华花园别墅，遂与某建筑工程承包公司签订建设工程施工合同。关于施工进度，双方在专用条件中约定：4月1日至4月20日，地基完工；4月21日至6月30日主体工程竣工；7月1日至10日，封顶，全部工程竣工。4月初工程开工，由于该房地产公司的楼房在房地产市场极为走俏，为尽早建成该项目，房地产开发公司便派专人检查监督施工进度。检查人员曾多次要求建筑公司缩短工期均被建筑公司以质量无法保证为由拒绝。为使工程尽早完工，房地产开发公司所派检查人员遂以承包公司名义要求材料供应商提前送货至目的地，造成材料堆积过多，管理困难，部分材料损坏。该承包公司遂起诉该企业，要求其承担损害赔偿责任。房地产开发公司以检查作业进度，督促完工为由抗辩，法院判决该房地产开发公司抗辩不成立，应依法承担赔偿责任。

【案例解析】 本案涉及发包方如何行使检查监督权问题。《民法典》第797条规定："发包人在不妨碍承包人正常作业的情况下，可以随时对作业进度、质量进行检查。"

发包人有权随时对承包人作业进度和质量进行检查，但这一权利的行使不得妨碍承包人的正常作业，这是其行使监督检查权利的前提。所谓正常作业，是指承包人依据建

设工程合同的约定，按施工进度计划表、预先设计的施工图纸及说明书等完成建设工程任务的行为。在行使监督检查权利的时间方面，《民法典》第797条未有限制，规定发包人可随时行使。在行使权利的范围方面，包括作业进度和质量两方面发包人对承包人作业进度的检查，一般以承包方提供的施工进度计划表、月份施工作业计划为据。检查、监督为发包人的权利，接受检查、监督便成为承包人的义务。对于发包人不影响其工作的必要监督、检查，承包人应予以支持和协助，不得拒绝。

根据《民法典》第797条规定，如果发包人对作业进度质量进行检查，妨碍了承包人正常作业，那么，承包人有权要求发包人承担由此造成的一切后果和损失；如果发包人的检查工作虽未妨碍承包人正常作业，但却超出了进度和质量两方面的范围限制，则承包人亦可拒绝接受检查，或要求发包人承担由此造成的损失。

在本案中，房地产开发公司派专人检查工程施工进度的行为本身是行使检查权的表现。但是，检查人员的检查行为，已超出了对施工进度和质量进行检查的范围，且以承包公司名义促使材料供应商提早供货，在客观上妨碍了承包公司的正常作业，因而构成权利滥用行为，理应承担损害赔偿责任。

3. 工程工期拖延争议

一项工程的工期延误，往往是由于错综复杂的原因造成的。在许多合同条件中都约定了竣工逾期违约金。由于工期延误的原因可能是多方面的，因而分清各方的责任往往十分困难。经常可以看到，业主要求承包商承担工程竣工逾期的违约责任，而承包商则提出因诸多业主方的原因及不可抗力等因素导致工期应相应顺延，有时承包商还就工期的延长要求业主承担停工窝工的费用。

4. 安全损害赔偿争议

安全损害赔偿争议包括相邻关系纠纷引发的损害赔偿、设备安全、施工人员安全、施工导致第三人安全、工程本身发生安全事故等方面的争议。其中，建筑工程相邻关系纠纷发生的频率已越来越高，其牵涉主体和财产价值也越来越多，业已成为城市居民十分关心的问题。《建筑法》第39条为建筑施工企业设定了这样的义务："施工现场对毗邻的建筑物、构筑物和特殊作业环境可能造成损害的，建筑施工企业应当采取安全防护措施。"

【案例三】 某房地产开发公司A在某一旧式花园洋房的东南方新建高层建筑，将工程发包给施工企业B。与此同时，该花园洋房的正东面业正由房地产开发公司C新建一栋多层住宅。在C工程建设中，该花园洋房的墙壁出现开裂，地基不均匀下沉。B施工以后，墙壁开裂加剧，花园洋房明显倾斜。

该洋房的业主以B、C为共同被告诉至法院，请求判令被告修复房屋并予赔偿，诉讼过程中又将A追加为被告。

【案例解析】 审理过程中，法院主持进行了技术鉴定，查明该房屋裂缝产生的原因是地基不均匀沉降；C在建房屋地基不均匀沉降带动相邻的地基，已产生不利影响；而在其地基尚未稳定的情形下，A新建房屋由施工企业B承包后开始开挖地基，此行为又雪上加霜，使该花园洋房损坏加剧，出现险情。故最后由三企业分别承担了部分赔偿责任。

5. 合同终止争议

终止合同造成的争议有：承包商因这种终止造成的损失严重而得不到足够的补偿，业主对承包商提出的就终止合同的补偿费用计算持有异议，承包商因设计错误或业主拖欠应支付的工程款而造成困难提出终止合同，业主不承认承包商提出的终止合同的理由，也不同意承包商的责难及其补偿要求等。

终止合同一般都会给某一方或者双方造成严重的损害。如何合理处理终止合同后的双方的权利和义务，往往是这类争议的焦点。终止合同可能有以下几种情况。

（1）属于承包商责任引起的终止合同。

例如，业主认为并证明承包商不履约，承包商严重拖延工程并证明已无能力改变局面，承包商破产或严重负债而无力偿还致使工程停滞等。在这些情况下，业主可能宣布终止与该承包商的合同，将承包商驱逐出工地，并要求承包商赔偿工程终止造成的损失，甚至业主可能立即通知开具履约保函和预付款保函的银行全额支付保函金额；承包商则否定自己的责任，并要求取得其已完工程付款，要求业主补偿其已运到现场的材料、设备和各种设施的费用，还要求业主赔偿其各项经济损失，并退还扣留的银行保函。

（2）属于业主责任引起的终止合同。

例如，业主不履约、严重拖延应付工程款并被证明已无力支付欠款，业主破产或无力清偿债务，业主严重干扰或阻碍承包商的工作等。在这种情况下，承包商可能宣布终止与该业主的合同，并要求业主赔偿其因合同终止而遭受的严重损失。

（3）不属于任何一方责任引起的终止合同。

例如，由于不可抗力使任何一方履约合同规定的义务不得不终止合同，大部分政治因素引起的履行合同障碍都属于此类。尽管一方可以引用不可抗力宣布终止合同，但是如果另一方对此有不同看法，或者合同中没有明确规定这类终止合同后果的处理办法，双方应通过协商处理，若达不成一致则按争议处理方式申请仲裁或诉讼。

（4）任何一方由于自身需要而终止合同。

例如，业主因改变整个设计方案、改变工程建设地点或者其他任何原因而通知承包商终止合同，承包商因其总部的某种安排而主动要求终止合同等。这类由于一方的需要而非对方的过失而要求终止合同，大都发生在工程开始的初期，而且要求终止合同的一方通常会认识到并且会同意给予对方适当补偿，但是仍然可能在补偿范围和金额方面发生争议。例如，在业主因自身的原因要求终止合同时，可能会承诺给承包商补偿的范围只限于其实际损失，而承包商可能要求还应补偿其失去承包其他工程机会而遭受的损失和预期利润。

【案例四】 某建筑公司与某厂签订建筑承包合同，承包方为发包方承担6台400立方米煤气罐检查返修的任务，工期6个月，10月开工，合计工程费42万元。临近开工时，因煤气罐仍在运行，施工条件不具备，承包方同意发包方的提议，将开工日期变更至次年7月动工。经发包方许可，承包方着手从本公司基地调集机械和人员如期进入施工现场，搭设脚手架，装配排残液管线。工程进展约两个月，发包方以竣工期无法保证和工程质量差为由，同承包商先是协商提前竣工期，继而洽谈解除合同问题，承包方未同意。接着，发包方正式发文："本公司决定解除合同，望予谅解和支持。"同时，限期让承包方拆除脚手架，迫使承包方无法施工，导致原合同无法履行。为此承包方向法院起诉，要求发包方赔偿其实际损失24万元。

在法院审理中，被告方认为：施工方投入施工现场的人员少、素质差，不可能保证工程任务如期完成和保证工程质量。承包方认为：他们是根据工程进展有计划地调集和加强施工力量，足以保证工期按期完成；对方在工程完工前断言工程质量不可靠，缺乏根据。最后，法院认为：这份建筑施工合同是双方协商一致同意签订的有效合同，是单方毁约行为，应负违约责任。考虑到此案实际情况，继续履行合同有困难，在法院主持下双方达成调解协议，承包合同尚未履行部分由发包方负担终止执行责任，由发包方赔偿承包方工程款、工程器材费和赔偿金等共16万元。

6. 工程质量及保修争议

质量方面的争议包括工程中所用材料不符合合同约定的技术标准要求、提供的设备性能和规格不符，或者不能生产出合同规定的合格产品，或者是通过性能试验不能达到规定的产量要求、施工和安装有严重缺陷等。这类质量争议在施工过程中主要表现为，工程师或业主要求拆除和移走不合格材料，或者返工重做，或者修理后予以降价处置。对于设备质量问题，则常见于在调试和性能试验后，业主不同意验收移交，要求更换设备或部件，甚至退货并赔偿经济损失。而承包商则认为缺陷是可以改正的，或者业已改正；对生产设备质量则认为是性能测试方法错误，或者制造产品所投入的原料不合格或者是操作方面的问题等，质量争议往往变成为责任问题争议。

此外，在保修期的缺陷修复问题往往是业主和承包商争议的焦点，特别是业主要求承包商修复工程缺陷而承包商拖延修复，或业主未经通知承包商就自行委托第三方对工程缺陷进行修复。在此情况下，业主要在预留的保修金扣除相应的修复费用，承包商则主张产生缺陷的原因不在承包商或业主未履行通知义务且其修复费用未经其确认而不予同意。

司法实践证明：工程施工合同的争议呈现逐步上升并愈演愈烈趋势，这是建筑市场不规范，各种主客观原因综合形成，不以人的意志为转移。因此，施工企业不得不高度重视、密切关注并研究解决争议的对策，从而在频繁的争议中占据主动地位。

任务二　施工合同争议的解决方式

建设工程合同争议，是指建设工程合同订立至完全履行前，合同当事人因对合同的条款理解产生歧义或因当事人违反合同的约定，不履行合同中应承担的义务等原因而产生的纠纷。产生建设工程合同纠纷的原因十分复杂，但一般归纳为合同订立引起的纠纷、在合同履行中发生的纠纷、变更合同而产生的纠纷、解除合同而发生的纠纷等几个方面。

《民法典》（第三编）规定，当事人可以通过和解或者调解解决合同争议。当事人不愿和解、调解或者和解、调解不成的，可以根据仲裁协议向仲裁机构申请仲裁。当事人没有订立仲裁协议或者仲裁协议无效的，可以向人民法院起诉。当事人应当履行发生法律效力的判决、仲裁裁决、调解书；拒不履行的，对方可以请求人民法院执行。从上述规定可以看出，在我国，合同争议解决的方式主要有和解、调解、仲裁和诉讼四种。

一、合同争议的和解

1. 和解的概念和意义

（1）和解的概念。

和解，是指在合同发生纠纷后，合同当事人在自愿互谅的基础上，依照法律、法规的规定和合同的约定，自行协商解决合同争议。

建设工程合同争议的和解，是由建设工程合同当事人双方自己或由当事人双方委托的律师出面进行的。在协商解决合同争议的过程中，当事人双方依照平等自愿原则，可以自由、充分地进行意思表示，弄清争议的内容、要求和焦点所在，分清责任是非，在互谅互让的基础上使合同争议得到及时、圆满的解决。

（2）建设工程合同争议和解的意义。

1）有利于双方当事人团结和协作，便于协议的执行。合同双方当事人在平等自愿、互谅互让的基础上就建设工程合同争议的事项进行协商，气氛比较融洽，有利于缓解双方的矛盾，消除双方的隔阂和对立，加强团结和协作。同时，由于协议是在双方当事人统一认识的基础上自愿达成的，所以可以使纠纷得到比较彻底的解决，协议的内容也比较容易顺利执行。

2）针对性强，便于抓住主要矛盾。由于建设工程合同双方当事人对事态的发展经过有亲身的经历，了解合同纠纷的起因、发展以及结果的全过程，便于双方当事人抓住纠纷产生的关键原因，有针对性地加以解决。因合同当事人双方一旦关系恶化，常常会在一些枝节上纠缠不休，使问题扩大化、复杂化，而合同争议的和解就可以避免走这些不必要的弯路。

3）简便易行，便于及时解决纠纷。建设工程合同争议的和解解决不受法律程序的约束，没有仲裁程序或诉讼程序那样有一套较为严格的法律规定，当事人可以随时发现问题，随时要求解决，不受时间、地点的限制，从而防止矛盾的激化、纠纷的逐步升级，便于对合同争议的及时处理。

4）可以避免当事人把大量的精力、人力、物力放在诉讼活动上。建设工程合同发生纠纷后，往往合同当事人各方都认为自己有理，特别在诉讼中败诉的一方，会一直把官司打到底，牵扯巨大的精力，而且可能由此结下怨恨。如果和解解决，就可以避免这些问题，对双方当事人都有好处，而且也有利于减轻仲裁、审判机关的压力。

2. 和解的原则

建设工程合同双方当事人之间自行协商，和解解决合同纠纷，应遵守如下原则。

（1）合法原则。合法原则要求建设工程合同当事人在和解解决合同纠纷时，必须遵守国家法律、法规的要求，所达成的协议内容不得违反法律、法规的规定，也不得损害国家利益、社会公共利益和他人的利益。合法原则是和解解决建设工程合同纠纷的当事人应当遵守的首要原则。如果违背了合法原则，双方当事人即使达成了和解协议也是无效的。为此，建设工程合同双方当事人都应是执行法律、法规的模范，任何违反法律、法规的行为都是不允许的。

（2）自愿原则。自愿原则是指建设工程合同当事人对于采取自行和解解决合同纠纷的方式，是自己选择或愿意接受的，并非受到对方当事人的强迫、威胁或其他的外界压力。同时，双方当事人协议的内容也必须是出于当事人的自愿，决不允许任何一方给对方施加压力，以终止协议等手段相威胁，迫使对方达成只有对方尽义务、没有自己负责任的“霸王协议”。

（3）平等原则。平等原则既表现为建设工程合同双方当事人在订立合同时法律地位平等，在合同发生争议时，双方当事人在自行和解解决合同争议过程中的法律地位也是平等的。双方当事人要互相尊重，平等对待，都有权提出自己的理由和建议，都有权对对方的观点进行辩论。不允许以强欺弱，以大欺小，达成不公平的所谓和解协议。

（4）互谅互让原则。互谅互让原则就是建设工程合同双方当事人在如实陈述客观事实和理由的基础上，也要多从自身找原因，认识在引起合同纠纷问题上自己应当承担的责任，而不能片面强调对自己有利的事实和理由而不顾及全部的事实，或片面指责对方当事人，要求对方承担责任。即使自身没有过错，也不能得理不让人。这也正是合同的协作履行原则在处理建设工程合同争议中的具体运用。

3. 和解解决合同争议的程序

从实践中看，用自行和解的方法解决建设工程合同纠纷所适用的程序与建设工程合同的订立、变更或解除所适用的程序大致相同，采用要约、承诺方式。即一般是在建设工程合同纠纷发生后，由一方当事人以书面的方式向对方当事人提出解决纠纷的方案，方案应当是比较具体、比较完整的。另一方当事人对提出的方案可以根据自己的意愿做一些必要的修改，也可以再提出一个新的解决方案。然后，对方当事人又可以对新的解决方案提出新的修改意见。这样，双方当事人经过反复协商，直至达到一致意见，从而产生“承诺”的法律后果，达成双方都愿意接受的和解协议。对于建设工程合同所发生的纠纷用自行和解的方式来解决，应订立书面形式的协议作为对原合同的变更或补充。

4. 争议和解应当注意的几个问题

（1）分清责任。和解解决建设工程合同纠纷的基础是分清责任。尤其是在市场竞争中，当事人都应保持良好的形象和信誉，明确各方的权利和责任，在自行和解解决合同纠纷的过程中，当事人双方要实事求是地分析纠纷产生的原因，不能一味地推卸责任，否则不利于纠纷的解决。因为如果双方当事人都认为自己有理，责任在对方，则难以做到互谅互让、达成和解协议。

（2）坚持原则。在建设工程合同纠纷的协商过程中，双方当事人既要互相谅解，以礼相待，勇于承担各自的责任，又不能进行无原则的和解，要杜绝在解决纠纷中的损害国家利益和社会公共利益的行为，尤其是对解决合同纠纷中的行贿受贿行为，要进行揭发、检举；对于违约责任的处理，只要建设工程合同中约定的违约责任是合法的，就应当追究违约方的违约责任，违约方应当主动承担违约责任，受害方也应当积极向违约方追究违约责任，决不能以协作为名，假公济私，慷国家之慨，中饱私囊。

（3）及时解决。建设工程合同发生纠纷，双方当事人自愿采取和解方式解决纠纷时，应当注意合同纠纷要及时解决。由于和解不具有强制执行的效力，容易出现当事人反悔。如果双方当事人在协商过程中出现僵局，争议迟迟得不到解决时，就不应该继续坚持和解解决的办法。否则，会使合同纠纷进一步扩大，特别是一方当事人有故意不法侵害行为时，更应当及时采取其他方法解决。如果双方当事人在订立合同时约定了仲裁协议，可以申请仲裁机构对合同纠纷仲裁解决；如果双方当事人没有约定仲裁条款或仲裁协议无效，则可以向有管辖权的人民法院起诉，采取诉讼方式解决合同纠纷。

（4）注意把握和解的技巧。首先要求当事人双方坚持和解的原则，诚实信用，以礼相待，处处表现出宽容和善意。其次，要求当事人在意思表达准确的同时，要恰当使用协商语言，不使用过激的或模棱两可的语言。再次，在协商过程中，要摆事实、讲道理。讲道理时，一定要围绕中心，抓住主要问题，以使合同纠纷的主要问题及时得到解决。在某些场合下还要注意“得理让人”，对非原则问题，可以做一些必要的让步，以使对方当事人感到诚意，从而使问题及早得到彻底的解决。此外，自行和解有时也可以请第三人从中斡旋，但以双方当事人的意思一致作为达成协议的根据，第三人只在当事人之间起“牵线搭桥”的作用，并不实质上参与当事人之间的协商。

二、合同争议的调解

1. 调解的概念和意义

（1）调解的概念。调解，是指在合同发生纠纷后，在第三人的参加和主持下，对双方当事人进行说服、协调和疏导工作，使双方当事人互相谅解并按照法律的规定及合同的有关约定达成解决合同纠纷的协议。

建设工程合同争议的调解，是解决合同争议的一种重要方式，也是我国解决建设工程合同争议的一种传统方法。它是在第三人的参加与主持下，通过查明事实，分清是非，说服教育，向当事人双方提出解决争议的方案，促使双方在互谅互让的基础上自愿达成调解协议，消除纷争。第三人进行调解必须实事求是、公正合理，不能压制双方当事人，而应促使他们自愿达成协议。

《民法典》（第三编）规定了当事人之间首先可以通过自行和解来解决合同的纠纷，同时也规定了当事人还可以通过调解的方式来解决合同的纠纷，这两种方式当事人可以自愿选择其中一种或两种。调解与和解的主要区别在于：前者有第三人参加，并主要是通过第三人的说服教育和协调来达成解决纠纷的协议；而后者则完全是通过当事人自行协商来达成解决合同纠纷的协议。两者的相同之处在于：它们都是在诉讼程序之外所进行的解决合同纠纷的活动，达成的协议都是靠当事人自觉履行来实现的。

（2）调解解决建设工程合同争议的意义。

1）有利于化解合同双方当事人的对立情绪，迅速解决合同纠纷。当合同出现纠纷时，合同双方当事人会采取自行协商的方式去解决，但当事人意见不一致时，如果不及时采取措施，就极有可能使矛盾激化。在我国，调解之所以成为解决建设工程合同争议的重要方式之一，就是因为调解有第三人从中做说服教育和劝导工作，化解矛盾，增进理解，有利于迅速解决合同纠纷。

2）有利于各方当事人依法办事。用调解方式解决建设工程合同纠纷，不是让第三人充当无原则的和事佬。事实上，调解合同纠纷的过程是一个宣传法律、加强法治观念的过程。在调解过程中，调解人的一个很重要的任务就是使双方当事人懂得依法办事和依合同办事的重要性。它可以起到既不伤和气，又受到一定的法制教育的作用，有利于维护社会安定团结和社会经济秩序。

3）有利于当事人集中精力干好本职工作。通过调解解决建设工程合同纠纷，能够使双方当事人在自愿、合法的基础上，消除隔阂，达成调解协议。同时，可以简化解决纠纷的程序，减少仲裁、起诉和上诉所花费的时间和精力，争取到更多的时间迅速集中精力进行经营活动。这不仅有利于维护双方当事人的合法权益，而且有利于促进社会主义现代化建设的发展。

2. 调解的原则

建设工程合同纠纷的调解，一般应遵守下列三个基本原则。

（1）自愿原则。建设工程合同纠纷的调解过程，是双方当事人弄清事实真相、分清是非、明确责任、互谅互让、提高法律观念、自愿取得一致意见并达成协议的过程。协议是双方当事人自愿达成一致意见的结果。因此，只有在双方当事人自愿接受调解的基础上，调解人才能进行调解。如果纠纷当事人双方或一方根本不愿意用调解方式解决纠纷，那么就不能进行调解。另外，调解协议也必须由双方当事人自愿达成。调解人在调解过程中要耐心听取双方当事人和关系人的意见，并对这些意见进行分析研究，在查明事实、分清是非的基础上，对双方当事人进行说服教育，耐心劝导，促使双方当事人互相谅解，达成协议。调解人不能代替当事人达成协议，也不能把自己的意志强加给当事人。

（2）合法原则。合法原则首先要求建设工程合同双方当事人达成协议的内容必须合法，不得同法律和政策相违背。凡是有法律、法规规定的，按法律、法规的规定办；法律、法规没有明文规定的，应根据党和国家的方针、政策，并参照合同规定的条款进行处理。达成的调解协议，不得损害国家利益和社会公共利益，也不得损害其他人的合法权益。只有这样才是真正意义上的正确的调解。此外，在任何情况下，都必须要求调解人在调解活动中坚持合法原则，否则难以保证调解协议内容的合法性。比如，调解活动不讲原则，一味强调让步，或违反法律而达成的协议，结果既损害了当事人的利益，所达成的调解协议也没有任何保障。

（3）公平原则。公平原则要求调解建设工程合同纠纷的第三人秉公办事、不徇私情、平等待人，公平合理地解决问题。尤其是在承担相应责任方面，决不能采用“和稀泥”“各打五十大板”等无原则性的方式，而是实事求是，采取权利与义务对等、权责相一致的公平原则。这样才能够取得双方当事人的信任，促使他们自愿达成协议。否则，如果偏袒一方或压服另一方，只能引起当事人的反感，不利于纠纷的解决。当然，在处理具体问题时，要鼓励各方互谅互让，承担相应责任。

3. 调解的种类

（1）人民调解。人民调解亦称民间调解，是指合同发生纠纷后，当事人共同协商，请有威望、受信赖的第三人，包括人民调解委员会、企事业单位或其他经济组织、一般公民以及律师、专业人士作为中间调解人，双方合理合法地达成解决纠纷的协议。

建设工程合同纠纷的民间调解不多，主要体现在律师和专业人士的依法调解。律师或专业人士的调解是指律师或专业人士接受合同纠纷双方当事人的委托，居中公平主持调解，力争使双方达成协议。用这种方式主持调解合同纠纷，为解决建设工程合同的纠纷起到了积极的作用。

律师或专业人士主持调解纠纷可以在一定程度上弥补我国现有调解队伍力量不足的现象，对于一些法院难以受理的案件，当事人往往请一些中间人调解来解决纠纷。由于律师和专业人士本身良好的素质，具有一定的专业知识和法律水平，熟悉政策与规范，更有利于说服当事人，从而使当事人双方的纠纷在更加合乎法律和情理的情况下解决，这样有助于加强法律的宣传和教育作用，提高当事人的法治观念。另一方面，律师和专业人士主持调解有利于缓解当事人之间的矛盾，减轻人民法院的负担。实践证明，律师和专业人士主持调解处理非诉讼事件的方式方便当事人，省时省力，又能使问题得到及时合理的解决，免除了诉讼之累，不失为一种好方式。

人民调解属于诉讼外的调解，双方达成的调解协议，并不具有法律的强制力，它是依靠当事人自愿来履行的。如果当事人不愿调解、调解不成或者达成协议后又反悔的，可以向仲裁机构申请仲裁或向人民法院起诉。

（2）行政调解。行政调解，是指建设工程合同发生纠纷后，在有关行政主管部门参与下协商解决争端，达成协议解决合同纠纷的方式。

行政调解主要是指主管部门的调解。建设工程合同纠纷的行政调解人一般是一方或双方当事人的业务主管部门。而业务主管部门对下属企业单位的生产经营和技术业务等情况比较熟悉和了解。他们能在符合国家法律政策的要求下，教育说服当事人自愿达成调解协议。这样既能满足各方的合理要求，维护其合法权益，又能使合同纠纷得到及时彻底的解决。

需要明确的是，业务主管部门调解解决不是法定的程序，因此必须在双方自愿的原则下进行，任何业务主管部门不得强制进行调解。参加业务主管部门行政调解的有关人员也必须实事求是，秉公办事，平等待人，不能以行政命令和压服的方法迫使当事人达成调解协议。同人民调解一样，行政调解达成的调解协议，也不具有法律的强制力。当事人可以不接受调解，直接向仲裁机构申请仲裁或向人民法院起诉。

（3）仲裁调解。仲裁调解是指由仲裁机构主持和协调，对申请合同争议仲裁的当事人进行说服与调停，促使双方当事人互谅互让，自愿达成解决合同争议的调解协议。

我国《仲裁法》规定，仲裁庭在作出裁决前，可以先行调解，当事人自愿调解的，仲裁庭应当调解；调解不成的，仲裁庭应当进行裁决。所谓先行调解，就是仲裁机构先于裁决之前，根据争议的情况或双方当事人自愿而进行说服教育工作，以便双方当事人自愿达成调解协议，解决纠纷。仲裁调解是由仲裁庭中的仲裁员来主持调解的。《仲裁法》还规定，调解达成协议的，仲裁庭应当制作调解书，调解书应当写明仲裁请求和当事人协议的结果。调解书由仲裁员签名，加盖仲裁委员会印章，送达双方当事人。调解书经双方当事人签收后，即发生法律效力，当事人不得反悔，必须自觉履行。在调解书签收前当事人一方或双方反悔的，仲裁庭应当及时做出裁决。调解书发生法律效力后，如果一方不履行，另一方当事人可以向有管辖权的人民法院申请强制执行。

调解达成协议的，按照当事人的请求，仲裁庭也可以根据调解协议的结果制作裁决书。调解书与裁决书具有同等的法律效力。

（4）诉讼调解。诉讼调解又称法院调解，是指在审判人员的主持和协调下，双方当事人就合同争议进行平等协商，自愿达成解决合同争议的调解协议。

当事人因合同争议起诉到法院之后，法院在审理案件过程中，应根据自愿、合法的原则进行调解，当事人不愿调解或调解不成的，法院应当及时裁决。当事人也可以在诉讼开始后至裁决作出之前，随时向法院申请调解，人民法院认为可以调解时也可以随时调解。当事人自愿达成调解协议后，法院应当要求双方当事人在调解协议上签字，并根据情况决定是否制作调解书。对不需要制作调解书的协议，应当记入笔录，由争议双方当事人、审判人员、书记员签名或者盖章后，即具有法律效力。多数情况下，争议双方达成协议后，法院应当制作调解书。调解书应当写明诉讼请求、案件的事实和调解结果。调解书应由审判人员、书记员署名，加盖人民法院印章，送达双方当事人。调解书经双方当事人签收后，即具有法律效力。当事人必须履行调解书中确定的义务，否则，另一方当事人可以申请人民法院强制执行。对于已经生效的调解书，当事人不得提起上诉。调解未达成协议或者调解书送达前一方反悔的，调解即告终结，法院应当及时裁决而不得久调不决。

4. 调解的程序

调解建设工程合同纠纷，方法是多样的，但调解过程都应有步骤地进行，通常可以按以下程序进行。

（1）提出调解意向。纠纷当事人一方选择好调解方式之后，把自己的想法和方案提出来，由调解人向纠纷另一方当事人提出，另一方亦可将有关想法或方案告诉调解人。

（2）调解准备。调解人初步审核合同的内容、发生争议的问题，确定主持调解的人员。选择调解的时间、地点，确定调解的方式、方法。

（3）协调和说服。调解人召集当事人说明纠纷的问题、原因和要求，并验明提供的证据材料，双方当事人进行核对，在弄清事实情况的基础上，以事实为依据，以法律和合同为准绳，分别做说服工作。

（4）达成协议。如果双方当事人想法接近或经过做说服工作后缩短了差距，调解人可以提出调解意见，促使纠纷双方当事人达成协议，并制作调解书。

5. 采用调解方式时应注意的问题

（1）实事求是，查清起因。查清事实、查清起因，是搞好调解工作的基础。调解必须以事实为根据。所谓以事实为根据，就是反映事物的本来面目。调解人要采取实事求是的态度，深入到有关方面，进行认真地调查研究，查清工程合同纠纷发生的时间、地点、原因、双方争执的经过和执行后产生的结果，以及证据和证据的来源。在处理合同争议时，要虚心听取各方面的意见，并加以深入分析和研究。涉及专业技术问题，还需委托有关部门作出技术鉴定，或邀请他们参加质量技术问题的座谈会，提出意见，判明是非和责任所在。不注意这些就会作出错误的判断和错误的调解方案，调解也难以成功。

（2）分清责任，依法调解。法律、法规和政策以及建设工程合同是区分纠纷是非、明确责任的尺度和准绳。调解必须以法律和合同为准绳。这就要求调解人要熟悉法律和合同的有关规定，依照法律和合同办事，分清责任。具体而言包括两方面的含义；一方面是调解人在调解过程中必须严格按照法律规定的程序和原则进行；另一方面是协议的内容必须符合法律的规定，一定要依法调解。要做到有法必依，公正调解，撇除干扰，不徇私情。这样才能分清是非，明确责任，才能使当事人信服，顺利达成协议。正确地执行法律，为解决疑难纠纷创造良好的条件，否则不仅调解不成，往往还会使原纠纷加重。

（3）协调说服，互谅互让。建设工程合同纠纷一般涉及各方的经济利益，有些纠纷还涉及企业的声誉。因此，一旦有了合同纠纷，不少当事人在调解过程中过分强调对方的过错，甚至隐瞒歪曲事实，谎报情况，这些都是对调解工作不利的因素。所以，调解人在调解工作中，要摆事实，讲道理，必须耐心地做好深入细致的说服教育疏导工作，协调好双方的关系，促使双方当事人相互谅解，这样才能保证调解工作的顺利进行。

（4）及时调解，不得影响仲裁和诉讼。调解必须及时，这对于解决合同纠纷非常重要。如果纠纷得不到及时解决，就有可能使矛盾激化。同时，也要防止一方恶意利用调解使纠纷复杂化的问题。建设工程合同纠纷发生后，不论当事人申请调解还是不申请调解，也不论当事人在调解中没有达成协议还是达成协议后又反悔，均不影响当事人依照法律规定向仲裁委员会申请仲裁或向人民法院起诉。

三、经济仲裁制度

1. 经济仲裁的概念和特点

（1）经济仲裁的概念。

仲裁亦称“公断”，是指当事人之间的纠纷由仲裁机构居中审理并裁决的活动。

所谓经济仲裁，是指用仲裁的方法解决经济活动中所发生的各种纠纷。在国际上，仲裁是解决争议的常见方式。经济仲裁在我国已经成为解决经济纠纷的重要方式。

建设工程合同仲裁属于经济仲裁的范畴，是指建设工程合同双方当事人发生争执，协商不成时，根据当事人之间的协议，由仲裁机构依照法律对双方所发生的争议，在事实上作出判断，在权利义务上作出裁决。它是处理建设工程合同纠纷的一种方式。在我国境内履行的建设工程合同，双方当事人申请仲裁的，适用《中华人民共和国仲裁法》的规定。实践证明，实行仲裁制度，可以及时、妥善地解决建设工程合同纠纷，从而减轻人民法院的办案压力，以保证和提高人民法院的办案质量。用仲裁方式解决建设工程合同纠纷与用经济审判方式解决合同争议相比较，手续方便，程序简易，方便灵活，处理及时，有利于迅速解决合同纠纷，减少经济损失，维护正常的民事、经济活动。同时，有利于巩固和发展双方当事人的协作关系，也有利于协议的执行。

（2）经济仲裁的特点。

1）协议仲裁。仲裁机构对经济纠纷的仲裁，必须以双方当事人的自愿为前提。如果发生纠纷的双方没有选择仲裁的方式，仲裁机构就没有权力对纠纷进行仲裁。如果双方当事人同意选择仲裁的方式解决纠纷，必须用书面的形式将这一意愿表达出来，即应在纠纷发生的前或后达成仲裁协议。没有书面的仲裁协议，仲裁机构就无权受理对该纠纷的解决。

2）专门机构仲裁。仲裁委员会是由人民政府组织有关部门和商会统一组建，但仲裁机关不是行政机关，也不是司法机关，属于民间团体。根据《仲裁法》的规定，仲裁委员会独立于行政机关，与行政机关没有隶属关系，仲裁委员会之间也没有隶属关系。

3）裁决具有强制执行力。仲裁裁决具有法律效力，对双方当事人都有约束力，当事人应该自觉履行。一方当事人不履行的，另一方当事人可以依照有关法律的规定向人民法院申请强制执行。

2. 经济仲裁的原则

（1）独立的原则。

仲裁机构在仲裁经济纠纷时依法独立进行，不受行政机关、社会团体和个人的干涉。

仲裁委员会之间无隶属关系，互不干涉。各个仲裁机构应该严格地依照法律和事实独立地对经济纠纷进行仲裁，作出公正的裁决，保护当事人的合法利益。

（2）自愿的原则。

在经济仲裁中，自愿原则体现在许多方面。例如，是否选择仲裁的方式解决纠纷，选择哪一个仲裁机构进行仲裁，仲裁是否公开进行，在仲裁的过程中是否要求调解、是否进行和解、是否撤回仲裁申请等，都是由当事人自行决定的，并且应该得到仲裁机构的尊重。

（3）一裁终局的原则。

一裁终局的含义是指裁决作出之后，当事人就同一纠纷再申请仲裁或者向人民法院起诉的，仲裁委员会或者人民法院不应受理。当然，仲裁裁决被法院依法裁定撤销或者不予执行的除外。

（4）先行调解的原则。

先行调解就是仲裁机构先于裁决之前，根据争议的情况或双方当事人自愿而进行说服教育和劝导工作，以便双方当事人自愿达成调解协议，解决纠纷。

3. 仲裁协议

（1）仲裁协议的概念和作用。

仲裁协议，是指经济活动的各方当事人自愿选择仲裁的方式解决他们之间可能发生的或者已经发生的经济纠纷的书面约定。

仲裁协议是双方当事人自愿将纠纷提交仲裁机构予以解决的书面意思表示，是仲裁机构受理案件的唯一依据，是仲裁机构管辖案件的前提。没有仲裁协议，一方当事人申请仲裁的，仲裁机构不予受理。除非仲裁协议无效或者当事人放弃仲裁协议，否则，只要有仲裁协议，法院对案件就没有管辖权。也就是说，仲裁协议有排除法院管辖权的效力。同时，仲裁协议也是仲裁裁决可以具有强制执行力的前提。

（2）仲裁协议的种类和内容。

1）仲裁协议的种类。《仲裁法》第 16 条规定：“仲裁协议包括合同中订立的仲裁条款和以其他方式在纠纷发生前或者发生后达成的请求仲裁的协议。”由此可见，依据仲裁协议订立的时间和形式的不同，仲裁协议有三种类型：①仲裁条款，这种类型的仲裁协议常常在合同订立的同时订立；②纠纷发生之前，在合同之外单独订立的协议，规定有关仲裁的事项；③纠纷发生之后，在合同之外单独订立的协议。

2）仲裁协议的内容。根据《仲裁法》的规定，仲裁协议应当具有以下主要内容：①请求仲裁的意思表示，即双方当事人应当明确表示将合同争议提交仲裁机构解决；②仲裁事项，即双方当事人共同协商确定的提交仲裁的合同争议范围；③选定的仲裁委员会，双方当事人应明确约定仲裁事项由哪一个仲裁机构进行仲裁。

（3）仲裁协议的无效及其确定。

在违背法律规定的情况下，双方当事人所订立的仲裁协议是无效的，没有法律效力。根据《仲裁法》的规定，导致仲裁协议无效的原因有：①约定的仲裁事项超出法律规定的范围的；②无民事行为能力的人或者限制民事行为能力的人订立的仲裁协议；③一方采取胁迫手段，迫使对方订立仲裁协议的。

此外，仲裁协议对仲裁事项约定不明确的，当事人可以补充协议；达不成补充协议的，仲裁协议无效。

4. 仲裁程序

（1）申请和受理。申请是指当事人向仲裁委员会依照法律的规定和仲裁协议的约定，将纠纷提请约定的仲裁委员会予以仲裁。根据《仲裁法》的规定，当事人申请仲裁应当符合以下条件：第一，有仲裁协议；第二，有具体的仲裁请求和事实、理由；第三，属于仲裁委员会的受理范围。在申请仲裁时，应当向仲裁委员会提交仲裁协议、仲裁申请书及副本。

受理是指仲裁委员会依法接受对纠纷的审理。仲裁委员会在收到仲裁申请书之日起 5 日内，认为符合受理条件的，应当受理，并通知当事人；认为不符合受理条件的，应当书面通知当事人不予受理，并说明理由。仲裁委员会在受理仲裁申请后，应当在仲裁规则规定的期限内将仲裁规则和仲裁员名册送达申请人，并将仲裁申请书的副本和仲裁规则、仲裁员名册送达被申请人。

（2）组成仲裁庭。仲裁委员会在受理仲裁申请后，应当组成仲裁庭进行仲裁活动。仲裁庭不是一种常设的机构，其组成的原则是一案一组庭。

仲裁庭有两种组成方式，一种是由三名仲裁员组成，即合议制的仲裁庭；一种则是由一名仲裁员组成，即独任制的仲裁庭。在具体的仲裁活动中，采取上述两种方法中的哪一种，由当事人在仲裁协议中协商决定。当事人约定合议制仲裁庭的，应当各自选定或者各自委托仲裁委员会主任指定一名仲裁员，第三名仲裁员，即首席仲裁员由当事人共同选定或者共同委托仲裁委员会主任指定。当事人约定独任制仲裁庭的，应当由当事人共同选定或者共同委托仲裁委员会主任指定。当事人没有在仲裁规则规定的期限内约定仲裁庭的组成方式或者选定仲裁员的，由仲裁委员会主任指定。仲裁庭组成后，仲裁委员会应当将仲裁庭的组成情况书面通知当事人。

（3）开庭和裁决。开庭，即开庭审理，是指仲裁庭按照法定的程序，对案件进行有步骤有计划的审理。开庭审理是仲裁庭对案件审理的中心环节，这是因为开庭审理前的一切准备工作是为了开好庭，而且与案件有关的一切事实和证据，都要通过开庭予以揭示和审查核实，并据此对案件作出裁决。因此，《仲裁法》第 39 条规定：“仲裁应当开庭进行。”也就是当事人共同到庭，经调查和辩论后进行裁决。同时，该条还规定：“当事人协议不开庭的，仲裁庭可以根据仲裁申请书、答辩书以及其他材料作出裁决。”

仲裁不公开进行，即以不公开审理为原则。这是为了最大程度地保护当事人的商业形象以及可能会涉及的商业秘密。因此，除特别许可外，仲裁活动是不允许旁听的。但是，除涉及国家秘密的以外，当事人协议仲裁公开进行的，则可以公开进行。

在开庭审理以前，仲裁委员会应当在仲裁规则规定的期限内将开庭日期通知双方当事人；经书面通知后，申请人无正当理由不到庭或者未经仲裁庭许可中途退庭的，可以视为撤回仲裁申请。经书面通知后，被申请人无正当理由不到庭或者未经仲裁庭许可中途退庭的，可以缺席裁决。

在仲裁过程中，原则上应由当事人承担对其主张的举证责任。证据应当在开庭时出示，当事人可以质证。在证据可能灭失或者以后难以取得的情况下，当事人可以申请证据保全。在仲裁过程中，当事人有权进行辩论。仲裁庭在作出裁决前，可以先行调解。而且，如果当事人自愿调解的，仲裁庭应当调解。当事人申请仲裁后，可以自行和解。

5. 法院对仲裁的协助和监督

根据《民事诉讼法》和《仲裁法》的规定，我国在仲裁和诉讼的关系方面做了很大的改革，变过去的“既裁又审”为现在的“或裁或审”制度。在这种制度下，法院对仲裁活动不予干涉，但是，仲裁活动需要法院的协助和监督，以保证仲裁活动得以顺利地、合法地进行，从而保障当事人的合法权益。

（1）法院对仲裁活动的协助。法院对仲裁的协助，主要表现在财产保全、证据保全和强制执行仲裁裁决等方面。

1）财产保全。财产保全是指为了保证仲裁裁决能够得到实际执行，以免利害关系人的合法利益受到难以弥补的损失，在法定条件下所采取的限制另一方当事人、利害关系人处分财物的保障措施。财产保全措施包括查封、扣押、冻结以及法律规定的其他方法。

2）证据保全。证据保全是指在证据可能毁损、灭失或者以后难以取得的情况下，为保存其证明作用而采取一定的措施加以确定和保护的制度。证据保全是保证当事人承担举证责任的补救方法，在一定意义上也是当事人取得证据的一种手段。证据保全的目的就是保障仲裁的顺利进行，确保仲裁庭作出正确裁决。

3）强制执行仲裁裁决。仲裁裁决是指仲裁机构经过当事人之间争议的审理，依据争议的事实和法律，对当事人双方的争议作出的具有法律约束力的判定。《仲裁法》第 57 条明确规定；“裁定书自作出之日起发生法律效力。”除非人民法院依照法定程序和条件裁定撤销或者不予执行仲裁裁决，当事人应当自觉履行裁决。由于仲裁机构没有强制执行仲裁裁决的权力，因此，为了保障仲裁裁决的实施，防止负有履行裁决义务的当事人逃避或者拒绝仲裁裁决确定的义务。我国《仲裁法》规定，一方当事人不履行仲裁裁决的，另一方当事人可以依照《民事诉讼法》的有关规定向人民法院申请执行，受申请的人民法院应当执行。

（2）法院对仲裁活动的监督。为了发挥经济仲裁可以快捷、有效地解决各种经济纠纷的特点，我国《仲裁法》不允许当事人在仲裁裁决作出后再向人民法院提起诉讼。但是，为了提高仲裁员的责任心，保证仲裁裁决的合法性、公正性，保护各方当事人的合法权益，我国

《仲裁法》同时规定了人民法院对仲裁活动予以司法监督的制度。我国司法监督的有关规定表明，对仲裁进行司法监督的范围是有限的而且是事后的。如果当事人对仲裁裁决没有异议，不主动申请司法监督，法院对仲裁裁决采取不干预的做法，司法监督的实现方式主要是允许当事人向法院申请撤销仲裁裁决和不予执行仲裁裁决。

1）撤销仲裁裁决。根据《仲裁法》第 58 条规定，当事人提出证据证明裁决有下列情形之一的，可以在自收到仲裁裁决书之日起 6 个月内向仲裁委员会所在地的中级人民法院申请撤销仲裁裁决：没有仲裁协议的；裁决的事项不属于仲裁协议的范围或者仲裁委员会无权仲裁的；仲裁庭的组成或者仲裁的程序违反法定程序的；裁决所根据的证据是伪造的；对方当事人隐瞒了足以影响公正裁决证据的；仲裁员在仲裁该案时有索贿受贿、徇私舞弊、枉法裁决行为的。以上规定表明，当事人申请撤销裁决应当在法律规定的期限内向人民法院提出，并应提供证明有以上情形的证据。同时，并非任何法院都有权受理撤销仲裁裁决的申请，只有仲裁委员会所在地的中级人民法院对此享有专属管辖权。

2）不予执行仲裁裁决。根据《仲裁法》第 63 条的规定，在仲裁裁决执行过程中，如果被申请人提出证据证明裁决有下列规定的情形之一的，经人民法院组成合议庭审查核实，裁定不予执行该仲裁裁决。规定的情形有：当事人在合同中没有订有仲裁条款或者事后没有达成书面仲裁协议的；裁决的事项不属于仲裁协议的范围或者仲裁机构无权仲裁的；仲裁庭的组成或者仲裁的程序违反法定程序的；认定事实和主要证据不足的；适用法律有错误的；仲裁员在仲裁该案时有贪污受贿、徇私舞弊、枉法裁决行为的。

仲裁裁决被人民法院裁定不予执行的，当事人之间的纠纷并没有得到解决。因此，当事人就该纠纷可以根据双方重新达成的仲裁协议申请仲裁，也可以向人民法院起诉。

四、经济诉讼制度

1．经济诉讼的概念和特点

（1）经济诉讼的概念。

经济诉讼是指经济审判机关在当事人和其他诉讼参与人的参加下，对经济纠纷案件进行审理并作出裁决，以解决经济纠纷的活动。目前，经济诉讼已成为解决经济纠纷、维护当事人合法经济权益的一种重要手段。经济诉讼的主要法律依据是《民事诉讼法》以及最高人民法院根据经济纠纷案件的特点而发布的大量有关经济纠纷案件的司法解释。

建设工程合同纠纷的诉讼，是指合同纠纷的一方当事人诉至法院，由人民法院对建设工程合同纠纷案件行使国家审判权。人民法院按照法定的程序进行审理，查清事实，分清是非，明确责任，认定双方当事人的权利、义务关系，解决纠纷。诉讼是解决建设工程合同纠纷最有效的手段和方式，因为诉讼由国家审判机关依法进行审理裁判，最具有权威性；裁判发生法律效力后，以国家强制力保证裁判的实现。

通过诉讼解决建设工程合同纠纷，有利于增强合同当事人的法治观念；有利于及时、有效地打击利用建设工程合同进行违法犯罪活动；有利于维护社会经济秩序，保护当事人的合法权益，保证社会主义市场经济的健康发展。

（2）经济诉讼的特点。

1）人民法院受理经济纠纷案件，任何一方当事人都有权起诉，而无须征得对方当事人的同意。

2）当事人向人民法院提起诉讼，应当遵循地域管辖、级别管辖和专属管辖的原则。不违反级别管辖和专属管辖的原则的前提下，可以选择管辖法院。

3）人民法院审理经济纠纷案件，实行二审终审制度。当事人对人民法院作出的一审判决、裁定不服的，有权上诉。对生效判决、裁定不服的，尚可向人民法院申请再审。

2. 人民法院对经济案件的管辖

管辖是指人民法院之间受理第一审案件的分工和权限。经济纠纷案件的管辖主要有级别管辖、地域管辖和专属管辖。

（1）地域管辖。地域管辖是指同级人民法院对第一审案件的分工和权限。根据《民事诉讼法》的规定，经济纠纷案件地域管辖的一般原则是“原告就被告”，即由被告住所地人民法院管辖。被告为公民的，其住所地为户籍所在地，住所地与经常居住地不一致的，由经常居住地人民法院管辖。被告为法人或其他组织的，其住所地一般理解为主要办事机构所在地。

因建设工程合同纠纷提起的诉讼，第一审管辖法院是：①被告住所地的人民法院，即被告户籍所在地或被告经常居住地；②合同履行地人民法院，即合同标的物交接地，当事人履行义务和接受义务履行的地点的人民法院。

合同纠纷案件可以实行协议管辖，即合同的双方当事人可以在书面合同中协议选择被告住所地、合同履行地、合同签订地、原告住所地、标的物所在地人民法院管辖，但不得违反法律对级别管辖和专属管辖的规定。

（2）级别管辖。级别管辖是指各级人民法院受理第一审经济纠纷案件的分工和权限。

我国人民法院按其级别分为最高、高级、中级和基层人民法院四级。最高人民法院管辖在全国有重大影响的案件和它认为应该由其审理的案件。依照法律规定，最高人民法院管辖的案件实行一审终审，所作判决、裁定一经送达即发生法律效力。高级人民法院管辖在本辖区有重大影响的案件。中级人民法院管辖以下三类经济纠纷案件：重大的涉外案件、在本辖区有重大影响的案件、最高人民法院确定由其管辖的案件。除上述案件外的其他案件都由基层人民法院管辖。

建设工程合同纠纷发生后，当事人应根据合同标的的大小、影响等确定向哪一级人民法院起诉。

（3）专属管辖。专属管辖是指按照诉讼标的特殊性与管辖的排他性而确定的管辖。《民事诉讼法》规定“因不动产纠纷提起的诉讼，由不动产所在地法院管辖”和“因港口作业中发生纠纷提起的诉讼，由港口所在地法院管辖”属于专属管辖。

3. 第一审普通程序与简易程序

（1）起诉。起诉是指当事人请求人民法院通过审判保护自己合法权益的行为，提起诉讼的人为原告；被提起诉讼、经法院通知应诉的人为被告。起诉必须符合下列条件：原告是与案件有直接利害关系的公民、法人和其他组织；有明确的被告；有具体的诉讼请求和事实、理由；属于人民法院的收案范围和受诉人民法院管辖。起诉应在诉讼时效内进行。

（2）受理。人民法院接到起诉状后，经审查，认为符合起诉条件的，应当在7日内立案，并通知当事人；认为不符合起诉条件的，应当在7日内裁定不予受理：原告对裁定不服的，可以提起上诉。

（3）审理前的准备。人民法院应当在立案之日起5日内将起诉状副本送达被告；被告在收到之日起15日内提出答辩状。人民法院在收到被告答辩状之日起5日内将答辩状副本送达原告，被告不提出答辩状的，不影响审判程序的进行。

人民法院受理案件后应当组成合议庭，合议庭至少由三名审判员或至少由一名审判员和两名陪审员组成。合议庭组成后，应当在 3 日内将合议庭组成人员告知当事人。

（4）开庭审理。审理经济纠纷案件，除涉及国家秘密或当事人的商业秘密外，均应公开开庭审理。开庭审理要经历以下几个阶段：宣布开庭、法庭调查、法庭辩论、法庭辩论后的调解、合议庭评议、判决。经过法庭调查和法庭辩论后，在查清案件事实的基础上，当事人愿意调解的，可以当庭进行调解。经过调解，双方当事人达成协议的，应当在调解协议上签字盖章。调解不成的，应当及时作出判决。

根据《民事诉讼法》的有关规定，第一审普通程序审理的案件应从立案之日起 6 个月内审结。有特殊情况需要延长的，由本院院长批准，可以延长 6 个月。还需要延长的，报请上级人民法院批准。

（5）简易程序。基层人民法院收到起诉状经审查立案后，认为事实清楚、权利义务关系明确、争议不大的简单经济纠纷案件，可以适用简易程序进行审理。在简易程序中可以口头起诉、口头答辩。原被告双方同时到庭的，可以当即进行审理，当即调解。可以用简便方式传唤另一当事人到庭。简易程序中由审判员一人独任审判，不用组成合议庭，在开庭通知、法庭调查、法庭辩论上不受普通程序有关规定的限制。适用简易程序审理的经济纠纷案件，应当在立案之日起 3 个月内审结。

4. 第二审程序

（1）上诉和二审终审。当事人不服第一审法院判决、裁定的，有权提起上诉。上诉必须在法定期限内提出：对判决提起上诉的期限为 15 日，对裁定提起上诉的期限为 10 日，逾期不上诉的，原判决、裁定即发生法律效力。

当事人提起上诉后至第二审法院审结前，原审法院的判决或裁定不发生法律效力。第二审法院的判决、裁定是终审的判决、裁定，当事人不得再上诉。

（2）审理。第二审人民法院应当组成合议庭开庭审理，但合议庭认为不需要开庭审理的，也可以进行判决、裁定。

第二审人民法院对上诉案件，经过审理，按照下列情形分别处理：①原判决认定事实清楚，适用法律正确的，判决驳回上诉，维持原判决；②原判决适用法律错误的，依法改判；③原判决认定事实错误，或者原判决认定事实不清，证据不足的，裁定撤销原判决，发回原审人民法院重审，或者查清事实后改判；④原判决违反法定程序，可能影响案件正确判决的，裁定撤销原判决，发回原审人民法院重审。

当事人对重审案件的判决、裁定，可以上诉。

二审法院对判决、裁定的上诉案件，应当分别在案件立案之日起 3 个月内和 1 个月内审结。

5. 审判监督程序

审判监督程序又称再审程序，是指人民法院对已经发生法律效力的判决、裁定发现确有错误，依法再次进行审理的程序。它是保证审判的正确性，维护当事人合法权益，维护法律尊严的一项重要补救程序。

所谓确有错误是指：

（1）原判决、裁定认定事实的主要证据不足；

（2）当事人有新的证据，足以推翻原判决、裁定的；

（3）原判决、裁定适用法律确有错误的；

（4）法院违反法定程序，可能影响案件正确判决、裁定的；

（5）审判人员在审理该案件时有贪污受贿、营私舞弊、枉法等裁判行为的。

人民法院审理再审案件，应当另行组成合议庭。如果发生法律效力的判决、裁定是由第一审法院作出的，再审按第一审普通程序进行；如果发生法律效力的判决、裁定是由第二审法院作出的，或者上级人民法院按照审判监督程序提审的，按第二审程序进行。

6. 督促程序

督促程序是指债权人请求人民法院不经审判，直接向债务人发出支付令，要求债务人给付金钱、有价证券，如果债务人在一定期间内没有提出异议，该支付令即时发生法律效力的一种特别程序。督促程序以债权人申请为基础发出支付令，无须答辩和庭审；债务人不提出异议，支付令即生效，与判决书具有同等法律效力。

（1）申请支付令的条件。

债权人向人民法院申请支付令，必须具备以下条件：①债权人向债务人请求给付的标的只能是金钱、有价证券；②请求给付的金钱或者有价证券已经到期且数额确定；③债权人和债务人没有其他债务纠纷；④支付令能够送达债务人，无法送达则不适用督促程序。

（2）支付令的申请与审查。债权人依督促程序请求人民法院发出支付令，必须以书面形式向人民法院提出申请，并附债权文书。申请的目的是请求发出支付令而不是起诉。支付令的申请应当向债务人所在地的基层人民法院提出。债权人提出申请后，人民法院对申请进行审查。经审查，确认达到受理条件的，应当在 5 日内立案，并及时通知债权人；认为申请不符合条件的，应当在 5 日内通知申请人不予受理，并说明理由。

（3）发出支付令。人民法院受理申请后，必须对债权人提出的事实、证据进行审查，以便确认债权债务是否明确、合法。审查由审判员一人进行。经审查申请不成立的，应当在受理之日起 15 日内裁定驳回申请，该裁定不得上诉。驳回支付令申请的裁定应当送达申请人。申请人应负担督促程序的费用，经审查，债权债务关系明确、合法的，人民法院应当在受理之日起 15 日内向债务人发出支付令。

（4）支付令的异议。债务人对支付令不得上诉，只能向发出支付令的人民法院提出异议。所谓异议就是债务人对支付令内容有不同看法，不同意按支付令的内容给付金钱或有价证券，从而使支付令失去效力。异议应当在收到支付令之日起 15 日内提出。支付令异议的提出，必须采取书面形式。

督促程序终结后，债权人可以向有管辖权的人民法院另行起诉。

（5）支付令的生效。支付令经合法送达后，债务人对支付令未于 15 日内提出异议的，支付令与生效的判决书具有同等的法律效力；债务人在 15 日内不提出异议又不履行支付令的，债权人便可以向人民法院申请执行。

7. 公示催告程序

公示催告程序是指人民法院依票据持有人的申请，以公示的方法催告不明的利害关系人于一定期间申报权利，如不申报便产生丧失权利的后果的程序。所谓“不明”是指利害关系人是否存在不得而知或利害关系人处于不确定状态。

（1）申请公示催告的条件。公示催告程序适用的范围是按照规定可以背书转让的票据。例如，《中华人民共和国票据法》规定的汇票、本票、支票三种票据，《中华人民共和国公司法》规定的记名股票等。

（2）审查与受理。人民法院经审查，认为申请符合受理条件的通知予以受理，并同时通知支付人停止支付该票据。如果在收到人民法院通知前，支付人已经支付了该票据，则应当裁定终结公示催告程序。对于不符合受理条件的，可以要求申请人补正或者在 7 日内裁定驳回申请。

（3）公告。人民法院决定受理申请，应当同时通知支付人停止支付，并在 3 日内发布公告，催促利害关系人申报权利。公告应当写明：公示催告申请人的姓名或名称；票据的种类、票面金额、出票人、持票人、背书人等；申报权利的期间；在公示催告期间转让票据权利和利害关系人不申报的后果。公告的期间由人民法院根据票据的种类、流通范围和支付日期等具体情况确定，但最短不得少于 60 日。公示催告期间，票据持有人与第三人之间进行的票据转让或者票据质押等行为无效。

（4）权利申报。利害关系人在公示催告期间认为自己对该票据享有正当权利的，应当向人民法院申报权利并提交票据。人民法院收到利害关系人的申报后，应通知其出示票据，并通知公示催告申请人在指定的期间查看该票据。公示催告申请人申请公示催告的票据与利害关系人出示的票据不一致的，人民法院应当裁定驳回利害关系人的申报。

利害关系人在公示催告期间向人民法院申报权利的，人民法院应当裁定终结公示催告程序，利害关系人在申报期满后、判决作出之前申报权利的，也应当裁定终结公示催告程序。

利害关系人出示的票据与公示催告申请人申请公示催告的票据一致，但申请人与申报人对票据权利有争议，均主张自己是票据的最后持有人的，人民法院应当裁定终结公示催告程序，申请人或申报人可以向人民法院起诉。

（5）除权判决。人民法院根据当事人的申请，用判决宣告票据无效，使票据权利与原票据相分离，此种判决即为除权判决。票据经除权判决无效后，票据权利人即可不凭票据而行使权利。

在没有人申报或申报被驳回的情况下，人民法院应当根据申请人申请作出判决，宣告票据无效。除权判决应当发给申请人作为其行使权利的依据。判决还应当在法院所在地和支付人所在地进行公告，以免该票据进入正常流通，影响流通秩序，侵害他人的合法权益。同时，应将公告情况通知支付人。除权判决自公告之日起生效，申请人有权凭除权判决向支付人请求支付，支付人负有义务按照除权判决向申请人兑现票据上的权利。利害关系人因正当理由不能在除权判决前向人民法院申报权利的，可以知道或者应当知道除权判决公告之日起 1 年内，向作出判决的人民法院起诉。人民法院立案后，按票据纠纷适用普通程序审理。

8. 执行程序

对于已经发生法律效力的判决、裁定、调解书、支付令、仲裁裁决书、公证债权文书等，当事人应当自动履行。一方当事人拒绝履行的，另一方当事人有权向法院申请执行。执行是人民法院依照法律规定的程序，运用国家强制力，强制当事人履行已生效的判决和其他法律文书所规定的义务的行为，又称强制执行。执行所应遵守的规则，就是执行程序。

（1）执行申请。当事人向人民法院申请执行时应提交申请书，说明要求执行的事实、理由、被执行人不履行的情况、执行根据、法律依据，并提交相应的法律文书。申请应在规定的期限内提出，从法律文书规定的履行期限的最后一日起计算。双方或一方当事人是公民的，该期限为 1 年；双方是法人或其他组织的，为 6 个月。申请执行判决、裁定的，应当向第一审人民法院提出。申请执行支付令的，向制作支付令的人民法院提出。执行其他法律文书，应向被执行人住所地或者被执行人的财产所在地的人民法院提出。执行工作由人民法院执行庭的执行员负责。

（2）执行措施。执行员接到申请执行书后，只要申请执行的标的物是财物或者行为，就应当向被执行人发出执行通知，责令其在指定的期间履行。在执行通知指定的期间被执行人仍不履行的，应当采取措施强制执行。

强制执行的措施就是人民法院依法强制执行生效的法律文书时所采取的具体的方法和手段。强制执行措施有：查询、冻结和划拨被执行人的存款；扣留、提取被执行人的收入；查封、扣押、冻结、拍卖、变卖被执行人的财产；搜查被执行人的财产；强制交付法律文书指定的财物或者票证；强制迁出房屋或者强迫退出土地；强制办理财产权证照转移手续，强制执行法律文书指定的行为；强制支付延迟履行期间的债务利息或迟延履行金；强制执行被执行人的到期债权。

（3）执行中止和终结。

1）执行中止。在执行过程中，因某种特殊情况的发生而使执行程序暂时停止的为执行中止。《民事诉讼法》规定，有下列情形之一的，人民法院应当裁定中止执行：申请人表示可以延期的；案外人对执行标的提出确有理由的异议的；作为一方当事人的公民死亡，需要等待继承人继承权利或者承担义务的；作为一方当事人的法人或者其他组织终止，尚未确定权利义务承受人的；人民法院认为应当中止执行的其他情形，如执行中双方当事人自行达成和解协议的；被执行人提供担保并经申请执行人同意的，被执行人依法宣告破产的等。中止的情形消失后，应当恢复执行。

2）执行终结。在执行过程中出现了某些特殊情况，使执行程序无法或无须继续进行而永久停止执行的，为执行终结。《民事诉讼法》规定，有下列情形之一的，人民法院有权裁定终结执行：申请人撤销申请的；据以执行的法律文书被撤销的；作为被执行人的公民死亡，无遗产可供执行，又无义务承担人的；追索培养费、抚养费、抚育费案件的权利人死亡的；作为被执行人的公民因生活困难无力偿还借款，无收入来源，又丧失劳动能力的；人民法院认为应当终止的其他情形。

任务三　施工合同的争议管理

一、有理、有利、有节，争取协商调解

施工单位面临着众多争议而且又必须设法解决的困惑，不少单位都参照国际惯例，设置并逐步完善了自己的内部法律机构或部门，专职实施对争议的管理，这是施工单位进入市场之必需。要注意预防解决争议找法院打官司的单一思维，通过诉讼解决争议未必是最有效的方法。由于工程施工合同争议情况复杂，专业问题多，有许多争议法律无法明确规定，往往造成主审法官难以判断、无所适从。因此，要深入研究案情和对策，处理争议要有理、有利、有节，能采取协商、调解甚至争议评审方式解决争议的，尽量不采取诉讼或仲裁方式。因为通常情况下，施工合同纠纷案件经法院几个月的审理，由于解决困难，法庭只能采取反复调解的方式，以求调解结案。所以，先进行协商、调解，不失为一种上策。

二、重视诉讼、仲裁时效，及时主张权利

通过仲裁、诉讼的方式解决建设施工合同纠纷的，应当特别注意有关仲裁时效与诉讼时效的法律规定，在法定诉讼时效或仲裁时效内主张权利。

1. 时效的概念及特征

（1）时效制度。所谓时效制度，是指一定的事实状态经过一定的期间之后即发生一定的法律后果的制度。民法上所称的时效，可分为取得时效和消灭时效，一定事实状态经过一定的期间之后即取得权利的，为取得时效；一定事实状态经过一定的期间之后即丧失权利的，为消灭时效。

法律确立时效制度的意义在于：首先，是为了防止债权债务关系长期处于不稳定状态；其次，是为了催促债权人尽快实现债权；再次，可以避免债权债务纠纷因年长日久而难以举证，不便于解决纠纷。

（2）仲裁时效和诉讼时效。《仲裁法》第 74 条规定，法律对仲裁时效有规定的，适用该规定；法律对仲裁时效没有规定的，适用诉讼时效的规定。《民法典》第 188 条规定，向人民法院请求保护民事权利的诉讼时效期间为 3 年，法律另有规定的除外。诉讼时效期间从当事人知道或者应当知道其权利被侵害时起计算。

所谓仲裁时效是指当事人在法定申请仲裁的期限内没有将其纠纷提交仲裁机关进行仲裁的，即丧失请求仲裁机关保护其权利的权利。在明文约定合同纠纷由仲裁机关仲裁的情况下，若合同当事人在法定提出仲裁申请的期限内没有依法申请仲裁的，则该权利人的民事权利不受法律保护，债务人可依法免于履行债务。

所谓诉讼时效，是指权利人在法定提起诉讼的期限内如不主张其权利，即丧失请求法院依诉讼程序强制债务人履行债务的权利。诉讼时效实质上就是消灭时效，诉讼时效期间届满后，债务人依法可免除其应负之义务。换言之，若权利人在诉讼时效期间届满后才主张权利的，丧失了胜诉权，其权利不受法律保护。

（3）诉讼时效的法律特征。

1）诉讼时效期间届满后，债权人仍享有向法院提起诉讼的权利，只要符合起诉的条件，法院应当受理。至于能否支持原告的诉讼请求，首先应审查有无延长诉讼时效的正当理由。

2）诉讼时效期间届满，又无延长诉讼时效的正当理由的，债务人可以以原告的诉讼请求已超过诉讼时效期间为抗辩理由，请求法院予以驳回。

3）债权人的实体权利不因诉讼时效期间届满而丧失，但其权利的实现依赖于债务人的自愿履行。如债务人于诉讼时效期间届满后清偿了债务，又以债权人的请求已超过诉讼时效期间为由反悔的，亦为法律所不允。

4）诉讼时效属于强制性规定，不能由当事人协商确定。当事人对诉讼时效的长短所达成的任何协议，均无法律约束力。

2. 诉讼时效期间的起算、中止、中断、延长

（1）诉讼时效期间的起算。诉讼时效期间的起算，是指诉讼时效期间从何时开始。《民法典》（第一编总则）规定，诉讼时效期间从权利人知道或者应当知道其权利被侵害时起计算。

（2）诉讼时效期间的中止。诉讼时效期间的中止，是指诉讼时效期间开始后，因一定法定事由的发生、阻碍了权利人提起诉讼，为保护其权益，法律规定暂时停止诉讼时效期间的计算或已经经过的诉讼时效期间仍然有效，待阻碍诉讼时效期间继续进行的事由消失后，时

效继续进行。《民法典》第一编总则第九章规定，在诉讼时效期间的最后6个月内，因不可抗力或者其他障碍不能行使请求权的，诉讼时效中止，从中止时效的原因消除之时起，诉讼时效期间继续计算。

诉讼时效期间的中止，必须满足下列条件。①必须有中止诉讼时效的事由。这里所称的事由，必须是不可抗力或者其他客观障碍，致使权利人无法行使请求权的情况。②中止时效的事由的发生，必须是在诉讼时效期间届满前的最后6个月内。如该事由在最后6个月之前发生的，不能以诉讼时效中止为延长诉讼时效的理由。如果该事由系在最后6个月内发生的，被阻碍行使请求权的日数，可以在届满之日起补回。

（3）诉讼时效期间的中断。诉讼时效期间的中断，是指诉讼时效期间开始计算后，因法定事由的发生阻碍了时效的进行，致使以前经过的时效期间全部无效，待中断时效的事由消除之后，其诉讼时效期间重新计算。《民法典》第一编总则第九章规定，诉讼时效因提起诉讼，当事人一方提出要求或者同意履行义务而中断。从中断时起，诉讼时效期间重新计算。

诉讼时效期间的中断，必须满足下列条件：①诉讼时效中断的事由必须是在诉讼时效期间开始计算之后、届满之前发生；②诉讼时效中断的事由应当属于下列情况之一：权利人向法院提起诉讼；当事人一方提出要求，提出要求的方式可以是书面的方式、口头的方式等；当事人一方同意履行债务，同意的形式可以是口头承诺、书面承诺等。

应当注意，诉讼时效期间虽然可因权利人多次主张权利或债务人多次同意履行债务而多次中断，且中断的次数没有限制，但是，权利人应当在权利被侵害之日起最长不超过20年的时间内提起诉讼。否则，在一般情况下，权利人之权利不再受法律保护。《民法典》第188条规定："诉讼时效期间从知道或者应当知道权利被侵害时起计算。但是，从权利被侵害之日起超过20年的，人民法院不予保护。有特殊情况的，人民法院可以延长诉讼时效期间。"

（4）诉讼时效期间的延长。诉讼时效期间的延长是指人民法院对于诉讼时效完成的期限给予适当的延长。

3. 适用诉讼时效法律规定、及时行使法定权利时应注意的问题

（1）关于仲裁时效期间和诉讼时效期间的计算问题。追索工程款、勘察费、设计费，仲裁时效期间和诉讼时效期间均为两年，从工程竣工之日起计算，双方对付款时间有约定的，从约定的付款期限届满之日起计算。

工程因建设单位的原因中途停工的，仲裁时效期间和诉讼时效期间应当从工程停工之日起计算。

工程竣工或工程中途停工，施工单位应当积极主张权利。实践中，施工单位提出工程竣工结算报告或对停工工程提出中间工程竣工结算报告，是施工单位主张权利的基本方式，可引起诉讼时效的中断。

追索材料款、劳务款，仲裁时效期间和诉讼时效期间亦为两年，从双方约定的付款期限届满之日起计算；没有约定期限的，从购方验收之日起计算，或从劳务工作完成之日起计算。

出售质量不合格的商品未声明的，仲裁时效期间和诉讼时效期间均为一年，从商品售出之日起计算。

（2）适用时效规定、及时主张自身权利的具体做法。根据《民法典》（第一编总则）的规定，诉讼时效因提起诉讼、债权人提出要求或债务人同意履行债务而中断。从中断时起，诉讼时效期间重新计算。因此，对于债权，具备申请仲裁或提起诉讼条件的，应在诉讼时效的期限

内提请仲裁或提起诉讼；尚不具备条件的，应设法引起诉讼时效中断。具体办法有：①工程竣工后或工程中间停工的，应尽早向建设单位或监理单位提出结算报告；对于其他债权，亦应以书面形式主张债权，对于履行债务的请求，应争取到对方有关工作人员签名、盖章，并签署日期。②债务人不予接洽或拒绝签字盖章的，应及时将要求该单位履行债务的书面文件制作一式数份，自存至少一份备查后，将该文件以电报的形式或其他妥善的方式通知对方。

（3）主张债权已超过诉讼时效期间的补救办法。债权人主张债权超过诉讼时效期间的，除非债务人自愿履行，否则债权人依法不能通过仲裁或诉讼的途径使其履行。在这种情况下，应设法与债务人协商，并争取达成履行债务的协议。只要签订该协议，债权人仍可通过仲裁或诉讼途径使债务人履行债务。

三、全面搜集证据，确保客观充分

1. 搜集证据的基本要求

《民事诉讼法》第 64 条中规定："当事人对自己提出的主张，有责任提供证据。当事人的主张能否成立，取决于其举证的质量。"可见，搜集证据是一项十分重要的准备工作，根据法律规定和司法实践，搜集证据应当遵守如下要求。

（1）为了及时发现和搜集到充分、确凿的证据，在搜集证据以前应当认真研究已有材料，分析案情，并在此基础上制定搜集证据的计划，确定搜集证据的方向、调查的范围和对象、应当采取的步骤和方法。同时，还应考虑到可能遇到的问题和困难，以及解决问题和克服困难的办法等。

（2）搜集证据的程序和方式必须符合法律规定。凡是搜集证据的程序和方式违反法律规定的，例如，以贿赂的方式使证人作证的等，所搜集到的材料一律不能作为证据来使用。

（3）搜集证据必须客观、全面。搜集证据必须尊重客观事实，按照证据的本来面目进行收集，不能弄虚作假、断章取义，制造假证据。全面搜集证据就是要收集能够收集到的、能够证明案件真实情况的全部证据，不能只收集对自己有利的证据。

（4）搜集证据必须深入、细致。实践证明，只有深入、细致地搜集证据，才能把握案件的真实情况。因此，搜集证据必须杜绝粗枝大叶、马虎行事、不求甚解的做法。

（5）搜集证据必须积极主动、迅速。证据虽然是客观存在的事实，但可能由于外部环境或外部条件的变化而变化，如果不及时予以收集，就有可能灭失。

2. 证据收集、提存与保全

民事诉讼案件的当事人固然有责任因其主张予以举证，但往往由于受客观条件的限制而未能举证。在这种情况下，当事人根据实际情况，可以委托律师帮助调查；也可以根据法律规定，申请人民法院进行调查。但应注意申请人民法院进行调查的，必须是提起诉讼以后才能进行，而委托律师调查不受此限制。

有些证据，随着时间的推移、自然条件的变化或者其他原因，可能灭失或者难以取得，在这种情况下当事人应当根据法律规定申请公证机关进行公证，实施证据提存，或者立即提起诉讼，申请人民法院进行保全。《民事诉讼法》第 74 条规定："在证据可能灭失或者以后难以取得的情况下，诉讼参加人可以向人民法院申请保全证据；人民法院也可以主动采取保全措施。"

四、摸清财务状况，做好财产保全

1. 调查债务人的财产状况

对建设工程承包合同的当事人而言，提起诉讼的目的，大多数情况下是为了实现金钱债权。因此，必须在申请仲裁或者提起诉讼前调查债务人的财产状况，为申请财产保全做好充分准备。根据司法实践，调查债务人的财产范围应包括如下。

（1）固定资产，如房地产、机器设备等，尽可能查明其数量、质量、价值，是否抵押等具体情况。

（2）开户行、账号、流动资金的数额等情况。

（3）有价证券的种类、数额等情况。

（4）债权情况，包括债权的种类、数额、到期日等。

（5）对外投资情况（如与他人合股、合伙创办经济实体），应了解其股权种类、数额等。

（6）债务情况。债务人是否对他人尚有债务未予清偿，以及债务数额、清偿期限的长短等，都会影响到债权人实现债权的可能性。

（7）此外，如果债务人是企业的，还应调查其注册资金与实际投入资金的具体情况，两者之间是否存在差额，以便确定是否请求该企业的开办人对该企业的债务在一定范围内承担清偿责任。

2. 做好财产保全

执行难是一个令债权人十分头痛的问题。因此，为了有效防止债务人转移、隐匿财产，顺利实现债权，应当在起诉或申请仲裁之前向人民法院申请财产保全。《民事诉讼法》第 92 条中规定："人民法院对于可能因当事人一方的行为或者其他原因，使判决不能执行或者难以执行的案件，可以根据对方当事人的申请，作出财产保全的裁定；当事人没有提出申请的，人民法院在必要时也可以裁定采取财产保全措施。"第 93 条中同时规定："利害关系人因情况紧急，不立即申请财产保全将会使其合法权益受到难以弥补的损害的，可以在起诉前向人民法院申请采取财产保全措施。"应当注意，申请财产保全，一般应当向人民法院提供担保，且起诉前申请财产保全的，必须提供担保。担保应当以金钱、实物或者人民法院同意的担保等形式实现，所提供的担保的数额应相当于请求保全的数额。

因此，申请财产保全的应当先作准备，了解保全财产的情况，做好以上各项工作后，即可申请仲裁或提起诉讼。

五、聘请专业律师，尽早介入争议处理

近年来，各地都已出现了一些熟悉、擅长工程施工合同争议解决的专业律师和专业律师事务所。由于这些律师往往来自于行业或政府主管部门，又由于经常从事专业案件的处理，他们具有解决复杂案件的能力，有的已经成为专家，这是法律服务专业化分工的必然结果。

因此，施工单位不论是否有自己的法律机构，当遇到案情复杂难以准确判断的争议，应当尽早聘请专业律师，避免走弯路。目前，不少施工单位的经理抱怨，官司打赢了，得到的却是一纸空文，判决无法执行，这往往和起诉时未确定真正的被告和未事先调查执行财产并及时采取诉讼保全有关。施工合同争议的解决不仅取决于对行业情况的熟悉，很大程度上也取决于诉讼技巧和正确的策略，而这些都是专业律师的专长。

【案例五】 某单位（发包方）为建职工宿舍楼，与市建筑公司（承包方）签订一份建筑工程承包合同，合同约定：建筑面积 3000m^2，高 7 层，总价格 1500 万元，由发包方提供建材指标，承包方包工包料，主体工程和内外承重墙一律使用国家标准砌块，每层有水泥圈梁加固，并约定了竣工日期等其他事项。

承包方按合同约定的时间竣工，在验收时，发包方发现工程 2～5 层所有内承重墙体裂缝较多，要求承包方修复后再验收；承包方拒绝修复，认为不影响使用。2 个月后，发包方发现这些裂缝越来越大，最大的裂缝能透过其看到对面的墙壁，方提出工程不合格，系危险房屋，不能使用，要求承包方拆除重建，并拒付剩余款项；承包方提出，裂缝属于砌块的质量问题，与施工技术无关。双方协商不成，发包方诉至法院。

【案例解析】 经法院审理查明：本案建筑工程实行大包干的形式，发包方提供建材指标；承包方为节省费用，在采购砌块时，只采购了外墙和主体结构的砌块，而内承重墙则使用了价格较低的烟灰砖；而烟灰砖因为干燥、吸水、伸缩性大，当内装修完毕待干后，导致裂缝出现。经法院委托市建筑工程研究所现场勘察、鉴定，认为：烟灰砖不能适用于高层建筑和内承重墙，强度不够砌块标准，建议所有内承重墙用钢筋网加水泥砂浆修复加固后方可使用。经法院调解，双方达成协议，承包方将 2~5 层所有内承重墙均用钢筋加固后再进行内装修，所需费用由承包方承担，竣工验收合格后，发包方在 10 日内将工程款一次结清给承包方。

知识梳理与小结

本学习情境主要内容如下：

施工合同常见争议：①工程价款支付主体争议；②工程进度款支付、竣工结算及审价争议；③工程工期拖延争议；④安全损害赔偿争议；⑤合同终止争议。

终止合同造成的争议有：承包商因这种终止造成的损失严重而得不到足够的补偿；业主对承包商提出的就终止合同的补偿费用计算持有异议；承包商因设计错误或业主拖欠应支付的工程款而造成困难提出终止合同；业主不承认承包商提出的终止合同的理由，也不同意承包商的责难及其补偿要求等。

建设工程合同争议，是指建设工程合同订立至完全履行前，合同当事人因对合同的条款理解产生歧义或因当事人违反合同的约定，不履行合同中应承担的义务等原因而产生的纠纷。产生建设工程合同纠纷的原因十分复杂，但一般归纳为合同订立引起的纠纷、在合同履行中发生的纠纷、变更合同而产生的纠纷、解除合同而发生的纠纷等几个方面。

在我国，合同争议解决的方式主要有和解，调解、仲裁和诉讼四种。

合同争议的和解。建设工程合同双方当事人之间自行协商，和解解决合同纠纷，应遵守如下原则：①合法原则；②自愿原则；③平等原则；④互谅互让原则。

和解解决合同争议的程序。从实践中看，用自行和解的方法解决建设工程合同纠纷所适用的程序与建设工程合同的订立、变更或解除所适用的程序大致相同，采用要约、承诺方式。即一般是在建设工程合同纠纷发生后，由一方当事人以书面的方式向对方当事人提出解决纠纷的方案，方案应当是比较具体、比较完整的。另一方当事人对提出的方案可以根据自己的意愿做一些必要的修改，也可以再提出一个新的解决方案。然后，对方当事人又可以对新的解决方案提出新的修改意见。这样，双方当事人经过反复协商，直至达到一致意见，从而产生“承诺”的法律后果，达成双方都愿意接受的和解协议。对于建设工程合同所发生的纠纷用自行和解的方式来解决，应订立书面形式的协议作为对原合同的变更或补充。

合同争议的调解、调解的概念。调解，是指在合同发生纠纷后，在第三人的参加和主持下，对双方当事人进行说服、协调和疏导工作，使双方当事人互相谅解并按照法律的规定及合同的有关约定达成解决合同纠纷的协议。

经济仲裁制度。经济仲裁亦称“公断”，是指当事人之间的纠纷由仲裁机构居中审理并裁决的活动。所谓经济仲裁，即是指用仲裁的方法解决经济活动中所发生的各种纠纷。在国际上，仲裁是解决争议的常见方式。经济仲裁在我国已经成为解决经济纠纷的重要方式。

经济诉讼制度、经济诉讼的概念。经济诉讼是指经济审判机关在当事人和其他诉讼参与人的参加下，对经济纠纷案件进行审理并作出裁决，以解决经济纠纷的活动。目前，经济诉讼已成为解决经济纠纷、维护当事人合法经济权益的一种重要手段。经济诉讼的主要法律依据是《中华人民共和国民事诉讼法》以及最高人民法院根据经济纠纷案件的特点而发布的大量有关经济纠纷案件的司法解释。

施工合同的争议管理。施工单位面临着众多争议而且又必须设法解决的困惑，不少单位都参照国际惯例，设置并逐步完善了自己的内部法律机构或部门，专职实施对争议的管理，这是施工单位进入市场之必需。要注意预防解决争议找法院打官司的单一思维，通过诉讼解决争议未必是最有效的方法。由于工程施工合同争议情况复杂，专业问题多，有许多争议法律无法明确规定，往往造成主审法官难以判断、无所适从。因此，要深入研究案情和对策，处理争议要有理、有利、有节，能采取协商、调解甚至争议评审方式解决争议的，尽量不采取诉讼或仲裁方式。因为通常情况下，施工合同纠纷案件经法院几个月的审理，由于解决困难，法庭只能采取反复调解的方式，以求调解结案。

复习思考与练习

1. 施工合同常见争议包括哪些？
2. 简述工程施工合同争议产生的原因。
3. 争议和解应注意哪些问题？
4. 合同纠纷调解应遵循什么原则？
5. 经济仲裁的特点是什么？
6. 什么是经济仲裁制度？
7. 什么是经济诉讼制度？
8. 施工合同争议如何管理？

项目实训

某海滨城市为发展旅游业，经批准兴建一座三星级大酒店。该项目甲方于2009年10月10日分别与某建筑工程公司（乙方）和某外资装饰工程公司（丙方）签订了主体建筑工程施工合同和装饰工程施工合同。

合同约定主体建筑工程施工于当年11月10日正式开工。合同日历工期为2年5个月。因主体工程与装饰工程分别为两个独立的合同，由两个承包商承建，为保证工期，当事人约定：主体与装饰施工采取立体交叉作业，即主体完成三层，装饰工程承包商立即进入装饰作业。为保证装饰工程达到三星级水平，业主委托某监理公司实施装饰工程监理。

在工程施工1年6个月时，甲方要求乙方将竣工日期提前2个月，双方协商修订施工方案后达成协议。

该工程按变更后的合同工期竣工，经验收后投入使用。

在该工程投入使用 2 年 6 个月后，乙方因甲方少付工程款起诉至法院。诉称：甲方于该工程验收合格后签发了竣工验收报告，并已开张营业。在结算工程款时，甲方本应付工程总价款 1600 万元人民币，但只付 1400 万元人民币。特请求法庭判决被告支付剩余的 200 万元及拖欠的利息。

在庭审中，被告答称：原告主体建筑工程施工质量有问题，如大堂、电梯间门洞、大厅墙面、游泳池等主体施工质量不合格。因此，装修商进行返工，并提出索赔，经监理工程师签字报业主代表认可，共支付 15.2 万美元，折合人民币 125 万元。此项费用应由原告承担。

另外还有其他质量问题，并造成客房、机房设备、设施损失计人民币 75 万元。共计损失 200 万元人民币，应从总工程款中扣除，故支付乙方主体工程款为 1400 万元人民币。

原告辩称：被告称工程主体不合格不属实，并向法庭呈交了业主及有关方面签字的合格竣工验收报告及业主致乙方的感谢信等证据。

被告：竣工验收报告及感谢信，是在原告法定代表人宴请我方时，提出为了企业晋级的情况下，我方代表才签的字。此外，被告代理人又向法庭呈交了业主被装饰工程公司提出的索赔 15.2 万美元（经监理工程师和业主代表签字）的清单 56 件。

原告再辩称：被告代表发言纯系戏言，怎能以签署竣工验收报告为儿戏？请求法庭以文字为证。又指出：如果真的存在被告所说的情况，那么被告应当根据《建设工程质量管理条例》的规定，在装饰施工前通知我方修理。

原告最后请求法庭关注：从签发竣工验收报告到起诉前，乙方向甲方多次以书面方式提出结算要求。在长达 2 年多的时间里，甲方从未向乙方提出过工程存在质量问题。

问题：

（1）原告、被告之间的合同是否有效？

（2）如果在装修饰施工时，发现主体工程施工质量有问题，甲方应采取哪些正当措施？

（3）对于乙方因工程款纠纷的起诉和甲方因工程质量问题的起诉，法院是否予以保护？

学习情境十一　建设工程中的其他合同

学习目标

1. 了解建设工程委托监理合同；
2. 了解建设工程勘察设计合同；
3. 了解材料、设备采购合同；
4. 了解造价咨询合同；
5. 了解招标代理合同；
6. 熟悉劳务合同。

技能目标

1. 能够拟写建设工程委托监理合同；
2. 能够拟写劳务合同；
3. 能够拟写材料、设备、采购合同；
4. 能够拟写招标代理合同。

【案例导入】 甲方为建设水泥厂，委托乙勘察设计公司进行地质勘察，双方签署了《建设工程勘察合同》。合同约定甲公司于合同订立之起支付乙公司勘察定金，金额为合同勘察费的30%，于乙方交付勘察文件后的三日内结清全部勘察费；甲方于合同订立之日提交完整的勘察基础资料，乙方按照甲方的要求进行测量和工程地质、水文地质等勘察任务，于2018年10月8日提交所完成的勘察文件。双方还约定了违约责任。同时，甲方还与A公司签订了设计合同，合同约定的甲方向A公司提交勘察资料的时间是10月9日。

《建设工程勘察合同》签订后，甲方向乙方提交了勘察的基础资料和技术要求。乙方开始进场勘察，但是在进入现场后，乙方人员遭到当地农民的围攻，原因就是征用该建设用地的青苗补偿费还没有落实，农民拒绝乙方人员进入现场。经乙方请求，甲方与当地农民达成了暂时补偿协议，对于迟延的工期，甲方与乙方签署了工期补偿的书面协议。乙方提出的条件就是工期无须顺延，但甲方须补偿乙方勘察补偿费2万元整。但是此后，由于甲方迟迟没有将青苗补偿费落实到位，当地农民还是不断地进行干扰，但是乙方认为，当时甲方询问自己是否需要顺延工期的时候，自己没有同意而是拿了人家的钱，所以在情况极为艰难的情况下按照合同工期在10月8日提交了勘察文件。10月9日，甲方将勘察文件提交设计单位A公司，但A公司审查发现，甲方提供的勘察资料不完全，特别是缺乏地下水资源评价、水文地质参数计算等文件。

甲方就设计公司提出的问题向乙方提出质问，但是乙方说，由于你方没有解决好当地农民的补偿问题造成了我们勘察工作进行的困难，甲方应当承担责任。在这么短的时间内我们能够完成到这种程度已经是很不错了。甲方认为，我们承认农民的补偿没有落实，可是当时你们不同意顺延工期，在合同约定的时间内没有全部完成合同约定的义务，应当承担责任。双方协商不成，甲方将乙方告上法庭。

法院经过审理查明，甲方在与乙方签订《建设工程勘察合同》并移交场地时，并没有解决好与当地农民青苗补偿问题，导致了当地农民不断干扰乙方正常进行勘察工作，甲方应当承担违约责任。乙方在接受甲方委托以后进入现场，对于当地农民的干扰没有要求给予工期补偿，而是采取了经济补偿的方式，从甲方获得2万元整的补偿，从而放弃了因农民干扰对工期的索赔。但是，在合同约定的期限内并没有完成合同要求的工作量，也应当承担违约责任。

任务一 建设工程委托监理合同

建设工程委托监理合同简称监理合同，是指委托人与监理人就委托的工程项目管理内容签订的明确双方权利、义务的协议。

一、建设工程委托监理合同的特征

（1）监理委托合同的当事人双方应当是具有民事权利能力和民事行为能力、取得法人资格的企事业单位、其他社会组织，个人在法律允许范围内也可以成为委托监理合同当事人。

作为委托人必须是具有国家批准的建设项目、落实投资计划的企事业单位、其他社会组织及个人；作为受托人必须是依法成立具有法人资格的监理单位，并且所承担的工程监理业务应与单位资格符合。

（2）建设工程委托监理合同的当事人双方地位平等。建设工程委托监理合同是诺成合同，即当事人意思表示一致（双方签字盖章后），合同即告成立，无须以物质交付当事人为履行合同作为合同成立的要件。

（3）委托监理合同的标的是服务。工程建设实施阶段所签订的其他合同，如勘察设计合同、施工承包合同、加工承揽合同的标的物是产生新的物质成果或信息成果，而监理委托合同的标的是服务，即监理工程师凭借自己的知识、经验、技能受业主委托为其所签订的其他合同的履行实施监督和管理。

（4）委托监理合同应与施工合同等配合履行。委托监理合同并不直接发生委托人希望发生的后果，而是使监理人产生了监理的权利和义务。且这种权利的享有和义务的履行，又因为承包人与委托人也存在着合同的关系（施工合同、勘察设计合同等），而与承包人的行为有关。因此，建设工程委托监理合同应与施工合同、勘察设计合同等配合履行，而不能与其他合同相矛盾。

二、主体双方的权利和义务

委托人与监理人签订合同，其根本目的就是为实现合同的标的，明确双方的权利和义务，从而确保相对人的权利得以实现，以利于委托监理的建设工程项目按期、按质、按量地交工，从而实现当事人订立合同的目标。

1. 委托人的权利

（1）授予监理人权限的权利。监理合同是要求监理人对委托人与第三方签订的各种承包合同的履行实行监理，监理人在委托人授权范围内对其他合同进行监督管理，因此在监理合同内除需明确委托的监理任务外，还应规定监理人的权限。在委托人授权范围内，监理人可对所监理的合同自主采取各种措施进行监督、管理和协调，如果超越权限时，应首先征得委托人同意后方可发布有关指令。

（2）对其他合同承包人的选定权。委托人是建设资金的持有者和建筑产品的所有人，因此对设计合同、施工合同、加工制造合同等的承包单位有选定权和订立合同的签字权。监理人在选定其他合同承包人的过程中仅有建议权而无决定权。

（3）委托监理工程重大事项的决定权。委托人有对工程规模、规划设计、生产工艺设计、设计标准和使用功能等要求的认定权、工程设计变更审批权。

（4）对监理人履行合同的监督控制权。委托人对监理人履行合同的监督权利体现在以下三个方面：①对监理合同转让和分包的监督。除了支付款的转让外，监理人不得将所涉及的利益或规定义务转让给第三方。监理人所选择的监理工作分包单位必须事先征得委托人的认可。在没有取得委托人的书面同意前，监理人不得开始实行、更改或终止全部或部分服务的任何分包合同。②对监理人员的控制监督。合同专用条款或监理人的投标书内，应明确总监理工程师人选，监理机构派驻人员计划。当监理人调换总监理工程师时，须经委托人同意。③对合同履行的监督权。监理人有义务按期提交月、季、年度的监理报告，委托人也可以随时要求其对重大问题提交专项报告，这些内容应在专用条款中明确约定。委托人按照合同约定检查监理工作的执行情况，如果发现监理人员不按监理合同履行职责或与承包方串通，给委托人或工程造成损失，有权要求监理人更换监理人员，直至终止合同，并承担相应赔偿责任。

2. 监理人的权利

监理合同中涉及监理人权利的条款可分为两大类，一类是监理人在委托合同中应享有的权利，另一类是监理人履行委托人与第三方签订的承包合同中应享有的权利。

（1）委托监理合同中赋予监理人的权利。

1）完成监理任务后获得酬金的权利。监理人不仅可获得完成合同内规定的正常监理任务酬金，如果合同履行过程中因主、客观条件的变化，完成附加工作和额外工作后，也有权按照专用条件中约定的计算方法，得到额外工作的酬金。正常酬金的支付程序和金额，以及附加与额外工作酬金的计算方法，应在专用条款内写明。

2）终止合同的权利。如果由于委托人违约，严重拖欠应付监理人的酬金，或由于非监理人责任而使监理暂停的期限超过半年以上，监理人可按照终止合同规定程序，单方面提出终止合同，以保护自己的合法权益。

（2）监理人执行监理业务可以行使的权利。

按照通用条件的规定，监理人在监理委托人和第三方签订承包合同时可行使的权利包括：①建设工程有关事项和工程设计的建议权，建设工程有关事项包括工程规模、设计标准、规划设计、生产工艺设计和使用功能要求；②对实施项目的质量、工期和费用的监督控制权；③工程建设有关协作单位组织协调的主持权；④在业务紧急情况下，为了工程和人身安全，尽管变更指令已超越了委托人授权而又不能事先得到批准时，也有权发布变更指令，但应尽快通知委托人；⑤审核承包人索赔的权利。

3. 委托人的义务

（1）委托人应负责建设工程的所有外部关系的协调工作，为满足开展监理工作提供所需的外部条件。

（2）与监理人做好协调工作。委托人要授权一位熟悉建设工程情况、在规定时间内作出决定的常驻代表，负责与监理人联系。更换常驻代表要提前通知监理人。

（3）为了不耽搁服务，委托人应在合理的时间内就监理人以书面形式提交并要求作出决定的一切事宜作出书面决定。

（4）为监理人顺利履行合同义务，做好协助工作。协助工作包括以下几方面内容：

1）将授予监理人的监理权利，以及监理人监理机构主要成员的职能分工、监理权限及时书面通知已选定的第三方，并在第三方签订的合同中予以明确；

2）在双方议定的时间内，免费向监理人提供与工程有关的监理服务所需要的工程资料；

3）为监理人驻工地监理机构开展正常工作提供协助服务。

4. 监理人的义务

（1）监理人在履行合同义务期间，应运用合理的技能认真勤奋地工作，公正地维护有关方面的合法权益。当委托人发现监理人员不按监理合同履行监理职责，或与承包人串通给委托人或工程造成损失时，委托人有权要求监理人更换监理人员，直到终止合同并要求监理人承担相应的赔偿责任或连带赔偿责任。

（2）合同履行期间应按合同约定派驻足够的人员从事监理工作。开始执行监理业务前向委托人报送派往该工程项目的总监理工程师及该项目监理机构的人员情况。合同履行过程中如果需要调换总监理工程师，必须首先经过委托人同意，并派出具有相应资质和能力的人员。

（3）在合同期内或合同终止后，未征得有关方同意，不得泄露与本工程、合同业务有关的保密资料。

（4）任何由委托人提供的供监理人使用的设施和物品都属于委托人财产，监理工作完成或中止时，应将设施和剩余物品归还委托人。

（5）非经委托人书面同意，监理人及其职员不应接受委托监理合同约定以外的与监理工程有关的报酬，以保证监理行为的公正性。

（6）监理人不得参与可能与合同规定的与委托人利益相冲突的任何活动。

（7）在监理过程中，不得泄露委托人申明的秘密，亦不得泄露设计、承包等单位申明的秘密。

（8）负责合同的协调管理工作。在委托工程范围内，委托人或承包人对对方的任何意见和要求（包括索赔要求），均必须首先向监理机构提出，由监理机构研究处置意见，再同双方协商确定。当委托人和承包人发生争议时，监理机构应根据自己的职能，以独立的身份判断，公正地进行调解。当双方的争议由政府行政主管部门调解或仲裁机构仲裁时，应当提供作证的事实材料。

三、委托监理合同的履行

委托人与监理人，应当依据法律规定和合同约定，全面地、实际地履行委托监理合同的义务，从而确保相对人的权利得以实现，以利于委托监理的建设工程项目按期、按质、按量地交工，从而实现当事人订立合同的目标。

四、委托监理合同的变更和终止

（1）变更。任一方申请并经双方书面同意时，可对合同进行变更。

（2）延误。如果由于委托人或第三方的原因使监理工作受到阻碍或延误，以致增加了工程量或持续时间，则监理人应将此情况与可能产生的影响及时通知委托人。增加服务应视为附加的服务。完成监理任务的时间应相应延长。

(3) 情况的改变。如果在监理合同签订后，出现了不应由监理人负责的情况下，如果不得不暂停执行某些监理任务，则该项服务的完成期限应予以延长，直到这种情况不再持续。当恢复监理工作时，还应增加不超过42天的合理期限，用于恢复执行监理服务，并按双方约定的数量支付监理酬金。

(4) 合同的暂停或终止。①委托人要求暂停或终止合同。委托人如果要求监理人全部或部分暂停执行监理任务或终止监理合同，则应至少在56天前发出通知，此后监理人应立即安排停止服务，并将开支减至最少。如果委托人认为监理人无正当理由而又未履行监理义务时，可向监理人发出指明其未履行义务的通知。若委托人在21天内未得到满意答复，可在第一个通知发出后35天内进一步发出终止监理合同的通知。②监理人提出暂停或终止合同。合同履行过程中出现监理酬金超过支付日 30 天委托人仍未支付，而又未对监理人提出任何书面意见，或暂停监理服务期限已超过半年时，监理人可向委托人发出通知指出上述问题。如果14天后未得到答复，监理人可终止合同，也可自行暂停履行部分或全部服务。

合同协议的终止并不影响或损害各方应有权利、责任或索赔。

五、违约赔偿

1. 违约责任

合同履行过程中，由于当事人一方的过错，造成合同不能履行或者不能完全履行，由有过错的一方承担违约责任；如属双方的过错，根据实际情况由双方分别承担各自的违约责任。为保证监理合同规定的各项权利义务的顺利实现，在《委托监理合同示范文本》中制定了约束双方行为的条款："委托人责任"、"监理人责任"。这些规定归纳起来有如下几点。

(1) 在合同责任期内，如果监理人未按合同中要求的职责勤恳认真地服务，或委托人违背了他对监理人的责任时，均应对对方承担赔偿责任。

(2) 任何一方对另一方负有责任时的赔偿原则为①委托人违约应承担违约责任，赔偿监理人的经济损失；②因监理人过失造成经济损失，应向委托人进行赔偿，累计赔偿额不应超出监理酬金总额（除去税金）；③当一方向另一方的索赔要求不成立时，提出索赔的一方应补偿由此所导致的对方各种费用支付。

2. 监理人的责任限度

由于建设工程监理是以监理人向委托人提供技术服务为特性，在服务过程中监理人主要凭借自身知识、技术和管理经验，向委托人提供咨询、服务，替委托人管理工程。

同时，在工程项目的建设过程中会受到多方面因素限制，如上述情况，在责任方面作了如下规定：监理人在责任期内，如果因过失而造成经济损失，要负监理失职的责任；监理人不对责任期以外发生的任何事情所引起的损失或损害负责，也不对第三方违反合同规定的质量要求和完工（交图、交货）时限承担责任。

任务二　建设工程勘察设计合同

建设工程勘察合同是指根据建设工程的要求，查明、分析、评价建设场地的地质地理环境特征和岩土工程条件，编制建设工程勘察文件的协议。建设工程设计合同是指根据建设工程的要求，对建设工程所需的技术、经济、资源、环境等条件进行综合分析、论证，编制建设工程设计文件的协议。为了保证工程项目的建设质量达到预期的投资目的，实施过程必须遵循项目建设的内在规律，即先勘察、后设计、再施工的程序。

发包人通过招标方式与选择的中标人就委托的勘察、设计任务签订合同。订立合同委托勘察、设计任务是发包人和承包人的自主市场行为，但必须遵守《民法典》（第三编）《建筑法》《建设工程勘察设计管理条例》《建设工程勘察设计市场管理规定》等法律、法规和规章的要求。为了保证勘察、设计合同的内容完备、责任明确、风险责任分担合理，住建部和国家工商行政管理总局制定了《建设工程勘察合同（示范文本）》和《建设工程设计合同（示范文本）》。

一、建设工程勘察设计合同的法律特征

（1）建设工程勘察设计合同的当事人必须是具有权利能力和行为能力的特定的法人。勘察设计合同的承包人不仅必须具有法人资格，而且必须是经国家认可的勘察设计单位。具体而言，勘察设计合同的承包人必须经国家或者省、自治区、直辖市一级的主管机关批准，并发给《勘察许可证》《设计许可证》的法人，任何个人都不能作为建设工程勘察设计合同的当事人。

（2）订立建设工程勘察设计合同必须符合国家规定的基本建设程序。勘察合同由建设单位或者有关单位提出委托，经与勘察单位协商，双方取得一致意见即可签订。建设工程设计合同必须具有上级机关批准的设计书才能订立，小型单项工程合同也必须具有上级机关批准的文件方能订立。如单独委托施工图设计任务，应当同时具有经有关部门批准的初步设计文件。

（3）国家有关主管部门监督建设工程勘察设计合同的履行，合同双方当事人应当接受其监督。建设工程勘察、设计合同必须采用书面形式订立，双方当事人经协商一致，由双方的法定代表人或者其指定的代表签字并加盖公章，合同才有效。对于比较简单的建设工程设计合同，如果当事人彼此了解对方的签约资格、资信和履约能力，只要一方对他方的要约作出承诺，双方即可订立正式合同。如果合同的内容比较复杂，权利和义务的条款有待进一步商讨，或者当事人的资信及履约能力尚需了解，可以由当事人草签订立建设工程设计合同的意向书或协议书，待其他事宜准备就绪后，再根据意向书或协议书起草正式合同。

二、建设工程勘察设计合同的主要条款

（1）委托人提交有关基础资料的期限。这是对委托人提交有关基础资料在时间上的要求。勘察或者设计的基础资料是指勘察设计单位进行勘察、设计工作所依据的基础文件和情况。勘察基础资料包括项目的可行性研究报告，工程需要勘察的地点、内容，勘察技术要求及附图等。设计的基础资料包括工程的选址报告等勘察资料以及原料（或者经过批准的资源报告）、燃料、水、电、运输等方面的协议文件，需要经过科研取得的技术资料。

（2）勘察设计单位提交勘察设计文件（包括概预算）的期限。这是指勘察设计单位完成勘察设计工作，交付勘察或者设计文件的期限。勘察设计文件主要包括勘察、设计图纸及说明，材料设备清单和工程的概预算等。勘察设计文件是工程建设的依据，工程必须按照勘察、设计文件进行施工，因此勘察设计文件的交付期限直接影响工程建设的期限，所以当事人在勘察或者设计合同中应当明确勘察设计文件的交付期限。

（3）勘察设计的质量要求。这主要是委托人对勘察设计工作提出的标准和要求。勘察设计单位应当按照确定的质量要求进行勘察设计，按时提交符合质量要求的勘察设计文件。勘察设计的质量要求条款明确了勘察设计成果的质量，也是确定设计单位工作责任的重要依据。

（4）勘察设计费用。勘察设计费用是委托人对勘察设计工作的报酬。支付勘察设计费是委托人在勘察设计合同中的主要义务。双方应当明确勘察设计费用的数额和计算方法，勘察设计费用支付方式、地点、期限等内容。

（5）双方的其他协作条件。其他协作条件是指双方当事人为了保证勘察设计工作顺利完成所应当履行的相互协助的义务。委托人的主要协作义务是在勘察设计人员进入现场工作时，为勘察设计人员提供必要的工作条件和生活条件，以保证其正常开展工作；勘察设计单位的主要协作义务是配合工程建设的施工，进行设计交底，解决施工中的有关设计问题，负责设计变更和修改预算，参加试车考核和工程验收等。

（6）违约责任。合同当事人双方应当根据国家的有关规定约定双方的违约责任。

三、建设工程勘察设计合同的履行

1. 勘察设计合同的定金

收取费用的勘察设计合同生效后，委托人应向承包人付给定金。勘察设计合同履行后，定金抵作勘察设计费。设计任务的定金为估算的设计费的20%。委托人不履行合同的，无权请求返还定金。承包人不履行合同的，应当双倍返还定金。

2. 勘察设计合同委托人的责任

勘察设计合同的委托人有以下责任。

（1）向承包人提供开展勘察设计工作所需的有关基础资料，并对提供的时间、进度与资料的可靠性负责。

委托勘察工作的，在勘察工作开展前应提出勘察技术要求及附图。

委托初步设计的，在初步设计前，应提供经过批准的设计任务书、选址报告，以及原料（或经过批准的资料报告）、燃料、水、电、运输等方面的协议文件和能满足初步设计要求的勘察资料、需要经过科研取得的技术资料。

委托施工图设计的，在施工图设计前应提供经过批准的初步设计文件和能满足施工图设计要求的勘察资料、施工条件以及有关设备的技术资料。

（2）在勘察设计人员进入现场作业或配合施工时，应负责提供必要的工作和生活条件。

（3）委托配合引进项目的设计任务，从询价、对外谈判、国内外技术考察直至建成投产的各阶段，应吸收承担有关设计任务的单位参加。

（4）按照国家有关规定付给勘察设计费。

（5）维护承包人的勘察成果和设计文件不得擅自修改，不得转让给第三方重复使用。

3. 勘察设计合同承包人的责任

勘察设计合同的承包人有以下责任。

（1）勘察单位应按照现行的标准、规范、规程和技术条例，进行工程测量、工程地质、水文地质等勘察工作，并按合同规定的进度、质量提交勘察成果。

（2）设计单位要根据批准的设计任务书或上一阶段设计的批准文件，以及有关设计技术经济协议文件、设计标准、技术规范、规程、定额等提出勘察技术要求和进行设计，并按合同规定的进度和质量提交设计文件（包括概预算文件、材料设备清单）。

（3）初步设计经上级主管部门审查后，在原定任务书范围内的必要修改由设计单位负责。原定任务书有重大变更而重作或修改设计时，须具有设计审批机关或设计任务书批准机关的意见书，经双方协商，另订合同。

（4）设计单位对所承担设计任务的建设项目应配合施工，进行设计技术交底，解决施工过程中有关设计的问题，负责设计变更和修改预算，参加试车考核及工程竣工验收。对于大中型工业项目和复杂的民用工程应派现场设计代表，并参加隐蔽工程验收。

四、勘察设计合同的变更和解除

设计文件批准后就具有一定的严肃性，不得任意修改和变更。如果必须修改，也需经有关部门批准，其批准权限根据修改内容所涉及的范围而定。如果修改部分属于初步设计的内容，必须经设计的原批准单位批准；如果修改的部分是属于可行性研究报告的内容，则必须经可行性研究报告的原批准单位批准；施工图设计的修改，必须经设计单位批准。

委托人因故要求修改工程设计，经承包人同意后，除设计文件的提交时间另定外，委托人还应按承包人实际返工修改的工作量增付设计费。

原定可行性研究报告或初步设计如有重大变更而需重作或修改设计时，须经原批准机关同意，并经双方当事人协商后另订合同。委托人负责支付已经进行了的设计的费用。

委托人因故要求中途停止设计时，应书面通知承包人，已付的设计费不退还，并按该阶段实际所耗工时，增付和结清设计费，同时终止合同关系。

五、勘察设计合同的违约责任

委托人或承包人违反合同规定造成损失的，应承担违约的责任。

（1）因勘察设计质量低劣引起返工或未按期提交勘察设计文件拖延工期造成损失，由勘察设计单位继续完成勘察设计任务，并应视造成的损失浪费大小减收或免收勘察设计费。对于因勘察设计错误而造成工程重大质量事故，勘察设计单位应承担赔偿责任。

（2）由于变更计划、提供的资料不准确、未按期提供勘察设计必需的资料或工作条件而造成勘察设计的返工、停工、窝工或修改设计的，委托人应按承包人实际消耗的工作量增付费用。因委托人责任造成重大返工或重新设计，应另行增费。

（3）委托人超过合同规定的日期付费时，应偿付逾期的违约金。偿付办法与金额由双方按照国家的有关规定协商，在合同中订明。

任务三　建设工程材料、设备买卖合同

工程材料和设备是工程项目顺利完成的物质保证。通过合同形式实现建设物资的采购，使得买卖双方的经济关系成为合同法律关系，是市场法规律在法律上的反映，也是国家运用法律手段对建设市场实行有效管理和监督的意志体现。工程材料和设备买卖合同的依法订立和履行，在工程项目建设中具有重要作用。当然，建设工程合同当事人在买卖合同中一般是处于买受人的位置。

一、建设工程材料设备买卖合同概述

1. 合同的概念

建设工程材料设备买卖合同，是指具有平等民事主体资格的自然人、法人、其他组织之间，为实现建设工程材料设备买卖，设立、变更、终止相互权利义务关系的协议。

建设工程材料设备买卖合同属于《民法典》（第三编中的第二分编）中的买卖合同，具有买卖合同的一般特点，具体如下：

（1）出卖人与买受人订立买卖合同，是以转移财产所有权为目的。

（2）买卖合同的买受人取得财产所有权，必须支付相应的价款；出卖人转移财产所有权，必须以买受人支付相应的价款为对价。

（3）买卖合同是双务、有偿合同。即合同双方互负一定义务，出卖人应当保质、保量、按期交付合同订购的材料、设备，买受人应当按合同约定的条件接收货物并及时支付货款。

（4）买卖合同是诺成合同。除了法律有特殊规定的情况外，当事人之间意思表示一致，买卖合同即可成立，并不以实物的交付为合同成立的条件。

2. 合同的特点

建设工程材料设备买卖合同与工程项目建设密切相关，其特点主要表现在以下几个方面。

（1）合同的当事人。建设工程材料设备买卖合同的买受人即采购人，可以是发包人，也可以是承包人，依据施工合同的承包方式来确定。永久工程的大型设备一般情况下由发包人采购。施工中使用的建筑材料采购责任，按照施工合同专用条款的约定执行。通常分为：发包人负责采购供应；承包人负责采购，即包工包料承包。

采购合同的出卖人即供货人，可以是生产厂家，也可以是从事物资流转业务的供应商。

（2）合同订立的依据。建设工程所需材料设备，无论是由业主提供，还是由承包商提供，均须符合工程承包合同有关对建设工程材料设备的质量要求和工程进度需要的安排，也就是说，建设工程材料设备买卖合同的订立要以工程承包合同为依据。

（3）合同的标的。建设工程材料设备的特点在于品种、质量、数量和价格差异大，根据不同的建设工程的需要，有的数量庞大，有的则技术条件要求严格，因此，在合同中必须对各种所需材料设备逐一明细，以确保工程施工的需要。

（4）合同的内容。建设工程材料设备买卖合同由于其合同标的的特点，合同涉及的条款繁简程度差异较大。建筑材料采购合同的条款一般限于物资交货阶段，主要涉及交接程序、检验方式和质量要求、合同价款的支付等。大型设备的采购，除了交货阶段的工作外，往往还需包括设备生产阶段、设备安装调试阶段、设备试运行阶段、设备性能达标检验和保修等方面的条款约定。

（5）货物供应的时间。建设工程材料设备买卖合同与施工进度密切相关，出卖人必须严格按照合同约定的时间交付订购的货物。延误交货将导致工程施工的停工待料，不能使建设项目及时发挥效益。

提前交货通常买受人也不同意接受，一方面货物将占用施工现场有限的场地影响施工，另一方面增加了买受人的仓储保管费用。

3. 合同的订立方式

（1）招标方式。建设工程材料设备招标，是指招标单位就拟购买的材料设备发布公告或邀请，以法定方式吸引建设工程材料设备供应商参加竞争，招标人从中选择条件优越者购买其材料设备的法律行为。

根据国家发改委 2018 年发布的《必须招标的工程项目规定》，以下项目必须招标：

1）全部或者部分使用国有资金投资或者国家融资的项目，包括：

①使用预算资金 200 万元人民币以上，并且该资金占投资额 10%以上的项目；

②使用国有企业事业单位资金，并且该资金占控股或者主导地位的项目。

2）使用国际组织或者外国政府贷款、援助资金的项目，包括：

①使用世界银行、亚洲开发银行等国际组织贷款、援助资金的项目；

②使用外国政府及其机构贷款、援助资金的项目。

3）其他大型基础设施、公用事业等关系社会公共利益、公众安全的项目，其勘察、设计、施工、监理以及与工程建设有关的重要设备、材料等的采购达到下列标准之一的。

①施工单项合同估算价在400万元人民币以上；

②重要设备、材料等货物的采购，单项合同估算价在200万元人民币以上；

③勘察、设计、监理等服务的采购，单项合同估算价在100万元人民币以上。

4）同一项目中可以合并进行的勘察、设计、施工、监理以及与工程建设有关的重要设备、材料等的采购，合同估算价合计达到前列规定标准的标。

（2）询价—报价—签订合同。材料或设备采购方向若干生产厂家或经销商发出询价函，要求他们在规定的期限内作出报价，在收到报价后，经过比较，选定报价合理的厂商或供应商与其签订合同。

（3）直接定购。由材料或设备采购方直接向生产厂家或经销商报价，生产厂家或经销商接受报价，签订合同。

上述三种订立合同的方式中，比较常见的是第二种方式，但对于标的数额较大、市场竞争比较激烈的建材或设备，采用招标的方式对采购方比较有利，而对于一些小额、零星材料或设备的采购，采用直接采购的方式也是可取的。

二、工程材料、设备买卖合同主要条款

（1）买卖双方当事人的名称、地址，法定代表人的姓名、职务，委托代订合同的代理人姓名、职务。

（2）合同标的。合同标的应写明标的物名称、品种、规格型号等，应注意符合施工合同的要求。

（3）标的数量。数量条款应明确卖方交货的数量、计量方法等。在约定数量时应考虑合理磅差、运输途中损耗，合理约定交货数量的正负尾差。

（4）质量要求、技术标准、卖方对质量负责的条件和期限。根据买卖标的性质，通用性能、耐用程度、可靠性、外观、经济性等指标，明确质量要求。技术标准应符合规定，必须写明执行的标准代号、编号和标准名称。

（5）价款。在合同中应明确是否为执行政府定价或政府指导价，列明标的物的单价及合同总金额。

（6）交（提）货期限。交（提）货期限是标的物由卖方转移给买方的具体时间要求，它不仅涉及当事人合同义务的履行，而且关系到风险责任的承担。交（提）货期限的确定和计算有两种：合同约定由供方送货或代运的，交货日期以供方发运产品时承运部门签发已戳记的日期为准；合同约定由买方自提的，以卖方依约通知的提货日期为准，但卖方应给买方必要的在途时间。

（7）交（提）货地点、方式。交（提）货地点是卖方交付货物、买方接收货物的地点，它的确定关系到运费的负担、风险的转移等问题，应由双方当事人在合同中予以明确。交（提）货方式是指买卖双方对标的物转移所采用的方式，一般有送货、人运和自提三种。由于工程材料、设备数量多、体积大、品种繁杂，当事人应在签订合同时明确交（提）货的方式，以便按时、准确地履行合同。

（8）价款的支付方式、时间、地点。价款的支付是基于货物买卖而引起的货币支付行为。买方以现金支付的，称为现金结算；通过银行账户的资金转移支付的，称为转账结算。转账结算方式又分两类，一类是异地结算方式，另一类是同城结算方式。异地结算方式包括异地托收承付结算方式、异地委托收款、信用证结算方式、汇兑结算方式和限额结算方式。以上各种结算方式，当事人在签订合同时，应依据有关规定和实际情况，适当选择，并同时明确支付的地点和时间，注明双方开户银行、账户名称和账号。

（9）工程材料、设备的包装。根据材料、设备的性能、形状、体积、重量，在有利于生产、流通、安全和节约的原则下，有关部门制定了统一标准，形成产品的包装标准。凡有国家标准或专业（部）标准的，当事人应执行相应的标准，没有国家标准或专业（部）标准或类型、规格、容量、印刷标志、产品的盛放、衬垫、封袋方法等事项，可按双方合同中的协议或补充条款处理，并且应对包装物的回收办法即回收品的质量、回收价格、回收期限、验收方法等予以明确。

（10）验收标准和方法。验收是对工程材料、设备的数量、品种、规格、质量的检验。验收的方式有驻厂验收、提运验收和接运验收、入库验收等几种方法。验收的内容主要是查明产品的名称、规格、型号、数量、质量是否与合同和其他证件技术标准相符；设备的主机、配件是否齐全；包装是否完整，外表有无损坏；对需要化验、试验的材料、设备进行必要的物理化学检验等。因此在合同中明确验收标准和方式方法，既有利于双方履行合同，一旦发现数量、质量问题，也便于及时处理。

（11）违约责任。

（12）纠纷解决方式。

（13）合同的份数、使用的文字及其效力。

（14）订立合同的时间、地点及当事人签字。

以上条款仅就一般工程材料、设备买卖合同而言，对于通过竞争方式订立的合同，或从国外进口工程材料、设备的合同，应按有关规定或商业惯例明确合同内容。

三、建设工程材料设备买卖合同的履行

1. 标的物的交付

标的物的交付是买卖合同履行中最重要的环节，标的物的所有权自标的物交付时转移。

（1）标的物的交付期限。合同双方应当约定交付标的物的期限，出卖人应当按照约定的期限交付标的物。如果双方约定交付期间的，出卖人可以在该交付期间内的任何时间交付。

当事人没有约定标的物的交付期间或者约定不明确的，可以协议补充，不能达成补充协议的，按照合同有关条款或者交易习惯确定。如果仍不能确定，则出卖人可以随时履行，买受人也可以随时要求履行，但应当给对方必要的准备时间。

标的物在订立合同之前已为买受人占有的，合同生效的时间为交付的时间。

（2）标的物的交付地点。合同双方应当约定交付标的物的地点，出卖人应当按照约定的地点交付标的物。如果当事人没有约定交付地点或者约定不明确，事后没有达成补充协议，也无法按照合同有关条款或者交易习惯确定，则适用下列规定：①标的物需要运输的，出卖人应当将标的物交付给第一承运人以运交给买受人；②标的物不需要运输，出卖人和买受人订立合同时知道标的物在某一地点的，出卖人应当在该地点交付标的物，不知道标的物在某一地点的，应当在出卖人订立合同时的营业地交付标的物。

2. 标的物的风险承担

所谓风险，是指标的物因不可归责于任何一方当事人的事由而遭受的意外损失。一般情况下，标的物毁损、灭失的风险，在标的物交付之前由出卖人承担，交付之后由买受人承担。

因买受人的原因致使标的物不能按照约定的期限交付的，买受人应当自违反约定之日起承担标的物毁损、灭失的风险。

出卖人出卖交由承运人运输的在途标的物，除当事人另有约定的以外，毁损、灭失的风险自合同成立时起由买受人承担。

出卖人按照约定未交付有关标的物的单证和资料的，不影响标的物毁损、灭失风险的转移。

3. 买受人对标的物的检验

检验即检查与验收，对买受人来说既是一项权利也是一项义务。买受人收到标的物时应当在约定的检验期间内检验。没有约定检验期间的，应当及时检验。

当事人约定检验期间的，买受人应当在检验期间内将标的物的数量或者质量不符合约定的情形通知出卖人。买受人怠于通知的，视为标的物的数量或者质量符合约定。

当事人没有约定检验期间的，买受人应当在发现或者应当发现标的物的数量或者质量不符合约定的合理期间内通知出卖人。买受人在合理期间内未通知或者自标的物收到之日起两年内未通知出卖人的，视为标的物的数量或者质量符合约定，但对标的物有质量保证期的，适用质量保证期，不适用该两年的规定。

出卖人知道或者应当知道提供的标的物不符合约定的，买受人不受前两款规定的通知时间的限制。

4. 买受人支付价款

买受人应当按照约定的数额支付价款。对价款没有约定或者约定不明确的，由当事人协议补充，或按合同其他条款或交易习惯确定。

买受人应当按照约定的地点支付价款。对支付地点没有约定或者约定不明确，买受人应当在出卖人的营业地支付，但约定支付价款以交付标的物或者交付提取标的物单证为条件的，在交付标的物或者交付提取标的物单证的所在地支付。

买受人应当按照约定的时间支付价款。对支付时间没有约定或者约定不明确的，买受人应当在收到标的物或者提取标的物单证的同时支付。

四、买卖合同不当履行的处理

出卖人多交标的物的，买受人可以接收或者拒绝接收多交的部分。买受人接收多交部分的，按照合同的价格支付价款；买受人拒绝接收多交部分的，应当及时通知出卖人。

标的物在交付之前产生的孳息，归出卖人所有；交付之后产生的孳息，归买受人所有。

因标的物的主物不符合约定而解除合同的，解除合同的效力及于从物。因标的物的从物不符合约定被解除的，解除的效力不及于主物。

标的物为数物，其中一物不符合约定的，买受人可以就该物解除，但该物与他物分离使标的物的价值显受损害的，当事人可以就数物解除合同。

五、工程材料、设备买卖合同的管理

基于工程材料、设备买卖合同从属于工程承包合同，加强工程材料、设备买卖合同的管理，是工程承包合同管理的重要工作内容之一。因此，对工程材料、设备买卖合同的管理，应纳入工程师合同管理的范畴，同时，工程材料、设备买卖合同的买方也应做好管理工作。无论是工程师还是工程材料、设备买卖合同的买方，在签订和履行工程材料、设备买卖合同时，应注意以下几个问题。

（1）工程材料、设备买卖合同的内容应符合工程承包合同的要求，尤其是有关标的物的品种、规格、型号、数量、质量及检验标准、交货期限等内容，不得与工程承包合同相抵触；否则，将对工程承包合同的履行产生不利影响。

（2）工程材料、设备买卖合同的订立方式应适当选择。凡依法应以招标投标方式订立的，不应与法律法规的要求相抵触；否则，会影响合同的有效成立。

（3）加强工程材料、设备的质量检验与监督。对工程材料、设备的质量检验，不应仅满足于交货后检验，应力求在工程材料、设备的生产制造过程中，加强监督，避免缺陷，必要时可派独立的检验人员驻厂监督。一旦发现质量问题，及时做出处理。

（4）承包商进行工程材料、设备采购时，订立合同后，应将合同的副本交给工程师，并获得工程师许可。在工程材料、设备的生产制造过程中，为工程师检验、检查提供便利。当工程材料、设备交付时，应事先取得工程师认可后才能进场。在投料时，发现有缺陷的材料、设备应服从工程师的指示，予以拆除、运出现场并重新采购。

任务四　造价咨询合同

工程造价咨询业务是指工程项目的可行性研究、投资估算及评价、工程概算、预算、工程结算、竣工决算、工程招标标底、投标报价的编制和审核，以及对工程造价进行监控、提供有关工程造价信息资料等业务工作。

造价咨询合同的主要条款如下。

1. 工程造价咨询单位的义务

向委托方提供工程造价咨询的资质证明材料，及承担本合同业务的专业人员名单（资格）、咨询工作计划，完成合同专用条件中约定的工程造价咨询范围内业务。

工程造价咨询单位在履行本合同的义务期间，应运用合理科学技能，为委托方提供与其工程造价咨询资质相适应的咨询意见，客观公正地维护各方的合法权益。

在合同期内和合同终止后，未征得有关方同意，不得泄露与本合同业务活动有关的保密资料。

2. 委托方的义务

（1）委托方应负责与委托工程造价咨询业务有关的所有第三方面的协调，为工程造价咨询单位提供外部条件。

（2）委托方应当在双方约定的时间内，免费向咨询单位提供与本工程咨询业务有关所需要的工程资料。

（3）委托方应当在约定的时间内就工程造价咨询单位书面提交并要求作出答复的一切事宜作出书面答复。工程造价咨询单位要求第三方提供有关资料时，委托方应尽快转达，并负责资料转送。

（4）委托方应当授权熟悉本工程造价咨询业务情况、能迅速作出决定的代表，负责与工程造价咨询单位联系。

3. 工程造价咨询单位的权利

委托方在委托的工程造价咨询业务范围内，授予工程造价咨询单位以下权利：

（1）工程造价咨询单位在咨询过程中，对提供的资料不明确可向委托方提出书面报告；

（2）工程造价咨询单位在咨询过程中，有权提出与本业务的第三方进行核对或查问；

（3）工程造价咨询单位在咨询过程中，有到工程现场勘察的权利。

4. 委托方的权利

委托方有权要求工程造价咨询单位更换不称职的咨询专业人员，直到终止合同。

5. 工程造价咨询单位的责任

工程造价咨询单位的责任期即工程造价咨询合同有效期。

工程造价咨询单位责任期内，应当履行工程造价咨询合同中约定的义务，如果因工程造价咨询单位过失而造成了经济损失，应当向委托方进行赔偿。累计赔偿总额不应当超过工程造价咨询酬金总额（除去税金）。

工程造价咨询单位对因委托方或第三方不能及时核对或答复所提出的问题，导致合同不能全部或部分履行，咨询单位不承担责任。

6. 委托方的责任

委托方应当履行工程造价咨询合同的义务，如有违反则应当承担违约责任，赔偿给工程造价咨询单位造成的经济损失。

委托方如果向工程造价咨询单位提出赔偿或其他要求不成立，则应补偿由该索赔或其他要求所引起工程造价咨询单位的各种费用的支出。

7. 合同生效、变更与终止

（1）生效。自双方签字盖章之日起生效。

（2）变更。由于委托方或第三方的原因使工程造价咨询单位工作受到阻碍或延误以致增加了工作量或持续时间，则工程造价咨询单位应当将此情况与可能产生的影响及时通知委托方。由此增加的工作量视为附加工作，完成工程造价咨询工作的时间应当相应延长，并取得额外的酬金。

在工程造价咨询合同签订后，发生不可归责于工程造价咨询单位的实际情况，使工程造价咨询单位不能全部或部分执行工程造价咨询业务时，工程造价咨询单位应当立即通知委托方。该工程造价咨询业务的完成时间应予延长。当恢复执行工程造价咨询业务时，双方应当约定，由此而增加的酬金及时间。

（3）终止。委托方如果要求工程造价咨询单位全部或部分暂停执行工程造价咨询业务或终止合同，应当提前15天通知工程造价咨询单位，工程造价咨询单位应当立即安排停止工程造价咨询业务。

工程造价咨询单位由于非自身的原因而暂停或终止执行工程造价咨询业务，其善后工作以及恢复执行工程造价咨询业务的工作，应视为额外工作，有权得到额外的时间和酬金。

合同的协议终止并不影响各方应有的权利和应当承担的责任。

8. 工程造价咨询酬金

正常的工程造价咨询业务、附加工作和额外工作的酬金，按照工程造价咨询合同专用条件约定的方法计取，并按约定的时间和数额支付。

如果委托方在规定的支付期限内未支付工程造价咨询酬金，自规定支付之日起，应当向工程造价咨询单位补偿支付的酬金利息。利息额按规定支付期限最后一日银行活期贷款利率乘以拖欠酬金时间计算。

如果委托方对工程造价咨询单位提交的支付通知书中酬金或部分酬金提出异议，应当在收到支付通知书24小时内向工程造价咨询单位发出异议通知书，但委托方不得拖延其无异议酬金项目的支付。

支付工程造价咨询酬金所采用的货币币种汇率由合同专用条件约定。

9. 其他

因工程造价咨询业务特殊，咨询专业人员必须外出考察，经委托方同意其所需费用随时向委托方实报实销。

工程造价咨询单位如需另聘专家协助，在委托的工程造价咨询业务范围内其费用由工程造价咨询单位承担，在委托的工程造价咨询业务范围以外其费用由委托方承担。

除委托方书面同意外，工程造价咨询单位及职员不应接受工程造价咨询合同约定以外的与工程造价咨询项目有关的任何报酬。

工程造价咨询单位不得参与可能与合同规定的与委托方利益相冲突的任何活动。

10. 争议的解决

因违反或终止合同而引起的对损失和损害的赔偿，委托方与工程造价咨询单位之间应当协商解决，如未能达成一致，可提交当地工程造价主管部门协调，仍达不成一致时，根据双方约定提交仲裁机关仲裁，或向人民法院起诉。

任务五　招标代理合同

根据招标投标法的规定，招标人（业主）必须具备：有与招标工作相适应的经济、法律咨询和技术管理人员；有组织编制招标文件的能力；有审查投标单位资质的能力；有组织开标、评标、定标的能力。否则，需要委托具有相应资质等级的招标代理机构（招标代理受托人，以下简称“受托人”）代理招标。

委托代理机构招标是招标人的自主行为，任何单位和个人不得强制委托代理或指定招标代理机构。受托人应尊重受托人的要求，在委托范围内办理招标事宜，并遵守《招标投标法》的规定。

一、工程招标代理合同的概念

工程招标代理合同是工程项目招标人（业主或业主代理机构）与工程招标代理机构之间，为了明确双方在项目招标代理工作中的权利义务关系而签订的协议。招标代理合同一般为标准格式的合同书。

二、工程招标代理合同的基本条款

1. 合同当事人

招标人（业主）在项目具备工程招标条件后才能委托招标代理事宜，不能隐瞒应该披露的资料或信息。受托人应具有相应的资质等级。

2. 工程概况

工程概况包括：工程名称、招标范围、建设地点、工程规模、投资额及投资来源等。

3. 工程招标实施条件

工程招标实施条件包括：工程立项批准文号及时间、图纸设计单位及交付时间、投资来源及资信证明等。

4. 招标、计价方式及评标、定标办法

这些包括：招标方式、计价方式、评标办法等。

5. 代理业务范围

代理业务范围应当明确是否包括：①拟订招标方案；②拟订招标公告或者发出投标邀请书；③审查潜在投标人资格；④编制招标文件；⑤组织现场踏勘和答疑；⑥编制标底；⑦组织开标、评标；⑧参与开标、评标；⑨草拟工程合同或协助业主签订工程合同等。

6. 受托人的义务

受托的义务一般应包括：①严格按照国家法律、法规以及建设行政主管部门的有关规定从事招标投标代理活动；②在委托书的授权范围内为招标人提供招标代理服务，不得将本合同所确定的招标代理服务转让给第三方；③有义务向招标人提供招标计划以及相关的招标投标资料，做好相关法律、法规及规章的解释工作；④对影响公平竞争的有关招标投标内容保密，受托人工作人员如与本工程潜在投标人有任何利益关系应主动提出回避；⑤对代理工程中提出的技术方案、数据参数、技术经济分析结论负责；⑥承担由于自己过失造成招标人的经济损失。

7. 受托人的权利

受托人的权利一般应包括：①有权拒绝违反国家法律、法规和规章以及建设行政主管部门的有关规定的人为干预；②依据国家有关法律法规的规定，在授权范围内办理委托项目的招标工作；③有权要求更换不称职或有其他原因不宜参与招标活动的招标人员。

8. 招标人的义务

招标人的义务一般应包括：①在双方约定的期限内无偿、真实、及时、详细地提供招标代理工作范围内所需的文件和资料（包括建设批文、资金证明、地质勘察资料、施工图纸等）；②在履行本合同期间，委派熟悉业务，知晓法律、法规的联系代表配合受托人工作；③在双方约定的期限内，对受托人提出的书面要求作出书面回答；④承担由于自己过失造成招标人的经济损失；⑤对影响公平竞争的招标投标相关问题的保密；⑥在规定的有效期内签订完工程施工合同，并在签订合同后 7 日内提交招标投标监督管理机构备案；⑦委托代理咨询项目中如内容、时间等有重大调整，应书面提前一周通知乙方，以便调整相应的工作安排。

9. 招标人的权利

招标人的权利一般应包括：①法定代表人或其委托代理人有权参加委托代理工程招标投标的有关活动；②有权了解招标投标活动的计划安排，并可要求受托人提供招标阶段（保密事项除外）和全过程书面报告；③有权要求受托人更换代理招标过程中不称职或应回避的人员；④有权参与投标申请人的资格审查和考察工作；⑤有权参与开标、评标以及评标委员会评标、定标的全过程工作。

10. 招标代理服务费的收取办法

（1）金额约定（参照国家制定的收费标准）。招标人按照中标价的某一百分比向受托人支付招标代理服务费，并且应明确上述费用中是否包含招标人及中标人缴纳的建设工程交易中心信息服务费；

（2）支付方式。可以这样约定：①本协议签订后，招标人先按预定造价预付，余款在领取中标通知书后一次性结清；②领取中标通知书后，一次性付清；③招标人与中标人签订《建设工程合同》后，招标人在约定的天数内付清。

11. 违约责任与争议

违约责任及争议可以这样约定：①由于一方违约造成的损失，由违约方承担，另一方要求违约方继续履行合同时，违约方承担上述违约责任后仍应继续履行合同；②由于违约造成第三方（中标人）损失的，也由违约方在赔偿另一方损失的基础上再赔偿第三方损失；③双方对代理合同条款变更时必须另行签署补充合同条款，补充合同条款作为本代理合同的组成部分与主合同具有同等法律效力等。

12. 合同争议解决

招标人与受托人在合同履行期间发生争议时，可以和解或者要求有关主管部门调解。一方不愿和解、调解或者和解、调解不成的，双方可以选择以下方式解决争议：①双方达成仲裁协议，向约定的仲裁委员会申请仲裁；②向有管辖权的人民法院起诉。

任务六　劳　务　合　同

一、概述

劳务合同主要包括签约双方的单位名称、地点、代表姓名、劳务工种、人数、年龄、工资、人员条件、服务对象、服务地点、合同期限、双方职责、合同生效及终止日期、劳保、卫生保健、保险、劳务人员权利、仲裁等条款。劳务合同是一种分包合同。

二、劳务内容和规模

劳务内容和规模主要包括：劳务种类、规模及技术要求；具体专业、工种、人数、派遣日期和工作期限；各工种的具体工作任务；工长、工程师、技术员的要求和人数。

在合同后应附上施工细则、图纸、进度计划表等文件。

合同中应明确规定，派遣方是否需派出行政管理人员，确定他们的人数、职责、权限以及和业主代表的联系制度等。

三、业主的义务

（1）负责办理劳务人员出入工程项目所在国国境的手续以及居住证和工作许可证等。

（2）办理劳务人员携带工具和个人生活用品出入工程项目所在国国境的报关、免税手续，并做好劳务人员从入境到工地和开工之前的一切必要的准备工作，如支付动员费、预付费，准备好住房、办公室以及所需的家具、工具、劳保用品，办理各种保险。

（3）在工程中，负责向劳务人员提供与其工作有关的计划、图纸，提供准确的工程技术指导。业主商讨有关项目的技术经济问题的会议应吸收派遣人员参加，听取他们的意见和建议，对合理的应予采纳。

四、派遣方的义务

（1）在合同规定的派遣时间前一个月，或按合同规定的时间向业主提交所有派出人员的名单、出生日期、工种、护照号码及其他资料，负责劳务人员离开自己国家国境和途中过境应办的一切手续。如不能按期派出，必须承担业主蒙受的损失。

（2）负责教育劳务人员遵守工程项目所在国或第三国的法律、法令，尊重其宗教和风俗习惯，保证派出人员不在工程项目所在国进行任何政治活动。

（3）负责教育劳务人员严格执行业主提出的工程技术要求，并接受其施工指导，按时、按质、按量完成商定的任务；派遣方应定期向业主提交工作报告，并作出必要的建议。

五、费用和支付

合同中必须明确规定各项费用的范围、标准、承担者、支付期限、支付方法、手续以及派遣方的收款银行、账号等。对于动员、交通、住宿、膳食、工资、加班、医疗、预付款等有关费用要有专门的规定。

1. 动员费

按国际惯例，业主应按人头向派遣方一次性交付动员费。通常相当于每人两个月或三个月的工资。该费用用于派遣方人员出国前制装、探亲和安置家属、集训、考试、体检以及国内差旅费等。动员费一般在合同签订后若干天内，或派遣人员出国前一个月支付。

2. 交通费

一般派遣方人员从本国机场（港口）到工作现场之间的往返交通费及出入境手续费由业主负担。在合同中应明确规定支付期限和支付方式。

业主应负责提供派遣方现场代表、管理人员等办公用车、劳务人员医疗用车、上下班交通用车。

3. 住宿

对派遣人员的住宿，一般有两种解决方法：①由业主提供劳务人员的住房。在合同中应具体规定住房使用面积、家具、卧具等标准。②由派遣方自己负责筹办住宿。对此可以单独计价，并在合同中规定支付期限和支付办法；也可不单独计价，而是计入工资报价中。

4. 膳食

在工程项目的劳务合同中，通常采用由业主提供厨房以及必需的设备、餐具、炊具，而派遣方负责派遣厨师单独开伙的形式，费用单独计算，由业主承担，不计入工资。

5. 工具和劳保用品

原则上此项应由业主提供。也有劳务合同规定，一般劳保用品由派遣方自备，特殊劳保用品由业主提供。对此可单独计算，也要在工资报价中考虑。

6. 医疗

通常由业主提供必要的医疗设备和药品，由派遣方派遣医生和护士，其费用由业主负担。

7. 工资

工资报价既要有利，又要有竞争力，能为业主接受。为此，派遣方必须严格计算国内外的各项开支，同时又应调查了解工程所在国或第三国招聘其他国家同级人员的技术服务费水平。工资报价应稍低于他们的服务费水平。

合同应明确规定业主对劳务人员支付服务费的计算期限，一般指派遣方劳务人员从本国机场（或港口）出发之日起，到从工程项目所在国的某国际机场（或港口）返回之日止。

8. 加班费

不论何种劳务合同，都应明确规定劳务人员每周工作天数、每天工作小时和加班费计算办法。这样每人每月实际技术服务费一般按小时技术服务费和实际工作时间（包括加班时间）进行结算。

9. 支付所用的货币

合同中应明确规定业主支付各种费用的货币。当然，派遣方都希望采用自由的硬通外汇，而业主则希望多采用当地货币。派遣方对于在当地货币支付的部分费用，可同意业主以当地货币支付，对其余部分应尽力争取业主用硬通货币支付。

10. 支付期限、办法和手续

合同应明确规定业主支付各种费用的日期、支付办法和手续。派遣方按商定的格式填写工作日报表、月报表、支付清单以及支付通知书，于规定期限送交业主。业主应在若干天内付款，一般不必办理确认手续。

11. 预付经费

对没有动员费的合同，可争取业主在派遣方劳务人员启程前一个月或抵达现场后预付每人一定数额的生活费用，并规定该项分几次从以后每月工资中扣除。

六、节假日

劳务人员是同时享受两国法定节日还是只享受某一国法定节日，应由双方协商，并在合同中规定。

七、病、事假与休假

通常劳务人员工作期满 11 个月（或者 1 年），可以享受带薪回国休假 1 个月。休假的具体时间应经双方协商决定。休假的往返交通费和出入境手续费应由业主支付。

病假的规定在国际上不尽相同。有些合同规定，派遣方劳务人员每年在现场可享受带薪病假 15 天、30 天或 60 天不等。

八、人身伤残

一般规定，如遇意外不幸或工伤事故，业主在头三个月照付技术服务费，以后每月支付 1/2～1/3，直至能重新工作。如因此造成派出人员部分或全部失去工作能力，业主应支付一笔抚恤金。

九、死亡

由于国际上运送死者遗体涉及许多规定，我国的在外工作人员牺牲或死亡后，遗体不可能运回。因此，在对外签订合同时，此条款可规定，由双方协商处理办法，费用由业主支付。

十、人员更换

在合同履行期间，由于各种原因引起派遣人员更换，所发生的费用由谁承担，应针对不同情况作出具体的规定。

十一、涉外事宜

派遣方劳务人员因工作需要同当地政府部门交涉事宜，可由双方一起或单独出面，但由此发生的费用应由业主负担，与工程无关的事宜由派遣方交涉并承担费用。

十二、其他

关于劳务合同的税金、保密、保险、不可抗力、仲裁、修改和终止合同等条款，与国际工程承包合同相似。

劳务合同条款要依据劳务的性质、种类、特点、工作确定，不可一概而论。

知识梳理与小结

本学习情境主要内容如下：

建设工程委托监理合同简称监理合同，是指委托人与监理人就委托的工程项目管理内容签订的明确双方权利、义务的协议。

主体双方的权利和义务。

委托人与监理人签订合同，其根本目的就是为实现合同的标的，明确双方的权利和义务，从而确保相对人的权利得以实现，以利于委托监理的建设工程项目按期、按质、按量地交工，从而实现当事人订立合同的目标。合同内容通常包括：①委托人的权利；②监理人的权利；③委托人的义务；④监理人的义务。

委托监理合同的履行。委托人与监理人应当依据法律规定和合同约定，全面地、实际地履行委托监理合同的义务，从而确保相对人的权利得以实现，以利于委托监理的建设工程项目按期、按质、按量地交工，从而实现当事人订立合同的目标。

违约赔偿。合同履行过程中，由于当事人一方的过错，造成合同不能履行或者不能完全履行，由有过错的一方承担违约责任；如属双方的过错，根据实际情况，由双方分别承担各自的违约责任。为保证监理合同规定的各项权利义务的顺利实现，在《委托监理合同示范文本》中制定了约束双方行为的条款："委托人责任""监理人责任"。

建设工程监理是以监理人向委托人提供技术服务为特性，在服务过程中，监理人主要凭借自身知识、技术和管理经验，向委托人提供咨询、服务，替委托人管理工程。

在工程项目的建设过程中会受到多方面因素限制，如上述情况，因此在责任方面作了如下规定：监理人在责任期内，如果因过失而造成经济损失，要负监理失职的责任；监理人不对责任期以外发生的任何事情所引起的损失或损害负责，也不对第三方违反合同规定的质量要求和完工（交图、交货）时限承担责任。

建设工程勘察合同是指根据建设工程的要求，查明、分析、评价建设场地的地质地理环境特征和岩土工程条件，编制建设工程勘察文件的协议。建设工程设计合同是指根据建设工程的要求，对建设工程所需的技术、经济、资源、环境等条件进行综合分析、论证，编制建设工程设计文件的协议。为了保证工程项目的建设质量达到预期的投资目的，实施过程必须遵循项目建设的内在规律，即先勘察、后设计、再施工的程序。

建设工程勘察设计合同的履行、勘察设计合同的定金。收取费用的勘察设计合同生效后，委托人应向承包人付给定金。勘察设计合同履行后，定金抵作勘察设计费。设计任务的定金为估算的设计费的20%。委托人不履行合同的，无权请求返还定金。承包人不履行合同的，应当双倍返还定金。

建设工程材料、设备买卖合同。工程材料和设备是工程项目顺利完成的物质保证。通过合同形式实现建设物资的采购，使得买卖双方的经济关系成为合同法律关系，是市场法规律在法律上的反映，也是国家运用法律手段对建设市场实行有效管理和监督的意志体现。工程材料和设备买卖合同的依法订立和履行，在工程项目建设中具有重要作用。

建设工程材料设备买卖合同，是指具有平等民事主体资格的自然人、法人、其他组织之间，为实现建设工程材料设备买卖，设立、变更、终止相互权利义务关系的协议。

建设工程材料设备买卖合同的订立方式：①招标方式；②询价—报价—签订合同；③直接定购。

买卖合同不当履行的处理。出卖人多交标的物的，买受人可以接收或者拒绝接收多交的部分。买受人接收多交部分的，按照合同的价格支付价款；买受人拒绝接收多交部分的，应当及时通知出卖人。

工程造价咨询业务是指工程项目的可行性研究、投资估算及评价、工程概算、预算、工程结算、竣工决算、工程招标标底、投标报价的编制和审核，以及对工程造价进行监控、提供有关工程造价信息资料等业务工作。

招标代理合同。根据招标投标法的规定，招标人（业主）必须具备：有与招标工作相适应的经济、法律咨询和技术管理人员；有组织编制招标文件的能力；有审查投标单位资质的能力；有组织开标、评标、定标的能力。否则，需要委托具有相应资质等级的招标代理机构（招标代理受托人，以下简称“受托人”）代理招标。

委托代理机构招标是招标人的自主行为，任何单位和个人不得强制委托代理或指定招标代理机构。受托人应尊重受托人的要求，在委托范围内办理招标事宜，并遵守《招标投标法》的规定。

劳务合同主要包括签约双方的单位名称、地点、代表姓名、劳务工种、人数、年龄、工资、人员条件、服务对象、服务地点、合同期限、双方职责、合同生效及终止日期、劳保、卫生保健、保险、劳务人员权利、仲裁等条款。劳务合同是一种分包合同。

复习思考与练习

1.《建设工程委托监理合同（示范文本）》的主要内容有哪些？

2．监理合同当事人双方有哪些权利义务？

3．建设工程勘察设计合同的法律特征有哪些？

4．简述建设工程材料设备买卖合同的概念。

5．造价咨询合同的主要条款有哪些？

6．简述工程招标代理合同的概念。

7．建设工程勘察设计合同的主要条款有哪些？

8．工程材料、设备买卖合同主要条款有哪些？

9．工程招标代理合同的条款有哪些？

10．劳务合同主要条款有哪些？

项　目　实　训

某工程项目所在地区因连降暴雨成灾，发生严重的山洪暴发，使正在施工的桥梁工程遭受如下损失：

（1）一大部分施工脚手架被冲毁，估计损失为300万元；

（2）一座临时分仓库被狂风吹倒，使库存水泥等材料被暴雨淋坏和冲走，估计损失为80万元；

（3）洪水原因冲走和损坏一部分施工机械设备，其损失为50万元；

（4）临时房屋工程设施倒塌，造成人员伤亡损失为15万元；

（5）工程被迫停工20天，造成人员和机械设备闲置损失达60万元。

依据《建设工程施工合同示范文本》，该工程分别办理了工程一切险、承包商机械装备保险及人身安全保险。

问题：

（1）业主、承包商应分别承担哪些风险？

（2）这些风险能否得到经济赔偿？若能得到赔偿，分别为多少？

（3）如该项工程造价为 8000 万元，业主投保金额为分期办理，本期只办理了 6000 万元，则保险公司可以赔偿业主的金额为多少？

学习情境十二　FIDIC 施工合同条件

学习目标

了解 FIDIC 合同条件概述，掌握 FIDIC 施工合同条件及合同条件下对质量、投资和进度的控制。

技能目标

能够根据 FIDIC 施工合同条件进行合同管理，具备处理工程签证和简单的索赔事项的基本技能。

任务一　FIDIC 合同条件概述

一、FIDIC 简介

FIDIC 是“国际咨询工程师联合会”的法文缩写。自 1913 年欧洲三个国家的咨询工程师协会组成 FIDIC 至今，成员已包括全球 70 多个国家和地区，因此可以说 FIDIC 是全球最具权威性的咨询工程师组织，推动了全世界范围内高质量的工程咨询业务的发展。我国 1996 年正式加入该组织。

为适应国际工程建筑市场的发展，FIDIC 于 1999 年出版了四份新的合同标准格式，旨在逐步取代以前的合同条件。

1. 施工合同条件（Conditions of Contract for Construction）

施工合同条件又称新红皮书，适用于各类大型或较复杂的工程项目或施工总承包项目。业主委派工程师管理合同，检查工程进质量，签发支付证书和其他证书，以及监督由雇主设计的或由其代表工程师设计的房屋建筑或工程（Building or Engineering Works）施工。在这种合同形式下，承包商一般都按照雇主提供的设计施工，但工程中的某些土木、机械、电力和/或建造工程也可能由承包商设计。

2. 永久设备和设计—建造合同条件（Conditions of Contract for Plant and Design-Build）

永久设备和设计—建造合同条件又称新黄皮书，适用于电力和机械设备的提供，以及房屋建筑或工程的设计和施工。工程师除管理合同，检查工程进质量，签发支付证书及其他证书之外，还负责设计人员的资质、设计图纸、资料及设计分包的审查。在这种合同形式下，一般都是由承包商按照雇主的要求设计和提供设备或其他工程（可能包括由土木、机械、电力或建造工程的任何组合形式）。

3. EPC/交钥匙工程合同条件（Conditions of Contract for EPC/Turnkey Projects）

EPC/交钥匙工程合同条件又称银皮书，适用于在交钥匙的基础上进行的工厂或其他类似设施的加工或能源设备的提供，或基础设施项目和其他类型的开发项目的实施，这种合同条件所适用的项目：①对最终价格和施工时间的确定性要求较高，②承包商完全负责项目的设计和施工，业主基本不参与工作。

在交钥匙项目中，一般情况下由承包商实施所有的设计、采购和建造工作，即在“交钥匙”时，提供一个配备完整、可以运行的设施。采用总价合同，不可调价（如有调价要求，则应在专用条件中规定）

4. 简明合同格式（Short Form of Contract）

简明合同格式又称绿皮书，该合同条件被推荐用于价值相对较低的房屋建筑或土木工程。根据工程的类型和具体条件的不同，也适用于价值较高的工程，特别是较简单的、或重复性的、或工期短的工程。在这种合同形式下，一般都是由承包商按照雇主或其代表工程师提供的设计实施工程，但对于部分或完全由承包商设计的土木、机械、电力和/或建造工程的合同也同样适用。

二、FIDIC 编制的各类合同条件的特点

FIDIC 编制的合同条件具有以下特点。

1. 国际性、通用性、权威性

FIDIC 编制的合同条件（以下简称“FIDIC 合同条件”）是在总结国际工各方面的经验教训的基础上制定的，并且不断地吸取多个国际或区域专业机构意见加以修改完善。可以说，FIDIC 合同条件是国际上公认的高水平的、通用性的。这些文件适用于国际工程，常常被如世界银行、亚洲开发银行、非洲开发银行等国际金融组织的招标范本采用；同时也被许多国家采用，如我国近几年的施工合同示范文本（包括《标准施工招标文件》2007 版）等，都是以 FIDIC 编制的合同条件为蓝本而演化、改进的一个范本。

2. 公正合理、职责分明

合同条件的各项规定具体体现了业主、承包商的义务、职责和权利，以及工程师的职责权限，体现了在业主和承包商之间风险合理分担的精神，并且倡导合同各方以一种坦诚合作的态度去完成工程。合同条件中对有关各方的职责既有明确而严格的规定和要求，也有必要的限制，这一切对合同的实施非常重要。

3. 程序严谨，易于操作

合同条件特别强调要及时、按程序处理和解决问题。以避免由于任一方的拖延而产生新问题，另外还特别强调各种书面文件及证据的重要性。这些规定使条款中的内容易于操作和实施。

4. 通用条件和专用条件的有机结合

FIDIC 合同条件一般都分为两个部分，第一部分是“通用条件”（General Conditions），第二部分是“专用条件”（Particular Conditions）。通用条件和专用条件共同构成了制约合同各方权利和义务的条件。对于每一份具体的合同，都必须编制专用条件，并且必须考虑到通用条件中提到的专用条件中的条款。

任务二 FIDIC 施工合同条件

一、施工合同中的部分重要词语定义

1. 合同与合同文件

合同指合同协议书、中标函、本条件（合同条件包括通用条件和专用条件）、规范、图纸、资料表以及合同协议书或中标函中列出的其他文件。这里的合同实际上是全部合同文件的总称。构成合同的各个文件应被视为互为说明的。为达到解释的目的，各文件的优先次序如下。

（1）合同协议书。协议书是专门用来使合同文件正规化的书面文件。根据法律规定，协议书不是为形成合同文件所必需的。但是，在大型工程项目施工合同中，签订协议书是一种惯例。协议书实际上是合同文件的浓缩。它列出合同各组成部分的名称，简略叙述合同的重要内容，如工程内容、完工时间、误期赔偿及付款办法等；同时，也可以包括某些类似于合同条款补充和扩展的条文。

除非双方另有协议，否则双方应在承包商收到中标函后的 28 天内签订合同协议书。合同协议书应以专用条件后所附的格式为基础。

（2）中标函（中标通知书）。业主在投标书有效期结束前，以电报通知中标者，此电报随后以挂号信书面确认。中标通知书应在正文或附录中列入以下内容：①完整的合同文件清单，包括已被接受的投标书，双方对投标书修改的确认。这些修改包括纠正计算错误、修改或删除某些保留条件。②合同价。③涉及履约保证的递交，以及正式协议书的签字、盖章生效等问题。

FIDIC 合同文件并没有统一规定中标通知书的格式。有时，在中标通知书之前，业主先写一封意向书，表明业主接受中标者投标书的意愿，但又附加限制条件。意向书一般对业主无约束力，除非其中说明对于承包商在中标通知书之前完成的业主指定的工作，业主一定给予合理的报酬。

（3）投标函。由承包商填写并签字的投标函及其附录，包括对业主的工程报价、确认招标文件和合同条款的文件。

（4）专用条件。

（5）通用条件。

（6）规范。指合同中名称为规范的文件，及根据合同规定对规范的增加和修改。在合同中对招标项目从技术方面进行描述，提出项目在实施中应满足的技术标准、程度等，与我国国内施工的技术规范、规程等含意一致。它是各方（雇主、承包商、工程师）解决项目相关的技术问题的依据。

（7）图纸、填写了价钱的工程量清单。

（8）资料表以及其他构成合同一部分的文件。

资料表由承包商填写并随投标函提交。此文件可能包括工程量表、数据、列表、及费率和/或单价表。

【案例一】 在某一国际工程中，工程师向承包商签发了一份图纸，图纸上有工程师的批准及签字。但这份图纸的部分内容违反本工程的专用规范（即工程说明），待实施到一半后工程师发现这个问题，要求承包商返工并按规范施工。承包商就返工问题向工程师提出索赔要求，但被工程师否定。承包商提出了问题：工程师批准签发的图纸，如果与合同专用规范内容不同，它能否作为工程师已批准的有约束力的工程变更？

【案例解析】 ①在国际工程中通常专用规范是优先于图纸的，承包商有责任遵守合同规范。②如果双方一致同意，工程变更的图纸是有约束力的。但这一致同意不仅包括图纸上的批准意见，而且工程师应有变更的意图，即工程师在签发图纸时必须明确知道已经变更，而且承包商也清楚知道。如果工程师不知道已经变更（仅发布了图纸），则不论出于何种理由，他没有修改的意向，则其对图纸的批准没有合同变更的效力。③承包商在收到一份与规范不同的或有明显错误的图纸后，有责任在施工前将问题呈交给工程师。如果工程师书面肯定图纸变更，则就形成有约束力的工程变更。而在本例中承包商没有向工程师核实，则不能构成有约束力的工程变更。鉴于以上理由，承包商没有索赔理由。

2. 合同履行中涉及的时间概念

（1）基准日期。合同中定义的基准日期是指投标截止日期前第28天。这一日期为业主与承包商承担风险的界线，即在基准日期之后发生的一切风险作为一个有经验的承包商在投标时若不能合理预见，则由业主承担，如物价的变化、当地政策的变化等。在此日期之前，无论是何种涉及投标报价风险发生，均由承包商承担。

（2）开工日期。按合同规定，开工日期若在合同中没有明确规定具体的时间，则开工日期应在承包商收到中标函后的42天内，由工程师在这个日期前7天通知承包商，承包商在开工日后应尽可能快地施工。

此日期是计算工期的起点，同时由于业主的原因使工程师不能发布开工日期，若给承包商造成损失，则承包商可以向业主索赔。

（3）合同工期。合同工期是所签合同内注明的完成全部工程或分步移交工程的时间，加上合同履行过程中非承包商责任导致变更和索赔事件发生后工程师批准顺延工期之和。合同内约定的工期指承包商在投标书附录中承诺的竣工时间。合同工期的日历天数作为衡量承包商是否按合同约定期限履行施工义务的标准。

（4）施工期。施工期指从工程师按合同约定发布的“开工令”中指明的应开工之日起，至工程接收证书注明的竣工日止的日历天数。用施工期与合同工期比较，判定承包商的施工是提前竣工，还是延误竣工。

（5）缺陷通知期。缺陷通知期一般也叫维修期，是指自工程接收证书中写明的竣工日开始，至工程师颁发履约证书为止的日历天数。设置缺陷通知期是为了检验工程在动态运行条件下是否达到了合同技术规范的要求。因此，在这段时期内，承包商除应继续完成在接收证书上写明的扫尾工作外，还应对工程由于施工原因所产生的各种缺陷负责维修，维修费用由缺陷责任方承担。合同工程的缺陷通知期及分阶段移交工程的缺陷通知期，应在专用条件内具体约定。次要部位工程通常为半年，主要工程及设备大多为一年，个别重要设备也可以约定为一年半。

（6）合同有效期。合同有效期包括了施工期、缺陷通知期等。自合同签字日起至承包商提交给业主的“结清单”生效日止，施工承包合同对业主和承包商均具有法律约束力。颁发履约证书只是表示承包商的施工义务终止，合同约定的权利义务并未完全结束，还剩有管理和结算等手续。结清单生效指业主已按工程师签发的最终支付证书中的金额付款，并退还承包商的履约保函。结清单一经生效，承包商在合同内享有的索赔权利也自行终止。

3. 合同价格

合同价格指按照合同各条款的约定，承包商完成建造和保修任务后对所有合格工程有权获得的全部工程款。中标通知书中写明的合同价格仅指业主接受承包商投标书为完成全部招标范围内工程报价的金额。工程师根据现场情况发布非承包商应负责原因的变更指令后，如果导致承包商施工中发生额外费用所应给予的补偿，以及批准承包商索赔给予补偿的费用，都应增加到合同价格上去，所以签约时原定的合同价格在实施过程中会有所变化。最终结算的合同价可能与中标通知书中注明的接受的合同款额不一定相等。

4. 指定分包商

指定分包商是指有业主和工程师挑选或指定的，进行与工程实施、货物采购等工作有关的特定工作内容的分包商。可以在招标文件中指定，也可在工程开工后指定。指定分包商仍与承包商签订分包合同，由承包商负责对他们的管理和协调工作。指定分包商的支付是通过承包商，但从暂列金额中支付。由于暂列金额是用于招标文件规定承包商必须完成的承包工作之外的费用，承包商报价时不将承包范围内发生的间接费、利润、税金等摊入其中，所以他未获得暂列金额内的支付并不损害其利益。

指定分包商对承包商承担他分包的有关项目的全部义务和责任，还应保护承包商免受由于他的行为、违约或疏忽造成的损失和索赔责任。

由于指定分包商是业主选择的，并且工程款支付是从暂列金额中开支，因此合同条款内列有保护指定分包商的条款。如承包商无正当理由扣留或拒绝向指定分包商支付应得工程款，业主有权根据工程师出具的证明直接向指定分包商支付，并从承包商应得工程款中扣回这笔支付。

由于指定分包商的特殊地位，承包商对分包商违约行为承担责任的范围也不同。除非由于承包商向指定分包商发布了错误的指示要承担责任外，对指定分包商的任何违约行为给业主或第三者造成损害而导致索赔或诉讼，承包商不承担责任。

业主选择指定分包商的基本原则是：必须保护承包商合法利益不受侵害。因此当承包商有合法理由时，有权拒绝某一单位作为指定分包商。为了保证工程施工的顺利进行，业主选择指定分包商应首先征求承包商的意见，不能强行要求承包商接受他有理由反对的，或是拒绝与承包商签订保障承包商利益不受损害的分包合同的指定分包商。

5. 解决合同争议的方式

任何合同争议均交由仲裁或诉讼解决。为了解决工程师的决定可能处理得不公正的情况，FIDIC 通用条件中引入“争端裁决委员会”（DBA）处理合同争议的程序。

（1）解决合同争议的程序。

1）提交工程师决定。FIDIC 编制《施工合同条件》的基本出发点之一，是合同履行过程中建立以工程师为核心的项目管理模式，因此不论是承包商的索赔还是业主的索赔均应首先提交给工程师。任何一方要求工程师作出决定时，工程师应与争议双方协商、沟通，并按照合同规定，考虑有关情况后作出恰当的决定。

2）提交争端裁决委员会决定。双方起因于合同的任何争端，包括对工程师签发的证书、作出的决定、指示、意见或估价不同意接受时，可将争议提交合同争端裁决委员会，并将副本送交对方和工程师。裁决委员会在收到提交的争议文件后 84 天内作出合理的裁决。作出裁决后的 28 天内，任何一方未提出不满意裁决的通知，此裁决即为最终的决定。

3）双方协商。任何一方对裁决委员会的裁决不满意，或裁决委员会在 84 天内未能作出裁决，在此期限后的 28 天内应将争议提交仲裁。仲裁机构在收到申请后的 56 天才开始审理，这一时间要求双方尽力以友好的方式解决合同争议。

4）仲裁（或诉讼）。如果双方仍未能通过协商解决争议，则只能由合同约定的仲裁（或诉讼）机构最终解决。但在国际工程实践中，多采用仲裁作为解决争议的最后途径。如果最后用仲裁形式来解决争端时，则在合同的专用条件中应有专门的仲裁条款，约定仲裁是解决双方争端的最后手段（途径），无论仲裁结果对自己是否有利，争端双方都接受。

（2）争端裁决委员会。

DBA 由具有恰当资格的成员组成，成员的数目可为一名或三名，具体情况按投标函附录中的规定。如果争端裁决委员会由三名成员组成，则合同每一方应提名一位成员，由对方批准。合同双方应与这两名成员协商，并应商定第三位成员（作为主席）。

但是，如果合同中包含了意向性成员的名单，则成员应从该名单中选出，除非他不能或不愿接受争端裁决委员会的任命。

合同双方与唯一的成员（“裁决人”）或三个成员中的每一个人的协议书（包括各方之间达成的此类修正）应编入附在通用条件后的争端裁决协议书的通用条件中。

（3）争端裁决程序。

①接到业主或承包商任何一方的请求后，裁决委员会确定会议的时间和地点。解决争议的地点可以在工地或其他地点进行。②裁决委员会成员审阅各方提交的材料。③召开听证会，充分听取各方的陈述，审阅证明材料。④调解合同争议并作出决定。

6. 风险责任的划分

合同履行过程中可能发生的某些风险是有经验的承包商在准备投标时无法合理预见的，就业主利益而言，不应要求承包商在其报价中计入这些不可合理预见风险的损害补偿费，以取得有竞争性的合理报价。合同履行中发生此类风险事件后，按承包商受到的实际影响给予补偿。

（1）通用条件规定的业主应承担的风险。

①战争、敌对行动（不论宣战与否）、入侵、外敌行动。②工程所在国内的叛乱、恐怖活动、革命、暴动、军事政变或篡夺政权，或内战（在我国实施的工程均不采用此条款）。③暴乱、骚乱或混乱，完全局限于承包商的人员以及承包商和分包商的其他雇用人员中间的事件除外。④工程所在国的军火、爆炸性物质、离子辐射或放射性污染，由于承包商使用此类军火、爆炸性物质、辐射或放射性活动的情况除外。⑤以音速或超音速飞行的飞机或其他飞行装置产生的压力波。⑥雇主使用或占用永久工程的任何部分而造成的损失或损害，合同中另有规定的除外。⑦业主提供的设计不当造成的损失。⑧一个有经验的承包商不可预见且无法合理防范的自然力的作用。

前 5 种风险都是业主或承包商无法预测、防范和控制而保险公司又不承保的事件，损害后果又很严重，业主应对承包商受到的实际损失（不包括利润损失）给予补偿。

（2）其他不能合理预见的风险。

①不可预见物质条件的范围。承包商施工过程中遇到不利于施工的外界自然条件、人为干扰、招标文件和图纸均未说明的外界障碍物、污染物的影响、招标文件未提供或与提供资料不一致的地表以下的地质和水文条件，但不包括气候条件。

②外币支付部分由于汇率变化的影响。当合同内约定给承包商的全部或部分付款为某种外币，或约定整个合同期内始终以基准日承包商报价所依据的投标汇率为不变汇率按约定百分比支付某种外币时，汇率的实际变化对支付外币的计算不产生影响。若合同内规定按支付日当天中央银行公布的汇率为标准，则支付时需随汇率的市场浮动进行换算。由于合同期内

汇率的浮动变化是双方签约时无法预计的情况，不论采用何种方式，业主均应承担汇率实际变化对工程总造价影响的风险，可能对其有利，也可能不利。

③法律、法令、政策变化对工程成本的影响。如果基准日后由于法律、法令和政策变化引起承包商实际投入成本的增加，应由业主给予补偿。若导致施工成本的减少，也由业主获得其中的好处，如施工期内国家或地方对税收的调整等。

（3）承包商应承担的风险。

在施工现场属于不包括在保险范围内的，由于承包商的施工管理等失误或违约行为导致工程、业主人员的伤害及财产损失，应承担责任。

比如承诺中标价的正确性和充分性及在中标价内承担全部义务的充分性等，是承诺的充分性条款给承包商带来的风险；承包商对自己提供的材料、设备、全部现场作业和施工方法负完全责任，属于承包商的生产设备、材料或工艺缺陷风险；此外，正常或特殊情况下，承包商未按合同约定履行告知义务、工程延误或变更、环境保护、合同条款解释歧义等，都会带给承包商风险。

7. 工程师颁发证书的程序

（1）颁发工程接收证书。工程接收证书在合同管理中有重要作用，一是证书中指明的竣工日期，将用于判定承包商应承担拖期违约赔偿责任，还是可获得提前竣工的奖励；二是颁发证书日，即为对已竣工工程照管责任的转移日期。

承包商可在他认为工程将完工并准备移交前 14 天内，向工程师发出申请接收证书的通知。如果工程分为区段，则承包商应同样为每一区段申请接收证书。工程师在收到承包商的申请后 28 天内，应向承包商颁发接收证书，说明根据合同工程或区段完工的日期，但某些不会实质影响工程或区段按其预定目的使用的扫尾工作以及缺陷除外（直到或当该工程已完成且已修补缺陷时）；如果工程师不满意，则应书面驳回申请，提出理由并说明为使接收证书得以颁发承包商尚需完成的工作。承包商应在再一次发出申请通知前，完成此类工作。

若在 28 天期限内工程师既未颁发接收证书也未驳回承包商的申请，而当工程或区段（视情况而定）基本符合合同要求时，应视为在上述期限内的最后一天已经颁发了接收证书。

工程接收证书应说明以下主要内容：①确认工程已基本竣工；②注明达到基本竣工的具体日期；③详细列出按照合同规定承包商在缺陷责任期内还需完成工作的项目一览表。

工程根据合同约定已竣工，已颁发或认为已颁发工程接收证书时，表明承包商对该部分工程的施工义务已经完成，而且对工程照管的责任也转移给业主。

特殊情况下的证书颁发程序。

1）业主提前占用工程。工程师应及时颁发工程接收证书，并确认业主占用日为竣工日。提前占用或使用表明该部分工程已达到竣工要求，对工程照管责任也相应转移给业主。但承包商对该部分工程的质量缺陷仍负有责任，在缺陷通知期内出现的施工质量问题还属于承包商的责任。若是业主提前使用或照管责任导致的质量缺陷，则由业主负责。

2）因非承包商原因导致不能进行规定的竣工检验。有时也会出现施工已达到竣工条件，但由于不应由承包商负责的主观或客观原因不能进行竣工检验。针对此种情况，工程师应以本该进行竣工检验日签发工程移交证书，将这部分工程移交给业主照管和使用。工程虽已接收，仍应在缺陷通知期内进行补充检验。当竣工检验条件具备后，承包商应在接到工程师指示进行竣工试验通知的 14 天内完成检验工作。由于非承包商原因导致缺陷通知期内进行的补检，属于承包商在投标阶段不能合理预见到的情况，该项检查试验比正常检验多支出的费用应由业主承担。

（2）颁发履约证书。

为在相关缺陷通知期期满前或之后尽快使工作和承包商的文件以及每一区段符合合同要求的条件（合理的磨损除外），承包商义务主要表现在两个方面：一是在工程师指定的一段合理时间内完成至接收证书注明的日期时尚未完成的任何工作；二是按照业主（或业主授权的他人）指示，在工程或区段的缺陷通知期期满之日或之前（视情况而定）实施补救缺陷或损害所必需的所有工作，以便进行工程的最终移交。

只有在工程师向承包商颁发了履约证书，说明承包商已依据合同履行其义务的日期之后，承包商的义务的履行才被认为已完成。

工程师应在最后一个缺陷通知期期满后 28 天内颁发履约证书，或在承包商已提供了全部承包商的文件并完成和检验了所有工程，包括修补了所有缺陷的日期之后尽快颁发，还应向业主提交一份履约证书的副本。

只有履约证书才应被视为构成对工程的接收。

在履约证书颁发之后，剩余的双方合同义务只限于财务和管理方面的内容，每一方仍应负责完成届时尚未履行的任何义务，合同仍然有效。业主应在证书颁发后的 14 天内，退还承包商的履约保证书。

如果在一定程度上工程、区段或主要永久设备（视情况而定，并且在接收以后）由于缺陷或损害而不能按照预定的目的进行使用，则业主有权要求延长工程或区段的缺陷通知期，推迟颁发证书。但缺陷通知期的延长不得超过 2 年。若认为剩余的工作无足轻重，则可以书面指示承包商必须在期满后的 14 天内完成，而后按期颁发证书。

合同内规定有分项移交工程时，工程师将颁发多个工程接收证书。但一个合同工程只颁发一个履约证书，即在最后一项移交工程的缺陷通知期满后颁发。较早到期的部分工程，通常以工程师向业主报送最终检验合格证明的形式说明该部分已通过了运行考验，并将副本送给承包商。

二、对工程质量的控制

1. 承包商的质量管理体系

通用条件规定，承包商应按照合同的要求建立一套质量保证体系，以保证符合合同要求。该体系应符合合同中规定的细节。工程师有权审查质量保证体系的任何方面。在每一设计和实施阶段开始之前，均应将所有程序的细节和执行文件提交工程师，供其参考。任何具有技术特性的文件颁发给工程师时，必须有明显的证据表明承包商对该文件的事先批准。遵守该质量保证体系不应解除承包商依据合同具有的任何职责、义务和责任。

2. 施工放线

承包商应根据合同中规定的或工程师通知的原始基准点、基准线和参照标高对工程进行放线。承包商应对工程各部分的正确定位负责，并且矫正工程的位置、标高或尺寸或准线中出现的任何差错。

业主应对此类给定的或通知的参照项目的任何差错负责，但承包商在使用这些参照项目前应付出合理的努力去证实其准确性。若业主（工程师）提供了错误的数据信息，作为一个有经验的承包商无法合理发现并且无法避免有关延误和费用发生，则承包商可以向雇主索赔工期、费用和利润。

3. 对工艺、材料、设备的质量控制

（1）一般要求。承包商应以合同中规定的方法，按照公认的良好惯例，以恰当、熟练和谨慎的方式，使用适当装备的设施以及安全材料，进行永久设备的制造、材料的制造和生产，并实施所有其他工程。

在工程中或为工程使用某种材料之前，承包商应向工程师提交：制造商的材料标准样本和合同中规定的样本（由承包商自费提供），以及工程师指示作为变更增加的样本等资料，以获得同意。每件样本都应标明其原产地以及在工程中的预期使用部位。

（2）对承包人施工设备的管理。合同条件规定承包商自有的施工机械、设备、临时工程和材料（不包括运送人员和材料的运输设备），一经运抵施工现场后就被视为专门为本合同工程施工所用。没有工程师的同意，承包商不得将任何主要的承包商的设备移出现场。

某些使用台班数较少的施工机械在现场闲置期间，如果承包商的其他工程需要使用时，可以向工程师申请暂时运出。当工程师依据施工计划考虑该部分机械暂时不用同意运出时，应同时指示何时必须运回以保证本工程施工之用，要求承包商遵照执行。对后期不再使用的设备，经工程师批准后承包商可以提前撤出工地。

若工程师发现承包商使用的施工设备影响了工程进度或施工质量时，有权要求承包商增加或更换施工设备，由此增加的费用和工期延误责任由承包商承担。

（3）对工程质量的检查和检验。检查与检验是控制质量的主要方法和手段之一。

1）合同内没有规定的检查和试验。为了确保工程质量，合同明文规定要检验的均应检验，同时工程师还可以根据工程施工的进展情况和工程部位的重要性，进行合同没有规定的额外检验即超出约定的检验。工程师有权要求对承包商采购的材料进行额外的物理、化学等试验；对已覆盖的工程进行重新剥露检查；对已完成的工程进行穿孔检查。检验相关的费用应由此额外检验的结果来判定。若合格，则业主承担责任，不合格则承包商承担责任。

进行合同没有规定的额外检验属于承包商投标阶段不能合理预见的事件，如果检验合格，应根据具体情况给承包商以相应的费用和工期损失补偿。若检验不合格，承包商必须修复缺陷后在相同条件下进行重复检验，直到合格为止并由其承担额外检验费用。

合同条件规定属于额外的检验包括：①合同内没有指明或规定的检验；②采用与合同规定不同方法进行检验；③在承包商有权控制的场所之外进行的检验（包括合同内规定的检验情况），如在工程师指定的检验机构进行。

2）隐蔽工程及其他部位的检查检验。任何一项隐蔽工程在隐蔽之前，承包商应及时通知工程师。工程师应随即进行审核、检查、测量或检验，或立即通知承包商无须进行上述工作，不得无故拖延。如果承包商未发出此类通知而自行隐蔽的任何工程部位，工程师要求剥露或穿孔检查时，承包商应遵照执行。不论检验结果表明质量是否合格，均由承包商承担全部费用。

对于永久设备、材料及工程的其他部分检验，承包商应与工程师提前商定检验的时间和地点，并提供相关配合工作。若工程师参加检验，应在此时间前 24 小时告知承包商；如果工程师未在商定的时间和地点参加检验，除非工程师另有指示，承包商可着手进行检验，工程师应对数据的准确性予以认可。

3）检验不合格的处理与补救。在检验检查中若发现设备、材料、工艺有缺陷或不符合合同的要求，工程师可以要求承包商更换修改，承包商应按要求予以更换或修改，直到达到规定的要求；若承包商更换的材料或设备需重新检验的，应当重检，所需的检验费应由承包商承担。

对于检查检验过的材料、设备或工艺等，若事后工程师发现仍存在问题，则工程师有权作出指示，要求对此做出补救工作，若承包商不执行工程师的指示，业主可雇人来完成相关的工作，此费用一般从承包商的保留金中开支。

这一“补救工作”的规定，是国际工程中的典型规定，即工程师的认可和批准，不解除承包商的任何合同责任和义务，承包商是质量的第一创造者和责任人，他应向业主提供符合合同约定的工程。

4）工程师有关指示的执行。①承包商应执行工程师发布的与质量有关的指令。除了法律或客观上不可能实现的情况以外，不论工程师发布的有关工程质量指示的内容在合同内是否写明，承包商都应认真执行。例如，工程师为了探查地基覆盖层情况，要求承包商进行地质钻探或挖探坑。如果工程量清单中没有包括这项工作，则应按变更工作对待，承包商完成工作后有权获得相应补偿。②调查缺陷原因。从开工之日起到颁发工程接收证书之日止，承包商负有照管工程的责任。对于工程中出现的任何缺陷、收缩，或其他不合格之处，承包商有义务根据工程师的指示，自费进行调查。除非缺陷原因属于业主应承担的风险、业主采购的材料不合格、其他非承包商施工造成的损害等，应由业主负责调查费用。办理工程移交时，工程的各方面均需达到合同规定的标准。对业主风险造成的损坏，尽管承包商不负责，但当工程师提出要求时仍应按指示修复缺陷，工程师也应批准给予相应的补偿。

在缺陷通知期内，业主对移交工程承担照管责任。承包商只对缺陷通知期内应继续完成扫尾或修补缺陷部分的工程，及该部分工程使用的材料和设备负有照管责任。只要不属于承包商使用有缺陷材料或设备、施工工艺不合格，以及其他违约行为引起的缺陷责任，调查费用应由业主承担。

承包商应将调查报告报送工程师，并抄送业主。调查费用由造成质量缺陷的责任方承担。

三、承包商对投资的控制

FIDIC 施工合同中涉及费用管理的条款很多，归纳起来大致包括有关工程计量的规定、合同履行过程中的结算与支付规定、工程变更和调价时的结算与支付，索赔支付的规定等方面的内容。

1. 预付款

（1）动员预付款。在国际工程承包中，一般在项目施工的启动阶段承包商需要投入大笔的资金，为了帮助解决承包商启动资金的困难，业主可以从未来的工程款中提前支付一笔款项，此时的预付款又可称为动员预付款。

FIDIC 施工合同通用条件对合同中是否一定包括预付款以及预付款金额的多少没有作出明确规定，但在应用指南中说明如果业主同意给动员预付款的话，需在专用条件中详细列明支付和扣还的有关事项。

1）预付款的支付。预付款的数额由承包商在投标书内确认，一般在合同价的 10%～15% 范围内。承包商需首先将银行出具的预付款保函交给业主并通知工程师，在 14 天内工程师应签发“预付款支付证书”，业主按合同约定的数额和外币比例支付预付款。预付款保函金额始终保持与预付款等额，即随着承包商对预付款的偿还逐渐递减保函金额。

2）预付款的扣还。预付款在分期支付工程进度款的支付证书中按百分比扣减的方式偿还。

起扣：自承包商获得工程进度款累计总额（不包括预付款的支付和保留金的扣减）达到合同总价（减去暂列金额）10%那个月起扣

$$\frac{\text{工程师签证累计支付款总额}-\text{预付款}-\text{已扣保留金}}{\text{接受的合同价}-\text{暂定金额}}=10\%$$

按照预付款的货币的种类及其比例，分期从每份支付证书中的数额（不包括预付款及保留金的扣减与偿还）中扣除 25%，直至还清全部预付款

每次扣还金额=（本次支付证书中承包商应获得的款额－本次应扣的保留金）×25%

若在整个工程的接收证书签发之前，或发生终止合同或发生不可抗力之前预付款还没有偿还完，承包商应立即偿还剩余部分。

（2）材料预付款。在 FIDIC 合同条件中，为了帮助承包商解决订购大宗材料和设备占用资金周转的困难，规定业主在一定条件下应向承包商支付材料、设备预付款。通用条件中规定一般材料设备预支额度为其费用的 80%。

1）预付材料款的支付。专用条款中规定的工程材料的采购满足以下条件后，承包商向工程师提交预付材料款的支付清单：①材料的质量和储存条件符合技术条款的要求；②材料已到达工地并经承包商和工程师共同验点入库；③承包商按要求提交了订货单、收据价格证明文件（包括运至现场的费用）。

工程师核查承包商提交的证明材料后，按实际材料价乘以合同约定的百分比，签发付款文件并与进度款同期支付。

2）预付材料款的扣还。通用条款规定，当已预付款项的材料或设备用于永久工程，构成永久工程合同价格的一部分后，在承包商应得工程进度款内扣除预付的款项，扣除金额与预付金额的计算方法相同。专用条款内也可以约定其他扣除方式。

2. 暂定金额

暂定金额是雇主的一笔备用资金，一般包含在承包商的投标报价中，成为其整个报价的一部分。每一笔暂定金额仅按照工程师的指示全部或部分地使用，并相应地调整合同价格。支付给承包商的暂定金额仅应包括工程师指示的且与暂定金额有关的工作、供货或服务的款项。

当工程师要求时，承包商应出示报价单、发票、凭证以及账单或收据，以示证明。

3. 计日工费

承包商在工程量清单的附件中，按工种或设备填报单价的日工劳务费和机械台班费，一般用于工程量清单中没有合适项目、数量少或偶然进行的不能安排大批量的流水施工的零散工作，工程师可以下达变更指令，要求承包商在以日工计价的基础上实施此类工作。

在订购工程所需货物时，承包商应向工程师提交报价。当申请支付时，承包商应提交此货物的发票、凭证以及账单或收据。

除了计日工报表中规定的不进行支付的任何项目以外，承包商应每日向工程师提交使用资源详细情况的准确报表，一式两份。工程师经过核实批准后在报表上签字，并将其中一份退还承包商。承包商将它们纳入每月月末的期中支付证书申请中。

4. 保留金

保留金是按合同约定从承包商应得的工程进度款中相应扣减的一笔金额保留在业主手

中，作为约束承包商严格履行合同义务的措施之一。当承包商有一般违约行为使业主受到损失时，可从该项金额内直接扣除损害赔偿费。

（1）保留金的扣留。承包商在投标书附录中按招标文件提供的信息和要求确认了每次扣留保留金的百分比和保留金限额。每次月进度款支付时扣留的百分比一般为5%～10%，累计扣留的最高限额为合同价的2.5%～5%。

（2）保留金的返还。工程师颁发了整个工程的接收证书后，业主将保留金的一半支付给承包商。在缺陷通知期期满颁发履约证书后，退还剩余的保留金。

如果颁发的接收证书只是限于一个区段或工程的一部分，则应就相应百分比的保留金开具证书并给予支付。这个百分数应该是将估算的区段或部分的合同价值除以最终合同价格的估算值计算得出的比例的40%。在这个区段的缺陷通知期期满后，应立即就保留金的后一半的相应百分比开具证书并给予支付。这个百分数应该是将估算的区段或部分的合同价值除以最终合同价格的估算值计算得出的比例的40%。

5. 工程量计量

工程量清单中所列的工程量仅是对工程的估算量，不能作为承包商完成合同规定施工义务的结算依据。每次支付工程进度款前，均需通过测量来核实实际完成的工程量，以计量值作为支付依据。

除非合同中另有规定，测量应该是测量每部分永久工程的实际净值，测量方法应符合工程量表或其他适用报表。

当工程师要求对工程的任何部分进行测量时，他应通知承包商的代表，承包商的代表应立即参加或派一名合格的代表协助工程师进行测量，并提供工程师所要求的全部详细资料。如果承包商未能参加或派出一名代表，则由工程师单方面进行的测量应被视为对该部分的准确计量。

在需用记录对任何永久工程进行计量时，工程师应对此做好准备。当承包商被要求时，他应14日内参加审查，并就此类记录与工程师达成一致，在上述文件上签名。如果承包商没有参加审查，则应认为此类记录是准确的并接受。如果承包商在审查之后不同意上述记录或不签字表示同意，它们仍被认为是有效的，除非承包商在审查后14天内向工程师提出申诉。承包商应通知工程师并说明上述记录中被认为不准确的各个方面。在接到此类通知后，工程师应复查此类记录，或予以确认或予以修改。

6. 工程进度款支付

（1）承包商提供报表。承包商应按工程师批准的格式，在每个月末之后向工程师提交一式六份报表，详细说明承包商认为自己有权得到的款额，同时提交各证明文件。内容包括以下几个方面：①本月实施的永久工程价值；②工程量清单中列有的，包括临时工程、计日工费等任何项目应得款；③预付的材料款；④按合同约定方法计算的，因物价浮动而需增加的调价款；⑤按合同有关条款约定，承包商有权获得的补偿款。

（2）工程师签证。在业主收到并批准了履约保证之后，工程师才能为任何付款开具支付证书。此后，在收到承包商的报表和证明文件后28天内，工程师应向业主签发期中支付证书，列出他认为应支付承包商的金额，并提交详细证明资料。

但是，在颁发工程的接收证书之前，若被开具证书的净金额（在扣除保留金及其他应扣款额之后）少于投标函附录中规定的期中支付证书的最低限额（如有此规定时），工程师可不签发本月进度款的支付证书，在这种情况下，工程师应相应地通知承包商。

工程师可在任何支付证书中对任何以前的证书给予恰当的改正或修正。支付证书不应被视为是工程师的接受、批准、同意或满意的意思表示。

（3）业主支付。业主应按期中支付证书中开具的款额，在工程师收到报表及证明文件之日起 56 天内给承包商付款。如果逾期支付，将按投标书附录约定的利率计算延期付款利息。

7. 因物价浮动的调价款

长期合同订有调价条款时，每次支付工程进度款均应按合同约定的方法计算价格调整费用。如果工程施工因承包商责任延误工期，则在合同约定的全部工程应竣工日后的施工期间，不再考虑价格调整，各项指数采用应竣工日当月所采用值；对不属于承包商责任的施工延期，在工程师批准的展延期限内仍应考虑价格调整。

8. 工程变更

在颁发工程接收证书前，工程师可通过发布指示或以要求承包商递交建议书的方式提出变更。变更可包括：

（1）对合同中任何工作的工程量的改变（此类改变并不一定必然构成变更）；

（2）任何工作质量或其他特性上的变更；

（3）工程任何部分标高、位置和（或）尺寸上的改变；

（4）省略任何工作，除非它已被他人完成；

（5）永久工程所必需的任何附加工作、永久设备、材料或服务，包括任何联合竣工检验、钻孔和其他检验以及勘察工作；

（6）工程的实施顺序或时间安排的改变。

对于变更工作进行估价，如果工程师认为适当，可以使用工程量表中的费率和价格。如果合同中未包括适用于该变更工作的费率和价格，可在合理范围内以合同中费率和价格为估价基础。变更工作的内容在工程量表中没有同类工作的费率和价格，要求工程师与业主、承包商协商后确定新的费率或价格。

【案例二】 在一国际工程中，按合同规定的总工期计划，应于××年×月×日开始现场搅拌混凝土。因承包商的混凝土拌和设备迟迟运不上工地，承包商决定使用商品混凝土，但为业主否决。而在承包合同中未明确规定使用何种混凝土。承包商不得已，只有继续组织设备进场，由此导致施工现场停工、工期拖延和费用增加。对此承包商提出工期和费用索赔。而业主以如下两点理由否定承包商的索赔要求：①已批准的施工进度计划中确定承包商用现场搅拌混凝土，承包商应遵守；②拌和设备运不上工地是承包商的失误，他无权要求赔偿。最终将争执提交调解人。

【案例解析】 调解人认为：因为合同中未明确规定一定要用工地现场搅拌的混凝土（施工方案不是合同文件），则商品混凝土只要符合合同规定的质量标准也可以使用，不必经业主批准。因为按照惯例，实施工程的方法由承包商负责。他在不影响或为了更好地保证合同总目标的前提下，可以选择更为经济合理的施工方案。业主不得随便干预。在此前提下，业主拒绝承包商使用商品混凝土，是一个变更指令，对此可以进行工期和费用索赔。但该项索赔必须在合同规定的索赔有效期内提出。当然承包商不能因为用商品混凝土要求业主补偿任何费用。最终承包商获得了工期和费用补偿。

9. 竣工报表与支付

在收到工程的接收证书后 84 天内，承包商应向工程师提交按其批准的格式编制的竣工报表一式六份，并附期中支付证书申请要求的证明文件，详细说明：

（1）到工程的接收证书注明的日期为止，根据合同所完成的所有工作的价值；

（2）承包商认为应进一步支付给他的任何款项；

（3）承包商认为根据合同将应支付给他的任何其他估算款额，估算款额应在此竣工报表中单独列出。

工程师接到竣工报表后，应对照竣工图进行工程量详细核算，对其他支付要求进行审查，然后再依据检查结果，在收到竣工报表后 28 天内签署竣工结算的支付证书。业主依据工程师的签证予以支付。

10. 最终结算

在颁发履约证书 56 天内，承包商应向工程师提交按其批准的格式编制的最终报表草案一式六份，并附证明文件，详细说明根据合同所完成的所有工作的价值，以及承包商认为根据合同或其他规定应进一步支付给他的任何款项。

如果工程师不同意或不能证实该最终报表草案中的某一部分，承包商应根据工程师的合理要求提交进一步的资料，并就双方所达成的一致意见对草案进行修改。双方同意的报表被称为最终报表。随后，承包商应编制并向工程师提交双方同意的最终报表，同时还需向业主提交的一份结清单，进一步证实最终报表中的支付总额，作为同意与业主终止合同关系的书面文件。工程师在接到最终报表和结清单附件后的 28 天内签发最终支付证书，业主应在收到证书后的 56 天内支付。只有当业主按照最终支付证书的金额予以支付并退还履约保函后，结清单才生效，承包商的索赔权也即行终止。

四、承包商对施工进度的控制

1. 开工

工程师应至少提前 7 天通知承包商开工日期。除非专用条件中另有说明，开工日期应在承包商接到中标函后的 42 天内。承包商应在开工日期后合理可行的情况下尽快开始实施工程，随后应迅速且毫不拖延地进行施工。

2. 进度计划

承包商在接到开工通知后 28 天内，应向工程师提交详细的进度计划。说明为完成施工任务而打算采用的施工方法、施工组织方案、进度计划安排以及按季度列出根据合同预计应支付给承包商费用的资金估算表。承包商将计划提交的 21 天内，工程师未提出需修改计划的通知，即认为该计划已被工程师认可。

当原进度计划与实际进度或承包商的义务不符时，承包商还应提交一份修改的进度计划。

为了便于工程师对合同的履行进行有效的监督和管理，协调各合同之间的配合，承包商每个月要向工程师提交进度报告，说明前一阶段的进度情况和施工中存在的问题，以及下一阶段的实施计划和准备采取的相应措施。

当工程师发现实际进度与计划进度严重偏离时，随时有权指示承包商编制改进的施工进度计划，并再次提交工程师认可后执行，新进度计划将代替原来的计划。也允许在合同内明确规定，每隔一段时间（一般为 3 个月）承包商都要对施工计划进行一次修改，并经过工程师认可。

按照合同条件的规定，不论因何方应承担责任的原因导致实际进度与计划进度不符，承包商都无权对修改进度计划的工作要求额外支付；工程师对修改后进度计划的批准，并不免除承包商对进度计划本身缺陷所应承担的责任。

3. 暂停施工

工程师可随时指示承包商暂停进行部分或全部工程施工。暂停期间，承包商应保护、保管以及保障该部分或全部工程免遭任何损蚀、损失或损害。工程师还应通知停工原因。

若工程师提出暂停施工的原因是业主或非承包商的原因，给承包商造成了工期和费用损失，则业主应给予补偿；相反，若暂停施工是由承包商的原因造成，则承包商得不到相应的补偿。

暂停已持续 84 天以上，承包商可要求工程师同意复工。若发出请求后 28 天内工程师未给予许可，则承包商可以把暂停影响到的工程视为变更和调整条款中所述的删减。如果此类暂停影响到整个工程，承包商可向业主提出终止合同的通知。

4. 追赶施工进度

工程师认为整个工程或部分工程的施工进度滞后于合同内竣工要求的时间时，可以下达赶工指示。承包商应立即采取经工程师同意的必要措施加快施工进度。发生这种情况时，也要根据赶工指令的发布原因，决定承包商的赶工措施是否应该给予补偿。在承包商没有合理理由延长工期的情况下，如果这些赶工措施导致业主产生了附加费用，承包商除向业主支付误期损害赔偿费（如有时）外，还应支付该笔附加费用。

任务三 FIDIC 施工合同条件案例分析

【案例三】 2000 年 5 月，中国水利电力对外公司与毛里求斯公共事业部污水局签订了承建毛里求斯扬水干管项目的合同。该项目由世界银行和毛里求斯政府联合出资，合同金额 477 万美元，工期两年，监理工程师是英国 GIBB 公司。该项目采用的是 FDIC 合同条款。

按照该项目的合同条款的规定，用于项目施工的进口材料可以免除关税，我方认为油料也是进口施工材料，据此向业主申请油料的免税证明，但毛里求斯财政部却以柴油等油料可以在当地采购为由拒绝签发免税证明。我方对合同条款进行了仔细研究，认为这与合同的规定不相一致，因此提出索赔，要求业主补偿油料进口的关税。

一、索赔通知

按照 FIDIC 条款第 53.1 条的规定，如果承包商决定根据合同某一个条款要求业主支付额外费用（即向业主提出索赔），承包商应在这个事件最初发生之日起的 28 天内，通知监理工程师承包商将提出索赔要求，并将该通知抄送业主。

我方按照上述规定，在 2000 年 9 月 15 日正式致函监理工程师，就油料关税提出索赔，索赔报告将在随后递交，并将该函抄送了业主。

二、索赔记录

按照 FDIC 条款第 53.2 的规定，在递交了索赔通知之后，承包商应将与该索赔事件有关的、必要的事项记录在案，以作为索赔的依据或证据。而监理工程师在收到索赔通知后，不论业主是否对该项目的索赔承担责任，都要检查这些记录并且可以指示承包商记录他认为合理而重要的其他事项。

因此，我方在每月的月初向监理工程师递交上个月实际采购油料的种类和数量，并将有我方与供货商双方签字的交货单复印附后，以便作为计算油料关税金额的依据。监理工程师肯定了我方的做法，要求我方继续保持记录并按月上报。

三、索赔报告

按照 FIDIC 合同条款 53.3 的规定，在递交索赔通知的 28 天或监理工程师认为合理的期限内，承包商应该将每一项索赔金额的详细计算过程和所依据的理由递交给监理工程师并抄送给业主。在索赔事件对承包商的影响没有终止之前，这个索赔金额应该被认为是一个时段的索赔金额，承包商应该按照监理工程师要求，继续递交各个时段的索赔金额以及计算这些金额所依据的理由。承包商应该在索赔事件结束的 28 天内递交最终的索赔金额。

索赔报告的关键是索赔所依据的理由。只有在索赔报告中明确说明该项索赔是依据合同条款中的某一条某一款，才能使业主和监理工程师信服。为此，我方项目经理部仔细地研究了合同条款。

合同条款第二部分特殊条款第 73.2 条规定：凡用于工程施工的进口材料可以免除关税。对进口材料所作的定义是：

（1）当地不能生产的材料；

（2）当地生产的材料不能满足技术规范的要求，需要从国外进口；

（3）当地生产的材料数量有限，不能满足施工进度要求，需从国外进口。

我方提出索赔的第一个理由是：油料是该项目施工所必需的，而且毛里求斯是一个岛国，既没有油田也没有炼油厂，所需的油料全部是进口的，因此油料应该和该项目其他进口材料如管道、结构钢材等材料一样，享受免税待遇，而毛里求斯财政部将油料作为当地材料是不符合合同条款的。

其次，我方从其他在毛里求斯的中国公司那里了解到毛里求斯财政部曾为刚刚完工的中国政府贷款项目签发过柴油免税证明，这说明有这样的先例，我方将财政部给这个项目签发的免税证明复印件也作为证据附在索赔报告之后。

对于索赔金额的计算，关键在于确定油料的数量和关税税率。如前所述，我方将每一个月项目施工实际使用的油料种类和数量清单都已上报监理工程师，这个数量监理工程师是认可的。关税税率则是按照毛里求斯政府颁布的关税税率计算，这样加上我方的管理费，计算得出索赔金额。关税税率的复印件也作为索赔证据附在索赔报告之后。

四、工程师的批复意见

监理工程师在审议了我方的索赔报告后，正式来函说明了他们的意见，并将该函抄送业主。他们认为免税进口材料必须满足两个要求：

（1）材料必须用于该项目的施工；

（2）材料不是当地生产的。

监理工程师认为油料完全满足以上两个条件，因而承包商有权根据合同条款申请免税进口油料。

五、业主的批复意见

业主在审议了我方的索赔报告和工程师的批复意见后，仍然坚持他们的意见，认为油料是当地材料，拒绝支付索赔的油料关税金额。

至此，由于与业主不能达成一致意见，这个索赔变成了与业主之间的争议，也就进入了争议解决程序。

六、解决争议的第一步——请求监理工程师裁决

FIDIC 条款中对业主和承包商之间所发生争议的解决办法和程序作了明确的规定。FIDIC 条款第 67.1 条规定：如果业主和工程师之间发生了与合同或者是合同实施有关的，或者是合同和合同实施之外的争议，包括对工程师的观点、指示、决定、签发的单据证书以及单价的确定引起的争议，不论这些争议发生在施工过程中还是工程完工之后，也不论是在放弃或终止合同之前还是之后，首先应该致函监理工程师，并抄送对方，请求监理工程师就此争议进行裁决。监理工程师应该在收到请求之日起的 84 天内，将其裁决结果通知业主和承包商。

FIDIC 条款第 67.1 条还规定：如果业主或者承包商不满意监理工程师的裁决结果，不满意裁决结果的一方决定将此争议提请法庭仲裁，那么在收到裁决结果的 70 天内，不满意裁决结果的一方应将这个决定书面通知对方并抄送给工程师。还有一种情况是监理工程师没有在规定的时间内将裁决结果通知业主和承包商，如果业主或者承包商有一方打算将此争议提请法庭仲裁，那么他应在 84 天的期限到期之后的 70 天内，将他的决定通知对方并抄送监理工程师。如果在收到监理工程师的裁决之后的 70 天内，业主和承包商都没有通知工程师他们打算就此争议提请法庭仲裁，那么工程师的裁决就是最终裁决，对业主和承包商都有约束力。

按照以上合同条款的规定，我方在 2001 年 2 月 26 日致函监理工程师并抄送业主，要求就油料免税事宜请监理工程师作出裁决。按照合同规定，监理工程师应该将裁决结果在 84 天内即 2001 年 5 月 20 日之前通知业主和我方。

2001 年 5 月 16 日，我方收到了监理工程师的裁决结果。在裁决书中，监理工程师首先声明裁决是根据合同条款第 67.1 的规定和承包商的要求作出的，并且叙述了索赔的背景和涉及的合同条款，简要回顾了在索赔过程中承包商、监理工程师和业主在往来信函中各自所持的观点。最后工程师得出了以下四点结论。

（1）柴油、润滑油和其他石油制品不是当地生产的，因此，按照合同条款第 73.2 条的规定，只要是用于该项目施工的油料，在进口时就应该免除关税。

（2）免除关税只适用于在进口之前明确标明专为承包商进口的油料，承包商在当地采购的已经进口到毛里求斯的油料不能免除关税。

（3）毛里求斯财政部的免税规定与合同有冲突，承包商应该得到关税补偿，补偿金额从承包商应该得到免税证明之日算起。

（4）在同等条件下，财政部已经有签发过柴油免税证明的先例。

根据以上结论，监理工程师作出了如下的裁决：根据合同条款的规定，承包商有权安排免税进口用于该项目施工所需的柴油和润滑油，因此，承包商应该得到进口油料的关税补偿。补偿期限从 2000 年 10 月 22 日开始（我方申请后应该得到免税证明的时间，业主及财政部的批复期限按 2 个月计算）到该项目施工结束。

从该裁决结果可以看出，监理工程师确实是站在公正、中立的立场上作出了他们的裁决，这个裁决结果对我方十分有利。

但是尽管监理工程师作出了明确的裁决，业主仍然致函监理工程师，表示对监理工程师的裁决不满意。

鉴于这种结果，经过项目经理部内部讨论并请示公司总部，考虑到该项目的油料用量不大，索赔金额有限（约15万美元），如果提请法庭仲裁，不但会影响我公司今后业务的开展，而且开庭时还要支付律师费用，就是打赢这场官司，索赔回来的钱扣除律师费用后也所剩无几，因此决定不提出法庭仲裁，但争取能够与业主友好协商解决。

七、解决争议的第二步——业主和承包商友好协商解决

FIDIC条款第67.2条规定：当业主或承包商有一方按照FIDIC条款67.1条规定通知对方打算通过法庭仲裁的办法解决分歧时，在开始法庭仲裁之前双方应该努力通过友好协商的办法解决该争议。除非双方协商一致，而且不论是否打算友好协商解决该争议，法庭仲裁都应该在给对方发出法庭仲裁通知的56天之后开始。

这条规定说明，在法庭仲裁之前，有56天的时间由双方友好协商解决该争议。在此期间，我方多方面地做了业主的工作，业主友好地表示可以增加一些额外工程，但是就该项索赔他们也无能为力，问题的关键在于毛里求斯财政部不同意签发免税证明。在这种情况下，该争议没有能够进行友好协商解决。在56天到期之后，我方正式致函业主，我方放弃法庭仲裁。

八、解决争议的第三步——法庭仲裁

按照FIDIC条款第67.3条的规定：当争议的双方有一方不服从监理工程师按照FIDIC条款67.1规定所作的裁决，或者双方没有能够按照FIDIC条款67.2规定通过友好协商达成协议，那么除非合同另有规定，这个争议应该按照国际商业仲裁调解法则，并且由按照该法则指定的一个或多个仲裁员裁决，这个裁决将是最终裁决。仲裁员有权打开、审查和修改工程师所作出的、与该争议有关的任何决定、判断、指令、裁决、单证以及确定的价格。

该条款还规定：争议的双方在法庭仲裁过程中可以不受为监理工程师做出裁决而提供的证据、论点的限制，监理工程师所作的裁决也不能使监理工程师失去在法庭上被请求作为证人或提供证据的资格。法庭仲裁可以在项目完工之前进行，也可以在项目完工之后进行，但不论在何时进行，业主、监理工程师和承包商的义务和职责都不能因为法庭仲裁而改变。

由此可以看出，业主和承包商之间的争议最终的解决办法是法庭仲裁。法庭仲裁往往会花费很长的时间，而且争议双方为了赢得官司，都要请最好的律师，而律师的费用通常是按小时计算的，非常昂贵。因此，在打算与业主对簿公堂之前，一定要慎重考虑。

综上所述，从该项目的油料关税索赔几乎完整的索赔过程可以看出，一个完整的工程索赔实际上包含了业主和承包商之间争议的解决过程。而在国际承包项目的实施过程中，业主和承包商之间有利益冲突，业主总是想用最少的投资在最短的时间内完成一个工程，而承包商在实施这个工程时总是想用最小的投入赚取最大的利润，因此二者之间的争议，绝大多数还是由索赔引起的。

在国际项目的执行过程中，由于许多国内承包商不熟悉FIDIC条款的索赔程序和争议解决程序，往往是提出了索赔，而且索赔也有理有据，但一旦业主拒绝了索赔要求，承包商也就放弃了索赔，没有请求工程师裁决或提出法庭仲裁，因而损失惨重。

实际上绝大多数的工程监理公司是十分注重自己的形象的，如果承包商请求监理工程师裁决的话，他们都是非常重视的而且是非常公正的，这是因为业主和承包商之间的争议有可能通过法庭仲裁来解决，如果仲裁员监理工程师的裁决不公正，有偏袒业主或承包商的现象，这也就损害了工程监理公司自身的形象。

另外，一旦承包商就某一争议提请法庭仲裁，业主作为被告也需要花费人力物力准备答辩材料，聘请律师，如果输了官司，业主就得支付所有的索赔费用及由此引起的承包商的其他损失，从这个角度讲业主也不愿意将争议诉诸法庭。

因此对于金额较大的索赔或者与业主的争议，承包商应该依靠合同文件，以不惜诉诸法庭的勇气和决心，坚决地捍卫自己应得的权益。实际上，如果业主发现承包商熟悉合同条款，索赔有理有据，业主为了避免法庭仲裁败诉给自己造成额外经济损失，也就会严格履行合同。

知识梳理与小结

本学习情境主要内容如下：

FIDIC 简介。FIDIC 是“国际咨询工程师联合会”的法文缩写。自 1913 年欧洲三个国家的咨询工程师协会组成 FIDIC 至今，成员已包括全球 70 多个国家和地区，因此可以说 FIDIC 是全球最具权威性的咨询工程师组织，推动了全世界范围内高质量的工程咨询业务的发展。我国 1996 年正式加入该组织。

FIDIC 编制的各类合同条件的特点；①国际性、通用性、权威性；②公正合理、职责分明；③程序严谨，易于操作；④通用条件和专用条件的有机结合。

合同指合同协议书、中标函、本条件（合同条件包括通用条件和专用条件）、规范、图纸、资料表以及合同协议书或中标函中列出的其他文件。这里的合同实际上是全部合同文件的总称。构成合同的各个文件应被视作互为说明的。

工程接收证书在合同管理中有重要作用，一是证书中指明的竣工日期，将用于判定承包商应承担拖期违约赔偿责任，还是可获得提前竣工的奖励；二是颁发证书日，即为对已竣工工程照管责任的转移日期。

承包商对进度的控制、承包商对质量的控制、承包商对投资的控制。国际工程施工索赔处理。

复习思考与练习

1. FIDIC 施工合同条件下的合同文件有哪些？解释顺序是怎样的？
2. FIDIC 施工合同条件下，工程师颁发的证书有哪些？如何颁发？
3. 指定分包商与一般分包商的区别有哪些？
4. FIDIC 施工合同条件中对质量控制有哪些规定？
5. FIDIC 施工合同条件中对投资控制有哪些规定？
6. FIDIC 施工合同条件中对进度控制有哪些规定？

项目实训一

在我国的某水电工程中，承包商为国外某公司，我国某承包公司分包了隧道工程。分包合同规定：在隧道挖掘中，在设计挖方尺寸基础上，超挖不得超过 40cm，在 40cm 以内的超挖工作量由总包负责，超过 40cm 的超挖由分包负责。由于地质条件复杂，工期要求紧，分包商在施工中出现许多局部超挖超过 40cm 的情况，总包拒付超挖超过 40cm 部分的工程款。分包就此向总包提出索赔，因为分包商一直认为合同所规定的“40cm 以内”，是指平均的概念，即只要总超挖量在 40cm 之内，则不是分包的责任，总包应付款。

你认为分包商的索赔是否成立？说明理由。

项目实训二

某高速公路项目利用世界银行贷款修建，施工合同采用 FIDIC 合同条件，有工程师代表业主对项目实施管理。该工程在施工过程中陆续发生了如下索赔事件（索赔工期与费用数据均符合实际）。

（1）施工期间，承包方发现施工图纸有误，需设计单位进行修改。由于图纸修改造成停工 20 天。承包方提出工程延期 20 天与费用补偿 2 万元。

（2）施工期间下雨，为保证路基工程填筑质量，工程师下达了暂停施工令，共停工 10 天，其中连续 4 天出现低于工程所在地雨季平均降雨量的雨天气候和连续 6 天出现 50 年一遇的特大暴雨。承包方提出工程延期 10 天与费用补偿 2 万元。

（3）施工过程中，现场周围居民称承包方施工噪声对居民生活造成干扰，阻止承包方的混凝土浇筑工作。承包方提出工程延期 5 天与费用补偿 1 万元。

（4）由于业主要求，在原设计中的一座互通式立交桥设计长度增加了 5 米，工程师向承包方下达了变更指令，承包方收到变更指令后及时向该桥的分包单位发出了变更通知。分包单位及时向承包方提出了索赔报告，内容如下：①由于增加立交桥长度产生的费用 20 万元和分包合同工期延长 30 天的索赔。②此设计变更前因承包方使用而未按分包合同约定提供的施工场地，导致工程材料到场二次倒运增加的费用 1 万元和分包合同工期延期 10 天的索赔。

承包方以已向分包单位支付索赔款 21 万元的凭证为索赔依据，向工程师提出要求补偿该笔费用 21 万元和延长工期 40 天。

（5）由于某路段路基基底是淤泥，根据设计要求需换填，在招标文件中已提供了地质技术资料。承包方原计划使用隧道出渣作为填料换填，但施工中发现隧道出渣级配不符合实际要求，须进一步破碎以达到级配要求。承包方认为施工费用高出合同单价，如仍按原价支付不合理，需另外给予延期 20 天和费用补偿 20 万元的要求。

问题：

（1）判定承包人索赔成立的条件有哪些？

（2）工程师如何签署上述索赔意见？

附录一

建设工程施工合同（示范文本）

（GF—2017—0201）

（节选，阅览全文请扫描下面二维码）

微信扫码关注，阅览、下载《建设工程施工合同》（示范文本）2017 版（GF—2017—0201）全文

住房城乡建设部
国家工商行政管理总局　制定

说　　明

为了指导建设工程施工合同当事人的签约行为，维护合同当事人的合法权益，依据《中华人民共和国合同法》《中华人民共和国建筑法》《中华人民共和国招标投标法》以及相关法律法规，住房城乡建设部、国家工商行政管理总局对《建设工程施工合同（示范文本）》（GF-2013-0201）进行了修订，制定了《建设工程施工合同（示范文本）》（GF-2017-0201）（以下简称《示范文本》）。为了便于合同当事人使用《示范文本》，现就有关问题说明如下：

一、《示范文本》的组成

《示范文本》由合同协议书、通用合同条款和专用合同条款三部分组成。

（一）合同协议书

《示范文本》合同协议书共计 13 条，主要包括：工程概况、合同工期、质量标准、签约合同价和合同价格形式、项目经理、合同文件构成、承诺以及合同生效条件等重要内容，集中约定了合同当事人基本的合同权利义务。

（二）通用合同条款

通用合同条款是合同当事人根据《中华人民共和国建筑法》、《中华人民共和国合同法》等法律法规的规定，就工程建设的实施及相关事项，对合同当事人的权利义务作出的原则性约定。

通用合同条款共计 20 条，具体条款分别为：一般约定、发包人、承包人、监理人、工程质量、安全文明施工与环境保护、工期和进度、材料与设备、试验与检验、变更、价格调整、合同价格、计量与支付、验收和工程试车、竣工结算、缺陷责任与保修、违约、不可抗力、保险、索赔和争议解决。前述条款安排既考虑了现行法律法规对工程建设的有关要求，也考虑了建设工程施工管理的特殊需要。

（三）专用合同条款

专用合同条款是对通用合同条款原则性约定的细化、完善、补充、修改或另行约定的条款。合同当事人可以根据不同建设工程的特点及具体情况，通过双方的谈判、协商对相应的专用合同条款进行修改补充。在使用专用合同条款时，应注意以下事项：

1. 专用合同条款的编号应与相应的通用合同条款的编号一致；

2. 合同当事人可以通过对专用合同条款的修改，满足具体建设工程的特殊要求，避免直接修改通用合同条款；

3. 在专用合同条款中有横道线的地方，合同当事人可针对相应的通用合同条款进行细化、完善、补充、修改或另行约定；如无细化、完善、补充、修改或另行约定，则填写“无”或画“/”。

二、《示范文本》的性质和适用范围

《示范文本》为非强制性使用文本。《示范文本》适用于房屋建筑工程、土木工程、线路管道和设备安装工程、装修工程等建设工程的施工承发包活动。合同当事人可结合建设工程具体情况，根据《示范文本》订立合同，并按照法律法规规定和合同约定承担相应的法律责任及合同权利义务。

目　　录

9 试验与检验
9.1 试验设备与试验人员
9.2 取样
9.3 材料、工程设备和工程的试验和检验
9.4 现场工艺试验
10 变更
10.1 变更的范围
10.2 变更权
10.3 变更程序
10.4 变更估价
10.5 承包人的合理化建议
10.6 变更引起的工期调整
10.7 暂估价
10.8 暂列金额
10.9 计日工
11 价格调整
11.1 市场价格波动引起的调整
11.2 法律变化引起的调整
12 合同价格、计量与支付
12.1 合同价格形式
12.2 预付款
12.3 计量
12.4 工程进度款支付
12.5 支付账户
13 验收和工程试车
13.1 分部分项工程验收
13.2 竣工验收
13.3 工程试车
13.4 提前交付单位工程的验收
13.5 施工期运行
13.6 竣工退场
14 竣工结算
14.1 竣工结算申请
14.2 竣工结算审核
14.3 甩项竣工协议
14.4 最终结清
15 缺陷责任与保修
15.1 工程保修的原则
15.2 缺陷责任期
15.3 质量保证金
15.4 保修
16 违约
16.1 发包人违约
16.2 承包人违约
16.3 第三人造成的违约
17 不可抗力
17.1 不可抗力的确认
17.2 不可抗力的通知
17.3 不可抗力后果的承担
17.4 因不可抗力解除合同
18 保险
18.1 工程保险
18.2 工伤保险
18.3 其他保险
18.4 持续保险
18.5 保险凭证
18.6 未按约定投保的补救
18.7 通知义务
19 索赔
19.1 承包人的索赔
19.2 对承包人索赔的处理
19.3 发包人的索赔
19.4 对发包人索赔的处理
19.5 提出索赔的期限
20 争议解决
20.1 和解
20.2 调解
20.3 争议评审
20.4 仲裁或诉讼
20.5 争议解决条款效力

第三部分 专用合同条款

1 一般约定
2 发包人
3 承包人
4 监理人
5 工程质量
6 安全文明施工与环境保护
7 工期和进度
8 材料与设备
9 试验与检验
10 变更
11 价格调整
12 合同价格、计量与支付
13 验收和工程试车
14 竣工结算
15 缺陷责任期与保修
16 违约
17 不可抗力
18 保险
19 索赔
20 争议解决

附件

第一部分　合 同 协 议 书

发包人（全称）：________________________________

承包人（全称）：________________________________

根据《中华人民共和国合同法》《中华人民共和国建筑法》及有关法律规定，遵循平等、自愿、公平和诚实信用的原则，双方就工程施工及有关事项协商一致，共同达成如下协议：

一、工程概况

1. 工程名称：________________________________。

2. 工程地点：________________________________。

3. 工程立项批准文号：________________________。

4. 资金来源：________________________________。

5. 工程内容：________________________________。

群体工程应附《承包人承揽工程项目一览表》（附件1）。

6. 工程承包范围：

____

____。

二、合同工期

计划开工日期：________年____月____日。

计划竣工日期：________年____月____日。

工期总日历天数：______天。工期总日历天数与根据前述计划开竣工日期计算的工期天数不一致的，以工期总日历天数为准。

三、质量标准

工程质量符合__________________________________标准。

四、签约合同价与合同价格形式

1. 签约合同价为：

人民币（大写）____________________（¥__________元）；

其中：

（1）安全文明施工费：

人民币（大写）____________________（¥__________元）；

（2）材料和工程设备暂估价金额：

人民币（大写）____________________（¥__________元）；

（3）专业工程暂估价金额：

人民币（大写）____________________（¥__________元）；

（4）暂列金额：

人民币（大写）____________________（¥__________元）。

2. 合同价格形式：__________________________________。

五、项目经理

承包人项目经理：__________________________________。

六、合同文件构成

本协议书与下列文件一起构成合同文件:

（1）中标通知书（如果有）;

（2）投标函及其附录（如果有）;

（3）专用合同条款及其附件;

（4）通用合同条款;

（5）技术标准和要求;

（6）图纸;

（7）已标价工程量清单或预算书;

（8）其他合同文件。

在合同订立及履行过程中形成的与合同有关的文件均构成合同文件组成部分。

上述各项合同文件包括合同当事人就该项合同文件所作出的补充和修改，属于同一类内容的文件，应以最新签署的为准。专用合同条款及其附件须经合同当事人签字或盖章。

七、承诺

1. 发包人承诺按照法律规定履行项目审批手续、筹集工程建设资金并按照合同约定的期限和方式支付合同价款。

2. 承包人承诺按照法律规定及合同约定组织完成工程施工，确保工程质量和安全，不进行转包及违法分包，并在缺陷责任期及保修期内承担相应的工程维修责任。

3. 发包人和承包人通过招投标形式签订合同的，双方理解并承诺不再就同一工程另行签订与合同实质性内容相背离的协议。

八、词语含义

本协议书中词语含义与第二部分通用合同条款中赋予的含义相同。

九、签订时间

本合同于______年____月____日签订。

十、签订地点

本合同在____签订。

十一、补充协议

合同未尽事宜，合同当事人另行签订补充协议，补充协议是合同的组成部分。

十二、合同生效

本合同自____生效。

十三、合同份数

本合同一式____份，均具有同等法律效力，发包人执____份，承包人执____份。

发包人:　（公章）　　　　承包人:　（公章）

法定代表人或其委托代理人:　法定代表人或其委托代理人:

（签字）　　　　　　　　（签字）

组织机构代码：________________	组织机构代码：________________
地　址：________________	地　址：________________
邮政编码：________________	邮政编码：________________
法定代表人：________________	法定代表人：________________
委托代理人：________________	委托代理人：________________
电　话：________________	电　话：________________
传　真：________________	传　真：________________
电子信箱：________________	电子信箱：________________
开户银行：________________	开户银行：________________
账　号：________________	账　号：________________

第二部分　通用合同条款

1. 一般约定

1.1　词语定义与解释

合同协议书、通用合同条款、专用合同条款中的下列词语具有本款所赋予的含义：

1.1.1　合同

1.1.1.1　合同：是指根据法律规定和合同当事人约定具有约束力的文件，构成合同的文件包括合同协议书、中标通知书（如果有）、投标函及其附录（如果有）、专用合同条款及其附件、通用合同条款、技术标准和要求、图纸、已标价工程量清单或预算书以及其他合同文件。

1.1.1.2　合同协议书：是指构成合同的由发包人和承包人共同签署的称为"合同协议书"的书面文件。

1.1.1.3　中标通知书：是指构成合同的由发包人通知承包人中标的书面文件。

1.1.1.4　投标函：是指构成合同的由承包人填写并签署的用于投标的称为"投标函"的文件。

1.1.1.5　投标函附录：是指构成合同的附在投标函后的称为"投标函附录"的文件。

1.1.1.6　技术标准和要求：是指构成合同的施工应当遵守的或指导施工的国家、行业或地方的技术标准和要求，以及合同约定的技术标准和要求。

1.1.1.7　图纸：是指构成合同的图纸，包括由发包人按照合同约定提供或经发包人批准的设计文件、施工图、鸟瞰图及模型等，以及在合同履行过程中形成的图纸文件。图纸应当按照法律规定审查合格。

1.1.1.8　已标价工程量清单：是指构成合同的由承包人按照规定的格式和要求填写并标明价格的工程量清单，包括说明和表格。

1.1.1.9　预算书：是指构成合同的由承包人按照发包人规定的格式和要求编制的工程预算文件。

1.1.1.10　其他合同文件：是指经合同当事人约定的与工程施工有关的具有合同约束力的文件或书面协议。合同当事人可以在专用合同条款中进行约定。

1.1.2　合同当事人及其他相关方

1.1.2.1　合同当事人：是指发包人和（或）承包人。

1.1.2.2　发包人：是指与承包人签订合同协议书的当事人及取得该当事人资格的合法继

承人。

1.1.2.3 承包人：是指与发包人签订合同协议书的，具有相应工程施工承包资质的当事人及取得该当事人资格的合法继承人。

1.1.2.4 监理人：是指在专用合同条款中指明的，受发包人委托按照法律规定进行工程监督管理的法人或其他组织。

1.1.2.5 设计人：是指在专用合同条款中指明的，受发包人委托负责工程设计并具备相应工程设计资质的法人或其他组织。

1.1.2.6 分包人：是指按照法律规定和合同约定，分包部分工程或工作，并与承包人签订分包合同的具有相应资质的法人。

1.1.2.7 发包人代表：是指由发包人任命并派驻施工现场在发包人授权范围内行使发包人权利的人。

1.1.2.8 项目经理：是指由承包人任命并派驻施工现场，在承包人授权范围内负责合同履行，且按照法律规定具有相应资格的项目负责人。

1.1.2.9 总监理工程师：是指由监理人任命并派驻施工现场进行工程监理的总负责人。

1.1.3 工程和设备

1.1.3.1 工程：是指与合同协议书中工程承包范围对应的永久工程和（或）临时工程。

1.1.3.2 永久工程：是指按合同约定建造并移交给发包人的工程，包括工程设备。

1.1.3.3 临时工程：是指为完成合同约定的永久工程所修建的各类临时性工程，不包括施工设备。

1.1.3.4 单位工程：是指在合同协议书中指明的，具备独立施工条件并能形成独立使用功能的永久工程。

1.1.3.5 工程设备：是指构成永久工程的机电设备、金属结构设备、仪器及其他类似的设备和装置。

1.1.3.6 施工设备：是指为完成合同约定的各项工作所需的设备、器具和其他物品，但不包括工程设备、临时工程和材料。

1.1.3.7 施工现场：是指用于工程施工的场所，以及在专用合同条款中指明作为施工场所组成部分的其他场所，包括永久占地和临时占地。

1.1.3.8 临时设施：是指为完成合同约定的各项工作所服务的临时性生产和生活设施。

1.1.3.9 永久占地：是指专用合同条款中指明为实施工程需永久占用的土地。

1.1.3.10 临时占地：是指专用合同条款中指明为实施工程需要临时占用的土地。

1.1.4 日期和期限

1.1.4.1 开工日期：包括计划开工日期和实际开工日期。计划开工日期是指合同协议书约定的开工日期；实际开工日期是指监理人按照第 7.3.2 项〔开工通知〕约定发出的符合法律规定的开工通知中载明的开工日期。

1.1.4.2 竣工日期：包括计划竣工日期和实际竣工日期。计划竣工日期是指合同协议书约定的竣工日期；实际竣工日期按照第 13.2.3 项〔竣工日期〕的约定确定。

1.1.4.3 工期：是指在合同协议书约定的承包人完成工程所需的期限，包括按照合同约定所作的期限变更。

1.1.4.4 缺陷责任期：是指承包人按照合同约定承担缺陷修复义务，且发包人预留质量保证金（已缴纳履约保证金的除外）的期限，自工程实际竣工日期起计算。

1.1.4.5　保修期：是指承包人按照合同约定对工程承担保修责任的期限，从工程竣工验收合格之日起计算。

1.1.4.6　基准日期：招标发包的工程以投标截止日前28天的日期为基准日期，直接发包的工程以合同签订日前28天的日期为基准日期。

1.1.4.7　天：除特别指明外，均指日历天。合同中按天计算时间的，开始当天不计入，从次日开始计算，期限最后一天的截止时间为当天24:00。

1.1.5　合同价格和费用

1.1.5.1　签约合同价：是指发包人和承包人在合同协议书中确定的总金额，包括安全文明施工费、暂估价及暂列金额等。

1.1.5.2　合同价格：是指发包人用于支付承包人按照合同约定完成承包范围内全部工作的金额，包括合同履行过程中按合同约定发生的价格变化。

1.1.5.3　费用：是指为履行合同所发生的或将要发生的所有必需的开支，包括管理费和应分摊的其他费用，但不包括利润。

1.1.5.4　暂估价：是指发包人在工程量清单或预算书中提供的用于支付必然发生但暂时不能确定价格的材料、工程设备的单价、专业工程以及服务工作的金额。

1.1.5.5　暂列金额：是指发包人在工程量清单或预算书中暂定并包括在合同价格中的一笔款项，用于工程合同签订时尚未确定或者不可预见的所需材料、工程设备、服务的采购，施工中可能发生的工程变更、合同约定调整因素出现时的合同价格调整以及发生的索赔、现场签证确认等的费用。

1.1.5.6　计日工：是指合同履行过程中，承包人完成发包人提出的零星工作或需要采用计日工计价的变更工作时，按合同中约定的单价计价的一种方式。

1.1.5.7　质量保证金：是指按照第15.3款〔质量保证金〕约定承包人用于保证其在缺陷责任期内履行缺陷修补义务的担保。

1.1.5.8　总价项目：是指在现行国家、行业以及地方的计量规则中无工程量计算规则，在已标价工程量清单或预算书中以总价或以费率形式计算的项目。

1.1.6　其他

1.1.6.1　书面形式：是指合同文件、信函、电报、传真等可以有形地表现所载内容的形式。

1.2　语言文字

合同以中国的汉语简体文字编写、解释和说明。合同当事人在专用合同条款中约定使用两种以上语言时，汉语为优先解释和说明合同的语言。

1.3　法律

合同所称法律是指中华人民共和国法律、行政法规、部门规章，以及工程所在地的地方性法规、自治条例、单行条例和地方政府规章等。

合同当事人可以在专用合同条款中约定合同适用的其他规范性文件。

1.4　标准和规范

1.4.1　适用于工程的国家标准、行业标准、工程所在地的地方性标准，以及相应的规范、规程等，合同当事人有特别要求的，应在专用合同条款中约定。

1.4.2 发包人要求使用国外标准、规范的，发包人负责提供原文版本和中文译本，并在专用合同条款中约定提供标准规范的名称、份数和时间。

1.4.3 发包人对工程的技术标准、功能要求高于或严于现行国家、行业或地方标准的，应当在专用合同条款中予以明确。除专用合同条款另有约定外，应视为承包人在签订合同前已充分预见前述技术标准和功能要求的复杂程度，签约合同价中已包含由此产生的费用。

1.5 合同文件的优先顺序

组成合同的各项文件应互相解释，互为说明。除专用合同条款另有约定外，解释合同文件的优先顺序如下:

（1）合同协议书;

（2）中标通知书（如果有）;

（3）投标函及其附录（如果有）;

（4）专用合同条款及其附件;

（5）通用合同条款;

（6）技术标准和要求;

（7）图纸;

（8）已标价工程量清单或预算书;

（9）其他合同文件。

上述各项合同文件包括合同当事人就该项合同文件所作出的补充和修改，属于同一类内容的文件，应以最新签署的为准。

在合同订立及履行过程中形成的与合同有关的文件均构成合同文件组成部分，并根据其性质确定优先解释顺序。

1.6 图纸和承包人文件

1.6.1 图纸的提供和交底

发包人应按照专用合同条款约定的期限、数量和内容向承包人免费提供图纸，并组织承包人、监理人和设计人进行图纸会审和设计交底。发包人至迟不得晚于第 7.3.2 项〔开工通知〕载明的开工日期前 14 天向承包人提供图纸。

因发包人未按合同约定提供图纸导致承包人费用增加和（或）工期延误的，按照第 7.5.1 项〔因发包人原因导致工期延误〕约定办理。

1.6.2 图纸的错误

承包人在收到发包人提供的图纸后，发现图纸存在差错、遗漏或缺陷的，应及时通知监理人。监理人接到该通知后，应附具相关意见并立即报送发包人，发包人应在收到监理人报送的通知后的合理时间内作出决定。合理时间是指发包人在收到监理人的报送通知后，尽其努力且不懈怠地完成图纸修改补充所需的时间。

1.6.3 图纸的修改和补充

图纸需要修改和补充的，应经图纸原设计人及审批部门同意，并由监理人在工程或工程相应部位施工前将修改后的图纸或补充图纸提交给承包人，承包人应按修改或补充后的图纸施工。

1.6.4 承包人文件

承包人应按照专用合同条款的约定提供应当由其编制的与工程施工有关的文件，并按照专用合同条款约定的期限、数量和形式提交监理人，并由监理人报送发包人。

除专用合同条款另有约定外，监理人应在收到承包人文件后 7 天内审查完毕，监理人对承包人文件有异议的，承包人应予以修改，并重新报送监理人。监理人的审查并不减轻或免除承包人根据合同约定应当承担的责任。

1.6.5 图纸和承包人文件的保管

除专用合同条款另有约定外，承包人应在施工现场另外保存一套完整的图纸和承包人文件，供发包人、监理人及有关人员进行工程检查时使用。

1.7 联络

1.7.1 与合同有关的通知、批准、证明、证书、指示、指令、要求、请求、同意、意见、确定和决定等，均应采用书面形式，并应在合同约定的期限内送达接收人和送达地点。

1.7.2 发包人和承包人应在专用合同条款中约定各自的送达接收人和送达地点。任何一方合同当事人指定的接收人或送达地点发生变动的，应提前 3 天以书面形式通知对方。

1.7.3 发包人和承包人应当及时签收另一方送达至送达地点和指定接收人的来往信函。拒不签收的，由此增加的费用和（或）延误的工期由拒绝接收一方承担。

1.8 严禁贿赂

合同当事人不得以贿赂或变相贿赂的方式，谋取非法利益或损害对方权益。因一方合同当事人的贿赂造成对方损失的，应赔偿损失，并承担相应的法律责任。

承包人不得与监理人或发包人聘请的第三方串通损害发包人利益。未经发包人书面同意，承包人不得为监理人提供合同约定以外的通信设备、交通工具及其他任何形式的利益，不得向监理人支付报酬。

1.9 化石、文物

在施工现场发掘的所有文物、古迹以及具有地质研究或考古价值的其他遗迹、化石、钱币或物品属于国家所有。一旦发现上述文物，承包人应采取合理有效的保护措施，防止任何人员移动或损坏上述物品，并立即报告有关政府行政管理部门，同时通知监理人。

发包人、监理人和承包人应按有关政府行政管理部门要求采取妥善的保护措施，由此增加的费用和（或）延误的工期由发包人承担。

承包人发现文物后不及时报告或隐瞒不报，致使文物丢失或损坏的，应赔偿损失，并承担相应的法律责任。

1.10 交通运输

1.10.1 出入现场的权利

除专用合同条款另有约定外，发包人应根据施工需要，负责取得出入施工现场所需的批准手续和全部权利，以及取得因施工所需修建道路、桥梁以及其他基础设施的权利，并承担相关手续费用和建设费用。承包人应协助发包人办理修建场内外道路、桥梁以及其他基础设施的手续。

承包人应在订立合同前查勘施工现场，并根据工程规模及技术参数合理预见工程施工所需的进出施工现场的方式、手段、路径等。因承包人未合理预见所增加的费用和（或）延误的工期由承包人承担。

1.10.2 场外交通

发包人应提供场外交通设施的技术参数和具体条件，承包人应遵守有关交通法规，严格按照道路和桥梁的限制荷载行驶，执行有关道路限速、限行、禁止超载的规定，并配合交通管理部门的监督和检查。场外交通设施无法满足工程施工需要的，由发包人负责完善并承担相关费用。

1.10.3 场内交通

发包人应提供场内交通设施的技术参数和具体条件，并应按照专用合同条款的约定向承包人免费提供满足工程施工所需的场内道路和交通设施。因承包人原因造成上述道路或交通设施损坏的，承包人负责修复并承担由此增加的费用。

除发包人按照合同约定提供的场内道路和交通设施外，承包人负责修建、维修、养护和管理施工所需的其他场内临时道路和交通设施。发包人和监理人可以为实现合同目的使用承包人修建的场内临时道路和交通设施。

场外交通和场内交通的边界由合同当事人在专用合同条款中约定。

1.10.4 超大件和超重件的运输

由承包人负责运输的超大件或超重件，应由承包人负责向交通管理部门办理申请手续，发包人给予协助。运输超大件或超重件所需的道路和桥梁临时加固改造费用和其他有关费用，由承包人承担，但专用合同条款另有约定除外。

1.10.5 道路和桥梁的损坏责任

因承包人运输造成施工场地内外公共道路和桥梁损坏的，由承包人承担修复损坏的全部费用和可能引起的赔偿。

1.10.6 水路和航空运输

本款前述各项的内容适用于水路运输和航空运输，其中“道路”一词的含义包括河道、航线、船闸、机场、码头、堤防以及水路或航空运输中其他相似结构物；“车辆”一词的含义包括船舶和飞机等。

1.11 知识产权

1.11.1 除专用合同条款另有约定外，发包人提供给承包人的图纸、发包人为实施工程自行编制或委托编制的技术规范以及反映发包人要求的或其他类似性质的文件的著作权属于发包人，承包人可以为实现合同目的而复制、使用此类文件，但不能用于与合同无关的其他事项。未经发包人书面同意，承包人不得为了合同以外的目的而复制、使用上述文件或将之提供给任何第三方。

1.11.2 除专用合同条款另有约定外，承包人为实施工程所编制的文件，除署名权以外的著作权属于发包人，承包人可因实施工程的运行、调试、维修、改造等目的而复制、使用此类文件，但不能用于与合同无关的其他事项。未经发包人书面同意，承包人不得为了合同以外的目的而复制、使用上述文件或将之提供给任何第三方。

1.11.3 合同当事人保证在履行合同过程中不侵犯对方及第三方的知识产权。承包人在使用材料、施工设备、工程设备或采用施工工艺时，因侵犯他人的专利权或其他知识产权所引起的责任，由承包人承担；因发包人提供的材料、施工设备、工程设备或施工工艺导致侵权的，由发包人承担责任。

1.11.4 除专用合同条款另有约定外，承包人在合同签订前和签订时已确定采用的专利、专有技术、技术秘密的使用费已包含在签约合同价中。

1.12 保密

除法律规定或合同另有约定外，未经发包人同意，承包人不得将发包人提供的图纸、文件以及声明需要保密的资料信息等商业秘密泄露给第三方。

除法律规定或合同另有约定外，未经承包人同意，发包人不得将承包人提供的技术秘密及声明需要保密的资料信息等商业秘密泄露给第三方。

1.13　工程量清单错误的修正

除专用合同条款另有约定外，发包人提供的工程量清单，应被认为是准确的和完整的。出现下列情形之一时，发包人应予以修正，并相应调整合同价格：

（1）工程量清单存在缺项、漏项的；

（2）工程量清单偏差超出专用合同条款约定的工程量偏差范围的；

（3）未按照国家现行计量规范强制性规定计量的。

2. 发包人

2.1　许可或批准

发包人应遵守法律，并办理法律规定由其办理的许可、批准或备案，包括但不限于建设用地规划许可证、建设工程规划许可证、建设工程施工许可证、施工所需临时用水、临时用电、中断道路交通、临时占用土地等许可和批准。发包人应协助承包人办理法律规定的有关施工证件和批件。

因发包人原因未能及时办理完毕前述许可、批准或备案，由发包人承担由此增加的费用和（或）延误的工期，并支付承包人合理的利润。

2.2　发包人代表

发包人应在专用合同条款中明确其派驻施工现场的发包人代表的姓名、职务、联系方式及授权范围等事项。发包人代表在发包人的授权范围内，负责处理合同履行过程中与发包人有关的具体事宜。发包人代表在授权范围内的行为由发包人承担法律责任。发包人更换发包人代表的，应提前7天书面通知承包人。

发包人代表不能按照合同约定履行其职责及义务，并导致合同无法继续正常履行的，承包人可以要求发包人撤换发包人代表。

不属于法定必须监理的工程，监理人的职权可以由发包人代表或发包人指定的其他人员行使。

2.3　发包人人员

发包人应要求在施工现场的发包人人员遵守法律及有关安全、质量、环境保护、文明施工等规定，并保障承包人免于承受因发包人人员未遵守上述要求给承包人造成的损失和责任。

发包人人员包括发包人代表及其他由发包人派驻施工现场的人员。

2.4　施工现场、施工条件和基础资料的提供

2.4.1　提供施工现场

除专用合同条款另有约定外，发包人应最迟于开工日期7天前向承包人移交施工现场。

2.4.2　提供施工条件

除专用合同条款另有约定外，发包人应负责提供施工所需要的条件，包括：

（1）将施工用水、电力、通信线路等施工所必需的条件接至施工现场内；

（2）保证向承包人提供正常施工所需要的进入施工现场的交通条件；

（3）协调处理施工现场周围地下管线和邻近建筑物、构筑物、古树名木的保护工作，并

承担相关费用；

（4）按照专用合同条款约定应提供的其他设施和条件。

2.4.3　提供基础资料

发包人应当在移交施工现场前向承包人提供施工现场及工程施工所必需的毗邻区域内供水、排水、供电、供气、供热、通信、广播电视等地下管线资料，气象和水文观测资料，地质勘察资料，相邻建筑物、构筑物和地下工程等有关基础资料，并对所提供资料的真实性、准确性和完整性负责。

按照法律规定确需在开工后方能提供的基础资料，发包人应尽其努力及时地在相应工程施工前的合理期限内提供，合理期限应以不影响承包人的正常施工为限。

2.4.4　逾期提供的责任

因发包人原因未能按合同约定及时向承包人提供施工现场、施工条件、基础资料的，由发包人承担由此增加的费用和（或）延误的工期。

2.5　资金来源证明及支付担保

除专用合同条款另有约定外，发包人应在收到承包人要求提供资金来源证明的书面通知后 28 天内，向承包人提供能够按照合同约定支付合同价款的相应资金来源证明。

除专用合同条款另有约定外，发包人要求承包人提供履约担保的，发包人应当向承包人提供支付担保。支付担保可以采用银行保函或担保公司担保等形式，具体由合同当事人在专用合同条款中约定。

2.6　支付合同价款

发包人应按合同约定向承包人及时支付合同价款。

2.7　组织竣工验收

发包人应按合同约定及时组织竣工验收。

2.8　现场统一管理协议

发包人应与承包人、由发包人直接发包的专业工程的承包人签订施工现场统一管理协议，明确各方的权利义务。施工现场统一管理协议作为专用合同条款的附件。

3. 承包人

3.1　承包人的一般义务

承包人在履行合同过程中应遵守法律和工程建设标准规范，并履行以下义务：

（1）办理法律规定应由承包人办理的许可和批准，并将办理结果书面报送发包人留存；

（2）按法律规定和合同约定完成工程，并在保修期内承担保修义务；

（3）按法律规定和合同约定采取施工安全和环境保护措施，办理工伤保险，确保工程及人员、材料、设备和设施的安全；

（4）按合同约定的工作内容和施工进度要求，编制施工组织设计和施工措施计划，并对所有施工作业和施工方法的完备性和安全可靠性负责；

（5）在进行合同约定的各项工作时，不得侵害发包人与他人使用公用道路、水源、市政管网等公共设施的权利，避免对邻近的公共设施产生干扰。承包人占用或使用他人的施工场地，影响他人作业或生活的，应承担相应责任；

（6）按照第 6.3 款〔环境保护〕约定负责施工场地及其周边环境与生态的保护工作；

（7）按第 6.1 款〔安全文明施工〕约定采取施工安全措施，确保工程及其人员、材料、设备和设施的安全，防止因工程施工造成的人身伤害和财产损失；

（8）将发包人按合同约定支付的各项价款专用于合同工程，且应及时支付其雇用人员工资，并及时向分包人支付合同价款；

（9）按照法律规定和合同约定编制竣工资料，完成竣工资料立卷及归档，并按专用合同条款约定的竣工资料的套数、内容、时间等要求移交发包人；

（10）应履行的其他义务。

3.2　项目经理

3.2.1　项目经理应为合同当事人所确认的人选，并在专用合同条款中明确项目经理的姓名、职称、注册执业证书编号、联系方式及授权范围等事项，项目经理经承包人授权后代表承包人负责履行合同。项目经理应是承包人正式聘用的员工，承包人应向发包人提交项目经理与承包人之间的劳动合同，以及承包人为项目经理缴纳社会保险的有效证明。承包人不提交上述文件的，项目经理无权履行职责，发包人有权要求更换项目经理，由此增加的费用和（或）延误的工期由承包人承担。

项目经理应常驻施工现场，且每月在施工现场时间不得少于专用合同条款约定的天数。项目经理不得同时担任其他项目的项目经理。项目经理确需离开施工现场时，应事先通知监理人，并取得发包人的书面同意。项目经理的通知中应当载明临时代行其职责的人员的注册执业资格、管理经验等资料，该人员应具备履行相应职责的能力。

承包人违反上述约定的，应按照专用合同条款的约定，承担违约责任。

3.2.2　项目经理按合同约定组织工程实施。在紧急情况下为确保施工安全和人员安全，在无法与发包人代表和总监理工程师及时取得联系时，项目经理有权采取必要的措施保证与工程有关的人身、财产和工程的安全，但应在48小时内向发包人代表和总监理工程师提交书面报告。

3.2.3　承包人需要更换项目经理的，应提前14天书面通知发包人和监理人，并征得发包人书面同意。通知中应当载明继任项目经理的注册执业资格、管理经验等资料，继任项目经理继续履行第3.2.1项约定的职责。未经发包人书面同意，承包人不得擅自更换项目经理。承包人擅自更换项目经理的，应按照专用合同条款的约定承担违约责任。

3.2.4　发包人有权书面通知承包人更换其认为不称职的项目经理，通知中应当载明要求更换的理由。承包人应在接到更换通知后14天内向发包人提出书面的改进报告。发包人收到改进报告后仍要求更换的，承包人应在接到第二次更换通知的28天内进行更换，并将新任命的项目经理的注册执业资格、管理经验等资料书面通知发包人。继任项目经理继续履行第3.2.1项约定的职责。承包人无正当理由拒绝更换项目经理的，应按照专用合同条款的约定承担违约责任。

3.2.5　项目经理因特殊情况授权其下属人员履行其某项工作职责的，该下属人员应具备履行相应职责的能力，并应提前7天将上述人员的姓名和授权范围书面通知监理人，并征得发包人书面同意。

3.3　承包人人员

3.3.1　除专用合同条款另有约定外，承包人应在接到开工通知后7天内，向监理人提交承包人项目管理机构及施工现场人员安排的报告，其内容应包括合同管理、施工、技术、材料、质量、安全、财务等主要施工管理人员名单及其岗位、注册执业资格等，以及各工种技术工人的安排情况，并同时提交主要施工管理人员与承包人之间的劳动关系证明和缴纳社会保险的有效证明。

3.3.2 承包人派驻到施工现场的主要施工管理人员应相对稳定。施工过程中如有变动，承包人应及时向监理人提交施工现场人员变动情况的报告。承包人更换主要施工管理人员时，应提前 7 天书面通知监理人，并征得发包人书面同意。通知中应当载明继任人员的注册执业资格、管理经验等资料。

特殊工种作业人员均应持有相应的资格证明，监理人可以随时检查。

3.3.3 发包人对于承包人主要施工管理人员的资格或能力有异议的，承包人应提供资料证明被质疑人员有能力完成其岗位工作或不存在发包人所质疑的情形。发包人要求撤换不能按照合同约定履行职责及义务的主要施工管理人员的，承包人应当撤换。承包人无正当理由拒绝撤换的，应按照专用合同条款的约定承担违约责任。

3.3.4 除专用合同条款另有约定外，承包人的主要施工管理人员离开施工现场每月累计不超过 5 天的，应报监理人同意；离开施工现场每月累计超过 5 天的，应通知监理人，并征得发包人书面同意。主要施工管理人员离开施工现场前应指定一名有经验的人员临时代行其职责，该人员应具备履行相应职责的资格和能力，且应征得监理人或发包人的同意。

3.3.5 承包人擅自更换主要施工管理人员，或前述人员未经监理人或发包人同意擅自离开施工现场的，应按照专用合同条款约定承担违约责任。

3.4 承包人现场查勘

承包人应对基于发包人按照第 2.4.3 项〔提供基础资料〕提交的基础资料所做出的解释和推断负责，但因基础资料存在错误、遗漏导致承包人解释或推断失实的，由发包人承担责任。

承包人应对施工现场和施工条件进行查勘，并充分了解工程所在地的气象条件、交通条件、风俗习惯以及其他与完成合同工作有关的其他资料。因承包人未能充分查勘、了解前述情况或未能充分估计前述情况所可能产生后果的，承包人承担由此增加的费用和（或）延误的工期。

3.5 分包

3.5.1 分包的一般约定

承包人不得将其承包的全部工程转包给第三人，或将其承包的全部工程肢解后以分包的名义转包给第三人。承包人不得将工程主体结构、关键性工作及专用合同条款中禁止分包的专业工程分包给第三人，主体结构、关键性工作的范围由合同当事人按照法律规定在专用合同条款中予以明确。

承包人不得以劳务分包的名义转包或违法分包工程。

3.5.2 分包的确定

承包人应按专用合同条款的约定进行分包，确定分包人。已标价工程量清单或预算书中给定暂估价的专业工程，按照第 10.7 款〔暂估价〕确定分包人。按照合同约定进行分包的，承包人应确保分包人具有相应的资质和能力。工程分包不减轻或免除承包人的责任和义务，承包人和分包人就分包工程向发包人承担连带责任。除合同另有约定外，承包人应在分包合同签订后 7 天内向发包人和监理人提交分包合同副本。

3.5.3 分包管理

承包人应向监理人提交分包人的主要施工管理人员表，并对分包人的施工人员进行实名制管理，包括但不限于进出场管理、登记造册以及各种证照的办理。

3.5.4　分包合同价款

（1）除本项第（2）目约定的情况或专用合同条款另有约定外，分包合同价款由承包人与分包人结算，未经承包人同意，发包人不得向分包人支付分包工程价款；

（2）生效法律文书要求发包人向分包人支付分包合同价款的，发包人有权从应付承包人工程款中扣除该部分款项。

3.5.5　分包合同权益的转让

分包人在分包合同项下的义务持续到缺陷责任期届满以后的，发包人有权在缺陷责任期届满前，要求承包人将其在分包合同项下的权益转让给发包人，承包人应当转让。除转让合同另有约定外，转让合同生效后，由分包人向发包人履行义务。

3.6　工程照管与成品、半成品保护

（1）除专用合同条款另有约定外，自发包人向承包人移交施工现场之日起，承包人应负责照管工程及工程相关的材料、工程设备，直到颁发工程接收证书之日止。

（2）在承包人负责照管期间，因承包人原因造成工程、材料、工程设备损坏的，由承包人负责修复或更换，并承担由此增加的费用和（或）延误的工期。

（3）对合同内分期完成的成品和半成品，在工程接收证书颁发前，由承包人承担保护责任。因承包人原因造成成品或半成品损坏的，由承包人负责修复或更换，并承担由此增加的费用和（或）延误的工期。

3.7　履约担保

发包人需要承包人提供履约担保的，由合同当事人在专用合同条款中约定履约担保的方式、金额及期限等。履约担保可以采用银行保函或担保公司担保等形式，具体由合同当事人在专用合同条款中约定。

因承包人原因导致工期延长的，继续提供履约担保所增加的费用由承包人承担；非因承包人原因导致工期延长的，继续提供履约担保所增加的费用由发包人承担。

3.8　联合体

3.8.1　联合体各方应共同与发包人签订合同协议书。联合体各方应为履行合同向发包人承担连带责任。

3.8.2　联合体协议经发包人确认后作为合同附件。在履行合同过程中，未经发包人同意，不得修改联合体协议。

3.8.3　联合体牵头人负责与发包人和监理人联系，并接受指示，负责组织联合体各成员全面履行合同。

附录二

中华人民共和国招标投标法

第一章　总　　则

第一条　为了规范招标投标活动，保护国家利益、社会公共利益和招标投标活动当事人的合法权益，提高经济效益，保证项目质量，制定本法。

第二条　在中华人民共和国境内进行招标投标活动，适用本法。

第三条　在中华人民共和国境内进行下列工程建设项目包括项目的勘察、设计、施工、监理以及与工程建设有关的重要设备、材料等的采购，必须进行招标：

（一）大型基础设施、公用事业等关系社会公共利益、公众安全的项目；

（二）全部或者部分使用国有资金投资或者国家融资的项目；

（三）使用国际组织或者外国政府贷款、援助资金的项目。

前款所列项目的具体范围和规模标准，由国务院发展计划部门会同国务院有关部门制订，报国务院批准。

法律或者国务院对必须进行招标的其他项目的范围有规定的，依照其规定。

第四条　任何单位和个人不得将依法必须进行招标的项目化整为零或者以其他任何方式规避招标。

第五条　招标投标活动应当遵循公开、公平、公正和诚实信用的原则。

第六条　依法必须进行招标的项目，其招标投标活动不受地区或者部门的限制。任何单位和个人不得违法限制或者排斥本地区、本系统以外的法人或者其他组织参加投标，不得以任何方式非法干涉招标投标活动。

第七条　招标投标活动及其当事人应当接受依法实施的监督。

有关行政监督部门依法对招标投标活动实施监督，依法查处招标投标活动中的违法行为。

对招标投标活动的行政监督及有关部门的具体职权划分，由国务院规定。

第二章　招　　标

第八条　招标人是依照本法规定提出招标项目、进行招标的法人或者其他组织。

第九条　招标项目按照国家有关规定需要履行项目审批手续的，应当先履行审批手续，取得批准。

招标人应当有进行招标项目的相应资金或者资金来源已经落实，并应当在招标文件中如实载明。

第十条　招标分为公开招标和邀请招标。

公开招标，是指招标人以招标公告的方式邀请不特定的法人或者其他组织投标。

邀请招标，是指招标人以投标邀请书的方式邀请特定的法人或者其他组织投标。

第十一条　国务院发展计划部门确定的国家重点项目和省、自治区、直辖市人民政府确定的地方重点项目不适宜公开招标的，经国务院发展计划部门或者省、自治区、直辖市人民政府批准，可以进行邀请招标。

第十二条 招标人有权自行选择招标代理机构，委托其办理招标事宜。任何单位和个人不得以任何方式为招标人指定招标代理机构。

招标人具有编制招标文件和组织评标能力的，可以自行办理招标事宜。任何单位和个人不得强制其委托招标代理机构办理招标事宜。

依法必须进行招标的项目，招标人自行办理招标事宜的，应当向有关行政监督部门备案。

第十三条 招标代理机构是依法设立、从事招标代理业务并提供相关服务的社会中介组织。招标代理机构应当具备下列条件：

（一）有从事招标代理业务的营业场所和相应资金；

（二）有能够编制招标文件和组织评标的相应专业力量。

第十四条 招标代理机构与行政机关和其他国家机关不得存在隶属关系或者其他利益关系。

第十五条 招标代理机构应当在招标人委托的范围内办理招标事宜，并遵守本法关于招标人的规定。

第十六条 招标人采用公开招标方式的，应当发布招标公告。依法必须进行招标的项目的招标公告，应当通过国家指定的报刊、信息网络或者其他媒介发布。

招标公告应当载明招标人的名称和地址、招标项目的性质、数量、实施地点和时间以及获取招标文件的办法等事项。

第十七条 招标人采用邀请招标方式的，应当向三个以上具备承担招标项目的能力、资信良好的特定的法人或者其他组织发出投标邀请书。

投标邀请书应当载明本法第十六条第二款规定的事项。

第十八条 招标人可以根据招标项目本身的要求，在招标公告或者投标邀请书中，要求潜在投标人提供有关资质证明文件和业绩情况，并对潜在投标人进行资格审查；国家对投标人的资格条件有规定的，依照其规定。

招标人不得以不合理的条件限制或者排斥潜在投标人，不得对潜在投标人实行歧视待遇。

第十九条 招标人应当根据招标项目的特点和需要编制招标文件。招标文件应当包括招标项目的技术要求、对投标人资格审查的标准、投标报价要求和评标标准等所有实质性要求和条件以及拟签订合同的主要条款。

国家对招标项目的技术、标准有规定的，招标人应当按照其规定在招标文件中提出相应要求。

招标项目需要划分标段、确定工期的，招标人应当合理划分标段、确定工期，并在招标文件中载明。

第二十条 招标文件不得要求或者标明特定的生产供应者以及含有倾向或者排斥潜在投标人的其他内容。

第二十一条 招标人根据招标项目的具体情况，可以组织潜在投标人踏勘项目现场。

第二十二条 招标人不得向他人透露已获取招标文件的潜在投标人的名称、数量以及可能影响公平竞争的有关招标投标的其他情况。

招标人设有标底的，标底必须保密。

第二十三条 招标人对已发出的招标文件进行必要的澄清或者修改的，应当在招标文件要求提交投标文件截止时间至少十五日前，以书面形式通知所有招标文件收受人。该澄清或者修改的内容为招标文件的组成部分。

第二十四条　招标人应当确定投标人编制投标文件所需要的合理时间；但是，依法必须进行招标的项目，自招标文件开始发出之日起至投标人提交投标文件截止之日止，最短不得少于二十日。

第三章　投　　标

第二十五条　投标人是响应招标、参加投标竞争的法人或者其他组织。

依法招标的科研项目允许个人参加投标的，投标的个人适用本法有关投标人的规定。

第二十六条　投标人应当具备承担招标项目的能力；国家有关规定对投标人资格条件或者招标文件对投标人资格条件有规定的，投标人应当具备规定的资格条件。

第二十七条　投标人应当按照招标文件的要求编制投标文件。投标文件应当对招标文件提出的实质性要求和条件作出响应。

招标项目属于建设施工的，投标文件的内容应当包括拟派出的项目负责人与主要技术人员的简历、业绩和拟用于完成招标项目的机械设备等。

第二十八条　投标人应当在招标文件要求提交投标文件的截止时间前，将投标文件送达投标地点。招标人收到投标文件后，应当签收保存，不得开启。投标人少于三个的，招标人应当依照本法重新招标。

在招标文件要求提交投标文件的截止时间后送达的投标文件，招标人应当拒收。

第二十九条　投标人在招标文件要求提交投标文件的截止时间前，可以补充、修改或者撤回已提交的投标文件，并书面通知招标人。补充、修改的内容为投标文件的组成部分。

第三十条　投标人根据招标文件载明的项目实际情况，拟在中标后将中标项目的部分非主体、非关键性工作进行分包的，应当在投标文件中载明。

第三十一条　两个以上法人或者其他组织可以组成一个联合体，以一个投标人的身份共同投标。

联合体各方均应当具备承担招标项目的相应能力；国家有关规定或者招标文件对投标人资格条件有规定的，联合体各方均应当具备规定的相应资格条件。由同一专业的单位组成的联合体，按照资质等级较低的单位确定资质等级。

联合体各方应当签订共同投标协议，明确约定各方拟承担的工作和责任，并将共同投标协议连同投标文件一并提交招标人。联合体中标的，联合体各方应当共同与招标人签订合同，就中标项目向招标人承担连带责任。

招标人不得强制投标人组成联合体共同投标，不得限制投标人之间的竞争。

第三十二条　投标人不得相互串通投标报价，不得排挤其他投标人的公平竞争，损害招标人或者其他投标人的合法权益。

投标人不得与招标人串通投标，损害国家利益、社会公共利益或者他人的合法权益。

禁止投标人以向招标人或者评标委员会成员行贿的手段谋取中标。

第三十三条　投标人不得以低于成本的报价竞标，也不得以他人名义投标或者以其他方式弄虚作假，骗取中标。

第四章　开标、评标和中标

第三十四条　开标应当在招标文件确定的提交投标文件截止时间的同一时间公开进行；开标地点应当为招标文件中预先确定的地点。

第三十五条　开标由招标人主持，邀请所有投标人参加。

第三十六条　开标时，由投标人或者其推选的代表检查投标文件的密封情况，也可以由招标人委托的公证机构检查并公证；经确认无误后，由工作人员当众拆封，宣读投标人名称、投标价格和投标文件的其他主要内容。

招标人在招标文件要求提交投标文件的截止时间前收到的所有投标文件，开标时都应当当众予以拆封、宣读。

开标过程应当记录，并存档备查。

第三十七条　评标由招标人依法组建的评标委员会负责。

依法必须进行招标的项目，其评标委员会由招标人的代表和有关技术、经济等方面的专家组成，成员人数为五人以上单数，其中技术、经济等方面的专家不得少于成员总数的三分之二。

前款专家应当从事相关领域工作满八年并具有高级职称或者具有同等专业水平，由招标人从国务院有关部门或者省、自治区、直辖市人民政府有关部门提供的专家名册或者招标代理机构的专家库内的相关专业的专家名单中确定；一般招标项目可以采取随机抽取方式，特殊招标项目可以由招标人直接确定。

与投标人有利害关系的人不得进入相关项目的评标委员会；已经进入的应当更换。

评标委员会成员的名单在中标结果确定前应当保密。

第三十八条　招标人应当采取必要的措施，保证评标在严格保密的情况下进行。

任何单位和个人不得非法干预、影响评标的过程和结果。

第三十九条　评标委员会可以要求投标人对投标文件中含义不明确的内容作必要的澄清或者说明，但是澄清或者说明不得超出投标文件的范围或者改变投标文件的实质性内容。

第四十条　评标委员会应当按照招标文件确定的评标标准和方法，对投标文件进行评审和比较；设有标底的，应当参考标底。评标委员会完成评标后，应当向招标人提出书面评标报告，并推荐合格的中标候选人。

招标人根据评标委员会提出的书面评标报告和推荐的中标候选人确定中标人。招标人也可以授权评标委员会直接确定中标人。

国务院对特定招标项目的评标有特别规定的，从其规定。

第四十一条　中标人的投标应当符合下列条件之一：

（一）能够最大限度地满足招标文件中规定的各项综合评价标准；

（二）能够满足招标文件的实质性要求，并且经评审的投标价格最低；但是投标价格低于成本的除外。

第四十二条　评标委员会经评审，认为所有投标都不符合招标文件要求的，可以否决所有投标。

依法必须进行招标的项目的所有投标被否决的，招标人应当依照本法重新招标。

第四十三条　在确定中标人前，招标人不得与投标人就投标价格、投标方案等实质性内容进行谈判。

第四十四条　评标委员会成员应当客观、公正地履行职务，遵守职业道德，对所提出的评审意见承担个人责任。

评标委员会成员不得私下接触投标人，不得收受投标人的财物或者其他好处。

评标委员会成员和参与评标的有关工作人员不得透露对投标文件的评审和比较、中标候选人的推荐情况以及与评标有关的其他情况。

第四十五条　中标人确定后，招标人应当向中标人发出中标通知书，并同时将中标结果通知所有未中标的投标人。

中标通知书对招标人和中标人具有法律效力。中标通知书发出后，招标人改变中标结果的，或者中标人放弃中标项目的，应当依法承担法律责任。

第四十六条　招标人和中标人应当自中标通知书发出之日起三十日内，按照招标文件和中标人的投标文件订立书面合同。招标人和中标人不得再行订立背离合同实质性内容的其他协议。

招标文件要求中标人提交履约保证金的，中标人应当提交。

第四十七条　依法必须进行招标的项目，招标人应当自确定中标人之日起十五日内，向有关行政监督部门提交招标投标情况的书面报告。

第四十八条　中标人应当按照合同约定履行义务，完成中标项目。中标人不得向他人转让中标项目，也不得将中标项目肢解后分别向他人转让。

中标人按照合同约定或者经招标人同意，可以将中标项目的部分非主体、非关键性工作分包给他人完成。接受分包的人应当具备相应的资格条件，并不得再次分包。

中标人应当就分包项目向招标人负责，接受分包的人就分包项目承担连带责任。

第五章　法　律　责　任

第四十九条　违反本法规定，必须进行招标的项目而不招标的，将必须进行招标的项目化整为零或者以其他任何方式规避招标的，责令限期改正，可以处项目合同金额千分之五以上千分之十以下的罚款；对全部或者部分使用国有资金的项目，可以暂停项目执行或者暂停资金拨付；对单位直接负责的主管人员和其他直接责任人员依法给予处分。

第五十条　招标代理机构违反本法规定，泄露应当保密的与招标投标活动有关的情况和资料的，或者与招标人、投标人串通损害国家利益、社会公共利益或者他人合法权益的，处五万元以上二十五万元以下的罚款，对单位直接负责的主管人员和其他直接责任人员处单位罚款数额百分之五以上百分之十以下的罚款；有违法所得的，并处没收违法所得；情节严重的，禁止其一年至二年内代理依法必须进行招标的项目并予以公告，直至由工商行政管理机关吊销营销执照；构成犯罪的，依法追究刑事责任。给他人造成损失的，依法承担赔偿责任。

前款所列行为影响中标结果的，中标无效。

第五十一条　招标人以不合理的条件限制或者排斥潜在投标人的，对潜在投标人实行歧视待遇的，强制要求投标人组成联合体共同投标的，或者限制投标人之间竞争的，责令改正，可以处一万元以上五万元以下的罚款。

第五十二条　依法必须进行招标的项目的招标人向他人透露已获取招标文件的潜在投标人的名称、数量或者可能影响公平竞争的有关招标投标的其他情况的，或者泄露标底的，给予警告，可以并处一万元以上十万元以下的罚款；对单位直接负责的主管人员和其他直接责任人员依法给予处分；构成犯罪的，依法追究刑事责任。

前款所列行为影响中标结果的，中标无效。

第五十三条　投标人相互串通投标或者与招标人串通投标的，投标人以向招标人或者评标委员会成员行贿的手段谋取中标的，中标无效，处中标项目金额千分之五以上千分之十以下的罚款，对单位直接负责的主管人员和其他直接责任人员处单位罚款数额百分之五以上百分之十以下的罚款；有违法所得的，并处没收违法所得；情节严重的，取消其一年至二年内参加依法必须进行招标的项目的投标资格并予以公告，直至由工商行政管理机关吊销营业执照；构成犯罪的，依法追究刑事责任。给他人造成损失的，依法承担赔偿责任。

第五十四条　投标人以他人名义投标或者以其他方式弄虚作假，骗取中标的，中标无效，给招标人造成损失的，依法承担赔偿责任；构成犯罪的，依法追究刑事责任。

依法必须进行招标的项目的投标人有前款所列行为尚未构成犯罪的，处中标项目金额千分之五以上千分之十以下的罚款，对单位直接负责的主管人员和其他直接责任人员处单位罚款数额百分之五以上百分之十以下的罚款；有违法所得的，并处没收违法所得；情节严重的，取消其一年至三年内参加依法必须进行招标的项目的投标资格并予以公告，直至由工商行政管理机关吊销营业执照。

第五十五条　依法必须进行招标的项目，招标人违反本法规定，与投标人就投标价格、投标方案等实质性内容进行谈判的，给予警告，对单位直接负责的主管人员和其他直接责任人员依法给予处分。

前款所列行为影响中标结果的，中标无效。

第五十六条　评标委员会成员收受投标人的财物或者其他好处的，评标委员会成员或者参加评标的有关工作人员向他人透露对投标文件的评审和比较、中标候选人的推荐以及与评标有关的其他情况的，给予警告，没收收受的财物，可以并处三千元以上五万元以下的罚款，对有所列违法行为的评标委员会成员取消担任评标委员会成员的资格，不得再参加任何依法必须进行招标的项目的评标；构成犯罪的，依法追究刑事责任。

第五十七条　招标人在评标委员会依法推荐的中标候选人以外确定中标人的，依法必须进行招标的项目在所有投标被评标委员会否决后自行确定中标人的，中标无效。责令改正，可以处中标项目金额千分之五以上千分之十以下的罚款；对单位直接负责的主管人员和其他直接责任人员依法给予处分。

第五十八条　中标人将中标项目转让给他人的，将中标项目肢解后分别转让给他人的，违反本法规定将中标项目的部分主体、关键性工作分包给他人的，或者分包人再次分包的，转让、分包无效，处转让、分包项目金额千分之五以上千分之十以下的罚款；有违法所得的，并处没收违法所得；可以责令停业整顿；情节严重的，由工商行政管理机关吊销营业执照。

第五十九条　招标人与中标人不按照招标文件和中标人的投标文件订立合同的，或者招标人、中标人订立背离合同实质性内容的协议的，责令改正；可以处中标项目金额千分之五以上千分之十以下的罚款。

第六十条　中标人不履行与招标人订立的合同的，履约保证金不予退还，给招标人造成的损失超过履约保证金数额的，还应当对超过部分予以赔偿；没有提交履约保证金的，应当对招标人的损失承担赔偿责任。

中标人不按照与招标人订立的合同履行义务，情节严重的，取消其二年至五年内参加依法必须进行招标的项目的投标资格并予以公告，直至由工商行政管理机关吊销营业执照。

因不可抗力不能履行合同的，不适用前两款规定。

第六十一条　本章规定的行政处罚，由国务院规定的有关行政监督部门决定。本法已对实施行政处罚的机关作出规定的除外。

第六十二条　任何单位违反本法规定，限制或者排斥本地区、本系统以外的法人或者其他组织参加投标的，为招标人指定招标代理机构的，强制招标人委托招标代理机构办理招标事宜的，或者以其他方式干涉招标投标活动的，责令改正；对单位直接负责的主管人员和其他直接责任人员依法给予警告、记过、记大过的处分，情节较重的，依法给予降级、撤职、开除的处分。

个人利用职权进行前款违法行为的，依照前款规定追究责任。

第六十三条　对招标投标活动依法负有行政监督职责的国家机关工作人员徇私舞弊、滥用职权或者玩忽职守，构成犯罪的，依法追究刑事责任；不构成犯罪的，依法给予行政处分。

第六十四条　依法必须进行招标的项目违反本法规定，中标无效的，应当依照本法规定的中标条件从其余投标人中重新确定中标人或者依照本法重新进行招标。

第六章　附　　则

第六十五条　投标人和其他利害关系人认为招标投标活动不符合本法有关规定的，有权向招标人提出异议或者依法向有关行政监督部门投诉。

第六十六条　涉及国家安全、国家秘密、抢险救灾或者属于利用扶贫资金实行以工代赈、需要使用农民工等特殊情况，不适宜进行招标的项目，按照国家有关规定可以不进行招标。

第六十七条　使用国际组织或者外国政府贷款、援助资金的项目进行招标，贷款方、资金提供方对招标投标的具体条件和程序有不同规定的，可以适用其规定，但违背中华人民共和国的社会公共利益的除外。

第六十八条　本法自 2000 年 1 月 1 日起施行。

附录三

中华人民共和国民法典

（第三编，节选）

第三编　合同目录：

第一分编　通　则
- 第一章　一般规定
- 第二章　合同的订立
- 第三章　合同的效力（未摘录）
- 第四章　合同的履行
- 第五章　合同的保全（未摘录）
- 第六章　合同的变更和转让
- 第七章　合同的权利义务终止(未摘录）
- 第八章　违约责任

第二分编　典型合同
- 第九章　买卖合同
- 第十章　供用电、水、气、热力合同（未摘录）
- 第十一章　赠与合同（未摘录）
- 第十二章　借款合同（未摘录）
- 第十三章　保证合同（未摘录）
- 第十四章　租赁合同
- 第十五章　融资租赁合同（未摘录）
- 第十六章　保理合同（未摘录）
- 第十七章　承揽合同
- 第十八章　建设工程合同
- 第十九章　运输合同（未摘录）
- 第二十章　技术合同（未摘录）
- 第二十一章　保管合同（未摘录）
- 第二十二章　仓储合同（未摘录）
- 第二十三章　委托合同
- 第二十四章　物业服务合同（未摘录）
- 第二十五章　行纪合同（未摘录）
- 第二十六章　中介合同（未摘录）
- 第二十七章　合伙合同（未摘录）

第三分编　准合同
- 第二十八章　无因管理（未摘录）
- 第二十九章　不当得利（未摘录）

微信扫码关注，阅览、下载《民法典》全文及第三编 合同

第三编　合　　同

第一分编　通　　则

第一章　一般规定

第四百六十三条　本编调整因合同产生的民事关系。

第四百六十四条　合同是民事主体之间设立、变更、终止民事法律关系的协议。

婚姻、收养、监护等有关身份关系的协议，适用有关该身份关系的法律规定；没有规定的，可以根据其性质参照适用本编规定。

第四百六十五条　依法成立的合同，受法律保护。

依法成立的合同，仅对当事人具有法律约束力，但是法律另有规定的除外。

第四百六十六条　当事人对合同条款的理解有争议的，应当依据本法第一百四十二条第一款的规定，确定争议条款的含义。

合同文本采用两种以上文字订立并约定具有同等效力的，对各文本使用的词句推定具有相同含义。各文本使用的词句不一致的，应当根据合同的相关条款、性质、目的以及诚信原则等予以解释。

第四百六十七条　本法或者其他法律没有明文规定的合同，适用本编通则的规定，并可以参照适用本编或者其他法律最相类似合同的规定。

在中华人民共和国境内履行的中外合资经营企业合同、中外合作经营企业合同、中外合作勘探开发自然资源合同，适用中华人民共和国法律。

第四百六十八条　非因合同产生的债权债务关系，适用有关该债权债务关系的法律规定；没有规定的，适用本编通则的有关规定，但是根据其性质不能适用的除外。

第二章　合同的订立

第四百六十九条　当事人订立合同，可以采用书面形式、口头形式或者其他形式。

书面形式是合同书、信件、电报、电传、传真等可以有形地表现所载内容的形式。

以电子数据交换、电子邮件等方式能够有形地表现所载内容，并可以随时调取查用的数据电文，视为书面形式。

第四百七十条　合同的内容由当事人约定，一般包括下列条款：

（一）当事人的姓名或者名称和住所；

（二）标的；

（三）数量；

（四）质量；

（五）价款或者报酬；

（六）履行期限、地点和方式；

（七）违约责任；

（八）解决争议的方法。

当事人可以参照各类合同的示范文本订立合同。

第四百七十一条　当事人订立合同，可以采取要约、承诺方式或者其他方式。

第四百七十二条　要约是希望与他人订立合同的意思表示，该意思表示应当符合下列条件：

（一）内容具体确定；

（二）表明经受要约人承诺，要约人即受该意思表示约束。

第四百七十三条　要约邀请是希望他人向自己发出要约的表示。拍卖公告、招标公告、招股说明书、债券募集办法、基金招募说明书、商业广告和宣传、寄送的价目表等为要约邀请。

商业广告和宣传的内容符合要约条件的，构成要约。

第四百七十四条　要约生效的时间适用本法第一百三十七条的规定。

第四百七十五条　要约可以撤回。要约的撤回适用本法第一百四十一条的规定。

第四百七十六条　要约可以撤销，但是有下列情形之一的除外：

（一）要约人以确定承诺期限或者其他形式明示要约不可撤销；

（二）受要约人有理由认为要约是不可撤销的，并已经为履行合同做了合理准备工作。

第四百七十七条　撤销要约的意思表示以对话方式作出的，该意思表示的内容应当在受要约人作出承诺之前为受要约人所知道；撤销要约的意思表示以非对话方式作出的，应当在受要约人作出承诺之前到达受要约人。

第四百七十八条　有下列情形之一的，要约失效：

（一）要约被拒绝；

（二）要约被依法撤销；

（三）承诺期限届满，受要约人未作出承诺；

（四）受要约人对要约的内容作出实质性变更。

第四百七十九条　承诺是受要约人同意要约的意思表示。

第四百八十条　承诺应当以通知的方式作出；但是，根据交易习惯或者要约表明可以通过行为作出承诺的除外。

第四百八十一条　承诺应当在要约确定的期限内到达要约人。

要约没有确定承诺期限的，承诺应当依照下列规定到达：

（一）要约以对话方式作出的，应当即时作出承诺；

（二）要约以非对话方式作出的，承诺应当在合理期限内到达。

第四百八十二条　要约以信件或者电报作出的，承诺期限自信件载明的日期或者电报交发之日开始计算。信件未载明日期的，自投寄该信件的邮戳日期开始计算。要约以电话、传真、电子邮件等快速通讯方式作出的，承诺期限自要约到达受要约人时开始计算。

第四百八十三条　承诺生效时合同成立，但是法律另有规定或者当事人另有约定的除外。

第四百八十四条　以通知方式作出的承诺，生效的时间适用本法第一百三十七条的规定。

承诺不需要通知的，根据交易习惯或者要约的要求作出承诺的行为时生效。

第四百八十五条　承诺可以撤回。承诺的撤回适用本法第一百四十一条的规定。

第四百八十六条　受要约人超过承诺期限发出承诺，或者在承诺期限内发出承诺，按照通常情形不能及时到达要约人的，为新要约；但是，要约人及时通知受要约人该承诺有效的除外。

第四百八十七条　受要约人在承诺期限内发出承诺，按照通常情形能够及时到达要约人，但是因其他原因致使承诺到达要约人时超过承诺期限的，除要约人及时通知受要约人因承诺超过期限不接受该承诺外，该承诺有效。

第四百八十八条　承诺的内容应当与要约的内容一致。受要约人对要约的内容作出实质性变更的，为新要约。有关合同标的、数量、质量、价款或者报酬、履行期限、履行地点和方式、违约责任和解决争议方法等的变更，是对要约内容的实质性变更。

第四百八十九条　承诺对要约的内容作出非实质性变更的，除要约人及时表示反对或者要约表明承诺不得对要约的内容作出任何变更外，该承诺有效，合同的内容以承诺的内容为准。

第四百九十条　当事人采用合同书形式订立合同的，自当事人均签名、盖章或者按指印时合同成立。在签名、盖章或者按指印之前，当事人一方已经履行主要义务，对方接受时，该合同成立。

法律、行政法规规定或者当事人约定合同应当采用书面形式订立，当事人未采用书面形式但是一方已经履行主要义务，对方接受时，该合同成立。

第四百九十一条　当事人采用信件、数据电文等形式订立合同要求签订确认书的，签订确认书时合同成立。

当事人一方通过互联网等信息网络发布的商品或者服务信息符合要约条件的，对方选择该商品或者服务并提交订单成功时合同成立，但是当事人另有约定的除外。

第四百九十二条　承诺生效的地点为合同成立的地点。

采用数据电文形式订立合同的，收件人的主营业地为合同成立的地点；没有主营业地的，其住所地为合同成立的地点。当事人另有约定的，按照其约定。

第四百九十三条　当事人采用合同书形式订立合同的，最后签名、盖章或者按指印的地点为合同成立的地点，但是当事人另有约定的除外。

第四百九十四条　国家根据抢险救灾、疫情防控或者其他需要下达国家订货任务、指令性任务的，有关民事主体之间应当依照有关法律、行政法规规定的权利和义务订立合同。

依照法律、行政法规的规定负有发出要约义务的当事人，应当及时发出合理的要约。

依照法律、行政法规的规定负有作出承诺义务的当事人，不得拒绝对方合理的订立合同要求。

第四百九十五条　当事人约定在将来一定期限内订立合同的认购书、订购书、预订书等，构成预约合同。

当事人一方不履行预约合同约定的订立合同义务的，对方可以请求其承担预约合同的违约责任。

第四百九十六条　格式条款是当事人为了重复使用而预先拟定，并在订立合同时未与对方协商的条款。

采用格式条款订立合同的，提供格式条款的一方应当遵循公平原则确定当事人之间的权利和义务，并采取合理的方式提示对方注意免除或者减轻其责任等与对方有重大利害关系的条款，按照对方的要求，对该条款予以说明。提供格式条款的一方未履行提示或者说明义务，致使对方没有注意或者理解与其有重大利害关系的条款的，对方可以主张该条款不成为合同的内容。

第四百九十七条 有下列情形之一的，该格式条款无效：

（一）具有本法第一编第六章第三节和本法第五百零六条规定的无效情形；

（二）提供格式条款一方不合理地免除或者减轻其责任、加重对方责任、限制对方主要权利；

（三）提供格式条款一方排除对方主要权利。

第四百九十八条 对格式条款的理解发生争议的，应当按照通常理解予以解释。对格式条款有两种以上解释的，应当作出不利于提供格式条款一方的解释。格式条款和非格式条款不一致的，应当采用非格式条款。

第四百九十九条 悬赏人以公开方式声明对完成特定行为的人支付报酬的，完成该行为的人可以请求其支付。

第五百条 当事人在订立合同过程中有下列情形之一，造成对方损失的，应当承担赔偿责任：

（一）假借订立合同，恶意进行磋商；

（二）故意隐瞒与订立合同有关的重要事实或者提供虚假情况；

（三）有其他违背诚信原则的行为。

第五百零一条 当事人在订立合同过程中知悉的商业秘密或者其他应当保密的信息，无论合同是否成立，不得泄露或者不正当地使用；泄露、不正当地使用该商业秘密或者信息，造成对方损失的，应当承担赔偿责任。

……

第四章 合同的履行

第五百零九条 当事人应当按照约定全面履行自己的义务。

当事人应当遵循诚信原则，根据合同的性质、目的和交易习惯履行通知、协助、保密等义务。

当事人在履行合同过程中，应当避免浪费资源、污染环境和破坏生态。

第五百一十条 合同生效后，当事人就质量、价款或者报酬、履行地点等内容没有约定或者约定不明确的，可以协议补充；不能达成补充协议的，按照合同相关条款或者交易习惯确定。

第五百一十一条 当事人就有关合同内容约定不明确，依据前条规定仍不能确定的，适用下列规定：

（一）质量要求不明确的，按照强制性国家标准履行；没有强制性国家标准的，按照推荐性国家标准履行；没有推荐性国家标准的，按照行业标准履行；没有国家标准、行业标准的，按照通常标准或者符合合同目的的特定标准履行。

（二）价款或者报酬不明确的，按照订立合同时履行地的市场价格履行；依法应当执行政府定价或者政府指导价的，依照规定履行。

（三）履行地点不明确，给付货币的，在接受货币一方所在地履行；交付不动产的，在不动产所在地履行；其他标的，在履行义务一方所在地履行。

（四）履行期限不明确的，债务人可以随时履行，债权人也可以随时请求履行，但是应当给对方必要的准备时间。

（五）履行方式不明确的，按照有利于实现合同目的的方式履行。

（六）履行费用的负担不明确的，由履行义务一方负担；因债权人原因增加的履行费用，由债权人负担。

第五百一十二条　通过互联网等信息网络订立的电子合同的标的为交付商品并采用快递物流方式交付的，收货人的签收时间为交付时间。电子合同的标的为提供服务的，生成的电子凭证或者实物凭证中载明的时间为提供服务时间；前述凭证没有载明时间或者载明时间与实际提供服务时间不一致的，以实际提供服务的时间为准。

电子合同的标的物为采用在线传输方式交付的，合同标的物进入对方当事人指定的特定系统且能够检索识别的时间为交付时间。

电子合同当事人对交付商品或者提供服务的方式、时间另有约定的，按照其约定。

第五百一十三条　执行政府定价或者政府指导价的，在合同约定的交付期限内政府价格调整时，按照交付时的价格计价。逾期交付标的物的，遇价格上涨时，按照原价格执行；价格下降时，按照新价格执行。逾期提取标的物或者逾期付款的，遇价格上涨时，按照新价格执行；价格下降时，按照原价格执行。

第五百一十四条　以支付金钱为内容的债，除法律另有规定或者当事人另有约定外，债权人可以请求债务人以实际履行地的法定货币履行。

第五百一十五条　标的有多项而债务人只需履行其中一项的，债务人享有选择权；但是，法律另有规定、当事人另有约定或者另有交易习惯的除外。

享有选择权的当事人在约定期限内或者履行期限届满未作选择，经催告后在合理期限内仍未选择的，选择权转移至对方。

第五百一十六条　当事人行使选择权应当及时通知对方，通知到达对方时，标的确定。标的确定后不得变更，但是经对方同意的除外。

可选择的标的发生不能履行情形的，享有选择权的当事人不得选择不能履行的标的，但是该不能履行的情形是由对方造成的除外。

第五百一十七条　债权人为二人以上，标的可分，按照份额各自享有债权的，为按份债权；债务人为二人以上，标的可分，按照份额各自负担债务的，为按份债务。

按份债权人或者按份债务人的份额难以确定的，视为份额相同。

第五百一十八条　债权人为二人以上，部分或者全部债权人均可以请求债务人履行债务的，为连带债权；债务人为二人以上，债权人可以请求部分或者全部债务人履行全部债务的，为连带债务。

连带债权或者连带债务，由法律规定或者当事人约定。

第五百一十九条　连带债务人之间的份额难以确定的，视为份额相同。

实际承担债务超过自己份额的连带债务人，有权就超出部分在其他连带债务人未履行的份额范围内向其追偿，并相应地享有债权人的权利，但是不得损害债权人的利益。其他连带债务人对债权人的抗辩，可以向该债务人主张。

被追偿的连带债务人不能履行其应分担份额的，其他连带债务人应当在相应范围内按比例分担。

第五百二十条　部分连带债务人履行、抵销债务或者提存标的物的，其他债务人对债权人的债务在相应范围内消灭；该债务人可以依据前条规定向其他债务人追偿。

部分连带债务人的债务被债权人免除的，在该连带债务人应当承担的份额范围内，其他债务人对债权人的债务消灭。

部分连带债务人的债务与债权人的债权同归于一人的，在扣除该债务人应当承担的份额后，债权人对其他债务人的债权继续存在。

债权人对部分连带债务人的给付受领迟延的，对其他连带债务人发生效力。

第五百二十一条　连带债权人之间的份额难以确定的，视为份额相同。

实际受领债权的连带债权人，应当按比例向其他连带债权人返还。

连带债权参照适用本章连带债务的有关规定。

第五百二十二条　当事人约定由债务人向第三人履行债务，债务人未向第三人履行债务或者履行债务不符合约定的，应当向债权人承担违约责任。

法律规定或者当事人约定第三人可以直接请求债务人向其履行债务，第三人未在合理期限内明确拒绝，债务人未向第三人履行债务或者履行债务不符合约定的，第三人可以请求债务人承担违约责任；债务人对债权人的抗辩，可以向第三人主张。

第五百二十三条　当事人约定由第三人向债权人履行债务，第三人不履行债务或者履行债务不符合约定的，债务人应当向债权人承担违约责任。

第五百二十四条　债务人不履行债务，第三人对履行该债务具有合法利益的，第三人有权向债权人代为履行；但是，根据债务性质、按照当事人约定或者依照法律规定只能由债务人履行的除外。

债权人接受第三人履行后，其对债务人的债权转让给第三人，但是债务人和第三人另有约定的除外。

第五百二十五条　当事人互负债务，没有先后履行顺序的，应当同时履行。一方在对方履行之前有权拒绝其履行请求。一方在对方履行债务不符合约定时，有权拒绝其相应的履行请求。

第五百二十六条　当事人互负债务，有先后履行顺序，应当先履行债务一方未履行的，后履行一方有权拒绝其履行请求。先履行一方履行债务不符合约定的，后履行一方有权拒绝其相应的履行请求。

第五百二十七条　应当先履行债务的当事人，有确切证据证明对方有下列情形之一的，可以中止履行：

（一）经营状况严重恶化；

（二）转移财产、抽逃资金，以逃避债务；

（三）丧失商业信誉；

（四）有丧失或者可能丧失履行债务能力的其他情形。

当事人没有确切证据中止履行的，应当承担违约责任。

第五百二十八条　当事人依据前条规定中止履行的，应当及时通知对方。对方提供适当担保的，应当恢复履行。中止履行后，对方在合理期限内未恢复履行能力且未提供适当担保的，视为以自己的行为表明不履行主要债务，中止履行的一方可以解除合同并可以请求对方承担违约责任。

第五百二十九条　债权人分立、合并或者变更住所没有通知债务人，致使履行债务发生困难的，债务人可以中止履行或者将标的物提存。

第五百三十条　债权人可以拒绝债务人提前履行债务，但是提前履行不损害债权人利益的除外。

债务人提前履行债务给债权人增加的费用，由债务人负担。

第五百三十一条　债权人可以拒绝债务人部分履行债务，但是部分履行不损害债权人利益的除外。

债务人部分履行债务给债权人增加的费用，由债务人负担。

第五百三十二条　合同生效后，当事人不得因姓名、名称的变更或者法定代表人、负责人、承办人的变动而不履行合同义务。

第五百三十三条　合同成立后，合同的基础条件发生了当事人在订立合同时无法预见的、不属于商业风险的重大变化，继续履行合同对于当事人一方明显不公平的，受不利影响的当事人可以与对方重新协商；在合理期限内协商不成的，当事人可以请求人民法院或者仲裁机构变更或者解除合同。

人民法院或者仲裁机构应当结合案件的实际情况，根据公平原则变更或者解除合同。

第五百三十四条　对当事人利用合同实施危害国家利益、社会公共利益行为的，市场监督管理和其他有关行政主管部门依照法律、行政法规的规定负责监督处理。

……

第六章　合同的变更和转让

第五百四十三条　当事人协商一致，可以变更合同。

第五百四十四条　当事人对合同变更的内容约定不明确的，推定为未变更。

第五百四十五条　债权人可以将债权的全部或者部分转让给第三人，但是有下列情形之一的除外：

（一）根据债权性质不得转让；

（二）按照当事人约定不得转让；

（三）依照法律规定不得转让。

当事人约定非金钱债权不得转让的，不得对抗善意第三人。当事人约定金钱债权不得转让的，不得对抗第三人。

第五百四十六条　债权人转让债权，未通知债务人的，该转让对债务人不发生效力。

债权转让的通知不得撤销，但是经受让人同意的除外。

第五百四十七条　债权人转让债权的，受让人取得与债权有关的从权利，但是该从权利专属于债权人自身的除外。

受让人取得从权利不因该从权利未办理转移登记手续或者未转移占有而受到影响。

第五百四十八条　债务人接到债权转让通知后，债务人对让与人的抗辩，可以向受让人主张。

第五百四十九条　有下列情形之一的，债务人可以向受让人主张抵销：

（一）债务人接到债权转让通知时，债务人对让与人享有债权，且债务人的债权先于转让的债权到期或者同时到期；

（二）债务人的债权与转让的债权是基于同一合同产生。

第五百五十条 因债权转让增加的履行费用，由让与人负担。

第五百五十一条 债务人将债务的全部或者部分转移给第三人的，应当经债权人同意。

债务人或者第三人可以催告债权人在合理期限内予以同意，债权人未作表示的，视为不同意。

第五百五十二条 第三人与债务人约定加入债务并通知债权人，或者第三人向债权人表示愿意加入债务，债权人未在合理期限内明确拒绝的，债权人可以请求第三人在其愿意承担的债务范围内和债务人承担连带债务。

第五百五十三条 债务人转移债务的，新债务人可以主张原债务人对债权人的抗辩；原债务人对债权人享有债权的，新债务人不得向债权人主张抵销。

第五百五十四条 债务人转移债务的，新债务人应当承担与主债务有关的从债务，但是该从债务专属于原债务人自身的除外。

第五百五十五条 当事人一方经对方同意，可以将自己在合同中的权利和义务一并转让给第三人。

第五百五十六条 合同的权利和义务一并转让的，适用债权转让、债务转移的有关规定。

第七章 合同的权利义务终止

第五百五十七条 有下列情形之一的，债权债务终止：

（一）债务已经履行；

（二）债务相互抵销；

（三）债务人依法将标的物提存；

（四）债权人免除债务；

（五）债权债务同归于一人；

（六）法律规定或者当事人约定终止的其他情形。

合同解除的，该合同的权利义务关系终止。

第五百五十八条 债权债务终止后，当事人应当遵循诚信等原则，根据交易习惯履行通知、协助、保密、旧物回收等义务。

第五百五十九条 债权债务终止时，债权的从权利同时消灭，但是法律另有规定或者当事人另有约定的除外。

第五百六十条 债务人对同一债权人负担的数项债务种类相同，债务人的给付不足以清偿全部债务的，除当事人另有约定外，由债务人在清偿时指定其履行的债务。

债务人未作指定的，应当优先履行已经到期的债务；数项债务均到期的，优先履行对债权人缺乏担保或者担保最少的债务；均无担保或者担保相等的，优先履行债务人负担较重的债务；负担相同的，按照债务到期的先后顺序履行；到期时间相同的，按照债务比例履行。

第五百六十一条 债务人在履行主债务外还应当支付利息和实现债权的有关费用，其给付不足以清偿全部债务的，除当事人另有约定外，应当按照下列顺序履行：

（一）实现债权的有关费用；

（二）利息；

（三）主债务。

第五百六十二条 当事人协商一致，可以解除合同。

当事人可以约定一方解除合同的事由。解除合同的事由发生时，解除权人可以解除合同。

第五百六十三条　有下列情形之一的，当事人可以解除合同：

（一）因不可抗力致使不能实现合同目的；

（二）在履行期限届满前，当事人一方明确表示或者以自己的行为表明不履行主要债务；

（三）当事人一方迟延履行主要债务，经催告后在合理期限内仍未履行；

（四）当事人一方迟延履行债务或者有其他违约行为致使不能实现合同目的；

（五）法律规定的其他情形。

以持续履行的债务为内容的不定期合同，当事人可以随时解除合同，但是应当在合理期限之前通知对方。

第五百六十四条　法律规定或者当事人约定解除权行使期限，期限届满当事人不行使的，该权利消灭。

法律没有规定或者当事人没有约定解除权行使期限，自解除权人知道或者应当知道解除事由之日起一年内不行使，或者经对方催告后在合理期限内不行使的，该权利消灭。

第五百六十五条　当事人一方依法主张解除合同的，应当通知对方。合同自通知到达对方时解除；通知载明债务人在一定期限内不履行债务则合同自动解除，债务人在该期限内未履行债务的，合同自通知载明的期限届满时解除。对方对解除合同有异议的，任何一方当事人均可以请求人民法院或者仲裁机构确认解除行为的效力。

当事人一方未通知对方，直接以提起诉讼或者申请仲裁的方式依法主张解除合同，人民法院或者仲裁机构确认该主张的，合同自起诉状副本或者仲裁申请书副本送达对方时解除。

第五百六十六条　合同解除后，尚未履行的，终止履行；已经履行的，根据履行情况和合同性质，当事人可以请求恢复原状或者采取其他补救措施，并有权请求赔偿损失。

合同因违约解除的，解除权人可以请求违约方承担违约责任，但是当事人另有约定的除外。

主合同解除后，担保人对债务人应当承担的民事责任仍应当承担担保责任，但是担保合同另有约定的除外。

第五百六十七条　合同的权利义务关系终止，不影响合同中结算和清理条款的效力。

第五百六十八条　当事人互负债务，该债务的标的物种类、品质相同的，任何一方可以将自己的债务与对方的到期债务抵销；但是，根据债务性质、按照当事人约定或者依照法律规定不得抵销的除外。

当事人主张抵销的，应当通知对方。通知自到达对方时生效。抵销不得附条件或者附期限。

第五百六十九条　当事人互负债务，标的物种类、品质不相同的，经协商一致，也可以抵销。

第五百七十条　有下列情形之一，难以履行债务的，债务人可以将标的物提存：

（一）债权人无正当理由拒绝受领；

（二）债权人下落不明；

（三）债权人死亡未确定继承人、遗产管理人，或者丧失民事行为能力未确定监护人；

（四）法律规定的其他情形。

标的物不适于提存或者提存费用过高的，债务人依法可以拍卖或者变卖标的物，提存所得的价款。

第五百七十一条　债务人将标的物或者将标的物依法拍卖、变卖所得价款交付提存部门时，提存成立。

提存成立的，视为债务人在其提存范围内已经交付标的物。

第五百七十二条　标的物提存后，债务人应当及时通知债权人或者债权人的继承人、遗产管理人、监护人、财产代管人。

第五百七十三条　标的物提存后，毁损、灭失的风险由债权人承担。提存期间，标的物的孳息归债权人所有。提存费用由债权人负担。

第五百七十四条　债权人可以随时领取提存物。但是，债权人对债务人负有到期债务的，在债权人未履行债务或者提供担保之前，提存部门根据债务人的要求应当拒绝其领取提存物。

债权人领取提存物的权利，自提存之日起五年内不行使而消灭，提存物扣除提存费用后归国家所有。但是，债权人未履行对债务人的到期债务，或者债权人向提存部门书面表示放弃领取提存物权利的，债务人负担提存费用后有权取回提存物。

第五百七十五条　债权人免除债务人部分或者全部债务的，债权债务部分或者全部终止，但是债务人在合理期限内拒绝的除外。

第五百七十六条　债权和债务同归于一人的，债权债务终止，但是损害第三人利益的除外。

第八章　违　约　责　任

第五百七十七条　当事人一方不履行合同义务或者履行合同义务不符合约定的，应当承担继续履行、采取补救措施或者赔偿损失等违约责任。

第五百七十八条　当事人一方明确表示或者以自己的行为表明不履行合同义务的，对方可以在履行期限届满前请求其承担违约责任。

第五百七十九条　当事人一方未支付价款、报酬、租金、利息，或者不履行其他金钱债务的，对方可以请求其支付。

第五百八十条　当事人一方不履行非金钱债务或者履行非金钱债务不符合约定的，对方可以请求履行，但是有下列情形之一的除外:

（一）法律上或者事实上不能履行;

（二）债务的标的不适于强制履行或者履行费用过高;

（三）债权人在合理期限内未请求履行。

有前款规定的除外情形之一，致使不能实现合同目的的，人民法院或者仲裁机构可以根据当事人的请求终止合同权利义务关系，但是不影响违约责任的承担。

第五百八十一条　当事人一方不履行债务或者履行债务不符合约定，根据债务的性质不得强制履行的，对方可以请求其负担由第三人替代履行的费用。

第五百八十二条　履行不符合约定的，应当按照当事人的约定承担违约责任。对违约责任没有约定或者约定不明确，依据本法第五百一十条的规定仍不能确定的，受损害方根据标的的性质以及损失的大小，可以合理选择请求对方承担修理、重作、更换、退货、减少价款或者报酬等违约责任。

第五百八十三条　当事人一方不履行合同义务或者履行合同义务不符合约定的，在履行义务或者采取补救措施后，对方还有其他损失的，应当赔偿损失。

第五百八十四条　当事人一方不履行合同义务或者履行合同义务不符合约定，造成对方损失的，损失赔偿额应当相当于因违约所造成的损失，包括合同履行后可以获得的利益；但是，不得超过违约一方订立合同时预见到或者应当预见到的因违约可能造成的损失。

第五百八十五条　当事人可以约定一方违约时应当根据违约情况向对方支付一定数额的违约金，也可以约定因违约产生的损失赔偿额的计算方法。

约定的违约金低于造成的损失的，人民法院或者仲裁机构可以根据当事人的请求予以增加；约定的违约金过分高于造成的损失的，人民法院或者仲裁机构可以根据当事人的请求予以适当减少。

当事人就迟延履行约定违约金的，违约方支付违约金后，还应当履行债务。

第五百八十六条　当事人可以约定一方向对方给付定金作为债权的担保。定金合同自实际交付定金时成立。

定金的数额由当事人约定；但是，不得超过主合同标的额的百分之二十，超过部分不产生定金的效力。实际交付的定金数额多于或者少于约定数额的，视为变更约定的定金数额。

第五百八十七条　债务人履行债务的，定金应当抵作价款或者收回。给付定金的一方不履行债务或者履行债务不符合约定，致使不能实现合同目的的，无权请求返还定金；收受定金的一方不履行债务或者履行债务不符合约定，致使不能实现合同目的的，应当双倍返还定金。

第五百八十八条　当事人既约定违约金，又约定定金的，一方违约时，对方可以选择适用违约金或者定金条款。

定金不足以弥补一方违约造成的损失的，对方可以请求赔偿超过定金数额的损失。

第五百八十九条　债务人按照约定履行债务，债权人无正当理由拒绝受领的，债务人可以请求债权人赔偿增加的费用。

在债权人受领迟延期间，债务人无须支付利息。

第五百九十条　当事人一方因不可抗力不能履行合同的，根据不可抗力的影响，部分或者全部免除责任，但是法律另有规定的除外。因不可抗力不能履行合同的，应当及时通知对方，以减轻可能给对方造成的损失，并应当在合理期限内提供证明。

当事人迟延履行后发生不可抗力的，不免除其违约责任。

第五百九十一条　当事人一方违约后，对方应当采取适当措施防止损失的扩大；没有采取适当措施致使损失扩大的，不得就扩大的损失请求赔偿。

当事人因防止损失扩大而支出的合理费用，由违约方负担。

第五百九十二条　当事人都违反合同的，应当各自承担相应的责任。

当事人一方违约造成对方损失，对方对损失的发生有过错的，可以减少相应的损失赔偿额。

第五百九十三条　当事人一方因第三人的原因造成违约的，应当依法向对方承担违约责任。当事人一方和第三人之间的纠纷，依照法律规定或者按照约定处理。

第五百九十四条　因国际货物买卖合同和技术进出口合同争议提起诉讼或者申请仲裁的时效期间为四年。

第二分编　典　型　合　同

第九章　买　卖　合　同

第五百九十五条　买卖合同是出卖人转移标的物的所有权于买受人，买受人支付价款的合同。

第五百九十六条　买卖合同的内容一般包括标的物的名称、数量、质量、价款、履行期限、履行地点和方式、包装方式、检验标准和方法、结算方式、合同使用的文字及其效力等条款。

第五百九十七条　因出卖人未取得处分权致使标的物所有权不能转移的，买受人可以解除合同并请求出卖人承担违约责任。

法律、行政法规禁止或者限制转让的标的物，依照其规定。

第五百九十八条　出卖人应当履行向买受人交付标的物或者交付提取标的物的单证，并转移标的物所有权的义务。

第五百九十九条　出卖人应当按照约定或者交易习惯向买受人交付提取标的物单证以外的有关单证和资料。

第六百条　出卖具有知识产权的标的物的，除法律另有规定或者当事人另有约定外，该标的物的知识产权不属于买受人。

第六百零一条　出卖人应当按照约定的时间交付标的物。约定交付期限的，出卖人可以在该交付期限内的任何时间交付。

第六百零二条　当事人没有约定标的物的交付期限或者约定不明确的，适用本法第五百一十条、第五百一十一条第四项的规定。

第六百零三条　出卖人应当按照约定的地点交付标的物。

当事人没有约定交付地点或者约定不明确，依据本法第五百一十条的规定仍不能确定的，适用下列规定：

（一）标的物需要运输的，出卖人应当将标的物交付给第一承运人以运交给买受人；

（二）标的物不需要运输，出卖人和买受人订立合同时知道标的物在某一地点的，出卖人应当在该地点交付标的物；不知道标的物在某一地点的，应当在出卖人订立合同时的营业地交付标的物。

第六百零四条　标的物毁损、灭失的风险，在标的物交付之前由出卖人承担，交付之后由买受人承担，但是法律另有规定或者当事人另有约定的除外。

第六百零五条　因买受人的原因致使标的物未按照约定的期限交付的，买受人应当自违反约定时起承担标的物毁损、灭失的风险。

第六百零六条　出卖人出卖交由承运人运输的在途标的物，除当事人另有约定外，毁损、灭失的风险自合同成立时起由买受人承担。

第六百零七条　出卖人按照约定将标的物运送至买受人指定地点并交付给承运人后，标的物毁损、灭失的风险由买受人承担。

当事人没有约定交付地点或者约定不明确，依据本法第六百零三条第二款第一项的规定标的物需要运输的，出卖人将标的物交付给第一承运人后，标的物毁损、灭失的风险由买受人承担。

第六百零八条　出卖人按照约定或者依据本法第六百零三条第二款第二项的规定将标的物置于交付地点，买受人违反约定没有收取的，标的物毁损、灭失的风险自违反约定时起由买受人承担。

第六百零九条　出卖人按照约定未交付有关标的物的单证和资料的，不影响标的物毁损、灭失风险的转移。

第六百一十条　因标的物不符合质量要求，致使不能实现合同目的的，买受人可以拒绝接受标的物或者解除合同。买受人拒绝接受标的物或者解除合同的，标的物毁损、灭失的风险由出卖人承担。

第六百一十一条　标的物毁损、灭失的风险由买受人承担的，不影响因出卖人履行义务不符合约定，买受人请求其承担违约责任的权利。

第六百一十二条　出卖人就交付的标的物，负有保证第三人对该标的物不享有任何权利的义务，但是法律另有规定的除外。

第六百一十三条　买受人订立合同时知道或者应当知道第三人对买卖的标的物享有权利的，出卖人不承担前条规定的义务。

第六百一十四条　买受人有确切证据证明第三人对标的物享有权利的，可以中止支付相应的价款，但是出卖人提供适当担保的除外。

第六百一十五条　出卖人应当按照约定的质量要求交付标的物。出卖人提供有关标的物质量说明的，交付的标的物应当符合该说明的质量要求。

第六百一十六条　当事人对标的物的质量要求没有约定或者约定不明确，依据本法第五百一十条的规定仍不能确定的，适用本法第五百一十一条第一项的规定。

第六百一十七条　出卖人交付的标的物不符合质量要求的，买受人可以依据本法第五百八十二条至第五百八十四条的规定请求承担违约责任。

第六百一十八条　当事人约定减轻或者免除出卖人对标的物瑕疵承担的责任，因出卖人故意或者重大过失不告知买受人标的物瑕疵的，出卖人无权主张减轻或者免除责任。

第六百一十九条　出卖人应当按照约定的包装方式交付标的物。对包装方式没有约定或者约定不明确，依据本法第五百一十条的规定仍不能确定的，应当按照通用的方式包装；没有通用方式的，应当采取足以保护标的物且有利于节约资源、保护生态环境的包装方式。

第六百二十条　买受人收到标的物时应当在约定的检验期限内检验。没有约定检验期限的，应当及时检验。

第六百二十一条　当事人约定检验期限的，买受人应当在检验期限内将标的物的数量或者质量不符合约定的情形通知出卖人。买受人怠于通知的，视为标的物的数量或者质量符合约定。

当事人没有约定检验期限的，买受人应当在发现或者应当发现标的物的数量或者质量不符合约定的合理期限内通知出卖人。买受人在合理期限内未通知或者自收到标的物之日起二年内未通知出卖人的，视为标的物的数量或者质量符合约定；但是，对标的物有质量保证期的，适用质量保证期，不适用该二年的规定。

出卖人知道或者应当知道提供的标的物不符合约定的，买受人不受前两款规定的通知时间的限制。

第六百二十二条 当事人约定的检验期限过短，根据标的物的性质和交易习惯，买受人在检验期限内难以完成全面检验的，该期限仅视为买受人对标的物的外观瑕疵提出异议的期限。

约定的检验期限或者质量保证期短于法律、行政法规规定期限的，应当以法律、行政法规规定的期限为准。

第六百二十三条 当事人对检验期限未作约定，买受人签收的送货单、确认单等载明标的物数量、型号、规格的，推定买受人已经对数量和外观瑕疵进行检验，但是有相关证据足以推翻的除外。

第六百二十四条 出卖人依照买受人的指示向第三人交付标的物，出卖人和买受人约定的检验标准与买受人和第三人约定的检验标准不一致的，以出卖人和买受人约定的检验标准为准。

第六百二十五条 依照法律、行政法规的规定或者按照当事人的约定，标的物在有效使用年限届满后应予回收的，出卖人负有自行或者委托第三人对标的物予以回收的义务。

第六百二十六条 买受人应当按照约定的数额和支付方式支付价款。对价款的数额和支付方式没有约定或者约定不明确的，适用本法第五百一十条、第五百一十一条第二项和第五项的规定。

第六百二十七条 买受人应当按照约定的地点支付价款。对支付地点没有约定或者约定不明确，依据本法第五百一十条的规定仍不能确定的，买受人应当在出卖人的营业地支付；但是，约定支付价款以交付标的物或者交付提取标的物单证为条件的，在交付标的物或者交付提取标的物单证的所在地支付。

第六百二十八条 买受人应当按照约定的时间支付价款。对支付时间没有约定或者约定不明确，依据本法第五百一十条的规定仍不能确定的，买受人应当在收到标的物或者提取标的物单证的同时支付。

第六百二十九条 出卖人多交标的物的，买受人可以接收或者拒绝接收多交的部分。买受人接收多交部分的，按照约定的价格支付价款；买受人拒绝接收多交部分的，应当及时通知出卖人。

第六百三十条 标的物在交付之前产生的孳息，归出卖人所有；交付之后产生的孳息，归买受人所有。但是，当事人另有约定的除外。

第六百三十一条 因标的物的主物不符合约定而解除合同的，解除合同的效力及于从物。因标的物的从物不符合约定被解除的，解除的效力不及于主物。

第六百三十二条 标的物为数物，其中一物不符合约定的，买受人可以就该物解除。但是，该物与他物分离使标的物的价值显受损害的，买受人可以就数物解除合同。

第六百三十三条 出卖人分批交付标的物的，出卖人对其中一批标的物不交付或者交付不符合约定，致使该批标的物不能实现合同目的的，买受人可以就该批标的物解除。

出卖人不交付其中一批标的物或者交付不符合约定，致使之后其他各批标的物的交付不能实现合同目的的，买受人可以就该批以及之后其他各批标的物解除。

买受人如果就其中一批标的物解除，该批标的物与其他各批标的物相互依存的，可以就已经交付和未交付的各批标的物解除。

第六百三十四条　分期付款的买受人未支付到期价款的数额达到全部价款的五分之一，经催告后在合理期限内仍未支付到期价款的，出卖人可以请求买受人支付全部价款或者解除合同。

出卖人解除合同的，可以向买受人请求支付该标的物的使用费。

第六百三十五条　凭样品买卖的当事人应当封存样品，并可以对样品质量予以说明。出卖人交付的标的物应当与样品及其说明的质量相同。

第六百三十六条　凭样品买卖的买受人不知道样品有隐蔽瑕疵的，即使交付的标的物与样品相同，出卖人交付的标的物的质量仍然应当符合同种物的通常标准。

第六百三十七条　试用买卖的当事人可以约定标的物的试用期限。对试用期限没有约定或者约定不明确，依据本法第五百一十条的规定仍不能确定的，由出卖人确定。

第六百三十八条　试用买卖的买受人在试用期内可以购买标的物，也可以拒绝购买。试用期限届满，买受人对是否购买标的物未作表示的，视为购买。

试用买卖的买受人在试用期内已经支付部分价款或者对标的物实施出卖、出租、设立担保物权等行为的，视为同意购买。

第六百三十九条　试用买卖的当事人对标的物使用费没有约定或者约定不明确的，出卖人无权请求买受人支付。

第六百四十条　标的物在试用期内毁损、灭失的风险由出卖人承担。

第六百四十一条　当事人可以在买卖合同中约定买受人未履行支付价款或者其他义务的，标的物的所有权属于出卖人。

出卖人对标的物保留的所有权，未经登记，不得对抗善意第三人。

第六百四十二条　当事人约定出卖人保留合同标的物的所有权，在标的物所有权转移前，买受人有下列情形之一，造成出卖人损害的，除当事人另有约定外，出卖人有权取回标的物：

（一）未按照约定支付价款，经催告后在合理期限内仍未支付；

（二）未按照约定完成特定条件；

（三）将标的物出卖、出质或者作出其他不当处分。

出卖人可以与买受人协商取回标的物；协商不成的，可以参照适用担保物权的实现程序。

第六百四十三条　出卖人依据前条第一款的规定取回标的物后，买受人在双方约定或者出卖人指定的合理回赎期限内，消除出卖人取回标的物的事由的，可以请求回赎标的物。

买受人在回赎期限内没有回赎标的物，出卖人可以以合理价格将标的物出卖给第三人，出卖所得价款扣除买受人未支付的价款以及必要费用后仍有剩余的，应当返还买受人；不足部分由买受人清偿。

第六百四十四条　招标投标买卖的当事人的权利和义务以及招标投标程序等，依照有关法律、行政法规的规定。

第六百四十五条　拍卖的当事人的权利和义务以及拍卖程序等，依照有关法律、行政法规的规定。

第六百四十六条　法律对其他有偿合同有规定的，依照其规定；没有规定的，参照适用买卖合同的有关规定。

第六百四十七条　当事人约定易货交易，转移标的物的所有权的，参照适用买卖合同的有关规定。

……

第十四章　租　赁　合　同

第七百零三条　租赁合同是出租人将租赁物交付承租人使用、收益，承租人支付租金的合同。

第七百零四条　租赁合同的内容一般包括租赁物的名称、数量、用途、租赁期限、租金及其支付期限和方式、租赁物维修等条款。

第七百零五条　租赁期限不得超过二十年。超过二十年的，超过部分无效。

租赁期限届满，当事人可以续订租赁合同；但是，约定的租赁期限自续订之日起不得超过二十年。

第七百零六条　当事人未依照法律、行政法规规定办理租赁合同登记备案手续的，不影响合同的效力。

第七百零七条　租赁期限六个月以上的，应当采用书面形式。当事人未采用书面形式，无法确定租赁期限的，视为不定期租赁。

第七百零八条　出租人应当按照约定将租赁物交付承租人，并在租赁期限内保持租赁物符合约定的用途。

第七百零九条　承租人应当按照约定的方法使用租赁物。对租赁物的使用方法没有约定或者约定不明确，依据本法第五百一十条的规定仍不能确定的，应当根据租赁物的性质使用。

第七百一十条　承租人按照约定的方法或者根据租赁物的性质使用租赁物，致使租赁物受到损耗的，不承担赔偿责任。

第七百一十一条　承租人未按照约定的方法或者未根据租赁物的性质使用租赁物，致使租赁物受到损失的，出租人可以解除合同并请求赔偿损失。

第七百一十二条　出租人应当履行租赁物的维修义务，但是当事人另有约定的除外。

第七百一十三条　承租人在租赁物需要维修时可以请求出租人在合理期限内维修。出租人未履行维修义务的，承租人可以自行维修，维修费用由出租人负担。因维修租赁物影响承租人使用的，应当相应减少租金或者延长租期。

因承租人的过错致使租赁物需要维修的，出租人不承担前款规定的维修义务。

第七百一十四条　承租人应当妥善保管租赁物，因保管不善造成租赁物毁损、灭失的，应当承担赔偿责任。

第七百一十五条　承租人经出租人同意，可以对租赁物进行改善或者增设他物。

承租人未经出租人同意，对租赁物进行改善或者增设他物的，出租人可以请求承租人恢复原状或者赔偿损失。

第七百一十六条　承租人经出租人同意，可以将租赁物转租给第三人。承租人转租的，承租人与出租人之间的租赁合同继续有效；第三人造成租赁物损失的，承租人应当赔偿损失。

承租人未经出租人同意转租的，出租人可以解除合同。

第七百一十七条　承租人经出租人同意将租赁物转租给第三人，转租期限超过承租人剩余租赁期限的，超过部分的约定对出租人不具有法律约束力，但是出租人与承租人另有约定的除外。

第七百一十八条　出租人知道或者应当知道承租人转租，但是在六个月内未提出异议的，视为出租人同意转租。

第七百一十九条　承租人拖欠租金的，次承租人可以代承租人支付其欠付的租金和违约金，但是转租合同对出租人不具有法律约束力的除外。

次承租人代为支付的租金和违约金，可以充抵次承租人应当向承租人支付的租金；超出其应付的租金数额的，可以向承租人追偿。

第七百二十条　在租赁期限内因占有、使用租赁物获得的收益，归承租人所有，但是当事人另有约定的除外。

第七百二十一条　承租人应当按照约定的期限支付租金。对支付租金的期限没有约定或者约定不明确，依据本法第五百一十条的规定仍不能确定，租赁期限不满一年的，应当在租赁期限届满时支付；租赁期限一年以上的，应当在每届满一年时支付，剩余期限不满一年的，应当在租赁期限届满时支付。

第七百二十二条　承租人无正当理由未支付或者迟延支付租金的，出租人可以请求承租人在合理期限内支付；承租人逾期不支付的，出租人可以解除合同。

第七百二十三条　因第三人主张权利，致使承租人不能对租赁物使用、收益的，承租人可以请求减少租金或者不支付租金。

第三人主张权利的，承租人应当及时通知出租人。

第七百二十四条　有下列情形之一，非因承租人原因致使租赁物无法使用的，承租人可以解除合同：

（一）租赁物被司法机关或者行政机关依法查封、扣押；

（二）租赁物权属有争议；

（三）租赁物具有违反法律、行政法规关于使用条件的强制性规定情形。

第七百二十五条　租赁物在承租人按照租赁合同占有期限内发生所有权变动的，不影响租赁合同的效力。

第七百二十六条　出租人出卖租赁房屋的，应当在出卖之前的合理期限内通知承租人，承租人享有以同等条件优先购买的权利；但是，房屋按份共有人行使优先购买权或者出租人将房屋出卖给近亲属的除外。

出租人履行通知义务后，承租人在十五日内未明确表示购买的，视为承租人放弃优先购买权。

第七百二十七条　出租人委托拍卖人拍卖租赁房屋的，应当在拍卖五日前通知承租人。承租人未参加拍卖的，视为放弃优先购买权。

第七百二十八条　出租人未通知承租人或者有其他妨害承租人行使优先购买权情形的，承租人可以请求出租人承担赔偿责任。但是，出租人与第三人订立的房屋买卖合同的效力不受影响。

第七百二十九条　因不可归责于承租人的事由，致使租赁物部分或者全部毁损、灭失的，承租人可以请求减少租金或者不支付租金；因租赁物部分或者全部毁损、灭失，致使不能实现合同目的的，承租人可以解除合同。

第七百三十条　当事人对租赁期限没有约定或者约定不明确，依据本法第五百一十条的规定仍不能确定的，视为不定期租赁；当事人可以随时解除合同，但是应当在合理期限之前通知对方。

第七百三十一条　租赁物危及承租人的安全或者健康的，即使承租人订立合同时明知该租赁物质量不合格，承租人仍然可以随时解除合同。

第七百三十二条　承租人在房屋租赁期限内死亡的，与其生前共同居住的人或者共同经营人可以按照原租赁合同租赁该房屋。

第七百三十三条　租赁期限届满，承租人应当返还租赁物。返还的租赁物应当符合按照约定或者根据租赁物的性质使用后的状态。

第七百三十四条　租赁期限届满，承租人继续使用租赁物，出租人没有提出异议的，原租赁合同继续有效，但是租赁期限为不定期。

租赁期限届满，房屋承租人享有以同等条件优先承租的权利。

……

第十七章　承　揽　合　同

第七百七十条　承揽合同是承揽人按照定作人的要求完成工作，交付工作成果，定作人支付报酬的合同。

承揽包括加工、定作、修理、复制、测试、检验等工作。

第七百七十一条　承揽合同的内容一般包括承揽的标的、数量、质量、报酬，承揽方式，材料的提供，履行期限，验收标准和方法等条款。

第七百七十二条　承揽人应当以自己的设备、技术和劳力，完成主要工作，但是当事人另有约定的除外。

承揽人将其承揽的主要工作交由第三人完成的，应当就该第三人完成的工作成果向定作人负责；未经定作人同意的，定作人也可以解除合同。

第七百七十三条　承揽人可以将其承揽的辅助工作交由第三人完成。承揽人将其承揽的辅助工作交由第三人完成的，应当就该第三人完成的工作成果向定作人负责。

第七百七十四条　承揽人提供材料的，应当按照约定选用材料，并接受定作人检验。

第七百七十五条　定作人提供材料的，应当按照约定提供材料。承揽人对定作人提供的材料应当及时检验，发现不符合约定时，应当及时通知定作人更换、补齐或者采取其他补救措施。

承揽人不得擅自更换定作人提供的材料，不得更换不需要修理的零部件。

第七百七十六条　承揽人发现定作人提供的图纸或者技术要求不合理的，应当及时通知定作人。因定作人怠于答复等原因造成承揽人损失的，应当赔偿损失。

第七百七十七条　定作人中途变更承揽工作的要求，造成承揽人损失的，应当赔偿损失。

第七百七十八条　承揽工作需要定作人协助的，定作人有协助的义务。定作人不履行协助义务致使承揽工作不能完成的，承揽人可以催告定作人在合理期限内履行义务，并可以顺延履行期限；定作人逾期不履行的，承揽人可以解除合同。

第七百七十九条　承揽人在工作期间，应当接受定作人必要的监督检验。定作人不得因监督检验妨碍承揽人的正常工作。

第七百八十条　承揽人完成工作的，应当向定作人交付工作成果，并提交必要的技术资料和有关质量证明。定作人应当验收该工作成果。

第七百八十一条　承揽人交付的工作成果不符合质量要求的，定作人可以合理选择请求承揽人承担修理、重作、减少报酬、赔偿损失等违约责任。

第七百八十二条　定作人应当按照约定的期限支付报酬。对支付报酬的期限没有约定或者约定不明确，依据本法第五百一十条的规定仍不能确定的，定作人应当在承揽人交付工作成果时支付；工作成果部分交付的，定作人应当相应支付。

第七百八十三条　定作人未向承揽人支付报酬或者材料费等价款的，承揽人对完成的工作成果享有留置权或者有权拒绝交付，但是当事人另有约定的除外。

第七百八十四条　承揽人应当妥善保管定作人提供的材料以及完成的工作成果，因保管不善造成毁损、灭失的，应当承担赔偿责任。

第七百八十五条　承揽人应当按照定作人的要求保守秘密，未经定作人许可，不得留存复制品或者技术资料。

第七百八十六条　共同承揽人对定作人承担连带责任，但是当事人另有约定的除外。

第七百八十七条　定作人在承揽人完成工作前可以随时解除合同，造成承揽人损失的，应当赔偿损失。

第十八章　建 设 工 程 合 同

第七百八十八条　建设工程合同是承包人进行工程建设，发包人支付价款的合同。

建设工程合同包括工程勘察、设计、施工合同。

第七百八十九条　建设工程合同应当采用书面形式。

第七百九十条　建设工程的招标投标活动，应当依照有关法律的规定公开、公平、公正进行。

第七百九十一条　发包人可以与总承包人订立建设工程合同，也可以分别与勘察人、设计人、施工人订立勘察、设计、施工承包合同。发包人不得将应当由一个承包人完成的建设工程支解成若干部分发包给数个承包人。

总承包人或者勘察、设计、施工承包人经发包人同意，可以将自己承包的部分工作交由第三人完成。第三人就其完成的工作成果与总承包人或者勘察、设计、施工承包人向发包人承担连带责任。承包人不得将其承包的全部建设工程转包给第三人或者将其承包的全部建设工程支解以后以分包的名义分别转包给第三人。

禁止承包人将工程分包给不具备相应资质条件的单位。禁止分包单位将其承包的工程再分包。建设工程主体结构的施工必须由承包人自行完成。

第七百九十二条　国家重大建设工程合同，应当按照国家规定的程序和国家批准的投资计划、可行性研究报告等文件订立。

第七百九十三条　建设工程施工合同无效，但是建设工程经验收合格的，可以参照合同关于工程价款的约定折价补偿承包人。

建设工程施工合同无效，且建设工程经验收不合格的，按照以下情形处理：

（一）修复后的建设工程经验收合格的，发包人可以请求承包人承担修复费用；

（二）修复后的建设工程经验收不合格的，承包人无权请求参照合同关于工程价款的约定折价补偿。

发包人对因建设工程不合格造成的损失有过错的，应当承担相应的责任。

第七百九十四条　勘察、设计合同的内容一般包括提交有关基础资料和概预算等文件的期限、质量要求、费用以及其他协作条件等条款。

第七百九十五条　施工合同的内容一般包括工程范围、建设工期、中间交工工程的开工和竣工时间、工程质量、工程造价、技术资料交付时间、材料和设备供应责任、拨款和结算、竣工验收、质量保修范围和质量保证期、相互协作等条款。

第七百九十六条　建设工程实行监理的，发包人应当与监理人采用书面形式订立委托监理合同。发包人与监理人的权利和义务以及法律责任，应当依照本编委托合同以及其他有关法律、行政法规的规定。

第七百九十七条　发包人在不妨碍承包人正常作业的情况下，可以随时对作业进度、质量进行检查。

第七百九十八条　隐蔽工程在隐蔽以前，承包人应当通知发包人检查。发包人没有及时检查的，承包人可以顺延工程日期，并有权请求赔偿停工、窝工等损失。

第七百九十九条　建设工程竣工后，发包人应当根据施工图纸及说明书、国家颁发的施工验收规范和质量检验标准及时进行验收。验收合格的，发包人应当按照约定支付价款，并接收该建设工程。

建设工程竣工经验收合格后，方可交付使用；未经验收或者验收不合格的，不得交付使用。

第八百条　勘察、设计的质量不符合要求或者未按照期限提交勘察、设计文件拖延工期，造成发包人损失的，勘察人、设计人应当继续完善勘察、设计，减收或者免收勘察、设计费并赔偿损失。

第八百零一条　因施工人的原因致使建设工程质量不符合约定的，发包人有权请求施工人在合理期限内无偿修理或者返工、改建。经过修理或者返工、改建后，造成逾期交付的，施工人应当承担违约责任。

第八百零二条　因承包人的原因致使建设工程在合理使用期限内造成人身损害和财产损失的，承包人应当承担赔偿责任。

第八百零三条　发包人未按照约定的时间和要求提供原材料、设备、场地、资金、技术资料的，承包人可以顺延工程日期，并有权请求赔偿停工、窝工等损失。

第八百零四条　因发包人的原因致使工程中途停建、缓建的，发包人应当采取措施弥补或者减少损失，赔偿承包人因此造成的停工、窝工、倒运、机械设备调迁、材料和构件积压等损失和实际费用。

第八百零五条　因发包人变更计划，提供的资料不准确，或者未按照期限提供必需的勘察、设计工作条件而造成勘察、设计的返工、停工或者修改设计，发包人应当按照勘察人、设计人实际消耗的工作量增付费用。

第八百零六条　承包人将建设工程转包、违法分包的，发包人可以解除合同。

发包人提供的主要建筑材料、建筑构配件和设备不符合强制性标准或者不履行协助义务，致使承包人无法施工，经催告后在合理期限内仍未履行相应义务的，承包人可以解除合同。

合同解除后，已经完成的建设工程质量合格的，发包人应当按照约定支付相应的工程价款；已经完成的建设工程质量不合格的，参照本法第七百九十三条的规定处理。

第八百零七条　发包人未按照约定支付价款的，承包人可以催告发包人在合理期限内支付价款。发包人逾期不支付的，除根据建设工程的性质不宜折价、拍卖外，承包人可以与发包人协议将该工程折价，也可以请求人民法院将该工程依法拍卖。建设工程的价款就该工程折价或者拍卖的价款优先受偿。

第八百零八条　本章没有规定的，适用承揽合同的有关规定。

……

第二十三章　委　托　合　同

第九百一十九条　委托合同是委托人和受托人约定，由受托人处理委托人事务的合同。

第九百二十条　委托人可以特别委托受托人处理一项或者数项事务，也可以概括委托受托人处理一切事务。

第九百二十一条　委托人应当预付处理委托事务的费用。受托人为处理委托事务垫付的必要费用，委托人应当偿还该费用并支付利息。

第九百二十二条　受托人应当按照委托人的指示处理委托事务。需要变更委托人指示的，应当经委托人同意；因情况紧急，难以和委托人取得联系的，受托人应当妥善处理委托事务，但是事后应当将该情况及时报告委托人。

第九百二十三条　受托人应当亲自处理委托事务。经委托人同意，受托人可以转委托。转委托经同意或者追认的，委托人可以就委托事务直接指示转委托的第三人，受托人仅就第三人的选任及其对第三人的指示承担责任。转委托未经同意或者追认的，受托人应当对转委托的第三人的行为承担责任；但是，在紧急情况下受托人为了维护委托人的利益需要转委托第三人的除外。

第九百二十四条　受托人应当按照委托人的要求，报告委托事务的处理情况。委托合同终止时，受托人应当报告委托事务的结果。

第九百二十五条　受托人以自己的名义，在委托人的授权范围内与第三人订立的合同，第三人在订立合同时知道受托人与委托人之间的代理关系的，该合同直接约束委托人和第三人；但是，有确切证据证明该合同只约束受托人和第三人的除外。

第九百二十六条　受托人以自己的名义与第三人订立合同时，第三人不知道受托人与委托人之间的代理关系的，受托人因第三人的原因对委托人不履行义务，受托人应当向委托人披露第三人，委托人因此可以行使受托人对第三人的权利。但是，第三人与受托人订立合同时如果知道该委托人就不会订立合同的除外。

受托人因委托人的原因对第三人不履行义务，受托人应当向第三人披露委托人，第三人因此可以选择受托人或者委托人作为相对人主张其权利，但是第三人不得变更选定的相对人。

委托人行使受托人对第三人的权利的，第三人可以向委托人主张其对受托人的抗辩。第三人选定委托人作为其相对人的，委托人可以向第三人主张其对受托人的抗辩以及受托人对第三人的抗辩。

第九百二十七条　受托人处理委托事务取得的财产，应当转交给委托人。

第九百二十八条　受托人完成委托事务的，委托人应当按照约定向其支付报酬。

因不可归责于受托人的事由，委托合同解除或者委托事务不能完成的，委托人应当向受托人支付相应的报酬。当事人另有约定的，按照其约定。

第九百二十九条　有偿的委托合同，因受托人的过错造成委托人损失的，委托人可以请求赔偿损失。无偿的委托合同，因受托人的故意或者重大过失造成委托人损失的，委托人可以请求赔偿损失。

受托人超越权限造成委托人损失的，应当赔偿损失。

第九百三十条　受托人处理委托事务时，因不可归责于自己的事由受到损失的，可以向委托人请求赔偿损失。

第九百三十一条　委托人经受托人同意，可以在受托人之外委托第三人处理委托事务。因此造成受托人损失的，受托人可以向委托人请求赔偿损失。

第九百三十二条　两个以上的受托人共同处理委托事务的，对委托人承担连带责任。

第九百三十三条　委托人或者受托人可以随时解除委托合同。因解除合同造成对方损失的，除不可归责于该当事人的事由外，无偿委托合同的解除方应当赔偿因解除时间不当造成的直接损失，有偿委托合同的解除方应当赔偿对方的直接损失和合同履行后可以获得的利益。

第九百三十四条　委托人死亡、终止或者受托人死亡、丧失民事行为能力、终止的，委托合同终止；但是，当事人另有约定或者根据委托事务的性质不宜终止的除外。

第九百三十五条　因委托人死亡或者被宣告破产、解散，致使委托合同终止将损害委托人利益的，在委托人的继承人、遗产管理人或者清算人承受委托事务之前，受托人应当继续处理委托事务。

第九百三十六条　因受托人死亡、丧失民事行为能力或者被宣告破产、解散，致使委托合同终止的，受托人的继承人、遗产管理人、法定代理人或者清算人应当及时通知委托人。因委托合同终止将损害委托人利益的，在委托人作出善后处理之前，受托人的继承人、遗产管理人、法定代理人或者清算人应当采取必要措施。

……

参　考　文　献

[1] 全国监理工程师培训考试教材编写委员会．建筑工程合同管理．北京：知识产权出版社，2009．

[2] 中国工程咨询协会．施工合同条件．北京：机械工业出版社，2002．

[3] 佘立中．建设工程合同管理．广州：华南理工大学出版社，2001．

[4] 成虎．建筑工程合同管理与索赔．4 版．南京：东南大学出版社，2008．

[5] 田恒久．工程招投标与合同管理．3 版．北京：中国电力出版社，2015．

[6] 朱永祥，陈茂明．工程招投标与合同管理．武汉：武汉理工大学出版社，2008．

[7] 胡文发．工程招投标与案例．北京：化学工业出版社，2008．

[8] 张国华．建设工程招标投标实务．北京：中国建筑工业出版社，2005．

[9] 任志涛．工程招投标与合同管理．北京：电子工业出版社，2009．

[10] 陈正，陈志刚．建设工程招投标与合同管理实务．北京：电子工业出版社，2006．

[11] 国际咨询工程师联合会，中国工程咨询协会．菲迪克（FIDIC）合同指南．北京：机械工业出版社，2003．

[12] 朱晓轩．张植莉．建设工程招标投标与施工组织合同管理．北京：电子工业出版社，2009．

[13] 李春亭．工程招标投标与合同管理．北京：中国建筑工业出版社，2004．

[14] 朱宏亮，成虎．工程合同管理．2 版．北京：中国建筑工业出版社，2018．

[15] 全国二级建造师执业资格考试用书编写委员会．建筑工程管理与实务．北京：中国建筑工业出版社，2010．